Linux 运维实战

CentOS 7.6 操作系统从入门到精通

申建明　编著

電子工業出版社

Publishing House of Electronics Industry

北京・BEIJING

内 容 简 介

本书通过大量实例，循序渐进地讲解了 Linux 发行版 CentOS 7.6 操作系统的基础操作、用户管理、权限管理、磁盘管理等必备技术和各种实战经验与技巧。具体内容涵盖了部署虚拟环境、安装 Linux 系统；常用的 Linux 命令；与文件读写操作有关的技术；使用 vim 编辑器编写和修改配置文件；用户身份与文件权限的设置；磁盘设备分区、格式化及挂载等操作；部署 RAID 磁盘阵列和 LVM；网络相关命令；Shell 脚本基础到实战等。旨在打造简单易学且实用性强的轻量级 Linux 入门教程。

本书适合打算学习 Linux 技术的初学人员阅读，具有一定 Linux 使用经验的用户也可以通过本书来温习 Linux 知识。

图书在版编目（CIP）数据

Linux 运维实战：CentOS 7.6 操作系统从入门到精通/申建明编著. —北京：电子工业出版社，2020.1
ISBN 978-7-121-37221-6

Ⅰ.①L…　Ⅱ.①申…　Ⅲ.①Linux 操作系统　Ⅳ.①TP316.85

中国版本图书馆 CIP 数据核字（2019）第 175793 号

策划编辑：缪晓红
责任编辑：刘小琳
印　　刷：北京盛通商印快线网络科技有限公司
装　　订：北京盛通商印快线网络科技有限公司
出版发行：电子工业出版社
　　　　　北京市海淀区万寿路 173 信箱　　邮编：100036
开　　本：787×1 092　1/16　印张：22.75　字数：582 千字
版　　次：2020 年 1 月第 1 版
印　　次：2023 年 8 月第 7 次印刷
定　　价：109.00 元

凡所购买电子工业出版社图书有缺损问题，请向购买书店调换。若书店售缺，请与本社发行部联系，联系及邮购电话：（010）88254888，88258888。

质量投诉请发邮件至 zlts@phei.com.cn，盗版侵权举报请发邮件至 dbqq@phei.com.cn。

本书咨询联系方式：（010）88254760，mxh@phei.com.cn。

前言

随着我国国民经济与社会的信息化、自动化、智能化程度的不断进步，Linux 在国内得到了广泛应用。在人们日常生活中，Linux 可以说无处不在，它的应用范围大到飞机场塔台的控制、调度系统，小到智能手表、手持终端等。不仅如此，Linux 还是个免费开放源代码的操作系统，因此 Linux 也促进了互联网的迅速发展。

本书由 MK（申建明/“学神 IT 教育”校长）编著，“学神 IT 教育”是国内 IT 在线教育高端领导品牌，讲师授课专业水准高，授课方式深入浅出，课程以讲授企业实战项目案例的教学方式为主。教育宗旨是“只为帮助更多学员进入 Linux 技术领域”。因此“学神 IT 教育”推出本书，能够让读者自由、自主地学习 Linux 技术，使读者能够通过自己的努力踏进 Linux 技术领域。

本书是学习 Linux 入门的书籍，主要采用实际动手操作为主、理论为辅的教学方式。书中使用了大量的实战案例和教程演示，只为读者能够在学习过程中体验到真正的线上环境。书中的命令、工具等使用方法和技巧介绍都采用简单、易懂的文字形式来进行叙述，使得读者在看书的过程中能够更快地融会贯通，读者也可以使用书中的实战案例在线上生产环境进行实际操作。同时本书中所讲述的 CentOS 7.6 版本操作系统，适用人群广，特别适合零基础的读者，从零基础到入门，再到精通。以实战、实例讲解教学，更容易学、容易理解、容易上手。此书在写作思路上强调在“授人以鱼”的前提下“授人以渔”，对每个知识点的介绍做到深入浅出，以操作系统的原理及机制、系统的管理、网络的基础等作为出发点，通过丰富多样的图表、详细的实验操作步骤以及详细的实验步骤讲解，使读者在实际的 Linux 学习和管理中，更容易理解和提高学习效率。

本书相关学习视频和资料，加蔡老师 QQ（1514460659）可以获得。

学神 IT 教育微信公众号

目录

第 1 章

Linux 学习环境搭建

1.1 Linux 发展史

1.1.1 Linux 介绍

Linux 是在通用性公开许可证（General Public License，GPL）版权协议下发行的遵循 POSIX 标准的操作系统内核。不过通常所说的 Linux 是指 GNU/Linux（GNU 是对 UNIX 向上兼容的完整的自由软件系统）操作系统，它包含内核（Kernel）、系统工具程序（Utilities）及应用软件（Application），而不是仅指 Linux 系统内核。

Linux 有很多发行版。发行版是指某些公司、组织或个人把 Linux 内核、源代码及相关的应用程序组织在一起发行。经典的 Linux 发行版有 Red Hat、SlackWare、Debian 等，目前流行的 Linux 发行版基本上都是基于这些发行版的，例如，Red Hat 的社区版本 Fedora Core；Novell 发行的 SuSE Linux；Mandriva 发行的 Mandriva Linux；使用 LiveCD 技术的 Knoppix、Slax 和基于 Debian 的 Ubuntu Linux。

Linux 的图标是企鹅，英文名是 Tux，如图 1-1 所示。

图 1-1 Tux

1.1.2 Linux 崛起

20 世纪 80 年代，IBM 公司推出享誉全球的微型计算机 IBM PC（个人计算机）。随着 PC 的出现，在 PC 上实现一个真正的 UNIX 系统逐渐成为可能，但当时能在 PC 的 X86 平台上运行的 UNIX 相当有限。

1987 年，Andrew Tanenbaum 教授为了方便教学，自行设计了一个简化的 UNIX 系统——Minix。1991 年在赫尔辛基大学就读的研究生 Linus Torvalds 在 Minix 的基础上开发出了 Linux 内核，在同年 10 月 5 日，Linus Torvalds 在 comp.os.minix 新闻组上发布消息，正式对外宣布 Linux 内核系统诞生。1994 年在美国北卡罗来纳州的一小组程序员开始发布 Red Hat。1998 年 Red Hat 高级研发实验室成立，同年，Red Hat 5.0 获得 InfoWorld 的操作系统奖项。

1.1.3 Linux 常用发行版

由于 Linux 倡导开放和自由，因此它的发行版本非常多。Linux 的软件遍布互联网各处，经常需要用户自己搜索、收集和下载。为了安装方便，有些人将各种软件集合起来，与操作系统的核心包装成一块，作为Linux的发行版。其中有目前著名的Ubuntu Linux、Fedora Core、Mandriva Linux、SuSE Linux、Debian、Slackware Linux和国内的红旗Linux等。下面简单介绍5种目前常用的Linux发行版。

1. CentOS

CentOS（Community Enterprise Operating System，社区企业操作系统）是Linux发行版之一，它是由Red Hat Enterprise Linux依照开放源代码规定释出的源代码编译而成的。由于出自同样的源代码，因此，有些要求高度稳定性的服务器以CentOS替代商业版的Red Hat Enterprise Linux使用。两者的不同在于CentOS并不包含封闭源代码软件。

2. Fedora Core/Red Hat Enterprise Linux

Red Hat Linux由Red Hat公司发行，是目前流行的商业发行版。作为Linux界影响最为深远的版本，Red Hat Linux诞生于1994年11月3日，其创立的RPM包管理系统长期以来都是业界的事实标准。目前流行的SuSE Linux、Mandriva Linux及国内的红旗Linux等，都是基于Red Hat Linux发展起来的。从2003年9月22日开始，原来合并在一起的Fedora和Red Hat分开发行，并形成两个分支：开源免费的Fedora Core和商业版本的Red Hat Enterprise Edition。

3. SuSE Linux/OpenSuSE

SuSE Linux原是以Slackware Linux为基础，并提供完整德文使用界面的产品。1992年Peter McDonald成立了Softlanding Linux System（SLS）发行版，其后SuSE Linux采用了不少Red Hat Linux的特质，如使用RPM、etc、sysconfig等。

4. Ubuntu Linux

Ubuntu Linux为目前流行的Linux发行版，并几乎取代了Red Hat成为Linux的代名词。它由马克·舍特尔沃斯创立，首个版本于2004年10月20日发布，以Debian为开发蓝本。Ubuntu的运作主要依靠Canonical有限公司的支持。Ubuntu Linux名称来自非洲南部祖鲁语或豪萨语的“ubuntu”一词，意思是“人道待人”。同系列的发行版还有Kubuntu Linux和Edubunt Linux。

5. Debian

Debian于1993年8月16日由美国普渡大学一名学生Ian Murdock首次发表。Ian Murdock最初把他的系统称为“Debian Linux Release”。Debian不带有任何商业性质，背后也没有任何商业团体支持，因而使得它能够坚持其自由的风格。Debian对GNU和UNIX精神的坚持，也获得开源社群的普遍支持。目前其采用的deb包和Red Hat Linux的RPM包是Linux中最为重要的两个程序包管理系统。

1.1.4 Linux优势

1. 开源、免费

众所周知，不管是微软的Windows还是苹果的Mac OS，都是需要付费的，而且比较昂贵。而Linux是免费、开源的，可以随时取得其源代码，根据不同的需求进行定制，这对于用户特别是程序开发人员来说是非常重要的。

2．跨平台的硬件支持

由于 Linux 的内核大部分是用 C 语言编写的，并采用了可移植的 UNIX 标准应用程序接口，因此，它支持如 i386、Alpha、AMD 和 Sparc 等系统平台，以及从个人计算机到大型主机，甚至包括嵌入式系统在内的各种硬件设备。

3．丰富的软件支持

与其他操作系统不同的是，安装了 Linux 系统后，用户常用的一些办公软件、图形处理工具、多媒体播放软件和网络工具等都已无须安装。而对于程序开发人员来说，Linux 更是一个很好的开发平台，在 Linux 的程序包中，包含了多种程序语言与开发工具，如 gcc、cc、C++、Tcl/Tk、Perl、Fortran77 等。

4．多用户多任务

作为类 UNIX 系统，Linux 和 UNIX 一样，是一个真正的多用户多任务的操作系统。多个用户可以各自拥有和使用系统资源，即每个用户对自己的资源（如文件、设备）有特定的权限，互不影响，同时多个用户可以在同一时间以网络联机的方式使用计算机系统。多任务是现代计算机最主要的一个特点，由于 Linux 系统调度是每一个进程平等地访问处理器，因此，它能同时执行多个程序，而且各个程序是互相独立运行的。

5．可靠的安全性

Linux 是一个具有先天病毒免疫能力的操作系统，很少受到病毒攻击。

对于一个开放式系统而言，在方便用户的同时，很可能存在安全隐患。不过，利用 Linux 自带防火墙、入侵检测和安全认证等工具，及时修补系统的漏洞，就能大大提高 Linux 的安全性，让黑客无机可乘。同时，由于 Linux 是开源的，因此，Linux 产生了各种各样的不同版本，这也提高了被攻击的难度。

6．良好的稳定性

Linux 内核的源代码是以标准规范的 32 位（在 64 位 CPU 上是 64 位）计算机来做的最佳化设计，可确保其系统的稳定性。正因为 Linux 的稳定性，才使得一些安装了 Linux 的主机可以像 UNIX 机一样常年不关机也不会宕机。

7．完善的网络功能

Linux 内置了很丰富的免费网络服务器软件、数据库和网页的开发工具，如 Apache、Sendmail、VSFTP、SSH、MySQL、PHP 和 JSP 等。近年来，越来越多的企业看到 Linux 的这些强大的功能，利用 Linux 担任全方位的网络服务器。

1.2 VMware 虚拟机安装

VMware（Virtual Machine ware）是一个“虚拟 PC”，该产品可以使用户在一台机器上同时运行两个或多个操作系统。与“多启动”系统相比，VMware 采用了完全不同的概念。

多启动系统在一个时刻只能运行一个系统，在系统切换时需要重新启动计算机，而 VMware 实现了真正“同时”运行。多个操作系统在主系统的平台上，就像标准 Windows 应用程序那样切换，而且每个操作系统都可以进行虚拟的分区、配置而不影响真实磁盘的数据，甚至可以通过网卡将几台虚拟机连接为一个局域网，使用极其方便。安装在 VMware 上的操作系统的性能低于直接安装在磁盘上的操作系统的性能，因此，VMware 比较适合用户学习和测试。

安装 VMware 之前需要先下载 VMware Workstation 12 和 CentOS 操作系统镜像。一种获取方式是在 CentOS 官网上获取，用注册的账户登录，即可直接下载，需要注意的是，在 Red Hat 网站上注册账号时使用的邮箱最好是企业邮箱，因为用免费邮箱注册的账号不允许申请评估订阅；另一种获取方式是在阿里云网站选择 CentOS-7-x86_64-DVD-1804.iso 下载。文件下载完成后就可以开始安装 VMware Workstation 12 了。

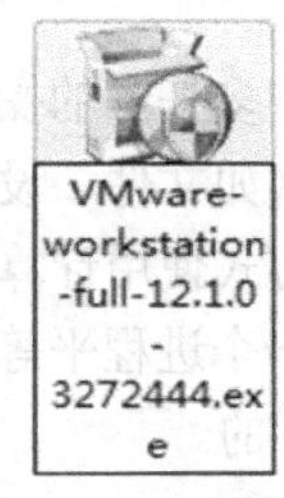

图 1-2　VMware Workstation 12 安装包

（1）如果是 Windows 系统，下载 VMware workstation 12-解压以后使用.rar 并解压，如果是 Mac 系统，下载 VMware-Fusion-8.5.8-5824040.dmg。在 Windows 版本下载的 VMware Workstation 12 解压后，使用 rar 解压后的 VMware Workstation 12 安装包如图 1-2 所示。

（2）双击 VMware Workstation 12 安装包，弹出安装向导对话框，单击“下一步”按钮，如图 1-3 所示。

（3）在“最终用户许可协议”对话框中勾选“我接受许可协议中的条款”复选框，并单击“下一步”按钮，如图 1-4 所示。

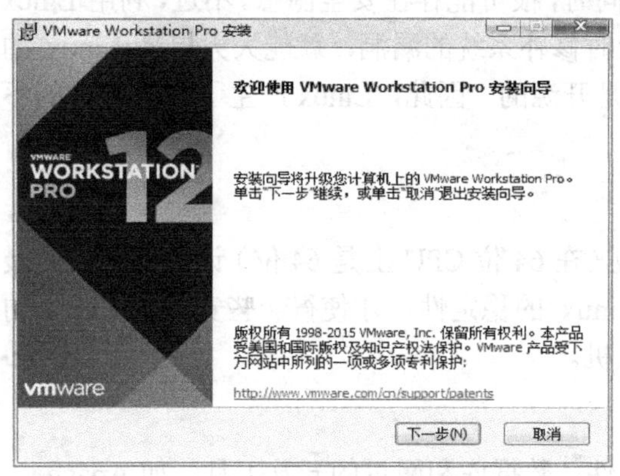

图 1-3　安装向导

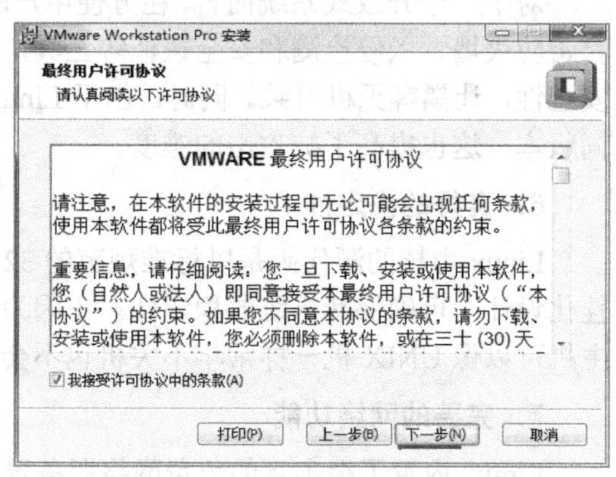

图 1-4　许可协议

（4）在“自定义安装”对话框中选择软件安装位置，默认安装路径为 C 盘，但不建议安装在系统盘，所以先单击“更改”按钮，将创建好的文件夹指定为安装位置，再单击“下一步”按钮，如图 1-5 所示。

（5）在打开的“用户体验设置”对话框中取消勾选“启动时检查产品更新”和“帮助完善 VMware Workstation Pro”复选框，并单击“下一步”按钮，如图 1-6 所示。

（6）在“快捷方式”对话框中勾选“桌面”和“开始菜单程序文件夹”复选框，添加软件快捷方式，并单击“下一步”按钮，如图 1-7 所示。

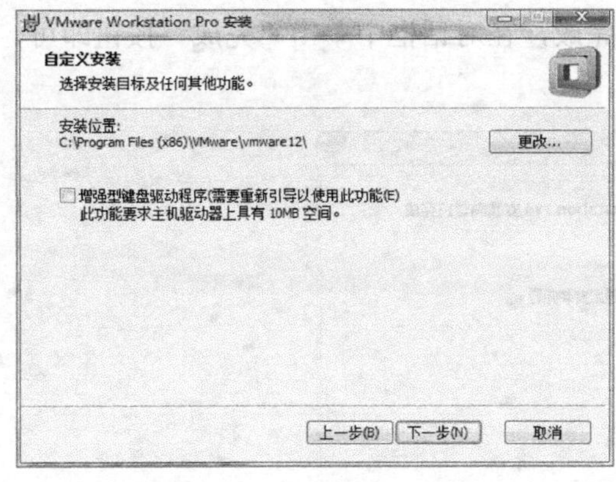

图 1-5　选择安装位置

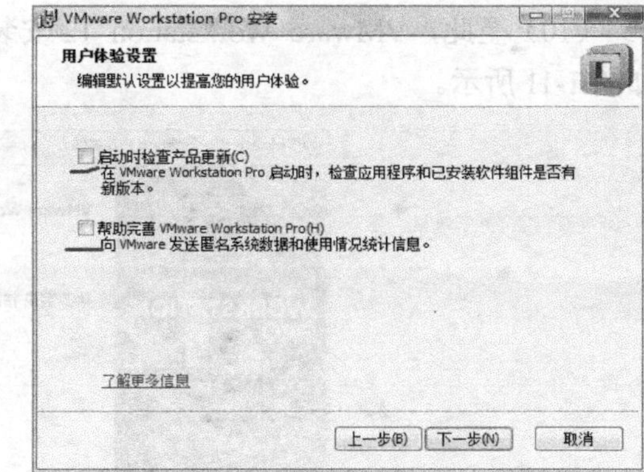

图 1-6　产品更新设置

（7）等待软件安装完成，此安装过程需要一段时间，如图 1-8 所示。

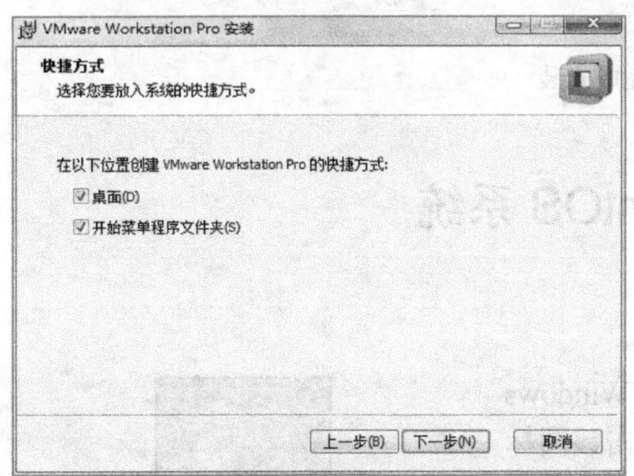

图 1-7　添加快捷方式

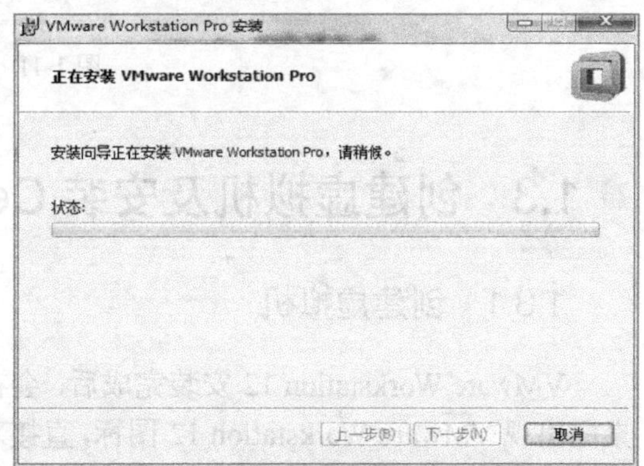

图 1-8　安装过程

（8）在验证对话框中单击“许可证”按钮，激活软件，如图 1-9 所示。

（9）在“输入许可证密钥”对话框中输入序列号，并单击“输入”按钮完成激活，如图 1-10 所示。

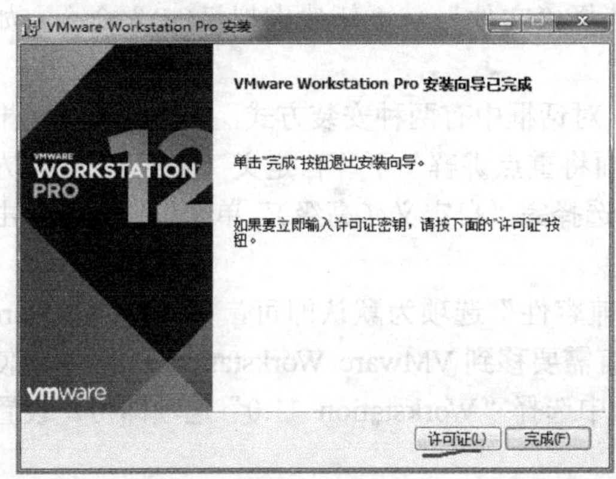

图 1-9　许可证

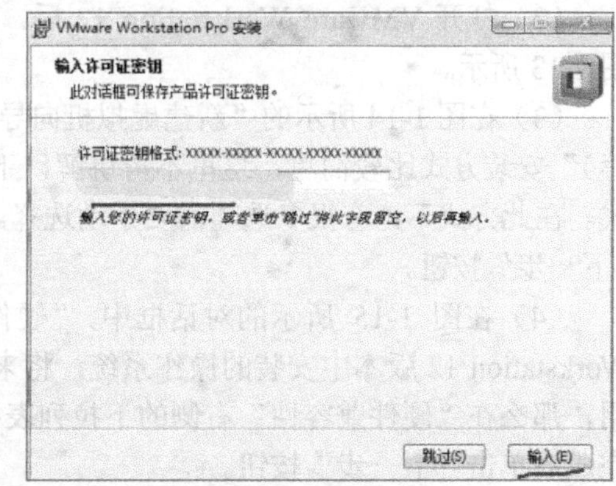

图 1-10　输入密钥

（10）至此，VMware Workstation 12 安装完成，在对话框中单击“完成”按钮即可，如图 1-11 所示。

图 1-11　完成安装

1.3　创建虚拟机及安装 CentOS 系统

1.3.1　创建虚拟机

VMware Workstation 12 安装完成后，会在 Windows 桌面出现 VMware Workstation 12 图标，直接双击该图标即可打开 VMware Workstation 12，在此开始创建虚拟机，Linux 需要安装在 VMware Workstation 12 虚拟机中。具体操作步骤如下：

图 1-12　VMware Workstation 12 图标

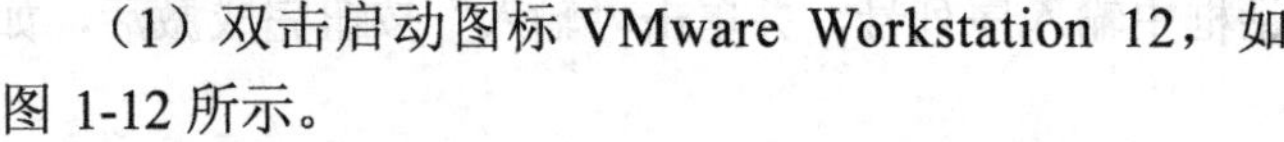

（1）双击启动图标 VMware Workstation 12，如图 1-12 所示。

（2）打开 VMware Workstation 12 后，选择“文件”→“新建虚拟机(N)”命令，如图 1-13 所示。

（3）在图 1-14 所示的“新建虚拟机向导”对话框中有两种安装方式，其中“典型（推荐）”安装方式比较简单，这里不再讲解，下面将重点讲解一下“自定义（高级）”安装方式。在此方式下，有很多选项需要手动选择。选择完“自定义（高级）”单选按钮后，单击“下一步”按钮。

（4）在图 1-15 所示的对话框中，“硬件兼容性”选项为默认即可，如果在 VMware Workstation 12 版本中安装的操作系统，将来有需要移到 VMware Workstation 11 版本中使用，那么在“硬件兼容性”右侧的下拉列表框中选择“Workstation 11.0”选项即可。设置完成后单击“下一步”按钮。

（5）在图 1-16 所示的对话框中，“安装来源”选择“稍后安装操作系统”选项，然后单击“下一步”按钮。

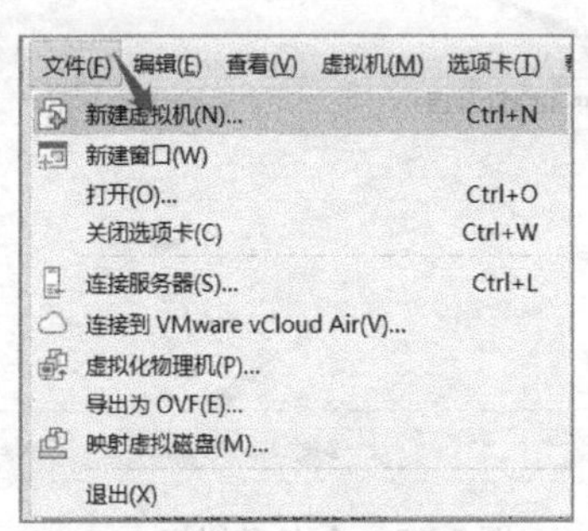

图 1-13　新建虚拟机

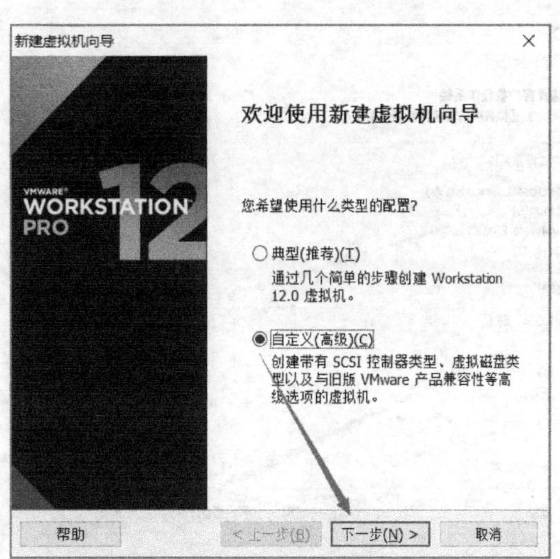

图 1-14　安装向导

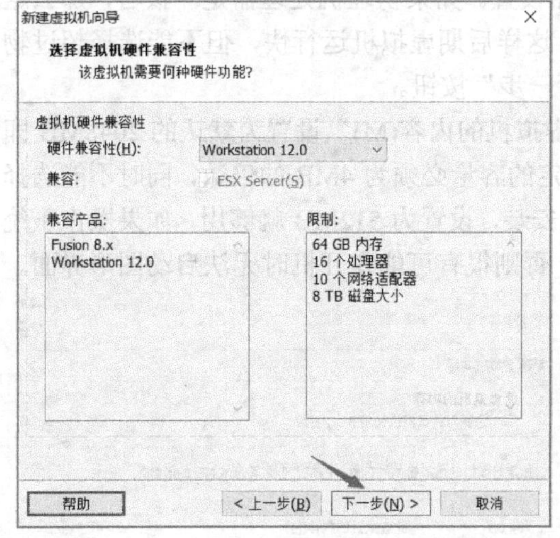

图 1-15　兼容性

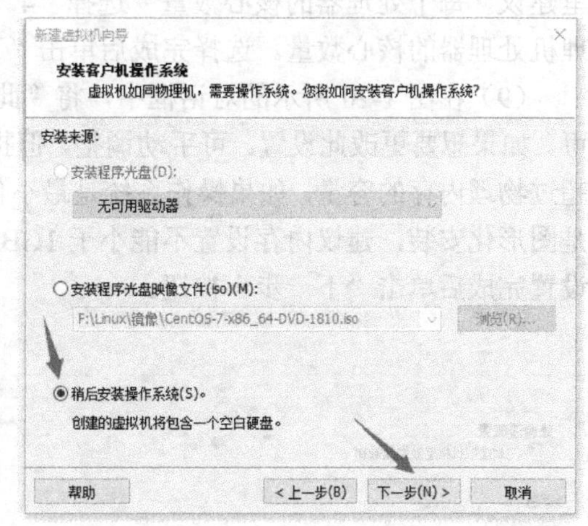

图 1-16　安装操作系统

（6）在图 1-17 所示的对话框中，“客户机操作系统”选择“Linux”，“版本”选择“CentOS 7 64 位”，这是安装 CentOS 7 系统的最佳选择。虽然选择的版本和安装的操作系统不同时也可以正常安装使用，但在该操作系统上实现虚拟化时兼容性会很差，所以，选择的版本与所安装的操作系统要保持一致。选择完成后单击“下一步”按钮。

（7）因为需要多台虚拟机做实验，所以在给虚拟机命名时，名称最好是用系统版本-IP 地址的形式区分清楚。在图 1-18 所示的对话框中，将“虚拟机名称（V）”设为“CentOS 7.5-63”，63 代表 IP 地址为 192.168.1.63。因为虚拟机文件比较大，所以最好不要安装在系统盘，可以单击“位置”右侧的“浏览”按钮，将安装位置设置为“E:\CentOS7.5-63”，然后单击“下一步”按钮。

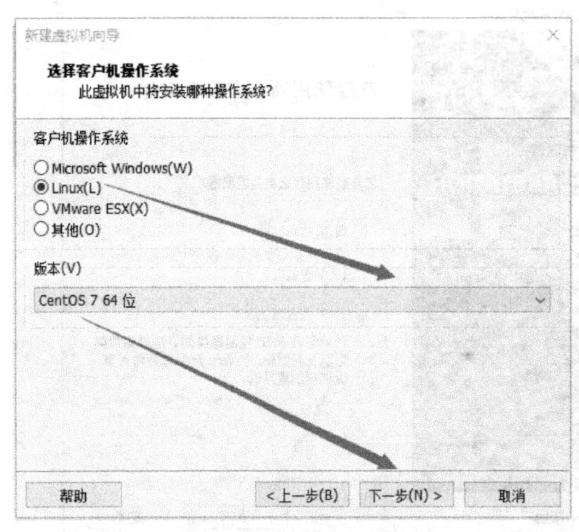

图 1-17　选择系统版本

图 1-18　命名虚拟机

（8）在图 1-19 所示的对话框中进行处理器设置。如果物理机处理器是 4 核心，那么这里建议“每个处理器的核心数量”选择“4”，这样后期虚拟机运行快，但不能选择超过物理机处理器的核心数量。选择完成后单击“下一步”按钮。

（9）在图 1-20 所示的对话框中，将“此虚拟机的内容(M)”设置为默认的 2048MB 即可。如果想要更改此设置，可手动调整，但指定的容量必须为 4MB 的倍数，同时不能选择超过物理内存的容量，如果操作系统是最小化安装，设置为 512MB 就够用，如果操作系统是图形化安装，建议内存设置不能小于 1GB，否则很有可能在开机时无法启动图形界面。设置完成后单击“下一步”按钮。

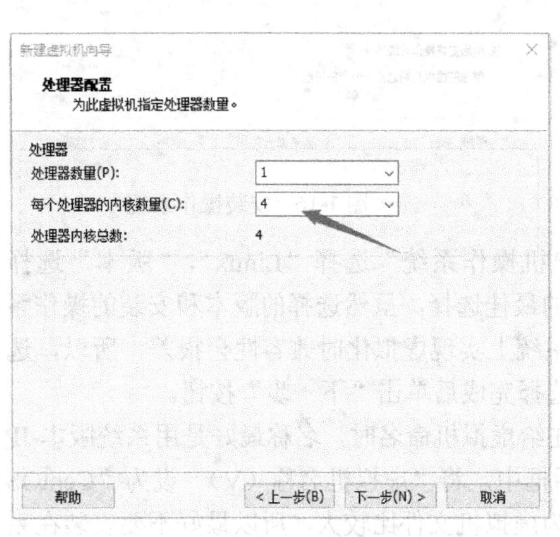

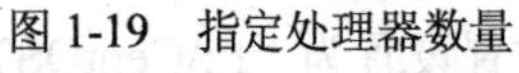
图 1-19　指定处理器数量

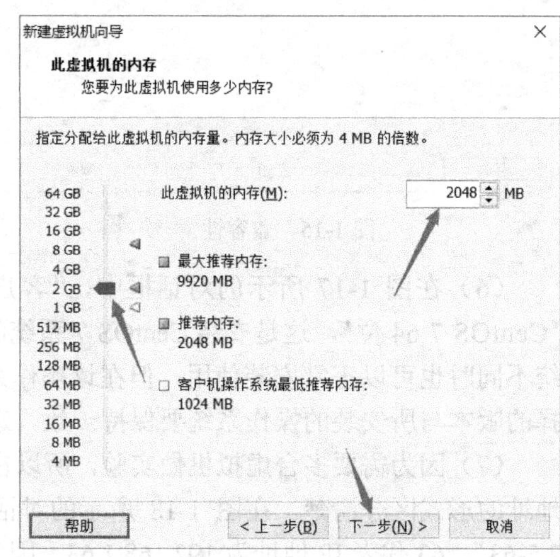

图 1-20　指定内存大小

（10）在图 1-21 所示的“网络类型”选择对话框中，Linux 提供了 3 种网络类型，后面章节会具体介绍，在此先选择“使用桥接网络”，然后单击“下一步”按钮。

（11）在图 1-22 所示的对话框中，“I/O 控制器类型”选择默认推荐的“LSI Logic（L）”即可，然后单击“下一步”按钮。

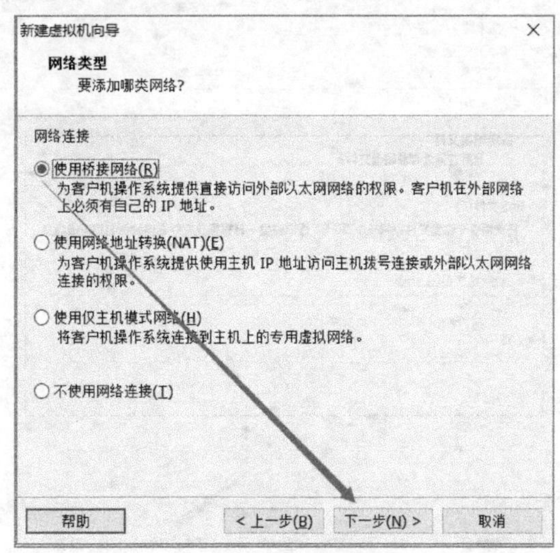

图 1-21　指定网络类型

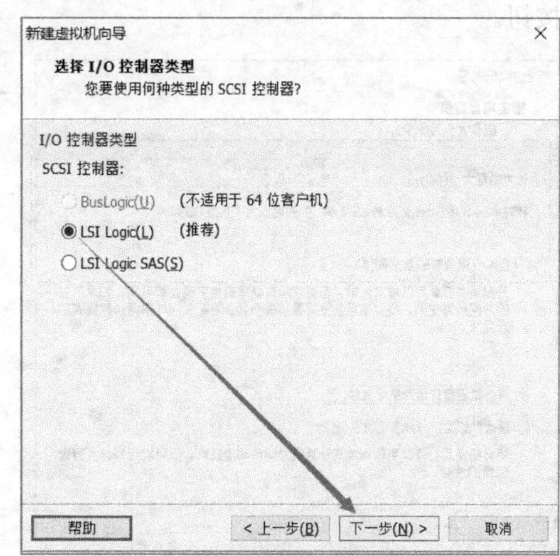

图 1-22　选择 I/O 控制器类型

（12）在图 1-23 所示的对话框中，“虚拟磁盘类型”选择默认推荐的“SCSI（S）”，然后单击“下一步”按钮。

（13）由于是第一次安装，虚拟主机上还没有磁盘，因此在图 1-24 所示的对话框中，“磁盘”选择“创建新虚拟磁盘”，然后单击“下一步”按钮。

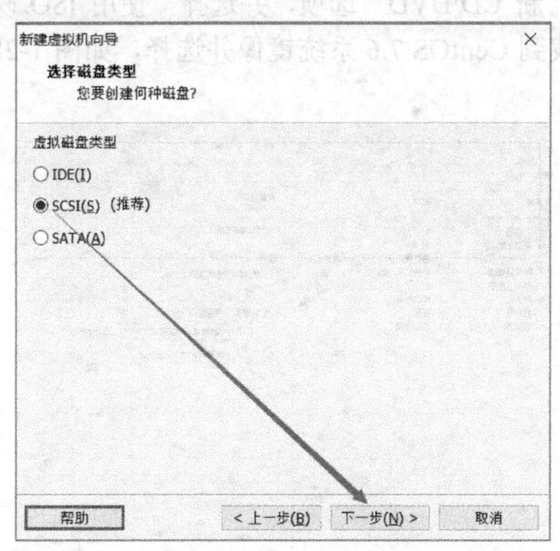

图 1-23　选择磁盘类型

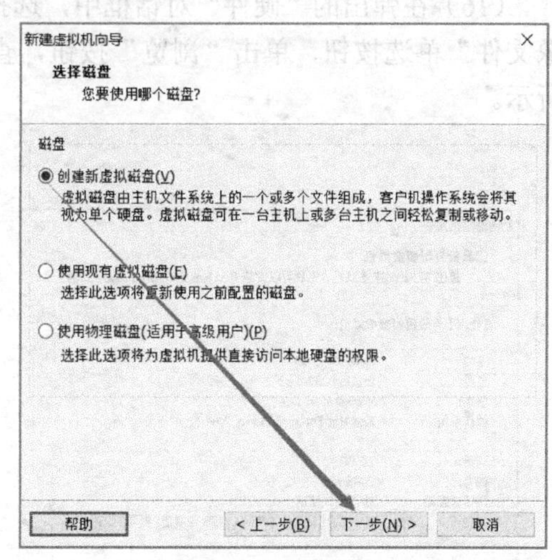

图 1-24　选择磁盘

（14）在图 1-25 所示的对话框中，将“最大磁盘大小”设置为 20GB，并选择“将虚拟磁盘拆分成多个文件”。此处指定了 20GB 的磁盘空间，并不意味着就已使用了物理主机的 20GB 空间，只是会随着虚拟机的使用而变化，指定的 20GB 是磁盘可使用的上限的容量，但是，如果选择“立即分配所有磁盘空间”复选框，那么就会立即在物理磁盘上划分出 20GB

的空间预留出来，会马上占用物理主机上的 20GB 磁盘空间。设置完成后单击“下一步”按钮，进入图 1-26 所示的对话框，指定“磁盘文件”为默认即可，然后单击“下一步”按钮。

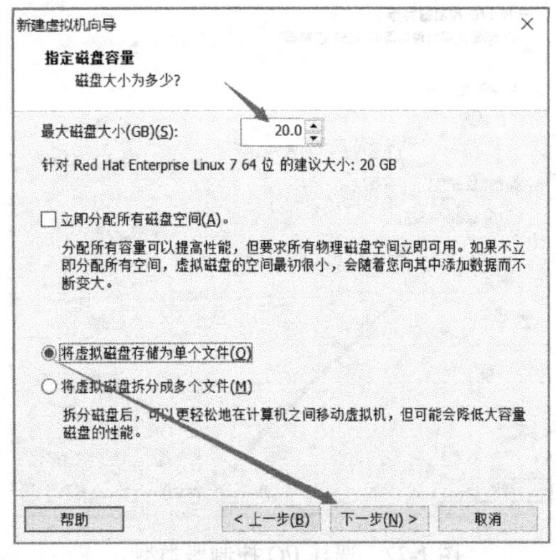

图 1-25　指定磁盘容量

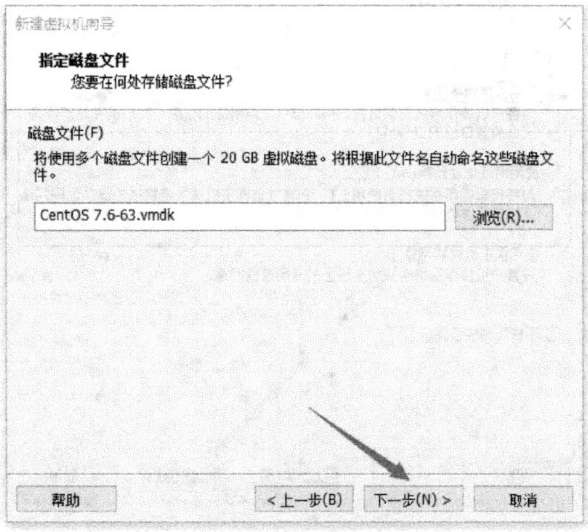

新建虚拟机向导
指定磁盘文件
您要在何处存储磁盘文件?
磁盘文件(F)
将使用多个磁盘文件创建一个 20 GB 虚拟磁盘。将根据此文件名自动命名这些磁盘文件。
CentOS 7.6-63.vmdk
浏览(R)...
帮助
< 上一步(B)
下一步(N) >
取消

图 1-26　指定磁盘文件

（15）在图 1-27 所示的对话框中会显示在此前所选择的设置，如果此前选择有错或需要修改，可以单击“上一步”按钮进行修改，如确认不需要修改设置，可单击“自定义硬件”按钮。

（16）在弹出的“硬件”对话框中，选择“新 CD/DVD”选项，并选择“使用 ISO 映像文件”单选按钮，单击“浏览”按钮，查找到 CentOS 7.6 系统镜像并选择，如图 1-28 所示。

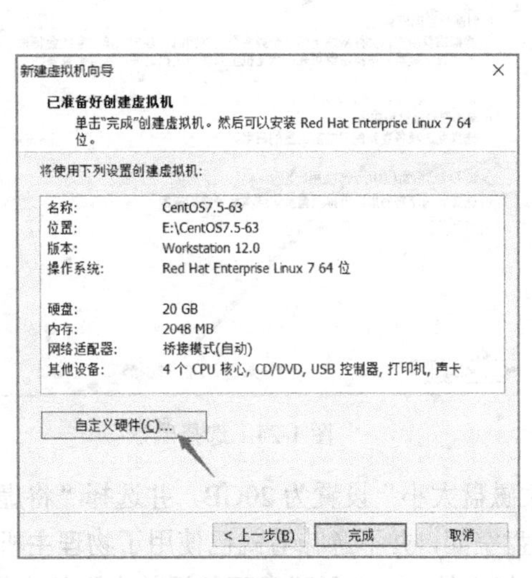

图 1-27　确认设置

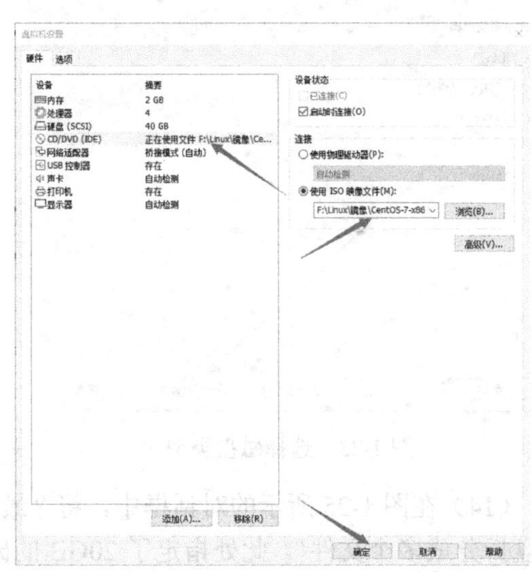

图 1-28　添加镜像文件

（17）在“硬件”对话框中可以移除不使用的硬件。例如，在左侧列表框中选中“打印机”选项，单击下方的“移除”按钮即可将打印机移除，设置完成后，单击“关闭”按钮即可，如图 1-29 所示。确认这一系列的设置无须修改后，单击“完成”按钮，如图 1-30 所示，至此虚拟机创建完成。

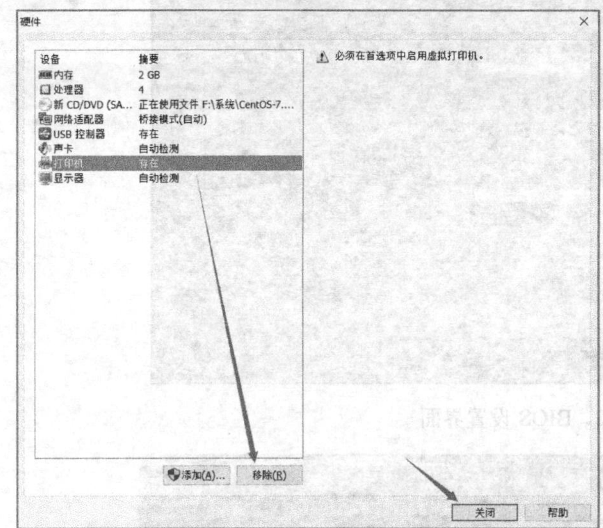

图 1-29 移除打印机

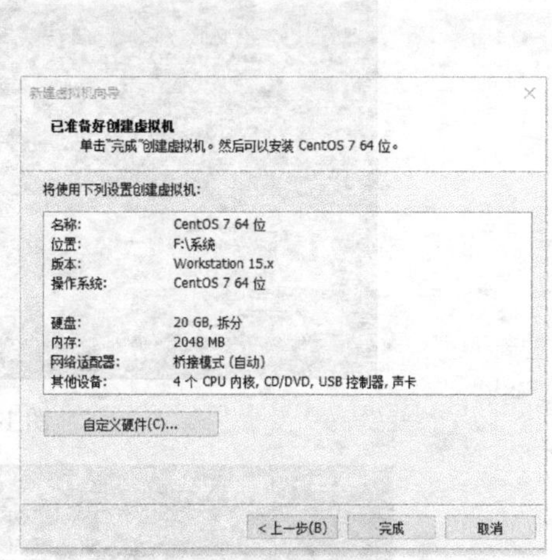

图 1-30 再次确定设置

1.3.2 解决“Intel VT-x 处于禁用状态打不开”的问题

安装 VMware Workstation 12 的前提条件为物理主机必须是 64 位的操作系统。

安装虚拟机后，创建 Linux 虚拟机，出现 Intel VT-x 处于禁用状态打不开的情况，如图 1-31 所示。下面将介绍解决方法。

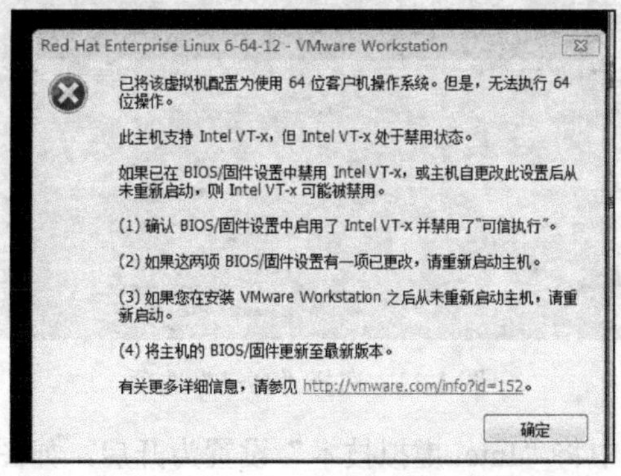

图 1-31 Intel VT-x 处于处于禁用状态图

（1）以华硕 UEFI 主板为例，出现 Intel VT -x 处于禁用状态打不开，是因为物理主机主板上的 BIOS 没有开启虚拟化支持，只要开启就可以了。具体操作步骤如下。

① 开机并重启，按 F2 键进入 BIOS 设置界面，在 BIOS 设置界面中选择右上角的“退出/高级模式”选项，如图 1-32 所示。进入高级模式界面，选择“高级”选项，如图 1-33 所示。

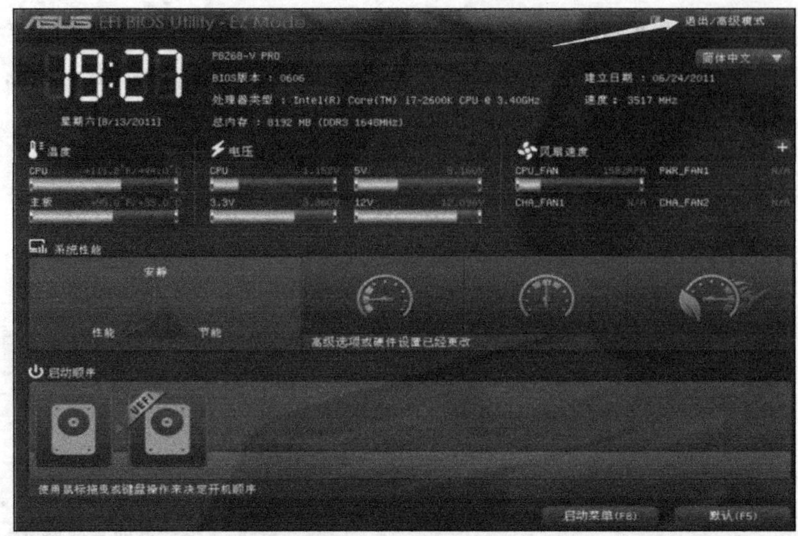

图 1-32　BIOS 设置界面

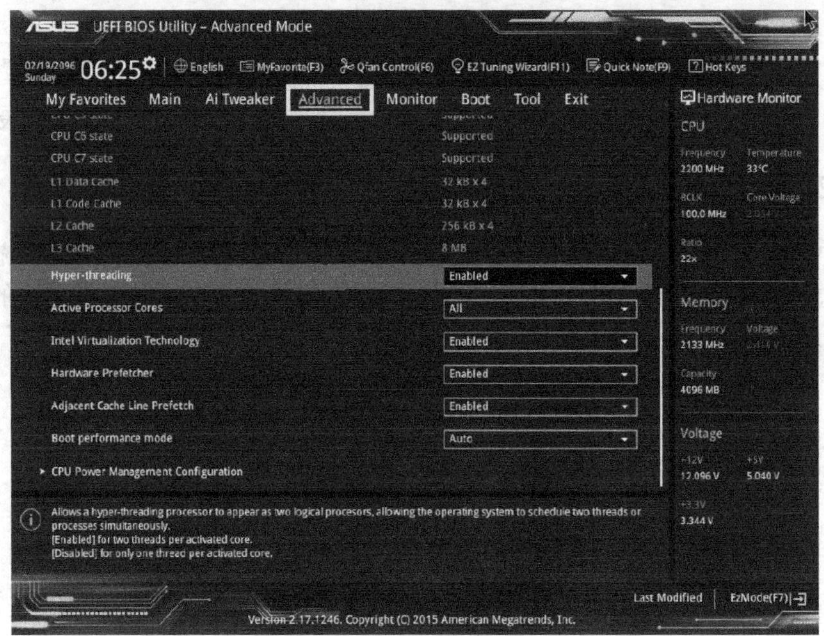

图 1-33　选择“高级”选项

② 在“高级”菜单中将“Intel 虚拟技术”设置为开启，如图 1-34 所示。

步骤总结：进入高级模式→进入高级菜单→开启 Intel 虚拟技术。

（2）其他品牌计算机解决方法的操作步骤如下：

① 进入 BIOS 设置界面后选择“Configuration”选项，找到“Intel Virtual Technology”，如图 1-35 所示。

② 选中“Intel Virtual Technology”后，按 Enter 键打开功能调整栏，把“Disabled”更换为“Enabled”并按 Enter 键确认，如图 1-36 所示。配置完 BIOS，按 F10 键保存退出。

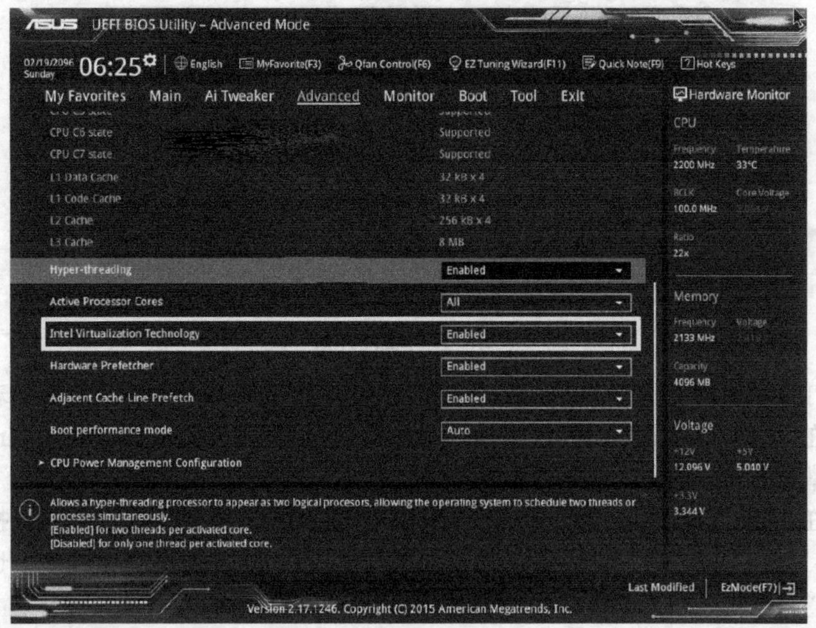

图 1-34　开启 Intel 虚拟技术

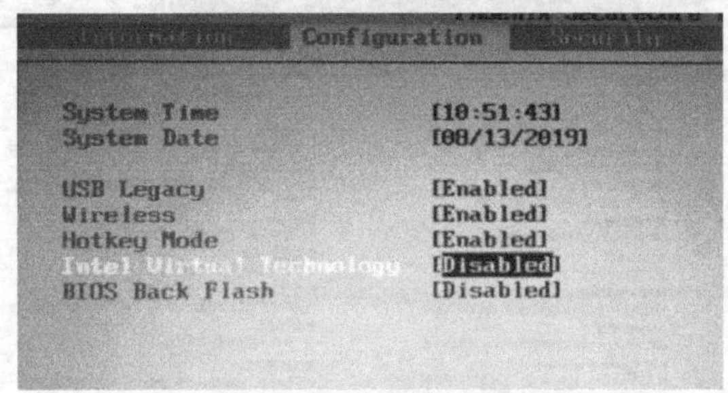

图 1-35　开启 Intel Virtual Technology

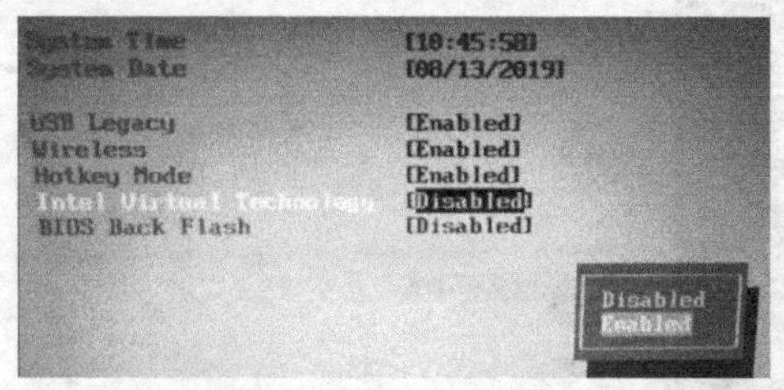

图 1-36　设置 Intel Virtual Technology 为 Enabled

1.3.3　安装 CentOS 7.6 系统

安装 CentOS 7.6 系统的具体操作步骤如下。

（1）启动新创建的虚拟机，选择“开启此虚拟机”选项，如图 1-37 所示。

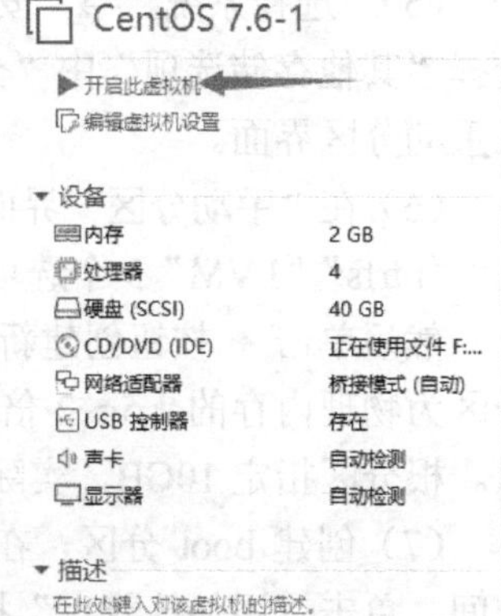

图 1-37　开启此虚拟机

（2）在打开的界面中选择“Install CentOS 7”选项并按 Enter 键，如图 1-38 所示。

界面说明如下。

① Install CentOS 7：安装 CentOS 7，键盘上下键可进行选择，变成白色即选中。

② Test this media & install CentOS 7：测试安装的光盘镜像并安装 CentOS 7。

③ Troubleshooting：修复故障。

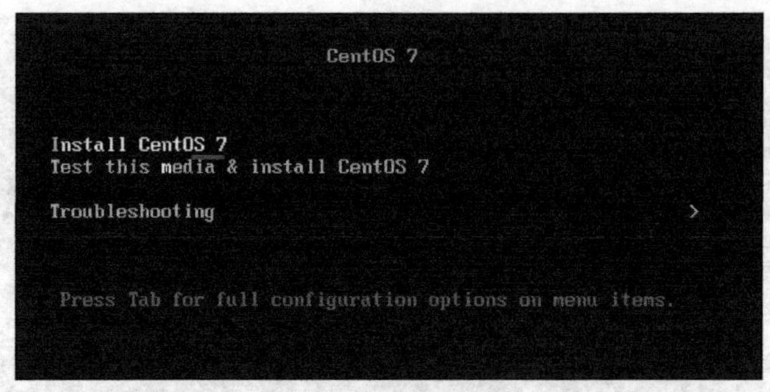

图 1-38　选择界面

（3）打开图 1-39 所示的界面，在“您在安装过程中想使用哪种语言？”列表框中默认为英文，在此选择“中文”→“简体中文（中国)”。这样的设置有利于没有 Linux 基础的用户快速掌握 Linux 系统。单击“继续”按钮。

（4）在“软件选择”界面中，时区、键盘、安装源选择默认即可。软件选择时，如果是初学者，建议选择“带 GUI 的服务器”，同时把“开发工具”相关的程序包也安装上，然后单击“完成”按钮，如图 1-40 所示。

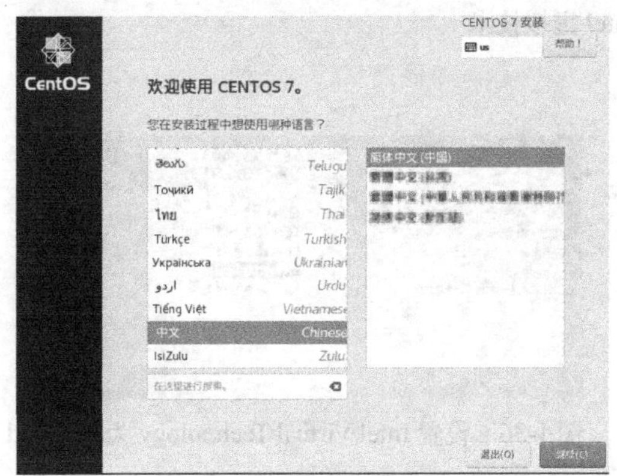

图 1-39　选择语言界面

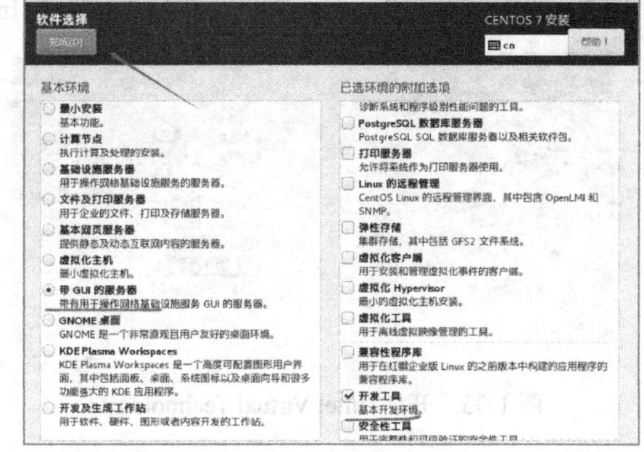

图 1-40　软件选择界面

（5）“选择系统”→“安装位置”命令，进入磁盘分区界面，在图 1-41 所示的界面中选择“其他存储选项”中“分区”的“我要配置分区”单选按钮，单击“完成”按钮，进入手动分区界面。

（6）在“手动分区”界面中，“新挂载点将使用以下分区方案”下拉列表中有“标准分区”“btrfs”“LVM”3 个选项，这里选择“标准分区”，如图 1-42 所示。

然后单击 + 按钮创建新的分区，分区提前规划好，boot 分区指定 200MB，一般 swap 分区为物理内存的 1.5～2 倍，当物理主机内存多于 16GB 后，swap 分区给 8～16GB 都可以。根分区指定 10GB，实际工作中可以创建数据分区，一般把数据和系统分开。

（7）创建 boot 分区，在“挂载点”中选择或输入“/boot”，并指定“200MB”的存储空间，单击“添加挂载点”按钮，如图 1-43 所示。

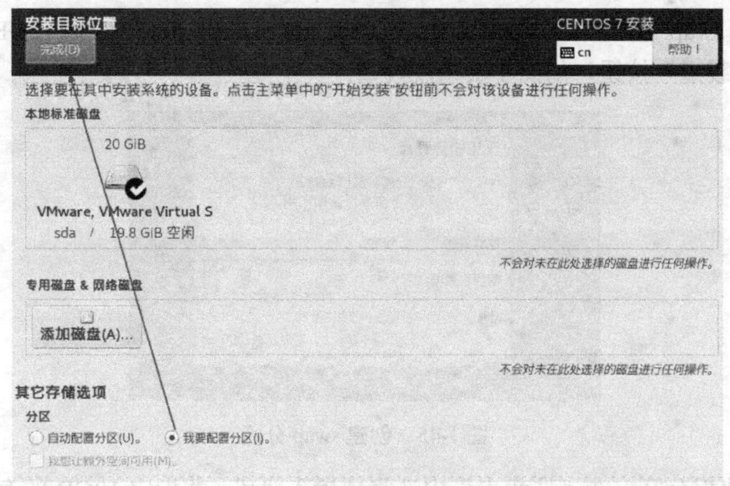

图 1-41　配置分区

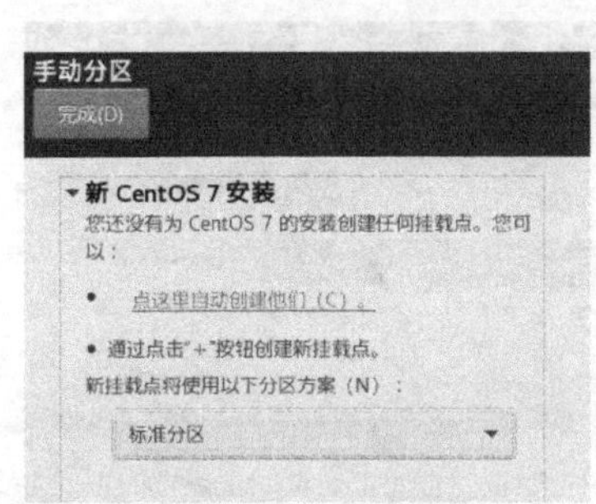

图 1-42　配置标准分区

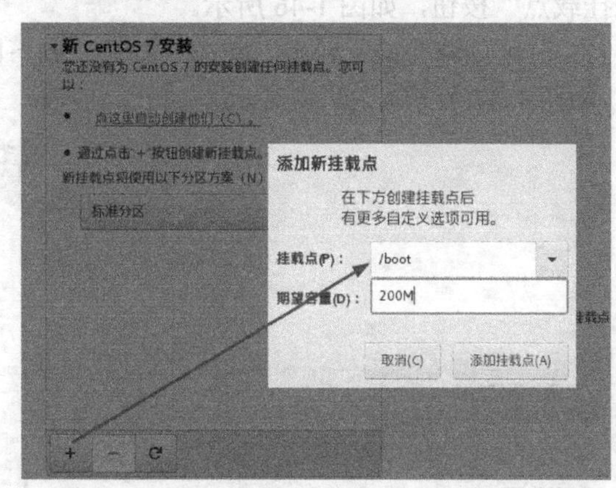

图 1-43　创建 boot 分区

（8）在设置 boot 分区界面中，“设备类型”选择默认的“标准分区”，“文件系统”选择“xfs”，CentOS 7 支持 brtfs，如图 1-44 所示。由于 btrfs 文件系统目前技术尚未成熟，只是一种前瞻技术，因此，生产环境不建议选择。

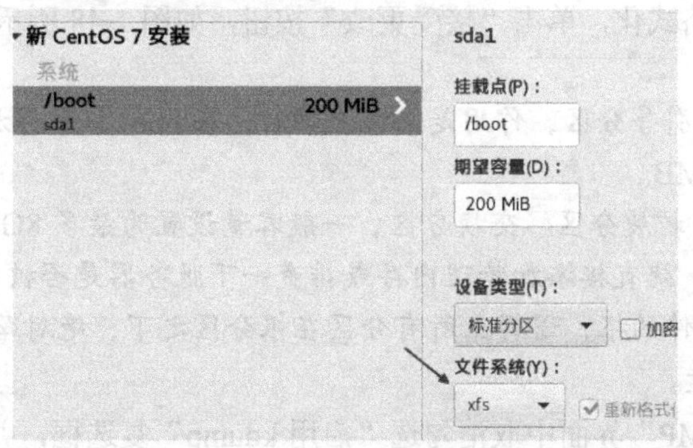

图 1-44　确定 xfs 文件系统

（9）创建 swap 分区，在“挂载点”中选择或输入“swap”，并指定 2GB 的存储空间，单击“添加挂载点”按钮，如图 1-45 所示。

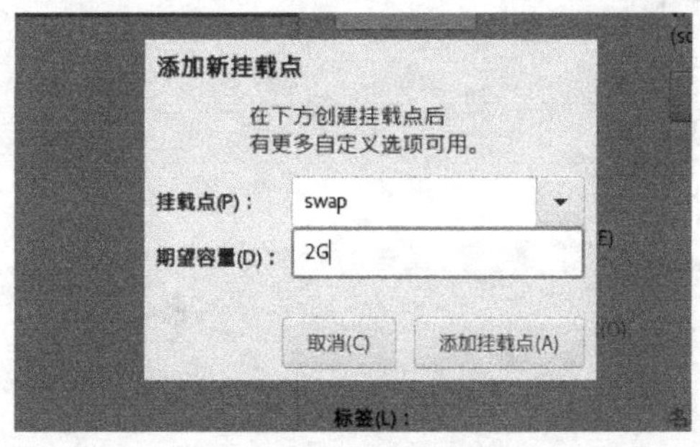

图 1-45　创建 swap 分区

（10）创建根分区，在“挂载点”中选择或输入“/”，并指定 10GB 的存储空间，单击“添加挂载点”按钮，如图 1-46 所示。

（11）分区创建完成，单击“完成”按钮，剩下的空间可以在后期学习中用于练习手动分区，如图 1-47 所示。

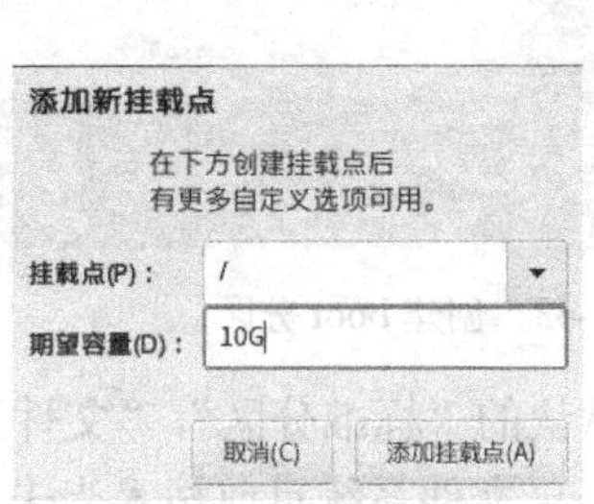

图 1-46　创建根分区

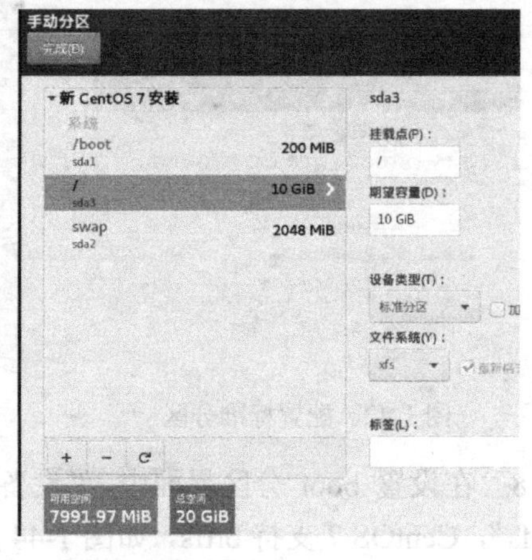

图 1-47　创建分区完成

（12）磁盘开始格式化，单击“接受更改”按钮，如图 1-48 所示。

注意：

boot 分区：系统引导分区，作用是系统启动时，在 boot 分区存放 grub、内核文件等，一般容量设置为 200MB。

swap 分区：内存扩展分区、交换分区，一般容量设置为最多 8GB 或 16GB，如果系统使用到了 swap 分区，就直接添加物理内存或排查一下服务器是否被攻击。

根分区：所有文件的根，逻辑上所有分区在根分区之下，绝对路径的开始标志。

sda：第一块磁盘。

（13）在“KDUMP”界面中取消勾选“启用 kdump”复选框，并单击“完成”按钮，如图 1-49 所示。

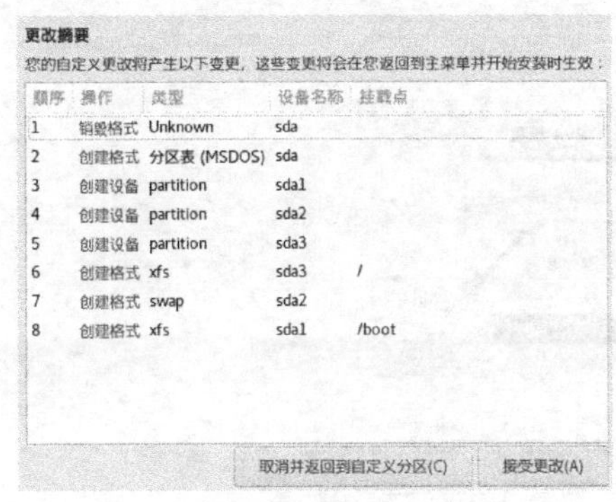

图 1-48　磁盘格式化

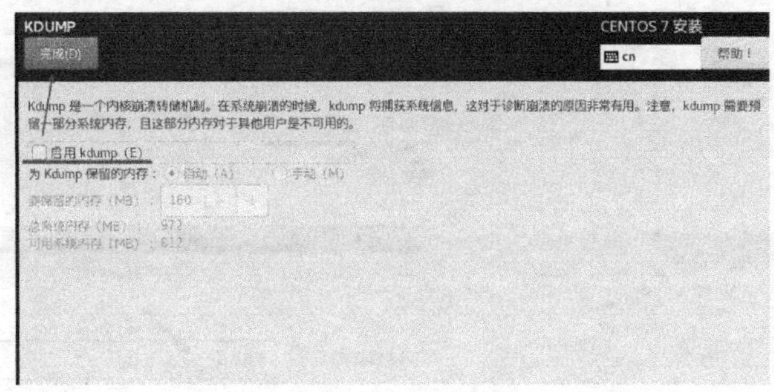

图 1-49　关闭 kdump

（14）在默认状态下 CentOS 7.5 是关闭网络的，在这里一定要开启以太网连接，系统将会自动获取 IP 地址。在“网络和主机名”界面中选择“以太网（ens33）”，单击右边的“打开”按钮，并在左下方配置“主机名”为“xuegod63.cn”，单击“应用”按钮，接下来会修改为静态 IP 地址，单击右下方的“配置”按钮，如图 1-50 所示。

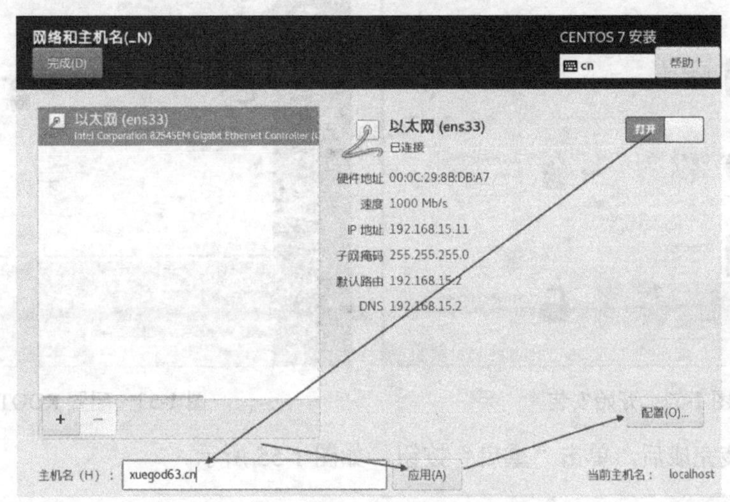

图 1-50　网络配置

（15）在手动配置网卡界面中选择“IPv4 设置”选项卡，设置“方法”为“手动”，单击“地址”右侧的“Add”按钮，添加“地址”为“192.168.1.63”，“子网掩码”为“24”，“网关”为“192.168.1.1”，“DNS 服务器”为“8.8.8.8”，单击“保存”按钮，如图 1-51 所示。用户也可根据真实主机地址配置同网段 IP 地址。

（16）安全策略使用默认，全部配置完成之后，单击“开始安装”按钮，进行系统安装，如图 1-52 所示。

（17）进入图 1-53 所示的安装界面，这里需要配置用户密码，单击“ROOT 密码”，设置 Root 密码为“123456”，由于密码过于简单，需要单击两次“完成”按钮进行确认，然后进入安装过程界面，如图 1-54 所示。

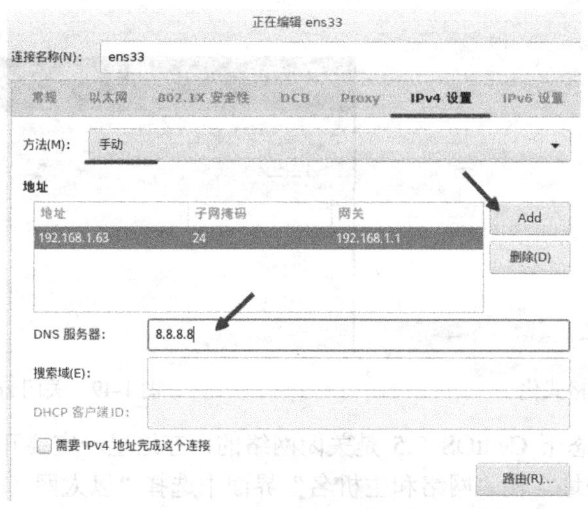

图 1-51　手动配置网卡

图 1-52　开始安装

图 1-53　配置 ROOT 密码

（18）安装完成后，单击“重启”按钮，如图 1-55 所示。

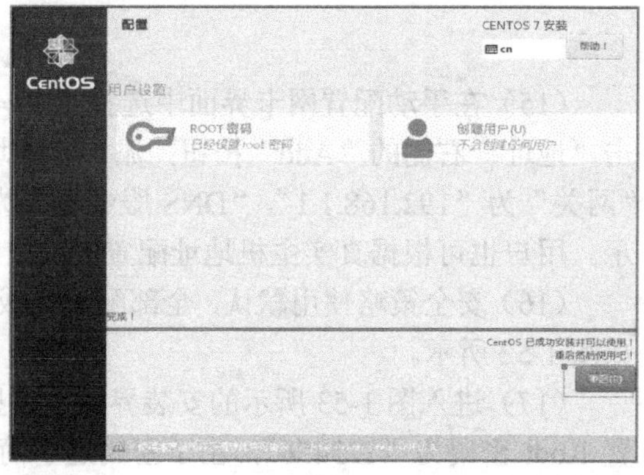

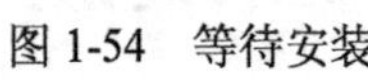

图 1-54　等待安装　　图 1-55　重启

（19）系统成功启动，显示开机界面，直接按 Enter 键即可，如图 1-56 所示。

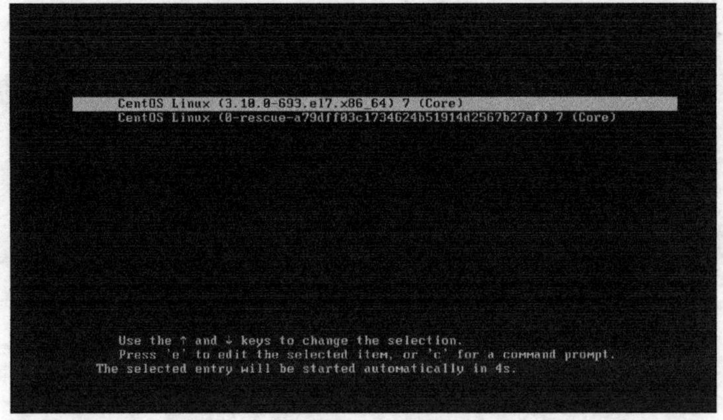

图 1-56　开机页面

（20）在图 1-57 所示的“初始设置”界面中单击“LICENSING”，进入图 1-58 所示的“许可协议”界面，勾选“我同意许可协议”复选框，然后单击“完成”按钮。

图 1-57　许可证

（21）进入欢迎界面，语言选择默认即“汉语　中国”，单击“前进”按钮，如图 1-59 所示。

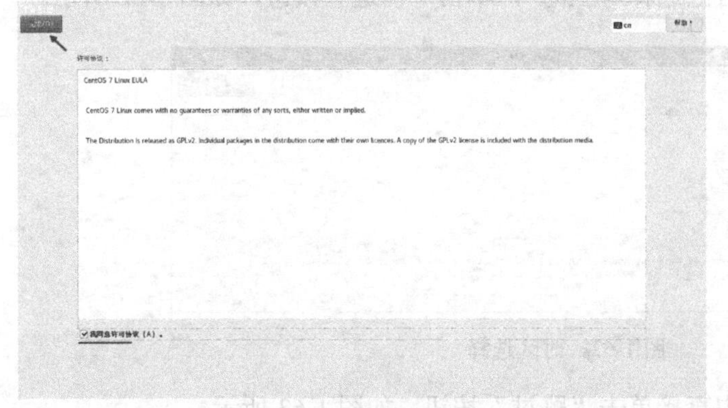

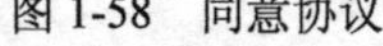

图 1-58　同意协议　　图 1-59　选择语言

（22）在“输入”界面的“选择您的键盘布局或者其他输入方式”下拉列表中选择“汉

语”，单击“前进”按钮，如图 1-60 所示。

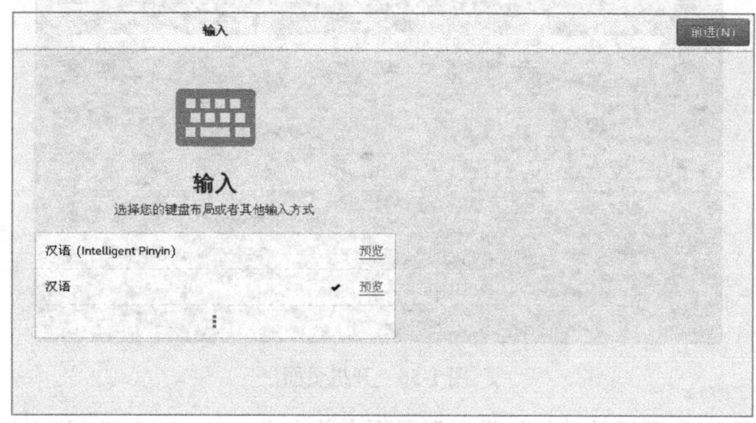

图 1-60　键盘输入方式

（23）在“隐私”界面中，关闭“位置服务”，单击“前进”按钮，如图 1-61 所示。

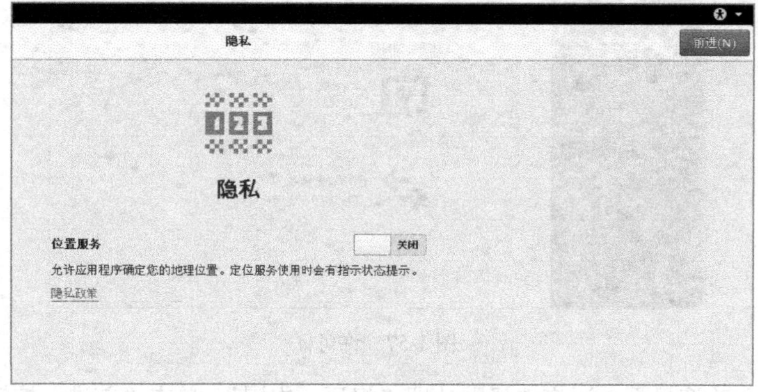

图 1-61　关闭位置服务

（24）在“时区”界面中，时区选择“上海”，单击“前进”按钮，如图 1-62 所示。

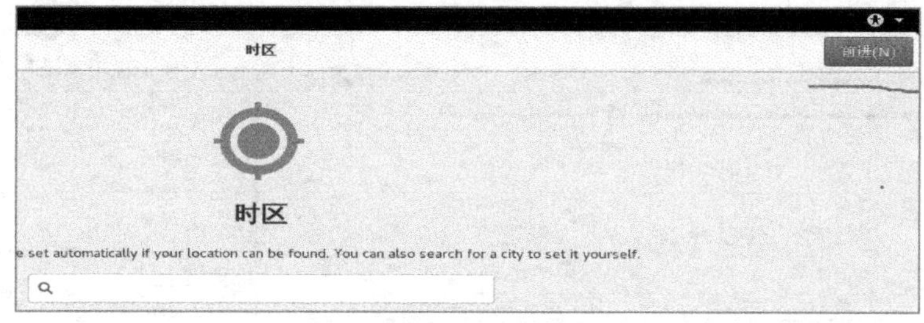

图 1-62　时区选择

（25）在“在线账号”界面中直接单击“跳过”按钮，如图 1-63 所示。

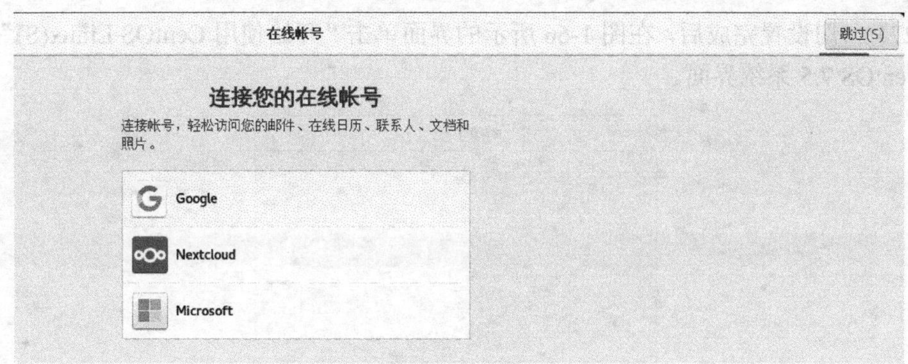

图 1-63　在线账号设置

（26）在图 1-64 所示的创建登录用户界面中，将“全名”和“用户名”都设置为“mk”，单击“前进”按钮，进入图 1-65 所示的设置密码界面，密码格式为数字加字母大小写，设置并记好密码。

图 1-64　创建登录用户

图 1-65　设置密码

（27）一切设置完成后，在图 1-66 所示的界面单击“开始使用 CentOS Linux(S)”按钮，进入 CentOS 7.5 系统界面。

图 1-66　开始使用

（28）弹出使用介绍页面，关闭即可，如图 1-67 所示。

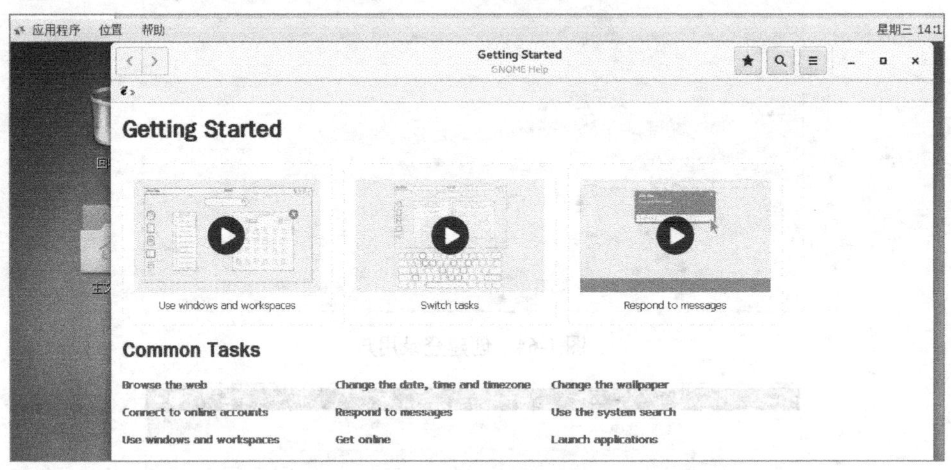

图 1-67　使用介绍页面

（29）至此，CentOS 7.6 操作系统安装完成。

在屏幕上任意空白位置单击鼠标右键，在弹出的快捷菜单中选择“打开终端”命令，如图 1-68 所示。

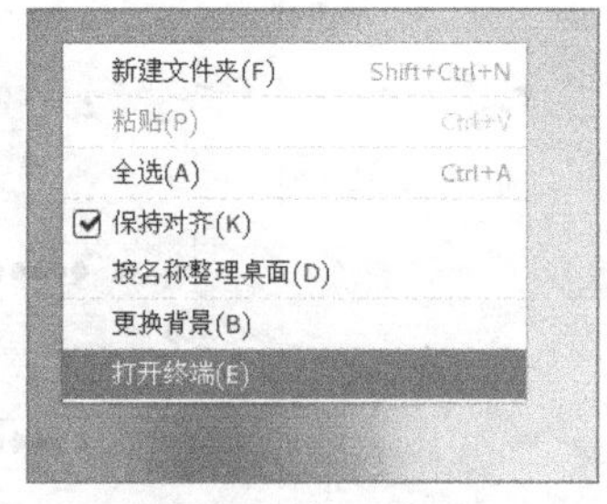

图 1-68　打开终端

（30）进入测试网络界面，输入“ping www.baidu.com”测试能否正常上网，如返回 ttl 和 time，代表正常，“su – root”是切换到 root 用户，“init 0”是关闭系统，如图 1-69 所示。

```
[mk@xuegod63 ～]# ping www.baidu.com
```

```
[mk@xuegod63 ~]$ ping baidu.com
PING baidu.com (111.13.101.208) 56(84) bytes of data.
64 bytes from 111.13.101.208 (111.13.101.208): icmp_seq=1 ttl=52 time=8.04 ms
64 bytes from 111.13.101.208 (111.13.101.208): icmp_seq=2 ttl=52 time=24.6 ms
64 bytes from 111.13.101.208 (111.13.101.208): icmp_seq=3 ttl=52 time=26.3 ms
^C
--- baidu.com ping statistics ---
3 packets transmitted, 3 received, 0% packet loss, time 2002ms
rtt min/avg/max/mdev = 8.043/19.677/26.307/8.255 ms
[mk@xuegod63 ~]$
[mk@xuegod63 ~]$ su - root
密码：
[root@xuegod63 ~]#
[root@xuegod63 ~]# init 0
```

图 1-69　测试网络

知识扩展：

CentOS 6 与 CentOS 7 的区别如下。

（1）CentOS 6 使用 ext4 文件系统格式，CentOS 7 使用 xfs 文件系统格式。

（2）CentOS 6 使用 cfq 磁盘调度算法，CentOS 7 使用 deadline 磁盘调度算法。

（3）CentOS 6 内核版本是 2.6 版本，CentOS 7 内核版本是 3.10 版本。

（4）CentOS 7 支持动态补丁机制 kpatch，这个也是作为技术预览的，和 btrfs 文件系统一样。

（5）CentOS 7 支持内核模块黑名单机制 modproble.blacklist=module。

（6）CentOS 7 支持嵌套虚拟化技术，使虚拟机 CPU 更流畅。

（7）CentOS 7 支持用 cgroup 实现内核级支持资源调优和分配。

（8）CentOS 6 只支持 USB 2.0，CentOS 7 支持 USB 3.0。

（9）在 CentOS 7 中，做 LVM 快照，支持 qcow2 格式文件型快照。

（10）CentOS 7 加强了对 VMware 技术的支持，自带的 open-VMtools 替换了 VM-tools。

（11）CentOS 7 是全新服务启动管理器 systemctl 命令，在 CentOS 6 中，使用 service 命令做一些服务的启动和停止。

（12）如果内核出现错误了，在 CentOS 7 中导出的 core 文件最大支持 3TB，而 CentOS 6 中最大只支持 2TB。

1.4　VMware 虚拟机的 12 个使用技巧

下面将介绍 VMware 虚拟机的 12 个使用技巧。

1. 增加虚拟机可用的物理内存的技巧

步骤如下：关闭虚拟机→编辑虚拟机设置→选择“内存”→调整大小，如图 1-70 所示。

2. 添加硬件设备的技巧

步骤如下：编辑虚拟机设置→单击“添加”按钮→选择需要添加的设备，点击“下一步”按钮，即可添加，如图 1-71 所示。

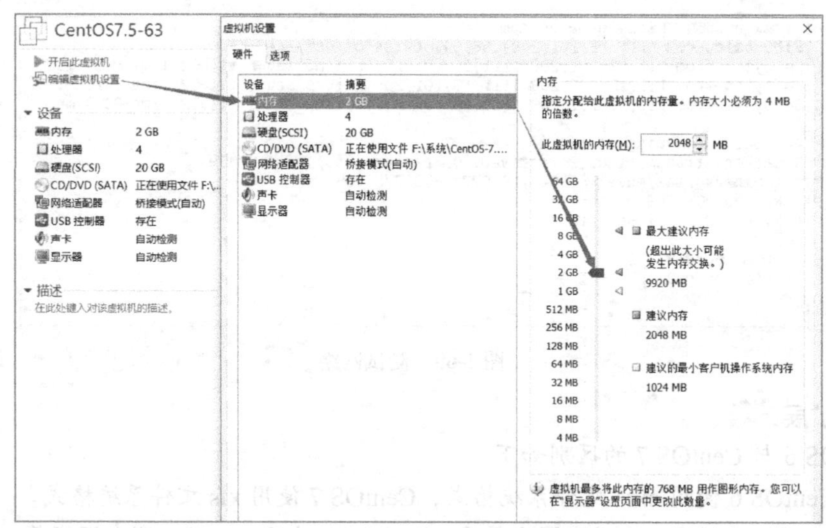

图 1-70　增加内存

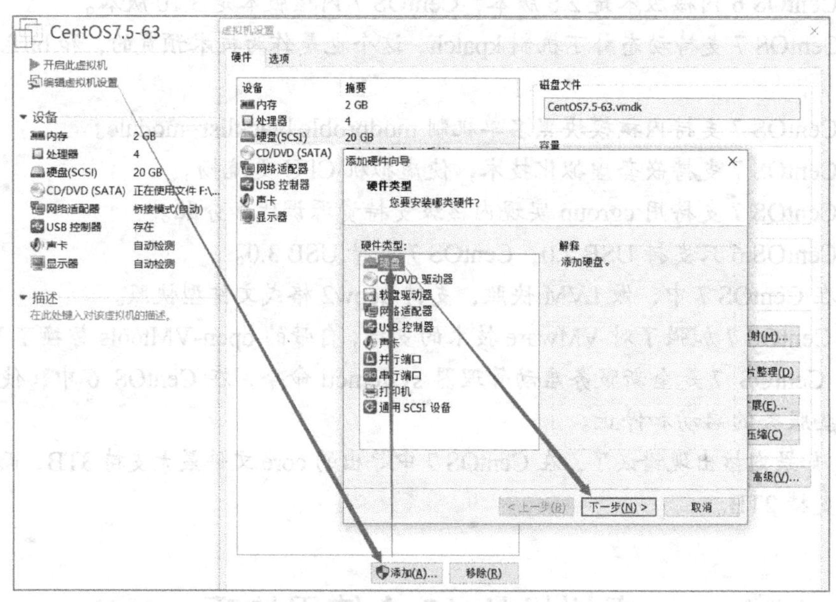

图 1-71　添加磁盘

3．控制权切换的技巧

由于 VMware 虚拟机的工作特点是在一台计算机上同时运行多个操作系统，因此，就存在一个系统控制权的切换问题，如果发现鼠标和键盘在某一操作系统中无法使用，那么就必须进行切换，默认的切换方法是按 Ctrl+Alt 组合键。

4．正确关机的技巧

VMware 虚拟机的关机也必须按照一定的步骤进行，如果直接单击 VMware 工具栏上的“Power OFF”按钮，相当于通常意义上的非法关机，那么下次启动 VMware 虚拟机时会自动扫描磁盘。正确的关机步骤是在操作系统上执行 init 0 命令。

5．发送快捷键的技巧

在物理主机中使用 Ctrl+Alt+Del 组合键来结束任务，但在 VMware 虚拟机中是使用 Ctrl+Alt+Ins 组合键或在图 1-72 所示的界面中选择“虚拟机”→“发送 Ctrl+Alt+Del（E）”命令。

6．显示模式的切换技巧

通过单击图 1-73 所示的按钮实现显示模式切换。

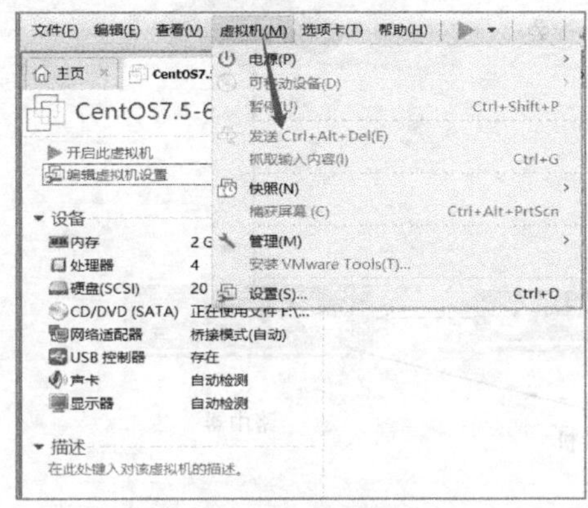

图 1-72　重启快捷键

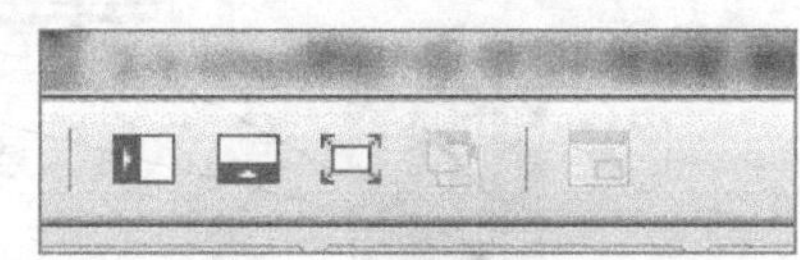

图 1-73　切换显示模式

图 1-73 中的 3 个按钮分别为显示侧边栏、显示下边栏、显示全屏。

7．虚拟机网络使用技巧

VMware 虚拟机提供了 3 种网络工作模式：Bridged（桥接）模式、NAT（网络地址转换）模式和 Host-Only（仅主机）模式。

（1）Bridged 模式：就是将物理主机的网卡与虚拟机虚拟的网卡利用虚拟网桥进行通信，如图 1-74 所示。

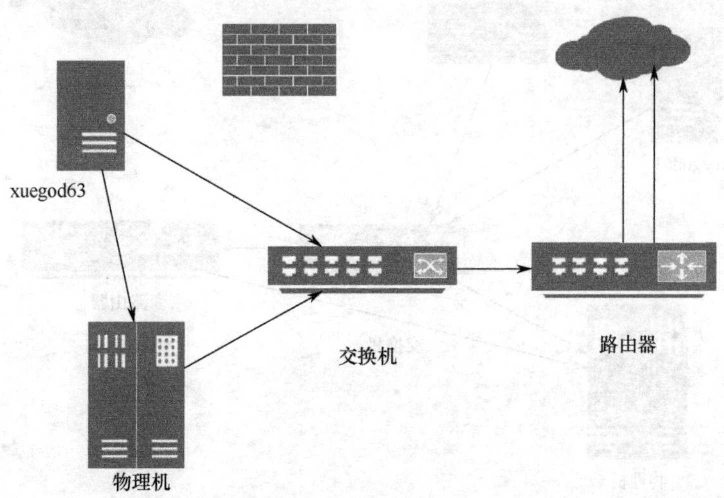

图 1-74　Bridged 模式示意图

在桥接的作用下，类似于把物理主机虚拟为一个交换机，所有桥接设置的虚拟机连接到这个交换机的一个接口上，物理主机也同样插在这个交换机当中。

虚拟机的 IP 地址需要与物理主机在同一个网段，如果需要联网，则网关与 DNS 需要与物理主机网卡一致。

（2）NAT 模式：在 NAT 模式下，借助虚拟 NAT 设备和虚拟 DHCP 服务器，使得虚拟机可以联网。虚拟机和物理主机共用一个 IP 地址，如图 1-75 所示。

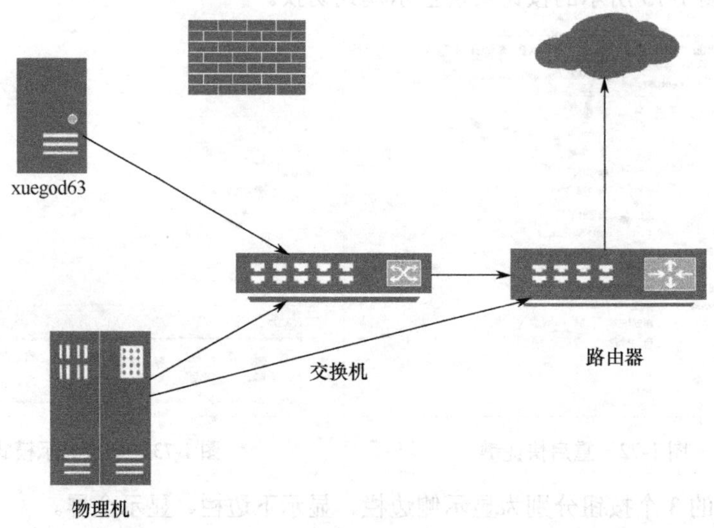

图 1-75　NAT 模式示意图

注意：虚拟机使用 NAT 模式时，Linux 系统要配置成动态获取 IP。

（3）Host-Only 模式：将虚拟机与外网隔开，使得虚拟机成为一个独立的系统，只与物理主机相互通信。相当于 NAT 模式去除了虚拟 NAT 地址转换功能，如图 1-76 所示。

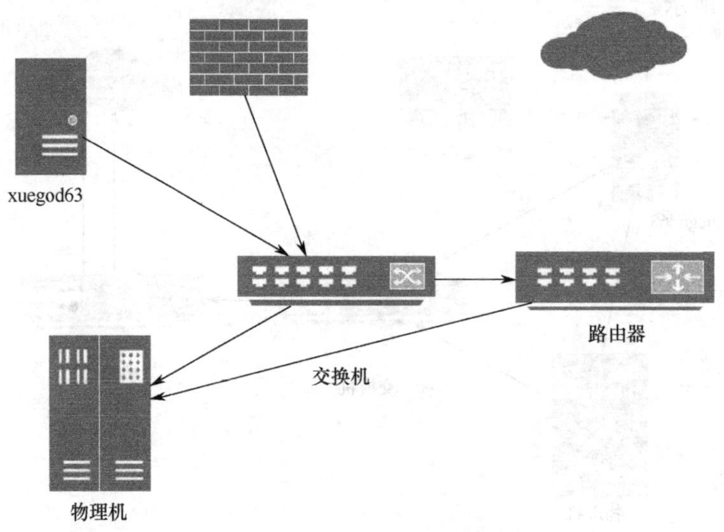

图 1-76　Host-Only 模式示意图

注意：虚拟机使用 Host-Only 模式时，Linux 系统要配置成动态获取 IP。

8．虚拟机进入 BIOS 设置的技巧

关闭虚拟机后，选择“打开电源时进入固件”选项，如图 1-77 所示，即可进入 BIOS 设置。

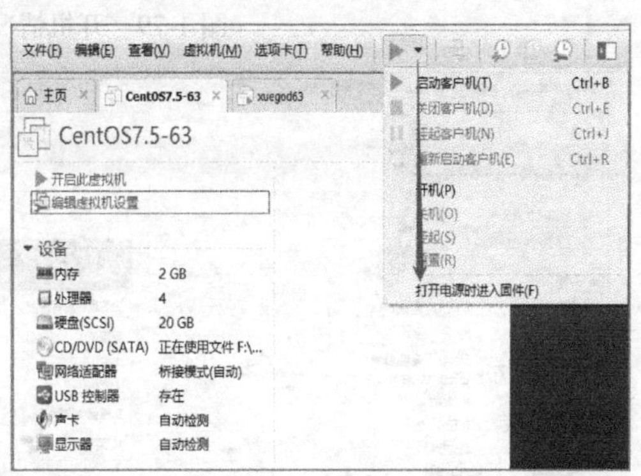

图 1-77　进入 BIOS

9．设置显示屏幕分辨率的技巧

在 CentOS 7 以后，默认在安装系统时就直接安装好 open VM- tools 了，直接使用即可。

10．使用 ISO 光盘文件的技巧

单击“编辑虚拟机设置”按钮，选择“CD/DVD”按钮，勾选“启动时连接”复选框，选择“使用 ISO 映像文件”单选按钮，如图 1-78 所示。

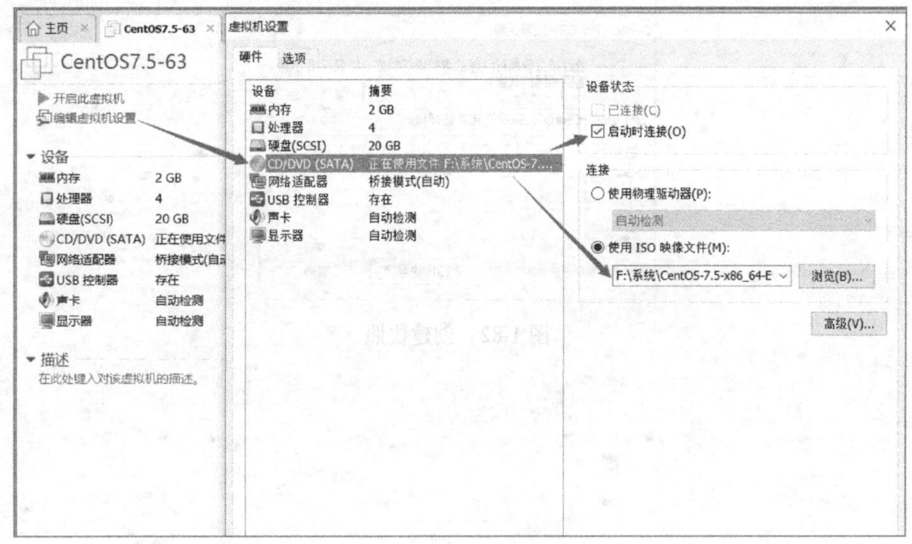

图 1-78　ISO 文件选择

如果是在开机情况下，直接在右下角单击光驱图标，选择“设置”选项即可，如图 1-79 所示。

11．删除虚拟机的技巧

关闭虚拟机，选择“虚拟机”→“管理”→“从磁盘中删除”命令，如图 1-80 所示。

12．快照管理技巧

创建快照相当于做了一个完整备份，选中拍摄快照的虚拟机，选择“虚拟机”→“快照”→“拍摄快照”命令，如图 1-81 所示。在打开的对话框中进行设置，如图 1-82 所示。

图 1-79　开机情况下 ISO 文件选择的方法

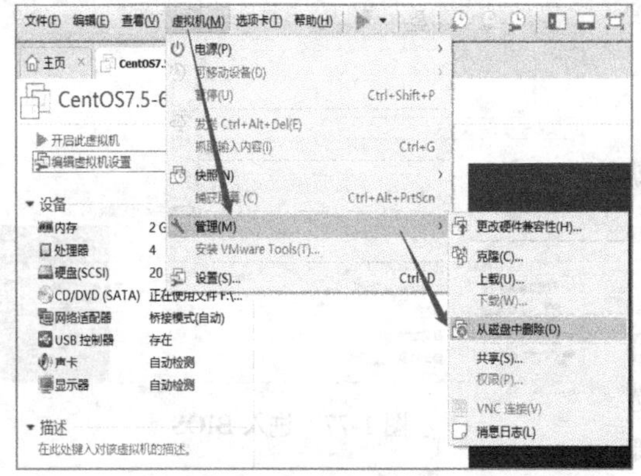

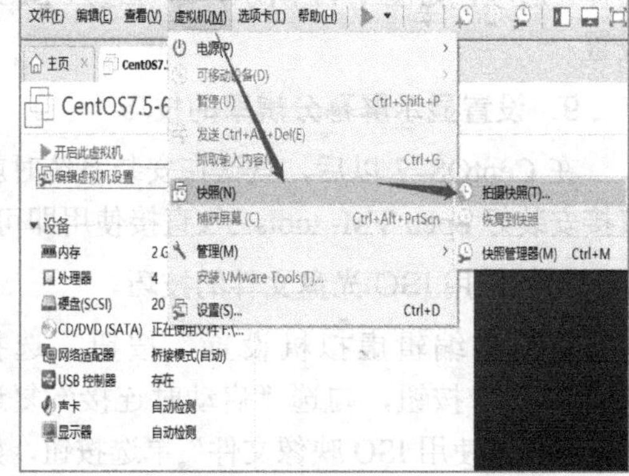

图 1-80　删除虚拟机

图 1-81　拍摄快照

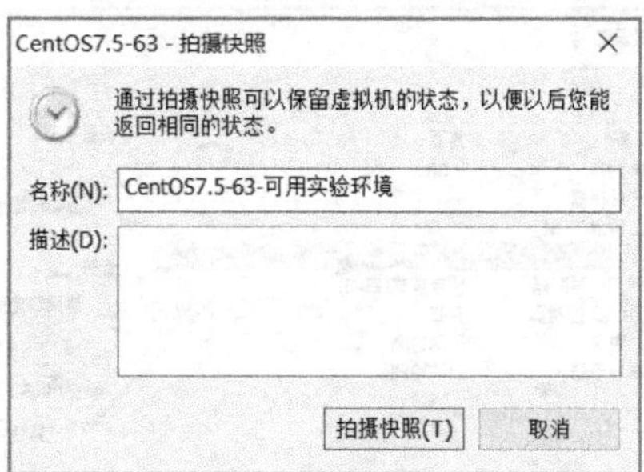

图 1-82　创建快照

第 2 章

Linux 基本操作和组装服务器

2.1 Linux 网络相关概念和修改 IP 地址的方法

网络是什么？

把多台计算机用某种介质连接起来就是网络。这种介质可能是网线、同轴电缆、蓝牙信号、无线信号、光纤等。如果是电气介质，那么传输的一定为电气信号；如果是光介质，那么传输的一定是光信号，但不管用什么介质在计算机中实现交流，到达对方主机时，仍然需要转换器将其转换成电气信号。

信号可能是电气信号，也可能是光信号，区别在于介质是有线介质还是无线介质，电气信号要传达到对方，只要在线缆上施加电压，这个电压就能瞬间到达对方。假设高电压代表 1，低电压代表 0，那么接收方如何得知这个高电压是几个 1？让对方接收多长时间为一个信号？假设 1 秒一个信号，如果持续施加电压 8 秒，那么对方则会理解为 8 个信号，所以，在传递信号之前需要明确指定多长时间为一个信号，这种指定称为“协议（Protocol）”。

在 Linux 中，系统分为两个层次——用户空间和内核空间。所有的用户进程都在用户空间运行，所有的内核功能都在内核空间运行，网络功能就属于内核功能，在内核中有一个 TCP/IP 协议的实现模块，因此，所配置的 IP 地址也是在内核中生效，只是用户是在用户空间中使用管理工具对 IP 地址进行配置及管理。配置完成后在内核所运行的内存中生效，当关机时，内存中的数据则会丢失（因为内存是一时性的存储），内核中所配置的 IP 地址也随之失效。

当再次开机时，内存是空的，而且内存中关机前修改的数据并没有保存到磁盘上实现永久存储。在启动内核时是从磁盘中读取配置文件中的数据，并根据配置文件中的选项定义调整内核的工作方式。因此，要想实现永久生效，需要把配置保存在磁盘的配置文件中，当内核再次启动网络功能时，会自动读取该磁盘配置文件并设置配置文件中的 IP 地址，以此实现永久生效。

配置 IP 地址的两种方法如下。

- 命令配置（临时生效）：立即生效，不能永久生效。
- 配置文件（永久生效）：不会立即生效，但会永久生效，需要指定配置文件，内核在启动时会读取该配置文件，内核启动后则不再读取该配置文件，如果在内核启动后修改配置文件，则需要手动让内核读取配置文件才能生效。

2.1.1 网卡的命名规则

在 CentOS 6 之前，网卡使用连续号码来命名，如 eth0、eth1 等，这种网卡命名方式会根据情况改变而改变，并非唯一且固定，比如，当增加或删除网卡时，名称可能会随之发生变化。

CentOS 7 通过 dmidecode 命令采集主板信息，并以此命名，这种命名方式可以实现网卡名永久唯一化。

如果 Firmware（固件）或 BIOS 为主板上集成的设备提供的索引信息可用，且可预测，则根据此索引进行命名，如 ifcfg-ens33 。

如果 Firmware 或 BIOS 为 PCI-E 扩展槽所提供的索引信息可用，且可预测，则根据此索引进行命名，如 ifcfg-enp33。

如果硬件接口的物理位置信息可用，则根据此信息进行命名，如 enp2s0。

上述信息均不可用时，则使用传统命名机制，即使用连续号码命名。

知识扩展

在 CentOS 7 中，网上命名中的 en 表示 etherne1t（以太网），就是现在使用的局域网。

enX：X 常见有下面 3 种类型。

o：主板板载网卡，主板上集成设备的设备索引号。

p：独立网卡，PCI 网卡，PCI 插槽的索引号。

s：热插拔网卡，USB 之类，扩展槽的索引号。

nnn（数字）表示：MAC 地址+主板信息计算得出的唯一序列号。

2.1.2 使用 root 用户登录操作系统

用户用于标识资源获取者的身份，在 Linux 中默认都有一个 root 用户，该用户是独一无二的。root 用户是 Linux 系统的超级用户，就像 Windows 的管理员用户一样。

在生产环境中不建议直接使用 root 用户登录，因为 root 的权限相当大，为避免操作失误，建议使用普通用户登录，必要时再切换到 root 用户。

root 用户的密码在安装系统的过程中就已经设置了，以下实验当中直接使用 root 用户登录。

（1）使用 root 用户登录系统，在图 2-1 所示的登录界面单击“未列出？”。

（2）如图 2-2 所示，在“用户名”文本框中输入 root，并单击“下一步”按钮。

（3）如图 2-3 所示，在“密码”文本框中输入 root 用户的密码，并单击“登录”按钮完成登录。

图 2-1 选择用户登录

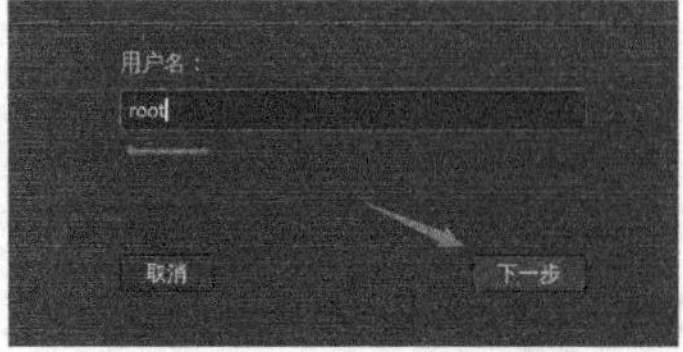

图 2-2 输入用户名

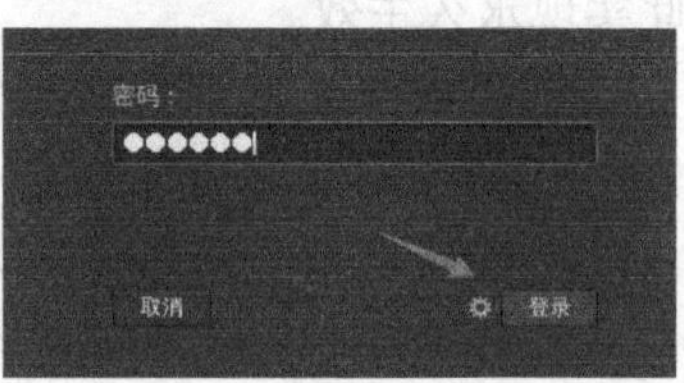

图 2-3 输入密码

2.1.3　ifconfig 命令的使用方法

命令：ifconfig。

作用：用来配置网络或显示当前网络接口的状态。

```
[root@xuegod63 ~]# ifconfig
ens33: flags=4163<UP,BROADCAST,RUNNING,MULTICAST>  mtu 1500
        inet 192.168.1.63  netmask 255.255.255.0  broadcast 192.168.1.255
        inet6 fe80::c09d:975d:89cd:fd3f  prefixlen 64  scopeid 0x20<link>
        ether 00:0c:29:02:83:db  txqueuelen 1000  (Ethernet)
        RX packets 3255  bytes 4458479 (4.2 MiB)
        RX errors 0  dropped 26  overruns 0  frame 0
        TX packets 1130  bytes 81645 (79.7 KiB)
        TX errors 0  dropped 0 overruns 0  carrier 0  collisions 0
```

命令执行结果信息大概说明如下。

```
第一行：up              #表示网卡开启状态
       RUNNING         #表示网线处于连接状态
       MULTICAST       #表示支持组播
       mtu 1500        #Maximum Transmission Unit，表示最大传输单元大小为 1500 B
第二行：该网卡的 IP 地址，子网掩码，广播地址。
第三行：IPV6 的配置信息。
第四行：网卡的 MAC 地址。
       ether 表示连接类型为以太网。
       txqueuelen 1000 表示传输队列的长度。
第五、六行：网卡接收数据包的统计信息和接收错误的统计信息。
第七、八行：网卡发送数据包的统计信息和发送错误的统计信息。
```

2.1.4　临时和永久修改

在 Linux 系统中，一切皆文件，包括系统中的内核也同样展示为文件形式，并存储在磁盘中。在开机加载内核时，会把内核装载到内存中展开并运行起来，在系统启动以后可以修改系统的配置，一般而言，系统的配置信息同样存储在磁盘中的某个相关的配置文件中，在下次启动时直接加载该配置文件，并根据配置文件中指定的配置进行设置，修改系统配置有“临时”和“永久”之分。

临时修改指的是直接修改在内存中所运行的系统配置。临时修改并没有把修改后的配置保存到磁盘上的配置文件中，在系统关机后，内存中的数据会丢失，在下次开机时，内核直接加载原来的配置文件并按文件中的配置信息设置系统的相关配置，在上次开机时所做的修改则会失效，因此，配置恢复了上一次修改。

永久修改指的是直接修改其配置文件，即使系统关机后，内存中的数据丢失，也对修改不造成影响，在下次开机时，系统会重新加载相关的配置文件并设置，因此可以达到永久生效的目的。但是，由于永久生效的修改方法是直接修改其磁盘中的相关配置文件，如果在修改前系统已经启动了，就意味着系统已经生效了原有的配置，就不会再自动去加载修改后的配置文件了。

所以，修改磁盘中的配置文件系统并不会立即生效，往往需要通过重新加载才能够生效，可使用重新加载的命令使配置生效，或重新启动系统，使系统在启动时达到重新加载配置文件，如果修改的是一个服务的配置文件，可以直接重启服务以重新加载配置文件。

在 Linux 中，大多数修改配置都是由以上这两种方式实现的。

1．临时修改网卡的 IP 地址

命令使用格式：ifconfig 网卡名 IP 地址子网掩码，直接修改网卡的 IP 地址，重启失效。

例如：首先查看 ens33 网卡信息。

```
[root@xuegod63 ~]# ifconfig ens33                    #查看 ens33 网卡信息。
ens33: flags=4163<UP,BROADCAST,RUNNING,MULTICAST>  mtu 1500
        inet 192.168.1.63  netmask 255.255.255.0  broadcast 192.168.1.255
```

然后把 ens33 网卡中的 IP 地址临时改为 192.168.1.110。

```
[root@xuegod63 ~]# ifconfig ens33 192.168.1.110 netmask 255.255.255.0          #临时修改 IP 地址，子网掩码需要使用 netmask 来指定。
```

修改完成后，再次查看 ens33 网卡信息。

```
[root@xuegod63 ~]# ifconfig ens33
  ens33: flags=4163<UP,BROADCAST,RUNNING,MULTICAST>  mtu 1500
        inet 192.168.1.110  netmask 255.255.255.0  broadcast 192.168.1.255
        inet6 fe80::20c:29ff:fee8:ac4  prefixlen 64  scopeid 0x20<link>
        ether 00:0c:29:e8:0a:c4  txqueuelen 1000  (Ethernet)
        RX packets 2028  bytes 198715 (194.0 KiB)
        RX errors 0  dropped 0  overruns 0  frame 0
        TX packets 385  bytes 51073 (49.8 KiB)
        TX errors 0  dropped 0 overruns 0  carrier 0  collisions 0
```

由于以上实验是临时修改，所以在执行网络服务重启时，临时修改的 IP 地址就会失效。

```
[root@xuegod63 ~]# systemctl restart network     #CentOS 7 的网卡重启方法。
```

重启网络服务后，再次查看 ens33 网卡信息，IP 地址恢复原样了。

```
[root@xuegod63 ~]# ifconfig ens33                    #查看 ens33 网卡信息。
ens33: flags=4163<UP,BROADCAST,RUNNING,MULTICAST>  mtu 1500
        inet 192.168.1.63  netmask 255.255.255.0  broadcast 192.168.1.255
```

2．添加多个临时 IP 地址（掌握）

```
ifconfig 网卡名:0 第一个 IP 地址 （netmask 子网掩码）         #增加一个 IP 地址。
ifconfig 网卡名:1 第二个 IP 地址 （netmask 子网掩码）         #增加一个 IP 地址。
```

例 2.1：单网卡绑定多 IP 地址。

网卡在添加多个 IP 地址时，实际上使用的是同一张物理网卡，只是在系统上通过虚拟技术实现一张网卡使用多个 IP 地址，具体操作如下。

```
[root@xuegod63 ~]# ifconfig ens33:0 192.168.1.110 netmask 255.255.255.0 up
```

注释：ens33:0 表示把 ens33 网卡复制为 ens33:0，并配置 IP 地址为 192.168.1.110，up 表示开启。

```
[root@xuegod63 ~]# ifconfig                    #查看所有启动的网卡信息。
```

```
ens33: flags=4163<UP,BROADCAST,RUNNING,MULTICAST>  mtu 1500
        inet 192.168.1.63  netmask 255.255.255.0  broadcast 192.168.1.255

ens33:0: flags=4163<UP,BROADCAST,RUNNING,MULTICAST>  mtu 1500
        inet 192.168.1.110  netmask 255.255.255.0  broadcast 192.168.1.255
        ether 00:0c:29:e8:0a:c4  txqueuelen 1000  (Ethernet)
```

2.1.5　删除临时 IP 地址

下面删除例 2.1 中添加的 IP 地址：192.168.1.110。

```
[root@xuegod63 ~]# ifconfig ens33:0 del 192.168.1.110     #del 表示删除，需要指定删除的网卡名。
[root@xuegod63 ~]# ifconfig     #由以下 ifconfig 命令执行结果可以看到，IP 地址：192.168.1.110
已被删除。
ens33: flags=4163<UP,BROADCAST,RUNNING,MULTICAST>  mtu 1500
        inet 192.168.1.63  netmask 255.255.255.0  broadcast 192.168.1.255
        inet6 fe80::20c:29ff:fee8:ac4  prefixlen 64  scopeid 0x20<link>
        ether 00:0c:29:e8:0a:c4  txqueuelen 1000  (Ethernet)
        RX packets 3056  bytes 311813 (304.5 KiB)
        RX errors 0  dropped 0  overruns 0  frame 0
        TX packets 961  bytes 145297 (141.8 KiB)
        TX errors 0  dropped 0 overruns 0  carrier 0  collisions 0
```

2.1.6　NetworkManager 概述（了解）

NetworkManager 服务是管理和监控网络设置的守护进程，CentOS 7 更加注重使用 NetworkManager 服务来实现网络的配置和管理。CentOS 7 以前是通过 Network 服务管理网络，以后的版本，所有网络管理和设置统一由 NetworkManager 服务来维护。它是一个动态的、事件驱动的网络管理服务。

```
[root@xuegod63 ~]# systemctl status NetworkManager     #查看 NetworkManager 服务是否启动，
active（running）表示启动，如图 2-4 所示。
```

```
● NetworkManager.service - Network Manager
   Loaded: loaded (/usr/lib/systemd/system/NetworkManager.service; enabled; vendor pres
et: enabled)
   Active: active (running) since Tue 2016-11-29 20:02:16 CST; 54min ago
 Main PID: 836 (NetworkManager)
   CGroup: /system.slice/NetworkManager.service
           └─836 /usr/sbin/NetworkManager --no-daemon

Nov 29 20:47:44 panda NetworkManager[836]: <info>  NetworkManager state is now CON...NG
Nov 29 20:47:44 panda NetworkManager[836]: <info>  (eno16777736): device state cha...0]
Nov 29 20:47:45 panda NetworkManager[836]: <info>  (eno16777736): device state cha...0]
Nov 29 20:47:45 panda NetworkManager[836]: <info>  (eno16777736): device state cha...0]
Nov 29 20:47:45 panda NetworkManager[836]: <info>  (eno16777736): device state cha...0]
Nov 29 20:47:45 panda NetworkManager[836]: <info>  (eno16777736): device state cha...0]
Nov 29 20:47:45 panda NetworkManager[836]: <info>  NetworkManager state is now CON...AL
Nov 29 20:47:45 panda NetworkManager[836]: <info>  NetworkManager state is now CON...AL
Nov 29 20:47:45 panda NetworkManager[836]: <info>  Policy set 'eno16777736' (eno16...S.
Nov 29 20:47:45 panda NetworkManager[836]: <info>  (eno16777736): Activation: succ...d.
Hint: Some lines were ellipsized, use -l to show in full.
```

图 2-4　NetworkManager 状态

2.1.7 RHEL/CentOS Linux 网络相关的配置文件（熟练）

RHEL/CentOS 网络相关的配置文件路径如下。

（1）网卡相关配置文件：/etc/sysconfig/network-scripts/ifcfg-ens33，用于保存网卡相关的配置，一般实现永久修改网卡相关的配置信息都通过修改此文件实现，如是否开启网卡、IP 地址、是静态还是动态获取 IP 地址，等等。

（2）网卡回环地址配置文件：/etc/sysconfig/network-scripts/ifcfg-lo，用于保存回环地址信息。

（3）DNS 配置文件：/etc/resolv.conf，用于保存 DNS 信息，一般配置 DNS 时是通过修改此文件实现的。

（4）域名和 IP 地址映射文件：/etc/hosts，此文件用于本地域名解析，在整个解析流程中，该文件优先级最高。

（5）主机名配置文件：/etc/hostname，用于保存主机名。

2.1.8 永久修改 IP 地址

永久修改 IP 地址有两种方法。

1. 使用 nmtui 文本框方式修改 IP 地址（了解）

```
[root@xuegod63 Desktop]# nmtui
```

（1）在命令行终端上输入 nmtui 命令，并按 Enter 键，则会弹出图 2-5 所示的“网络管理器”对话框，使用键盘上的上、下方向键选择“编辑连接”选项并按 Enter 键确认。

（2）在图 2-6 所示的网卡设备编辑对话框中选择需要修改的网卡，按 Tab 键可把光标切换至“编辑”按钮，选中该按钮后，按 Enter 键确认。

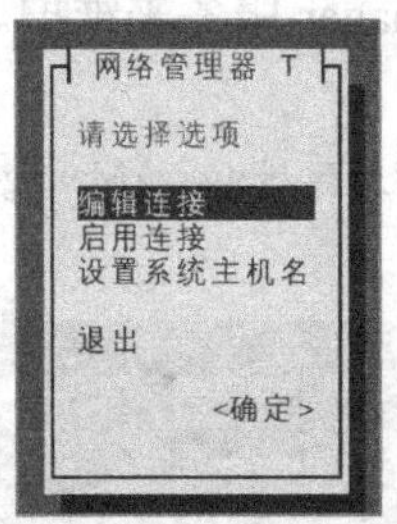

图 2-5 “网络管理器”对话框

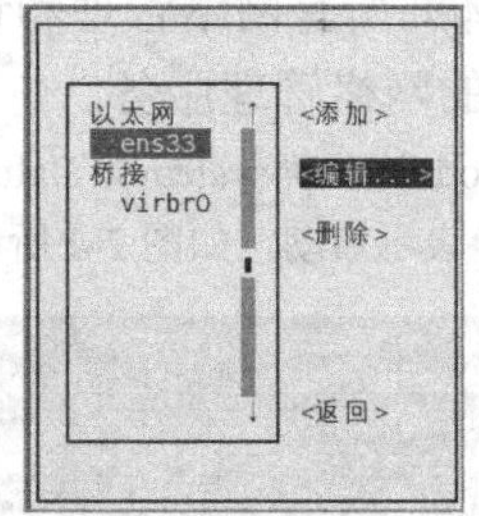

图 2-6 选择网卡

（3）在图 2-7 所示的“编辑连接”对话框中添加 IP 地址，掩码直接在 IP 地址后使用“/”分隔，其中 24 是指 24 位掩码，即 255.255.255.0，然后添加网关、DNS 服务器即可。

（4）最后，把光标移到最下面，选择“确定”按钮并按 Enter 键，进行保存。

重启网络服务以生效：

```
[root@xuegod63 ~]# systemctl restart network          #重启网络服务。
```

2. 通过修改网卡配置文件来修改 IP 地址（熟练）

在 Linux 中很多配置都是以文件形式保存的，网卡信息也如此，所以，该方法使用的是以编辑文件的形式对网卡的配置进行修改，网卡的配置文件存放于/etc/sysconfing/network-scripts/ifcfg-ens33。

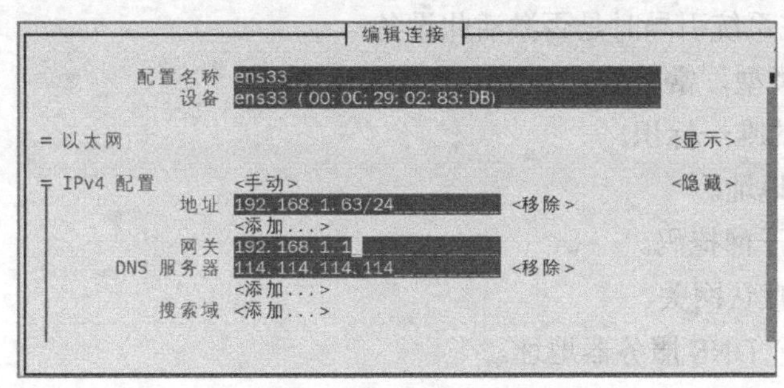

图 2-7　“编辑连接”对话框

首先，初步了解一下在 Linux 系统下比较常用的文件编辑工具——vim，其主要用于编辑文件。

vim 的使用方法（此处简单了解，详细介绍在下一章）如下。

i：进入插入模式（按下 i 键，即可进入文本的插入模式，可以往文本中添加内容）。

保存：先按 Esc 键，再输入“：wq”。

（1）使用 vim 工具打开网卡配置文件。

```
[root@xuegod63 ～]# vim /etc/sysconfig/network-scripts/ifcfg-ens33
TYPE=Ethernet                 #网络类型。
BOOTPROTO=none                #此项指定获取 IP 地址的方式， =（等号）后面写：dhcp 表示动态获取 IP 地址，static 表示静态 IP 地址，none 表示不指定，也就是静态 IP 地址。如果此项为 dhcp，那么设置的静态 IP 不生效。
DEFROUTE=yes
IPV4_FAILURE_FATAL=no
IPV6INIT=yes
IPV6_AUTOCONF=yes
IPV6_DEFROUTE=yes
IPV6_FAILURE_FATAL=no
NAME=ens33                    #网卡名。
UUID=50eff37c-72b4-407a-a3ee-9ef8ca746b95        #网卡 UUID 是全球唯一的。
DEVICE=ens33                  #设备名，在内核中识别的名字。
ONBOOT=yes                    #启用此网络设备，如果为 no，表示不启用该设备。
DNS1=8.8.8.8                  #首选 DNS 服务器地址。
DNS2=192.168.1.1              #备用 DNS 服务器地址。
NETMASK=255.255.255.0         #子网掩码。
IPADDR=192.168.1.222          #IP 地址。
GATEWAY=192.168.1.1           #默认网关。
IPV6_PEERDNS=yes
IPV6_PEERROUTES=yes
IPV6_PRIVACY=no
```

参数说明如下。

DEVICE：此配置文件应用到的设备。

BOOTPROTO：激活此设备时使用的地址配置协议，常用的有 dhcp、static、none、bootp。

ONBOOT：在系统引导时是否激活此设备。

TYPE：接口类型，常见的有 Ethernet、Bridge。

UUID：设备的唯一标识。

IPADDR：IP 地址。

NETMASK：子网掩码。

GATEWAY：默认网关。

DNS1：第一个 DNS 服务器地址。

DNS2：第二个 DNS 服务器地址。

IPV4_FAILURE_FATAL：如果为 yes，则 IPV4 配置失败禁用设备。

（2）把以上所修改的内容进行保存并退出，保存时在 vim 的编辑模式按 Esc 键，输入 :wq 也需要输入并按 Enter 键。

（3）重启网络服务，使网络设备生效。

```
[root@xuegod63 ~]# systemctl restart NetworkManager
```

2.2 关闭防火墙并设置开机不启动防火墙

什么是防火墙？

防火墙类似于商场中的防火门，用于隔离一些意外的危险，因为接下来的实验不需要用到防火墙，因此需要关闭防火墙，如果开启防火墙，在实验过程中可能会出现各种报错，执行防火墙相关命令即可关闭防火墙。

```
[root@xuegod63 ~]# systemctl status firewalld.service        #查看防火墙状态。
Active: active (running)                                     #running 表示运行中。
[root@xuegod63 ~]# systemctl stop firewalld                  #关闭防火墙。

[root@xuegod63 ~]# systemctl start firewalld                 #开启防火墙。

[root@xuegod63 ~]# systemctl enable firewalld                #开机自动启动防火墙。

[root@xuegod63 ~]# systemctl disable firewalld               #开机自动关闭防火墙。

[root@xuegod63 ~]# systemctl status firewalld.service        #查看防火墙状态。
Active: inactive (dead)                                      #dead 表示已关闭。

[root@xuegod63 ~]# systemctl list-unit-files |grep firewalld #查看防火墙是否开机自动启动。
firewalld.service                                   disabled #disabled 表示开机不启动。
```

2.3 临时和永久关闭 SELinux

安全增强型 Linux（Security-Enhanced Linux）简称 SELinux，类似于 Windows 中的某种安全管家软件中的“沙箱”，一般在国内的生产环境中都不开启，所以在此也将其关闭。有两种关闭方式——临时关闭和永久关闭。临时关闭不需要重启主机，但重启主机后会失效；永久关闭需要修改配置文件，并重启主机则生效，并且永久有效。

1. 临时关闭

```
[root@xuegod63 ~]# getenforce            #查看 SELinux 状态。
Enforcing
[root@xuegod63 ~]# setenforce 0          #0 表示关闭，1 表示开启。
setenforce: SELinux is disabled
```

2. 永久关闭（重启永久生效）

使用 vim 文本编辑器，编辑/etc/selinux/config 配置文件，按如下方式修改并保存。

```
[root@xuegod63 ~]# vim /etc/selinux/config
将 SELINUX=enforcing
改为 SELINUX=disabled
[root@xuegod63 ~]# reboot                #重启主机。
```

2.4 设置系统光盘开机自动挂载

虚拟机中的光驱，实际上是 VMware 软件利用某一种机制使用软件模拟而成的，并非真实光驱。虚拟光驱的使用范围仅在物理主机中的文件系统到虚拟主机中使用的文件，既然是虚拟的，那么在物理主机上就不需要有物理光驱。

但如果“使用物理驱动器”时，就不能用虚拟光驱了，而是实际连接在物理主机上的光驱，虚拟机会自动检测物理主机上的可用光驱并连接使用，此时，物理主机上需要有光驱设备才可使用。

设置虚拟机，选择“CD/DVD（SATA）”选项，确定已勾选“已连接”复选框，如果尚未勾选，则需要手动勾选，如图 2-8 所示。

```
[root@xuegod63 ~]# vim   /etc/fstab             #在配置文件最后，添加以下内容。
/dev/cdrom          /mnt        iso9660   defaults      0  0

mount 命令用于挂载设备，-a 表示把/etc/fstab 文件指定的尚未挂载的设备进行挂载。
[root@xuegod63 ~]# mount -a
mount: /dev/sr0 写保护，将以只读方式挂载。
```

```
[root@xuegod63  ~]# ls /mnt/                    #查看到此目录下有内容，说明挂载成功。
CentOS_BuildTag    GPL          LiveOS       RPM-GPG-KEY-CentOS-7
```

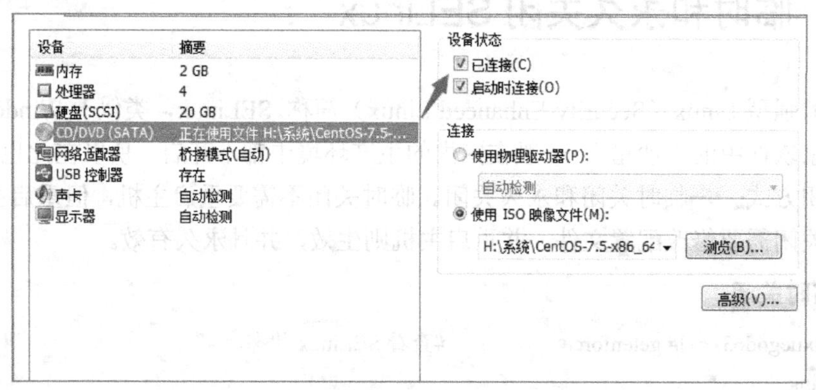

图 2-8　设置虚拟机

2.5　配置本地 YUM 源

YUM（Yellow dog Updater Modified）是前端管理工具，但并不能取代软件管理器，而仅是作为软件管理器的补充，YUM 在工作时需要依赖 rpm 软件管理器来完成工作。

YUM 的一切配置信息都存储在一个名为 yum.repos.d 的配置文件中，通常位于/etc/yum.repos.d 目录下，在系统安装完成后，此目录下会自动生成有 YUM 的网络源，需要在主机连接到互联网时才能安装程序。

但同时，在系统镜像当中也有很多程序包，现在需要通过本地的系统镜像制作一个本地 YUM 源，在使用本地 YUM 源安装程序时，这些程序包实际上都是来自本地系统镜像中。

后期的实验可能需要通过该 YUM 源完成，为了避免在使用本地 YUM 源时受到网络源的影响，在配置本地 YUM 源时，把原有的网络源全部删除。

1. 删除原有的 YUM 源配置文件

rm 命令用于删除文件，删除 /etc/yum.repos.d/目录下的所有文件。

```
[root@xuegod63 yum.repos.d]# rm -rf   /etc/yum.repos.d/*
```

2. 创建一个新的 YUM 源配置文件，YUM 源配置文件的文件名必须以.repo 结尾

cd 命令用于切换工作目录，切换目录到 /etc/yum.repos.d/。

```
[root@xuegod63  ~]# cd /etc/yum.repos.d/
```

在新的 YUM 源配置文件中，输入以下加粗字体内容，并保存退出。

```
[root@xuegod63 yum.repos.d]# vim CentOS 7.repo
[CentOS 7]
name=CentOS-server
baseurl=file:///mnt
enabled=1
```

```
gpgcheck=0
```

参数说明如下。

```
[CentOS 7]                    #YUM 的 ID，必须是唯一的。
name=CentOS-server            #描述信息。
baseurl=file:///mnt           #/mnt 表示的是光盘的挂载点，file:后面有 3 个“///”，前两个“//”为固定格式，后一个/表示根目录。
enabled=1                     #启用（默认启用）。
gpgcheck=0                    #取消验证。
```

3. 清空并生成缓存列表

```
[root@xuegod63 yum.repos.d]# yum clean all          #清空 YUM 缓存。
[root@xuegod63 yum.repso.d]# yum list               #生成缓存列表。
```

4. 验证 YUM

```
[root@xuegod63 yum.repos.d]# yum -y install httpd   #安装 httpd 程序。
```

已安装：

```
httpd.x86_64 0:2.4.6-67.el7.CentOS
```

2.6　创建可用实验快照

此时虚拟机是真正可以使用的环境，为了应对后期误操作可能导致的不可用情况，要做一个快照，方便到时直接恢复到当前可用情况。

快照，顾名思义，类似于生活当中的拍照一样，在某时某刻拍下来的照片，就记录着当时的那一刻，虚拟机中的快照道理也是一样，在系统中做了一些设置，可以直接使用快照保存下来，必要时可以恢复到快照那一刻的系统原样。

具体步骤如下。

选中需要做快照的主机，在虚拟机菜单栏中选择“虚拟机”→“快照”→“拍摄快照”命令，在拍摄快照对话框中自定义快照名，如“可用实验快照”，如图 2-9 所示。

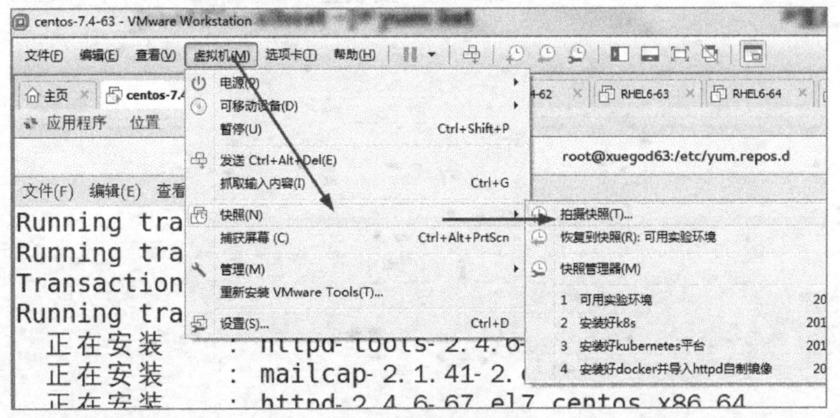

图 2-9　创建快照

2.7 CentOS 7 电源设置

如果桌面环境 5 分钟内不进行操作就会自动锁屏，可以做以下操作来避免。

（1）在桌面左上角选择“应用程序”→“系统工具”→“设置”命令，如图 2-10 所示。

（2）在图 2-11 所示的系统设置对话框中单击“电源”图标。

图 2-10　系统工具

图 2-11　系统设置

（3）在图 2-12 所示的“节电”对话框的“空白屏幕（B）”下拉列表框中选择“从不”选项。

图 2-12　电源设置

第 3 章

Linux 基本命令操作

3.1 Linux 终端介绍、Shell 提示符、Bash 基本语法

3.1.1 认识 Linux 终端

在 Linux 系统中，计算机显示器通常被称为控制台终端（Console）。它仿真了类型为 Linux 的一种终端（TERM=Linux），并且有一些“设备特殊文件”与之关联，如 tty0、tty1、tty2 等。

当用户在控制台终端登录时，使用的是 tty1。按 Alt+[F1～F6]任意一组合键时，就可以相应地切换到 tty1～tty6。tty2～tty6 称为虚拟终端，tty0 是当前所使用的虚拟终端的一个别名，系统所产生的信息会发送到该终端上。不管当前正在使用哪个虚拟终端，系统信息都会发送到控制台终端上。用户可以登录到不同的虚拟终端上，让系统同时有几个不同的会话期存在，如表 3-1 所示。

表 3-1 终端操作表

操 作	介 绍
tty	tty1 图形界面 tty2 虚拟控制台
切换	物理机控制台的切换 Ctrl + Alt +F1～F6 rive 虚拟机切换 Ctrl + Alt +Shift +F1～F6 从命令行界面启动到图形界面：#startx（不重启服务）、#init 5（重启服务）
pts 虚拟终端	Ctrl+Shift+T：打开新的标签页 切换虚拟终端：Alt+1（切换到第一个虚拟终端） 放大：Ctrl+Shift+ +（可以通过图形界面来设置） 缩小：Ctrl+− pts(pseudo-terminal slave) 伪终端：通过 ssh 相关工具连接上后，显示终端为 pts

3 种终端仿真器如下。

（1）GNOME 桌面的 GHOME Terminal。

（2）KDE 桌面的 Konsole Terminal。

（3）XFace 桌面的 XFace Terminal。

远程连接终端工具是 Xshell 和 CRT，在后续章节会详细讲解。

例 3.1：通过 tty 命令看到当前所属的虚拟终端。

```
[root@xuegod63 ~]# tty
/dev/pts/0
```

注意：按 Ctrl + Shift +N 组合键可快速打开一个终端，按 Ctrl + Shift + +组合键可将终端字体放大，按 Ctrl + –组合键可将终端字体缩小。

例 3.2：不同虚拟终端之间通信。

同时打开两个终端，在第一个终端执行如下命令：

```
[root@xuegod63 ~]# echo xuegod > /dev/pts/1        #/dev/pts/1 为终端设备名称，实际上是使用echo 命令将 xuegod 内容重定向输出到/dev/pts/1 终端上。
```

在第二个终端查看，有 xuegod 输出，如图 3-1 所示。

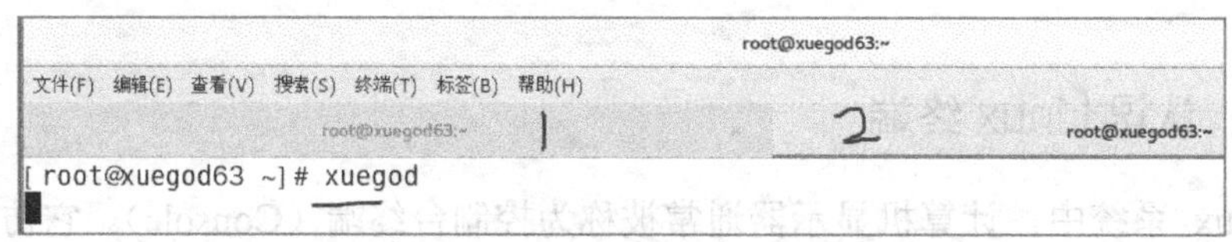

图 3-1 不同虚拟终端之间通信

例 3.3：对所有终端广播消息，系统 10 分钟后关机。

```
[root@xuegod63 ~]# shutdown +10        #执行此命令后，在其他终端都会收到关机的消息。
[root@xuegod63 ~]# shutdown -c         #取消关机。
```

广播，所有终端都能收到。

命令：wall。

命令使用格式：wall "信息内容"。

```
[root@xuegod63 ~]# wall " The system will be shut down in 10 minutes "
```

3.1.2 认识 Shell

简单来说，Shell 是一个命令解释器，它在操作系统的最外层，负责直接与用户进行对话，它解释用户输入的命令并把这些命令传输给系统内核去执行，从而实现把用户的输入命令解释给操作系统，并处理操作系统的输出结果，输出到屏幕反馈给用户，其分层原理如图 3-2 所示。Shell 相当于计算机的操作入口，就像 Windows 中的桌面一样，只不过两者是不同的程序，但实现的功能是一样的。

Shell 有自己的编程语言，它允许用户编写由 Shell 命令组成的程序。Shell 编程语言具有普通编程语言的很多特点，如它也有循环结构和分支控制结构等，用这种编程语言编写的 Shell 程序与其他应用程序具有同样的效果。

1. Shell 的分类

Shell 分为两类：GUI 和 CLI。

（1）GUI（Graphic User Interface）：图形用户界面（接口）的 Shell。

Linux 操作系统中的图形用户界面是使用的 X-Window，而 Windows 是图形显示协议，

Linux 使用的是 CS 显示架构。Linux 图形用户界面有以下几种类型。

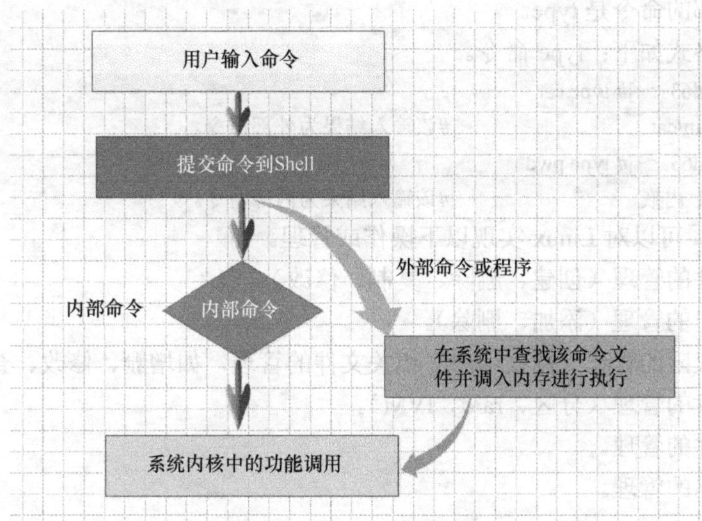

图 3-2 Shell 分层原理图

① Gnome。Gnome 是一套纯粹自由的计算机软件，运行在操作系统上，提供图形桌面环境。Gnome 包含 Panel（用来启动程序和显示目前的状态）、桌面 （应用程序和资料放置的地方）及一系列的标准桌面工具和应用程序，并且能让各个应用程序都正常运作。Gnome 是使用 C 语言开发的。

② KDE。KDE 的全称是 K Desktop Environment，中文意思是桌面环境。它是一种著名的运行于 Linux、UNIX 及 FreeBSD 等操作系统上的自由图形桌面环境，整个系统采用的都是 TrollTech 公司所开发的 Qt 程序库（现在属于 Digia 公司）。KDE 是 Linux 操作系统上最流行的桌面环境之一。KDE 是使用 C++语言开发的。

③ XFace。XFace 是开源的基于 Web 技术的移动应用开发平台，允许开发者使用 HTML、CSS 及 JavaScript 技术开发智能移动终端的应用程序。该平台提供跨平台的中间件引擎，支持在智能移动终端的系统（Android、iOS、WindowsPhone 等）上运行符合平台规范的 HTML 应用，具有程序代码一次开发、多平台运行的优点，减少开发及维护的工作量。该平台能降低移动应用的开发门槛，帮助 Web 开发者以较小的成本完成从传统互联网领域向移动互联网领域的迁移，比较适合使用在嵌入平台上的轻量组桌面。

（2）CLI（Command Line Interface）：命令行（接口）的 Shell。

Linux 命令界面类型包括 sh、bash、csh、zsh、ksh、tcsh。

2．Shell 的启动

Shell 本身也是一个可运行程序，在用户登录时，完成用户名和密码的验证后，会启动 Shell，当多个用户登录时，或同一个用户打开多个 Shell 时，Shell 程序只能开启一个，但是 Shell 会开启多个进程，在 Shell 进程之间是互不干扰的，各自都是独立的 Shell。

Shell 本身是一个外部命令，但它启动以后会带有一些 Shell 内部命令。内部命令是在系统启动时就调入内存，是常驻内存的，所以执行效率高。外部命令是系统软件的功能，用户需要时才从磁盘中读入内存。

区分内外部的命令是 type。

命令使用格式如下：type 命令。

```
[root@xuegod63 ~]# type cat
cat 是 /usr/bin/cat                    #该输入结果为外部命令。
[root@xuegod63 ~]# type pwd
pwd 是 shell 内嵌                      #该输入结果为内部命令。
```

通过 Shell，可以对 Linux 实现以下操作或管理。

（1）对文件的管理（创建、删除、复制、修改）。

（2）对用户的管理（添加、删除）。

（3）相关权限的管理（授权用户对相关文件的管理，如增删、修改、查找）。

（4）对磁盘的管理（分区、raid、lVM）。

（5）对软件的管理。

（6）对网络的管理。

3．Shell 提示符“#”号与“$”号的区别

```
[root@xuegod63 ~]#                     #表示是 root 用户（管理员用户）登录。
[root@xuegod63 ~]# su - mk             #切换到 mk 普通用户。
[mk@xuegod63 ~]$                       #表示普通用户登录。
```

以上命令中对应的内容含义如下。

```
]#
root 指用户名。
xuegod63 指主机名。
~指当前所在目录，即表示当前用户的家目录。
#指 root 用户。
```

4．认识 Bash

Bash 是一种 Linux 命令界面，是目前 Linux 中使用最为广泛的 Shell，功能也是最强大的，并且是开源的 Shell，是 Linux 绝大多数默认使用的 Shell。

（1）支持命令历史。用户在当前的 Bash 终端上所执行过的命令，都会按顺序记录下来，用户可以通过按上、下方向键查看和再次执行命令。

（2）支持命令补全、路径补全。

（3）支持管道、重定向。

（4）支持命令别名。

（5）支持命令行编辑。

（6）支持命令行展开。

（7）支持文件名通配。

（8）支持变量。

（9）支持编程（Shell 脚本），在 Bash 下，用户可以将多个执行的命令，以某种程序逻辑组合起来进行编程。

查看 Shell 类型的命令。

```
[root@xuegod63 ~]# cat /etc/shells
/bin/sh
/bin/bash
/sbin/nologin
/usr/bin/sh
/usr/bin/bash
/usr/sbin/nologin
/bin/tcsh
```

具体使用的是哪一个 Shell 类型，取决于用户配置，也就是说用户可以看一下/etc/passwd 文件的每一行的最后一个字段。

```
[root@xuegod63 ~]# head -1 /etc/passwd                    #head -1 查看指定文件中的第一行内容。
root:x:0:0:root:/root:/bin/bash                           #在输出内容中以“：”冒号分隔，最后一段
/bin/bash 则是该用户默认启动的 Shell 类型。
```

3.2　Linux 基本命令

在 Linux 中，命令通常由 3 部分组成：命令（command）、选项（options）、参数（arguments）

第一部分：命令，在命令提示符下输入的必须是命令，或是可执行程序的路径，或是脚本的路径、名字。

第二部分：选项，命令与选项之间必须用空格隔开，选项的作用是修改命令的执行方式及特性，选项可以同时使用多个，而且选项有长和短之分，有些选项是可带有参数的。

短选项：通常用一个短线“-”和一个字母来引导，如果在命令中加入多个短选项，也可以用一个短线“-”把多个选项组合在一起引导，组合引导选项与选项之间不需要隔开，也可以每个短选项都单独用一个短线“-”引导，但需要用空格隔开。

长选项：通常用两个短线“--”和单词格式的选项作为引导，长选项通常不能组合，必须分开引导。

第三部分：参数，是命令的作用对象，定义命令在什么地方生效，对于不同的命令而言，是否能接受参数、接受的参数个数等都是各不相同的。

3.2.1　ls 基本命令

作用：列出指定路径或当前目录下的子目录和文件。

命令使用格式：ls 目录/文件 ，ls 不加参数时，只列出当前目录的子目录和文件。

常用选项如下。

-h：做单位转换。

-a：显示目录下包括隐藏文件在内的所有文件。

-l：以长格式查看文件。

-A：显示目录下包括隐藏文件在内的所有文件和目录，但不显示“.”和“..”。

-d：显示目录自身属性。

-S：以文件的大小进行排序。

-i：显示文件的索引号。

-r：逆序显示文件，默认顺序显示文件。

-R：递归（recursive）显示，此方式显示比较消耗资源，比如一个目录下有上百个目录而每个目录下都有上百层，上万个文件，因为将要显示的数据都是先调入内存中，此时用这种方式显示，内存的大量缓存会用于显示目录。

ls 命令后面不加任何选项。

```
[root@xuegod63 ~]# ls                    #列出目录中的内容。
anaconda-ks.cfg  initial-setup-ks.cfg  公共  模板  视频  图片  文档  下载  音乐  桌面
```

（1）-l 列出文件的详细信息，如创建者、创建时间、文件的读写权限列表等，以长格式查看文件。

```
[root@xuegod63 ~]# ls -l
总用量 8
-rw-------. 1 root root 1680 9 月  19 12:16 anaconda-ks.cfg
-rw-r--r--. 1 root root 1728 9 月  19 12:55 initial-setup-ks.cfg
drwxr-xr-x. 2 root root      6 9 月  19 13:05 公共
drwxr-xr-x. 2 root root      6 9 月  19 13:05 模板
drwxr-xr-x. 2 root root      6 9 月  19 13:05 视频
```

（2）文件属性每段代表的含义，如图 3-3 所示。

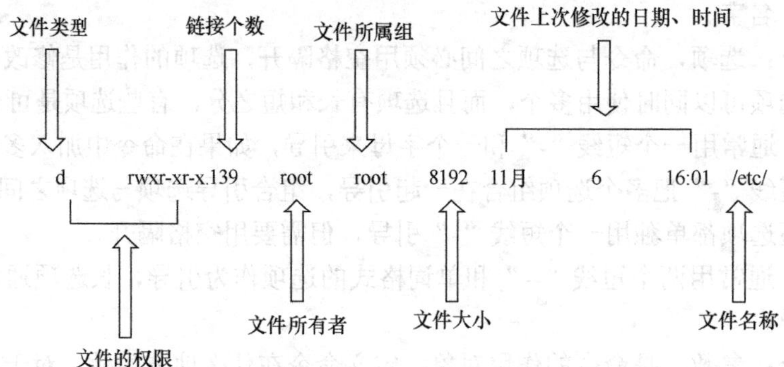

图 3-3 文件属性分解图

① 第一个字符文件类型包括以下几种。

- d：目录文件。
- l：链接文件。
- b：块设备文件。
- c：字符设备文件。
- p：管道文件。
- -：普通文件。

② Linux 系统中不同的颜色代表了不同的文件类型，详解如表 3-2 所示。

表 3-2　颜色代表文件类型详解图

颜　色	代表内容	举　例
蓝色	目录	/etc
黑色	文件	/etc/passwd
浅蓝色	链接	/etc/grub2.cfg
红色	压缩包	boot.tar.gz
绿色	可执行文件	/etc/init.d/network
黑底黄字	设备文件	/dev/sda

（3）-a 列出目录下所有的文件，包括以“.“开头的隐藏文件（Linux 下隐藏文件是以“.”开头的，表示当前目录，如果存在两个点“..”，则代表存在着父目录）。

```
[root@xuegod63 ~]# ls -a
. .. .bash_profile .dbus .mozilla 视频 桌面
```

（4）-d 查看目录（不查看里面的内容，一般与-l 参数同时使用，单独使用-d 参数意义不大）。

```
[root@xuegod63 ~]# ls -ld /root/
dr-xr-x---. 15 root root 4096 11 月 15 21:37 /root/
```

（5）-S 以文件的大小进行排序。

```
[root@xuegod63 ~]# ls -lS /root/
总用量 8
-rw-r--r--. 1 root root 1728 9 月 19 12:55 initial-setup-ks.cfg
-rw-------. 1 root root 1680 9 月 19 12:16 anaconda-ks.cfg
ls -l 和 ll 这两个命令是等价的。
[root@xuegod63 ~]# ll /etc/passwd
-rw-r--r--. 1 root root 2053 9 月 19 12:57 /etc/passwd

[root@xuegod63 ~]# ls -l /etc/passwd
-rw-r--r--. 1 root root 2053 9 月 19 12:57 /etc/passwd

[root@xuegod63 ~]# type ll
ll 是“ls -l --color=auto”的别名。
```

3.2.2　命令别名的使用

命令别名即把一个命令名称定义成另一个名称，在使用时，可以使用命令本身，也可以使用命令的别名。

定义一个命令别名时，使用 alias 命令，命令可以带选项和参数，如果命令、选项、参数之间有空格，则用单引号引起来。

定义命令别名是 Shell 的特性，只在当前终端生效，当用户退出当前终端时，所定义的别名才会失效。就算同一个用户再次打开一个 Shell，其也不会生效，也就是说，在 Shell 中定义的命名别名仅在当前 Shell 生命周期中有效。别名的有效范围为当前 Shell 进程，如果需要永久生效，则需要通过修改Bash相关的配置文件来实现。

当前用户生效的命令别名，仅在当前用户下使用，全局生效的命令别名则在系统中所有用户下都可使用。

1．定义命令别名

命令是alias，作用是用于定义命令别名。

命令使用格式：alias 自定义别名='系统已有命令'，此方式为临时定义命令别名。

```
[root@xuegod63 ~]# alias vimens33='vim /etc/sysconfig/network-scripts/ifcfg-ens33'
[root@xuegod63 ~]# vimens33                    #使用已定义好的命令别名。
```

在使用命令别名时，实际上是使用命令别名对应的命令，也就是说，在执行命令别名vimens33时，实际上系统是在执行vim /etc/sysconfig/network-scripts/ifcfg-ens33。

2．删除命令别名

命令是unalias，作用是用于取消/删除命令别名。

命令使用格式：unalias 命令别名。

```
[root@xuegod63 ~]# unalias vimens33                    #删除命令别名 vimens33。
```

3．设置命令别名永久生效（分为两种生效范围）

（1）设置当前用户命令别名永久生效（仅当前用户使用有效）。

```
[root@xuegod63 ~]# vim /root/.bashrc           #插入以下内容。
alias vimenss33="vim /etc/sysconfig/network-scripts/ifcfg-ens33"
[root@xuegod63 ~]# source /root/.bashrc        #重新加载 /root/.bashrc 文件。
[root@xuegod63 ~]# vimenss33
```

（2）设置全局使用命令别名永久生效（系统所有用户使用有效）。

```
[root@xuegod63 ~]# vim /etc/bashrc             #在文件最后插入。
alias vimenss33="vim /etc/sysconfig/network-scripts/ifcfg-ens33"
[root@xuegod63 ~]# su - mk                     #切换到普通用户。
上一次登录：四 11 月 16 10:22:03 CST 2017pts/1 上
[mk@xuegod63 ~]$ vimenss33                     #使用普通用户执行定义好的命令别名。
TYPE=Ethernet                                  #网络类型。
PROXY_METHOD=none
BROWSER_ONLY=no
BOOTPROTO=static
DEFROUTE=yes
IPV4_FAILURE_FATAL=no
IPV6INIT=yes
IPV6_AUTOCONF=yes
IPV6_DEFROUTE=yes
IPV6_FAILURE_FATAL=no
IPV6_ADDR_GEN_MODE=stable-privacy
NAME=ens33                                     #网卡名。
UUID=5e7053bf-1f1b-4335-a5b5-3865225c24d6      #网卡 UUID 号是全球唯一的。
```

```
DEVICE=ens33                      #设备名，在内核中识别的名字。
ONBOOT=yes                        #启用该网络设备，如果为 no，表示不启用此网络设备。
IPADDR=192.168.1.63               #IP 地址。
NETWORK=255.255.255.0             #子网掩码。
GATEWAY=192.168.1.1               #默认网关。
```

总结：命令别名的永久生效，分为全局定义和个人定义两种修改配置文件的方式。

全局定义：修改/etc/bashrc，在文件中加入 alias cls=clear 即可。

```
# source /etc/bashrc          #重新加载该文件。
```

个人定义：修改 ～/.bashrc，在文件中加入 alias cls=clear 即可，～表示当前用户家目录。

```
# source ～/.bashrc           #重新加载该文件。
```

3.2.3　cd 基本命令

作用：切换目录（Change Directory）。

命令使用格式：cd [目录]。

说明：直接输入 cd 表示回到当前用户家目录。

```
[root@xuegod63 ～]# cd /etc/sysconfig/network-scripts/ #切换目录。
[root@xuegod63 network-scripts]# cd                    #直接使用 cd 命令回到用户家目录。
[root@xuegod63 ～]#
[root@xuegod63 ～]# cd ～                              #使用 cd～和直接使用 cd 是同样意义。
cd ..  表示返回到上级目录位置，也就是父目录。
cd . 表示进入到当前用户所在的目录。

[root@xuegod63 ～]# pwd        #查看当前处理哪一个工作目录。
/root
[root@xuegod63 ～]# cd ..      #返回上一级目录。
[root@xuegod63 /]# pwd         #查看当前处理哪一个工作目录。
/
[root@xuegod63 /]# cd .        #切换到当前目录。
[root@xuegod63 /]#

[root@xuegod63 ～]# cd -       #切换到上一次切换的目录，在上次所处的目录与当前目录之间来回切换。
```

例 3.4：cd 的使用示例。

```
[root@xuegod63 /]# cd /etc/sysconfig/network-scripts/
[root@xuegod63 network-scripts]# cd -       #使用 cd- 直接返回到上次切换至此的目录/。
```

3.2.4　history 基本命令

作用：用于查看所执行过的命令和管理。

命令使用格式：history [选项]。

下面是 4 个快速查找 Linux 历史命令的技巧。

（1）按键盘的↑↓键。

（2）Ctrl + R 组合键，输入某条命令的关键字，找出来对应的命令，按右光标键。

（3）“!数字”表示执行历史命令中第 *N* 条命令。

（4）“!字符串”表示搜索历史命令中最近一个以 xxxx 字符串开头的命令，如!vim。

3.2.5 Linux 中的快捷键

Linux 中的快捷键有以下几种（^表示 Ctrl 键）。

（1）^C：终止前台正在运行的程序，如 ping g.cn 之后想停止运行程序，按 Ctrl+C 组合键即可。

（2）^D：退出，相当于 exit。

（3）^L：清屏，与 clear 命令的功能一样。

（4）^R：搜索历史命令，可以根据关键词进行搜索。

（5）Tab 键：补全命令，只能补全命令和文件名。

（6）!$：引用上一个命令的最后一个参数，等价于：

```
[root@xuegod63 network-scripts]# cat /etc/hosts
[root@xuegod63 network-scripts]# vim !$     #相当于执行：vim /etc/hosts。
```

3.3 系统时间管理

在 Linux 中，时钟分为硬件时钟和系统时钟。硬件时钟指主机板上的时钟设备，就是可在 BIOS 画面设定的时钟，系统时钟指 Kernel 中的时钟，所有 Linux 相关指令与函数都是读取系统时钟的设定。

当 Linux 启动时，系统时钟会读取硬件时钟的设定，之后系统时钟独立运作。

3.3.1 两种时钟

在计算机中，时间是靠“晶体振荡器”来实现的，晶体振荡器需要依靠电力才能振荡起来，在计算机主板中有一个纽扣电池可维持晶体振荡器的振荡，从而实现计算机在关机断电后，时间也不会出现错乱，这种时钟称为硬件时钟，也称为实时时钟（RTC）。在 Windows 系统中，每次启动时都会读取硬件时钟的当前时间，然后设置为当前的系统时间，在电池没有电的情况下，时间会出现不正确的现象，此时需要手动调整。

Linux 与 Windows 有所不同，Linux 会通过 RTC 读取当前时间，一旦读取成功后就不再读取 RTC 时间，因为读取成功以后 Linux 内核会通过软件的方式模拟振荡器的振荡，在系统内部维持时间，所以，Linux 开机以后会有硬件时钟和系统时钟两个时钟。

只要 Linux 在运行当中，就会在 CPU 的作用下自动进行计时。系统时钟有可能因为 CPU 繁忙而导致计时准确率下降，硬件时钟在电池的供电下会一直保持准确性。

1．查看硬件时间

命令：hwclock。

作用：查看或修改硬件时间。

命令使用格式：hwclock [选项]。

```
[root@xuegod63 etc]# hwclock                    #可查看硬件时间。
```

2．手动修改硬件时间和系统时间

```
[root@xuegod63 etc]# hwclock -w          #可以把系统时间同步到硬件时间。
[root@xuegod63 etc]# hwclock -s          #读取硬件时间同步到系统时间。
[root@xuegod63 etc]# hwclock -r          #读取/显示硬件时间，-r 与 hwclock 默认一样。
```

3．查看系统时间

命令：date。

```
[root@xuegod63 mnt]# date
```

时区：

UTC（Universal Time Coordinated）：世界标准时间。

GMT（Greenwich Mean Time）：格林威治标准时间。

CST（China standard Time）：中国标准时间。

4．使用 date 命令修改时间

命令使用格式：date [选项]。

```
[root@xuegod63 ～]# date --help                #获得 date 命令使用帮助。
```

使用-s 或--set=STRING 参数把时间设为字符串所描述的时间。

例 3.5：查看和修改时间示例。

```
[root@xuegod63 ～]# date -s "2018-11-2 22:30"
```

2018 年 11 月 02 日 星期五 22:30:00 CST

date 命令指定显示日期和时间格式的方法如下。

%F：完整日期格式，等价于 %Y-%m-%d。

```
[root@xuegod63 ～]# date "+%F"
2018-11-02
```

%y：年份最后两位数字，范围是 00～99。

%Y：年份。

%m：月份，范围是 01～12。

%d：按月计的日期（如 01）。

%M：分，范围为 00～59。

%H：小时，范围是 00～23。

%S：秒，范围是 00～60。

```
[root@xuegod63 ～]# date "+%Y%m%d"
20181102
[root@xuegod63 ～]# date " +%Y-%m-%d %H:%M:%S "      #在年月日之前可以添加自己想要的符号。
2018-11-02 22:34:27
[root@xuegod63 ～]# date "+%Y/%m/%d %H:%M:%S"
```

```
2018/11/02 22:34:38
[root@xuegod63  ~]# date "+%Y%m%d %H:%M:%S"
20181102 22:35:03
使用-d，--date=STRING 参数，显示由字符串描述的时间，而不是"当前时间"。
[root@xuegod63  ~]# date -d "+1 months" +%F
2018-12-02
```

3.3.2 time 命令

作用：一般用来测量一个命令的运行时间。

使用方法：在 time 后面直接跟上命令和参数。

```
[root@xuegod63  ~]# time ls -l /etc/
real   0m0:056s
user   0m0.016s
sys    0m0.040s
```

说明如下。

（1）real：实际使用时间。

（2）user：用户状态使用的时间。

（3）sys：内核状态使用的时间。

3.4 帮助命令的使用

3.4.1 常用的帮助命令

当用户不知道命令添加哪个参数时，可以使用帮助命令查看相关的介绍。常用的帮助信息命令有如下几个（下面示例中的 command 表示命令，把 command 替换成具体命令即可）。

（1）内部命令：help 命令。

help command：能获得该命令的使用帮助，help 本身也是个命令。

command -h：有些命令使用命令-h 也能获取命令的使用帮助。

（2）外部命令：对于外部命令来说，大多数命令都有一个长选项 --help。

command --help：使用 command 加选项--help 能获得该命令的使用帮助，help 本身是一个长选项。

不论是内部命令还是外部命令，都有一个共同的帮助方式，称为命令手册。

（3）命令手册：几乎所有命令都带有命令手册。

Linux 中的命令手册是用文本文档的形式实现的，但这个文档是压缩存放的，当用户使用 man 加命令时，则会打开该命令的对应手册。

使用格式如下。

man command：使用 man 加命令可以打开命令的命令手册。

在打开命令手册时按 Q 键可以退出。

（4）对于内部命令而言，使用 man 加内部命令时，并不是打开该内部命令的命令手册，而是打开该命令所属的 Shell 的使用帮助，内部命令一般不使用 man 获得帮助，而是使用 help 命令。

3.4.2　man 的章节及使用说明

man 是分章节的，在查看某个命令帮助时，出现在第一行的命令后面会跟一个数，该数字表示第几章，man 常见的章节有 8 个。

man 后面可跟数字，该数字表示第几章节，如果没指定章节，那么默认哪一章先出现，则显示哪一章。有些命令在每个章节都有，而有些命令并不是在每个章节都有，如果某一个命令在每个章节中都有，则按从小到大的顺序查看默认章节。

```
# whatis command        #使用 whatis 命令可以查看指定的命令在哪个章节。
```

注意：whatis 是根据数据库进行查询的，手动更新数据库的命令如下：# makewhatis。

```
[root@xuegod63 ~]# whatis passwd                 #passwd 在第 1 章和第 5 章。
passwd (5)              - (未知的主题)
sslpasswd (1ssl)        - compute password hashes
passwd (1)              - update user's authentication tokens
```

如果需要指定章节查看命令帮助，那么在查看的同时需要指定章节。

```
[root@xuegod63 ~]# man 5 passwd
```

1．man 的章节意义

第 1 章：用户命令（位于/bin /usr/bin /usr/local/bin），指所有用户都能使用的命令，包括普通用户、管理员用户。

第 2 章：系统调用，使用方法 # man 2 read。

第 3 章：库调用，只有库才有库调用。由于有些命令和库调用同名，因此会同时出现，如# man 3 read。命令并不是库，库也不是命令。

第 4 章：特殊文件，指设备文件。设备文件在磁盘中的真正数据区域中并没有存储任何数据，只是作为设备的访问入口而存在的，并不是真正的文件，所以称为特殊文件，如# man 4 tty。

第 5 章：配置文件的格式，解释该配置文件的语法，如# man 5 passwd。

第 6 章：游戏。

第 7 章：杂项/其他（Miscellaneous）。

第 8 章：管理命令位于 /sbin /user/sbin /user/local/sbin，通常只有管理员用户才有权限使用，因为有些命令可以修改硬件参数、硬件工作特性及系统级别的配置。

```
[root@xuegod63 ~]# man man        #查看 man 命令本身的命令手册。
```

2．man 命令手册的描述

（1）NAME：命令名称及功能简要说明。

（2）SYNOPSIS：用法说明，选项指定的方法。

（3）在格式说明里中括号[ ]括住的部分表示可省略。

（4）在格式说明里中括号[ ]括住的部分用管道符 | 分隔表示多选一、不能同时使用或

者省略。

（5）在格式说明里尖括号<>括住的部分表示必须要指定的内容，非可选。

（6）在格式说明里中括号[ ]括住的部分后面的“...”表示同时可出现多个。

（7）在格式说明里大括号{ }括住的部分表示分组。

（8）DESCRIPTION：命令功能的详尽说明，说明命令选项的作用和意义，但有些命令选项会单独放到OPTIONS中说明。

（9）OPTIONS：说明每个全命令选项的作用和意义，但有些命令并不在OPTIONS中说明而在DESCRIPTION中说明。

（10）FILES：命令的相关配置，有些命令会有此项说明。

（11）BUGS：bug相关的信息。

（12）EXAMPLES：命令的使用示例。

（13）SEE ALSO：另外参照。

3．翻屏操作

（1）向后翻一屏：Space（空格键）。

（2）向前翻一屏：B键。

（3）向后翻一行：Enter（回车键）。

（4）向前翻一行：K键。

（5）向后翻半屏：Ctrl + D组合键。

（6）向前翻半屏：Ctrl + U组合键。

（7）跳转至尾部：G。

（8）跳转至指定行：#G。

（9）跳转至首部：g或1G。

（10）跳转至指定行：#g。

4．搜索/查找关键字的两种方法（默认不区分大小写）

（1）/关键字：从当前位置向后查找关键字。

（2）? 关键字：从当前位置向前查找关键字。

按N键：跳到下一个关键字，与查找方向相同，按N键与查找方向相反。

按B键：跳到上一个关键字。

按Q键：退出。

5．选项

```
-M    /path/to/somrdir        #指定命令手册文件所在的路径。
```

3.5 关机、重启命令及7个运行级别

常用的关机、重启命令有shutdown、init、reboot、poweroff。

3.5.1 shutdown命令

命令作用：关机、重启、定时关机。

命令使用格式：shutdown [选项]。

选项如下。

-r：重启计算机。

-h：关机。

-h 时间：定时关机。

例 3.6：shutdown 命令使用。

```
[root@xuegod63 ~]# shutdown -h +10          #10 分钟之后关机。
[root@xuegod63 ~]# shutdown -h 23:30        #指定具体的时间进行关机。
[root@xuegod63 ~]# shutdown -h now          #立即关机。
[root@xuegod63 ~]#shutdown -r 22:22         #22:22 重启计算机。
```

3.5.2 7 个运行级别

Linux 的 7 个运行级别介绍如下。

（1）第 0 级别：系统停机模式，系统默认运行级别不能设置为 0，否则不能正常启动，计算机处于关机状态。

（2）第 1 级别：单用户模式，root 权限，用于系统维护，禁止远程登录，就像 Windows 下的安全模式登录。

（3）第 2 级别：多用户模式，没有 NFS 和网络支持。

（4）第 3 级别：完整的多用户文本模式，有 NFS 和网络支持，登录后进入控制台命令行模式。

（5）第 4 级别：系统未使用模式，一般不用，在一些特殊情况下才会使用这个级别，例如，在笔记本的电池用尽时，可以切换到这个模式来做一些设置。

（6）第 5 级别：图形化模式，登录后进入图形 GUI 模式，X-Window 系统。

（7）第 6 级别：重启模式，默认运行级别不能设为 6，否则不能正常启动。运行 init 6 计算机就会重启。

命令使用格式：init 0～6。

作用：用于切换系统运行级别。

例 3.7：切换系统运行级别。

```
[root@xuegod63 ~]# init 0      #关机。
[root@xuegod63 ~]# init 3      #进入第 3 级别字符界面。
[root@xuegod63 ~]# init 5      #进入第 5 级别图形界面。
```

3.5.3 设置默认的运行级别

CentOS 7 不再使用/etc/inittab 文件进行默认的运行级别配置，而使用比 sysvinit 的运行级别更为自由的 target。

第 3 运行级别使用 multi-user.target 替代。

第 5 运行级别使用 graphical.target 替代。

1. 设置默认为第 3 运行级别

```
[root@xuegod63 ~]# systemctl set-default multi-user.target
```

2．设置默认为第 5 运行级别

```
[root@xuegod63 ~]# systemctl set-default graphical.target
[root@xuegod63 ~]# runlevel                    #查看当前运行级别。
3 5                                            #表示从第 3 级别切换到了第 5 级别。
```

3．查看当前默认的运行级别

```
[root@xuegod63 ~]# systemctl get-default
graphical.target
```

3.6 实战 1：设置服务器通电后自动开机

（1）在开机后，当出现主板画面时按 Delete 键，部分品牌机可能按 F2 键或者 F1 键，进入 BIOS 界面，选择“Integrated Peripharals”（外围设备设置）并按 Enter 键确认，如图 3-4 所示。

（2）在图 3-5 所示的界面中选择“SuperIO Device”，并按 Enter 键确认。

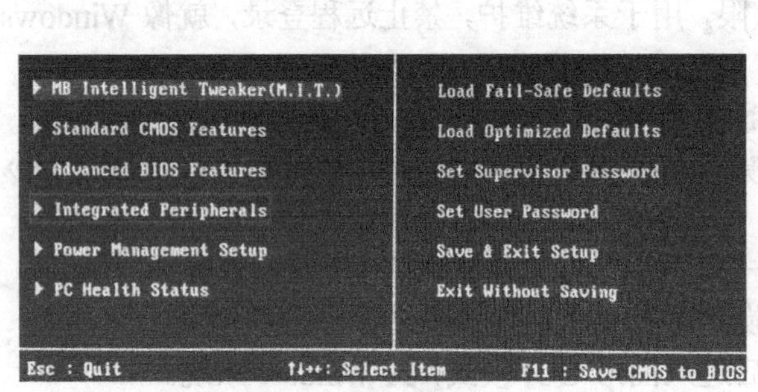

图 3-4 BIOS 设置

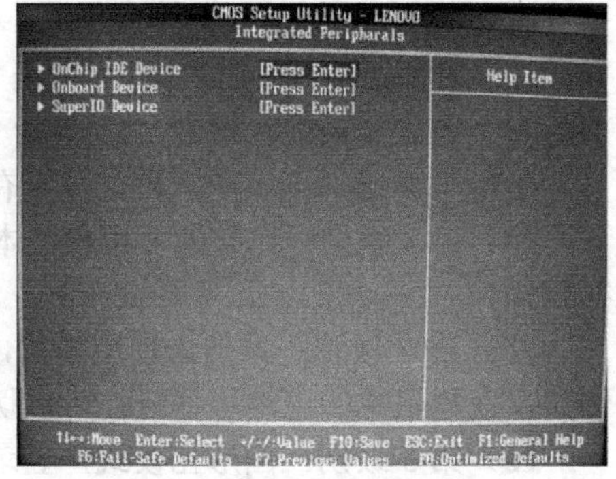

图 3-5 BIOS 外围设备设置

（3）进入 BIOS SuperIO Device 设置界面，如图 3-6 所示。

（4）将“Restore On AC Power Loss”选项修改为“Power On”，如图 3-7 所示。

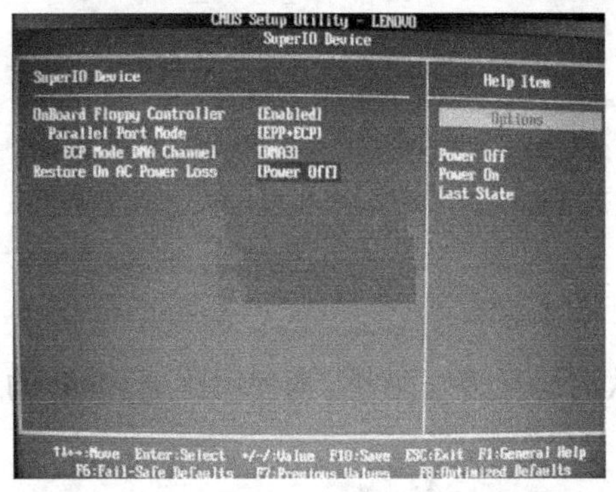

图 3-6 BIOS SuperIO Device 设置

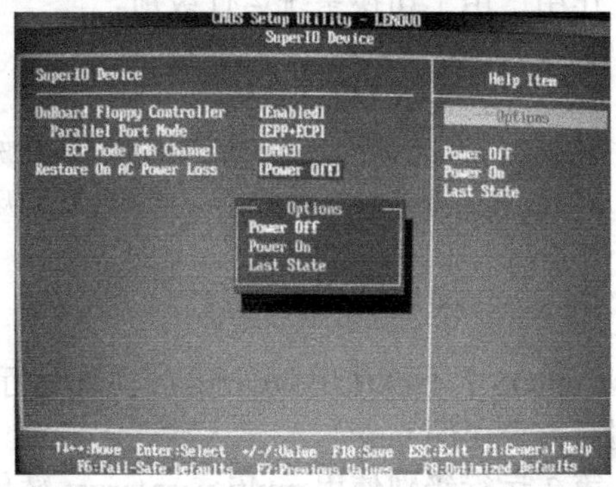

图 3-7 Restore On AC Power Loss 设置

注意：要想通电后不开机可选择“Power Off”选项，要想通电后保持断电之前的状态可选择“Last State”选项。

第4章

文件的基本管理和XFS文件系统备份恢复

4.1 Linux系统目录结构和相对/绝对路径

4.1.1 系统目录结构

在Windows系统中，查看文件要先进入相应的盘符，而盘符是以单独的分区进行标识的，每个分区都单独命名，通常的命名有C盘、D盘、E盘等，先进入分区然后进入文件目录，如图4-1所示。

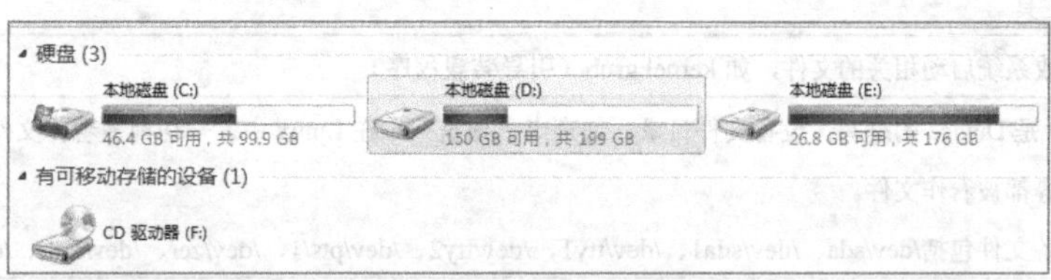

图4-1　Windows 文件系统

在Linux系统中只有一个根目录，它是整个文件系统的入口，如图4-2所示。

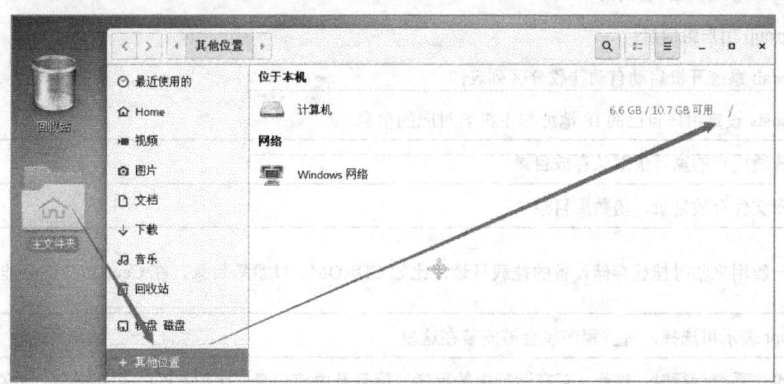

图4-2　Linux 文件系统

（1）挂载光驱。在前面的章节中详细讲解过自动挂载光驱，如果已经设置了自动挂载，此处挂载光驱的步骤可省略。

```
[root@xuegod63 ~]# mount /dev/sr0   /media/           #挂载光盘到 media 目录。
mount：设备/dev/sr0 写保护，将以只读方式挂载。
```

（2）使用 tree 命令查看 Linux 目录结构，此命令默认是没有安装的，需要手动安装一下。

① 使用 rpm 程序包管理器安装 tree。

```
[root@xuegod63 ~]# rpm -ivh /media/Packages/tree-1.6.0-10.el7.x86_64.rpm
```

② 查看/tmp 目录结构。

```
[root@xuegod63 ~]# tree /tmp/
```

③ 查看根目录下有哪些文件，如图 4-3 所示。

```
[ root@xuegod63 ~]# ls /
bin    dev  home  lib64  mnt  proc  run   srv  tmp  var
boot   etc  lib   media  opt  root  sbin  sys  usr
```

图 4-3　根目录下的文件

（3）根目录下的目录作用说明如表 4-1 所示。

表 4-1　根目录下的目录作用说明

目　录	说　明
/	处于 Linux 系统树形结构的最顶端，它是 Linux 文件系统的入口，所有的目录、文件、设备都在 / 之下
/bin	bin 是 Binary 的缩写，常用的二进制命令目录，如 ls、cp、mkdir、cut 等；和/usr/bin 类似，存放一些用户级 gnu 工具
/boot	存放系统启动相关的文件，如 kernel.grub（引导装载程序）
/dev	dev 是 Device 的缩写，设备文件目录，如声卡、磁盘……在 Linux 中，一切都被看作文件，包括终端设备、磁盘等都被看作文件。 设备文件包括/dev/sda、/dev/sda1、/dev/tty1、/dev/tty2、/dev/pts/1、/dev/zer、/dev/null、/dev/cdrom
/etc	常用的系统及二进制安装包配置文件的默认路径和服务器启动命令目录。 passwd 用户信息文件； shadow 用户密码文件； group 用户组信息； fstab 系统开机启动自动挂载分区列表； hosts 设定用户自己的 IP 地址与主机名对应的信息
/home	普通用户的家目录默认存放目录
/lib	库文件存放目录，函数库目录
/mnt /media	一般用来临时挂载存储设备的挂载目录，比如 CDROM、U 盘等目录，在 CentOS 7 中会挂载到/run 下面
/opt	opt 表示可选择，有些程序包会被安装在这里
/proc	操作系统运行时，进程（正在运行中的程序）信息及内核信息（比如 CPU、磁盘分区、内存信息等）存放在这里。/proc 目录是伪装的文件系统 proc 的挂载目录，proc 并不是真正的文件系统。因此，这个目录是一个虚拟的目录，它是系统内存的映射。也就是说，这个目录的内容不在磁盘上而在内存中。 查看 CPU 信息：# cat /proc/cpuinfo
/sys	系统目录，存放硬件信息的相关文件

（续表）

目　录	说　明
/run	运行目录，存放的是系统运行时的数据，比如进程的 PID 文件
/srv	服务目录，存放的是本地服务的相关文件
/sbin	大多数涉及系统管理的命令都存放在该目录中，它是超级权限用户 root 的可执行命令存放地，普通用户无权执行这个目录下的命令，只有 root 权限才能执行
/tmp	存放临时文件，有时用户运行程序的时候，会产生一些临时文件。/tmp 就是用来存放这些临时文件的。/var/tmp 目录和该目录的作用是相似的，不能存放重要数据，它的权限比较特殊。 ls –ld /tmp drwxrwxrwt 10 root root 12288 Oct 3 20:45 /tmp/粘滞位（sticky bit），即 sTicky 位，表示这个目录里的文件只能被其属主或 root 用户删除
/var	系统运行和软件运行时产生的日志信息，该目录的内容是经常变动的，存放的是一些变化的文件。比如/var 下下/var/log 目录是用来存放系统日志的，还有 mail、/var/spool/cron
/usr	存放应用程序和文件。 /usr/bin 普通用户使用的应用程序 /usr/sbin 管理员使用的应用程序 /usr/lib 库文件 Glibc（32 位） /usr/lib64 库文件 Glibc
/lib/lib64	这个目录中存放着系统最基本的动态链接共享库，包含许多被/bin/和/sbin/中的程序使用的库文件，目录/usr/lib/中含有更多用于用户程序的库文件，作用类似于 Windows 中的 DLL 文件，几乎所有的应用程序都需要用到这些共享库。 注意：lib***.a 是静态库。 lib***.so 是动态库。 静态库在编译时被加载到二进制文件中。 动态库在运行时被加载到进程的内存空间中。 简单描述：这些库是为了让程序能够正常编译运行的

4.1.2　绝对路径和相对路径

路径：平时使用计算机时，想找到需要的文件就必须知道文件的位置，而表示文件位置的方式就是路径。

绝对路径：在 Linux 系统中，绝对路径是从根目录“/”开始的，如/usr、/etc/passwd。如果一个路径是从根目录“/”开始的，那它一定是绝对路径。简单地说，就是一个路径的表示是从最开始处直到结束处。

相对路径：相对路径是以“.”或“..”开始的，相对于当前所处的位置。

绝对路径：从根目录开始的路径，如/home/mk

相对路径：相对于当前目录，如 a.txt、./a.txt、../miao/b.txt。

```
[root@xuegod63 etc]# ll /etc/passwd                #绝对路径。
-rw-r--r-- 1 root root 2116 11 月  16 14:57 /etc/passwd
```

4.2 文件的管理

文件管理的方式有很多种，可以用以下几种命令来实现。

touch 命令：用于创建文件。

vim 命令：用于修改文件。

mkdir 命令：用于创建设目录。

rm 命令：用于删除文件或目录。

cp 命令：用于复制文件或目录。

mv 命令：用于移动文件或目录。

4.2.1 touch 命令

命令使用格式：touch [选项] 文件名。

作用：常用来创建空文件，如果文件已存在，则修改这个文件的时间。

补充说明：文件的 3 种时间为访问时间、修改时间、改变时间。

```
[root@xuegod63 ~]# ll /etc/passwd                #查看文件的修改时间。
-rw-r--r-- 1 root root 2116 11 月 16 14:57 /etc/passwd
[root@xuegod63 ~]# stat /etc/passwd              #使用 stat 命令查看文件属性（包括文件的时间属性）。
  文件："/etc/passwd"
  大小：2116        块：8          IO 块：4096    普通文件
设备：803h/2051d    Inode：9401663      硬链接：1
权限：(0644/-rw-r--r--)  Uid：(    0/    root)   Gid：(    0/    root)
最近访问：2017-11-16 14:57:39.923177258 +0800
最近更改：2017-11-16 14:57:39.397177256 +0800
最近改动：2017-11-16 14:57:39.409177256 +0800
```

访问时间：atime，即查看内容的时间，如# cat a.txt，查看一下文件，即可更新文件的访问时间，该时间记录的是文件最后被访问的时间。

修改时间：mtime，即修改了文件内容的时间，如# vim a.txt，修改文件内容，即可更新文件修改时间，该时间记录的是文件最后被修改的时间，mtime 一旦变化，ctime 也会随之变化。

改变时间：ctime，即文件属性发生改变的时间，如权限、文件容量大小等一些并非文件内容的数据，而是与文件有关的元数据发生改变的时间。

注意：如果 mtime 发生改变，那么 ctime 也会随之而变，因为文件的元数据包含了文件的容量大小。mtime 是根据文件内容发生改变而改变的，内容改变则说明容量改变，所以 ctime 也会改变。即使只是 atime 改变，ctime 也会随之改变。

命令使用格式：touch 文件名。

```
[root@xuegod63 ~]# cd /opt/                      #切换工作目录到/opt。
[root@xuegod63 opt]# touch a.txt                 #创建 a.txt 文件。
```

```
[root@xuegod63 opt]# touch file1 file2          #同时指定多个文件名，创建 file1 和 file2 文件。
[root@xuegod63 opt]# touch file{6..20}          #使用命令展开式创建 file6 到 file20 的文件。
[root@xuegod63 opt]# ls
a.txt   file10   file12   file14   file16   file18   file2    file6   file8   rh
file1   file11   file13   file15   file17   file19   file20   file7   file9
```

touch 命令实际上并不是用于创建文件，而是用于修改时间戳的，只是目标文件不存在时，会自动创建一个空文件，如果目标文件已存在，那么只修改目标文件时间戳。

```
touch  文件名：                  创建一个空文件。
touch -c  文件名                 #只修改文件时间戳，即使目标文件不存在，也不创建空文件。
touch -a  文件名                 #只修改文件的访问时间为当前时间。
touch -m  文件名                 #只修改文件的修改时间为当前时间。
touch -m -t 201903181204.44  文件名  #指定修改文件的修改时间格式为年月日时分.秒，秒可以不加，默认为 0 秒。
touch -a -t 201903181204.44  文件名  #指定修改文件的访问时间格式为年月日时分.秒，秒可以不加，默认为 0 秒。
```

4.2.2　vim 命令

1．使用 vim 命令创建新文件

```
[root@xuegod63 mnt]# vim xuegod-1.txt
```

2．使用重定向创建新文件

```
[root@xuegod63 mnt]# echo aaa > xuegod.txt        #使用 echo 命令打印 aaa 内容重定向到 xuegod.txt 文件中，如果该文件已存在，则直接写入，如果不存在，则先创建文件再写入。
```

4.2.3　mkdir 命令

命令使用格式：mkdir[选项]目录名。

作用：创建目录。

例 4.1：创建目录。

```
[root@xuegod63 opt]# mkdir dir1                               #创建 dir1 目录。
[root@xuegod63 opt]# mkdir dir2 dir3 /home/dir4               #可以同时创建多个目录。
[root@xuegod63 opt]# ls /home/
dir4   mk
[root@xuegod63 opt]# mkdir /tmp/a/b/c                         #级联创建目录。
mkdir: 无法创建目录"/tmp/a/b/c": 没有那个文件或目录
[root@xuegod63 opt]# mkdir -p /tmp/a/b/c                      #在创建一个目录时，如果这个目录的上一级目录不存在的话，要加选项-p，才能级联创建目录。
[root@xuegod63 opt]# ls /tmp/a/b/
c
```

4.2.4　rm 命令

命令使用格式：rm [选项] 文件/目录。

作用：可以删除一个目录中的一个或多个文件或目录。对于链接文件来说，只删除整个链接文件，原文件是保持不变的。

常用选项如下。

-f：强制删除，没有提示。

-r：删除目录。

例 4.2：删除文件。

```
[root@xuegod63 opt]# rm -rf a.txt            #强制删除 a.txt 文件。
[root@xuegod63 opt]# rm -rf a.txt dir        #强制删除 a.txt 文件和 dir 目录。
[root@xuegod63 opt]# rm -rf file*            #强制删除 file 开头的文件。
```

命令 rm –rf 要慎用，一定要在删除以前确定一下所在目录，防止误删除重要数据。

4.2.5 cp 命令

命令使用格式：cp[选项]源文件/目录 目标文件/目录。

作用：复制文件或目录。

选项：-R/r：递归处理，将指定目录下的所有文件与子目录一并处理。

例 4.3：复制文件。

```
[root@xuegod63 ~]# cp /etc/passwd /opt/         #复制/etc/passwd 文件到/opt 目录下。
[root@xuegod63 ~]# cp -r /boot/grub /opt/       #复制/boot/grub 目录到/opt 目录下。
```

4.2.6 mv 命令

命令使用格式：mv[选项]源文件/目录 目标文件/目录。

作用：用于移动文件或目录和更改文件或目录名。

```
[root@xuegod63 opt]# mv passwd dir1                  #移动当前工作目录下的 passwd 文件到工作目录 dir1 目录下，如果没有 dir1 目录时，则把 passwd 文件重命名为 dir1。
在移动文件的时候支持改名操作。
[root@xuegod63 opt]# mv xuegod.txt dir1/a.txt        #移动当前工作目录下的 xuegod.txt 文件到当前工作目录下的 dir1 目录下，并重命名为 a.txt。
[root@xuegod63 opt]# ls dir1/
a.txt
```

4.3 查看文件

4.3.1 cat 命令

命令使用格式：cat 文件名。文件可同时指定多个。

作用：查看文件内容，连接并显示，如果指定多个目标，则按指定的顺序显示。

例子：查看 passwd 文件的内容。

```
[root@xuegod63 ~]# cat /etc/passwd
```

注意：cat 命令一次显示整个文件的内容，但在实际显示时，并不能一次显示整个文件的内容，这是 cat 命令的一个缺陷。查看文件时，尤其在本地终端查看文件时，可以使用 Shift+PageUp 键向上翻屏，Shift+PageDown 键向下翻屏，但是上下翻屏是有限的，一些较大的文件，未必能翻到顶部，因为在查看文件时，是把文件先加载到内存中再输出显示的，而内存区域是有限的，比如一个文件的内容共有 50 屏，内存只缓存了 20 屏，那么上下翻屏最多能翻到最后缓存的 20 屏。cat 命令只把文件内容加载到内存中并输出，输出完成后 cat 命令会自动退出。

4.3.2　more 命令

命令使用格式：more 文件名。

作用：以分页形式显示文件内容。

```
[root@xuegod63 ～]# more  /etc/httpd/conf/httpd.conf
```

说明：more 命令查看文件内容，并且显示当前查看文件内容的百分比，more 命令不支持向前翻一行，只要没翻到顶部，就可以向前翻一屏。

以下是几种翻屏操作。

向后翻一屏：Space（空格键）。

向前翻一屏：B 键，如果已翻到最后一屏，则不能向前翻，此时会自动退出。

向后翻一行：Enter（回车键）。

退出查看：Q 键。

4.3.3　less 命令

命令使用格式：less 文件名。

作用：和 more 功能一样。

```
[root@xuegod63 ～]# less  /etc/httpd/conf/httpd.conf
```

说明：实际上，man 命令是利用 less 命令来打开某个命令的使用手册的，每个命令都有一个使用手册，在使用 man 命令时，man 命令会到指定命令的使用手册所在位置用 less 命令打开该命令的使用手册，所以，使用 less 命令和使用 man 命令的操作基本相同。

有以下翻屏操作。

向后翻一屏：Space （空格键）或 PageUp 按键。

向前翻一屏：B 键或 PageDown 按键。

向后翻一行：Enter（回车键）。

向前翻一行：K 键。

搜索/查找操作关键字有 2 种方法（默认不区分字母大小写）。

/关键字：从当前位置向后查找关键字。

？关键字：从当前位置向前查找关键字。

按 N 键：跳到下一个关键字。

按 B 键：跳到上一个关键字。

按 Q 键：退出。

Linux 系统中 more 命令与 less 命令的区别如下。

more：不支持后退，但几乎不需要加参数，空格键是向后翻屏。Enter 键是向后翻一行，在不需要后退的情况下比较方便。

less：支持前后翻屏，既可以向前翻屏，也可以向后翻屏。空格键是向前翻屏，Enter 键是向后翻一行。

4.3.4 head 命令

命令使用格式：head [选项] 文件名。

作用：用于显示文件开头的内容。在默认情况下，head 命令显示文件的头 10 行内容。

选项：-n 表示查看从文件头开始指定行数的内容，如-n 3，表示查看文件中的头 3 行内容。选项支持-n3 的写法，即选项与选项参数之间不加空格的写法，还可以直接用-3 的写法查看文件的头 3 行。

```
[root@xuegod63 opt]# head /etc/passwd
root:x:0:0:root:/root:/bin/bash
bin:x:1:1:bin:/bin:/sbin/nologin
daemon:x:2:2:daemon:/sbin:/sbin/nologin
adm:x:3:4:adm:/var/adm:/sbin/nologin
lp:x:4:7:lp:/var/spool/lpd:/sbin/nologin
sync:x:5:0:sync:/sbin:/bin/sync
shutdown:x:6:0:shutdown:/sbin:/sbin/shutdown
halt:x:7:0:halt:/sbin:/sbin/halt
mail:x:8:12:mail:/var/spool/mail:/sbin/nologin
operator:x:11:0:operator:/root:/sbin/nologin

[root@xuegod63 opt]# head -n 3 /etc/passwd        #显示文件的头 3 行内容。
root:x:0:0:root:/root:/bin/bash
bin:x:1:1:bin:/bin:/sbin/nologin
daemon:x:2:2:daemon:/sbin:/sbin/nologin

[root@xuegod63 ~]# head -n3 /etc/passwd        #-n3 的写法,即选项与选项参数之间不加空格的写法。
root:x:0:0:root:/root:/bin/bash
bin:x:1:1:bin:/bin:/sbin/nologin
daemon:x:2:2:daemon:/sbin:/sbin/nologin

[root@xuegod63 ~]# head -3 /etc/passwd        #直接用-3 指定查看文件的头 3 行。
root:x:0:0:root:/root:/bin/bash
bin:x:1:1:bin:/bin:/sbin/nologin
daemon:x:2:2:daemon:/sbin:/sbin/nologin
```

4.3.5　tail 命令

命令使用格式：tail [选项] 文件名。

作用：用于显示文件的尾部内容。默认在屏幕上显示指定文件的末尾 10 行。

选项如下。

-n：显示文件尾部指定行数的内容（n 为数字）。

-f：动态查看。在查看某个文件时默认查看末尾 10 行，显示后并不退出查看，会等待显示后续追加至此文件的新增内容，并立即显示出来，一般用于查看日志文件。

```
[root@xuegod63 ~]# tail -n 3 /var/log/secure        #查看末尾 3 行记录。
[root@xuegod63 ~]# tail -f /var/log/secure          #动态查看登录成功的日志。
[root@xuegod63 ~]# ssh root@192.168.1.63            #在另一个终端远程登录 Linux 并登录成功。
[root@xuegod63 ~]# tail -f /var/log/secure          #可以动态查看到登录成功的日志。
Nov 17 00:08:32 xuegod63 sshd[2924]: Accepted password for root from 192.168.1.63 port 39904 ssh2
```

4.4　实战 1：XFS 文件系统的备份和恢复

XFS 文件系统是由 SGI 开发的高级日志文件系统，XFS 极具伸缩性，非常健壮。所幸的是，SGI 将其移植到了 Linux 系统中，XFS 特别擅长处理大文件，同时提供平滑的数据传输。在 Linux 环境中，目前版本可用的最新 XFS 文件系统为 1.2 版本，在 CentOS 7 版本中开始支持 XFS 文件系统。

XFS 提供了 xfsdump 和 xfsrestore 两个工具，协助备份 XFS 文件系统中的数据。xfsdump 按 inode 顺序备份一个 XFS 文件系统。

CentOS 7 选择 XFS 格式作为默认文件系统，而不再使用以前的 ext 格式，但仍然支持 ext4。XFS 专为大数据而生，每个文件系统最大可以支持 8EB，单个文件可以支持 16TB，不仅数据量大，而且扩展性高。还可以通过 xfsdump 和 xfsrestore 进行备份和恢复。

与传统的 UNIX 文件系统不同，XFS 不需要在备份前被卸载，对使用中的 XFS 文件系统做备份就可以保证镜像的一致性。XFS 的备份和恢复过程是可以被中断然后继续的，无须冻结文件系统。xfsdump 甚至提供了高性能的多线程备份操作——把一次 dump 拆分成多个数据流，每个数据流可以被发往不同的目的地。

xfsdump 的备份级别有以下两种（默认为 0）。

0 级别代表完全备份。

1～9 级别代表增量备份。

知识扩展

完全备份：每次都把指定的备份目录完整地复制一遍，不管目录下的文件有没有变化。

增量备份：每次将之前（第一次、第二次……直到前一次）做过备份以后有变化的文件进行备份。

差异备份：每次都将第一次完整备份以后有变化的文件进行备份。

1. 环境准备

为系统 CentOS 7.5 添加一块虚拟磁盘（准备一个测试分区）。

正常使用一块磁盘过程如下。

（1）添加新磁盘，步骤如下。

① 单击“编辑虚拟机设置”，在“虚拟机设置”对话框中单击“添加（A）”按钮，然后在弹出的“添加硬件向导”对话框中选择“硬盘”选项并单击“下一步（N）”按钮，如图 4-4 所示。

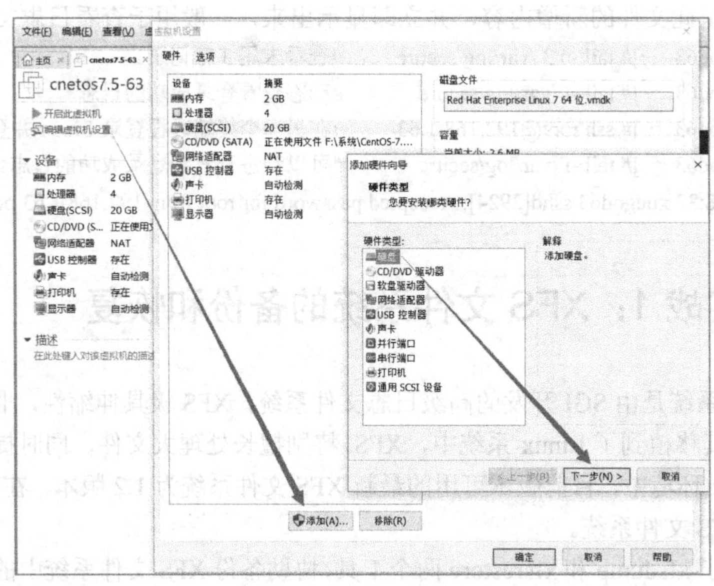

图 4-4 添加磁盘

② 在图 4-5 所示的对话框中选择磁盘类型为“SCSI（S）（推荐）”，并单击“下一步（N）”按钮。

③ 在图 4-6 所示的对话框中选择磁盘为“创建新虚拟磁盘（V）”并单击“下一步（N）”按钮。

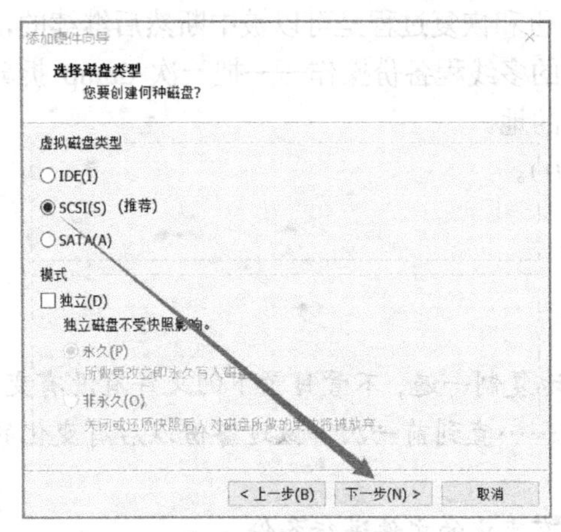

图 4-5 选择磁盘类型

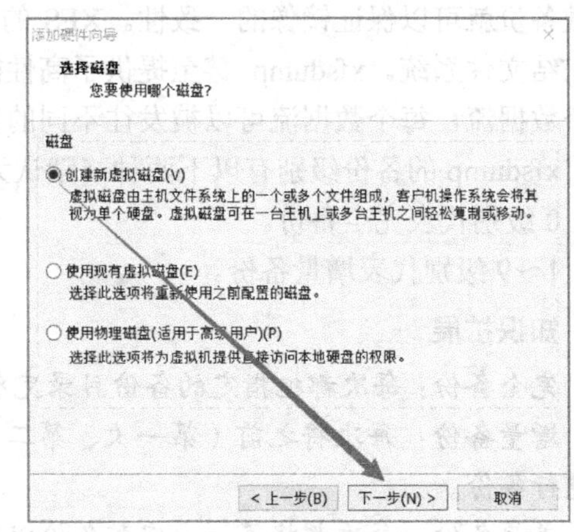

图 4-6 选择磁盘

④ 在图 4-7 所示的对话框中指定“最大磁盘大小（GB）（S）”为 20GB，选择“将虚拟磁盘存储为单个文件（O）”单选按钮，并单击“下一步（N）”按钮。

⑤ 在图 4-8 所示的对话框中指定磁盘文件，此处默认即可，直接单击“完成”按钮。

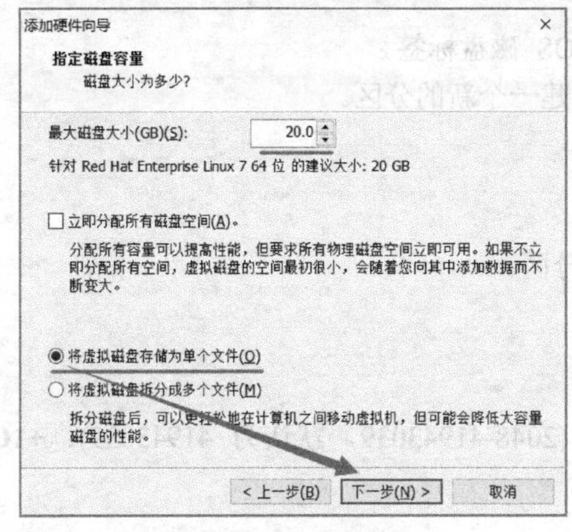

图 4-7　指定磁盘容量

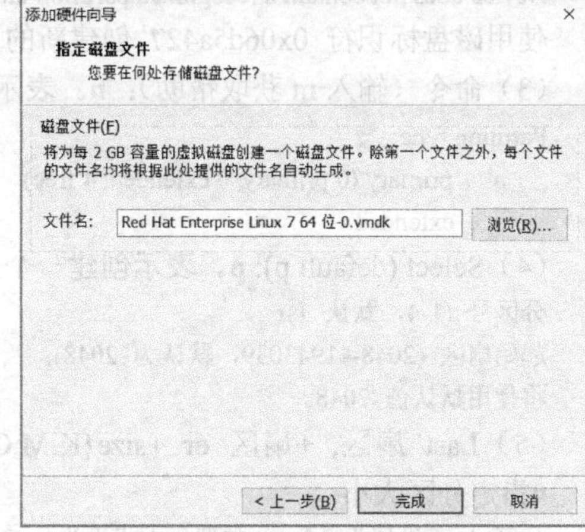

图 4-8　指定磁盘文件

⑥ 在图 4-9 所示的对话框中确认此前操作，确认无误后，单击“确定”按钮，完成新磁盘的添加。

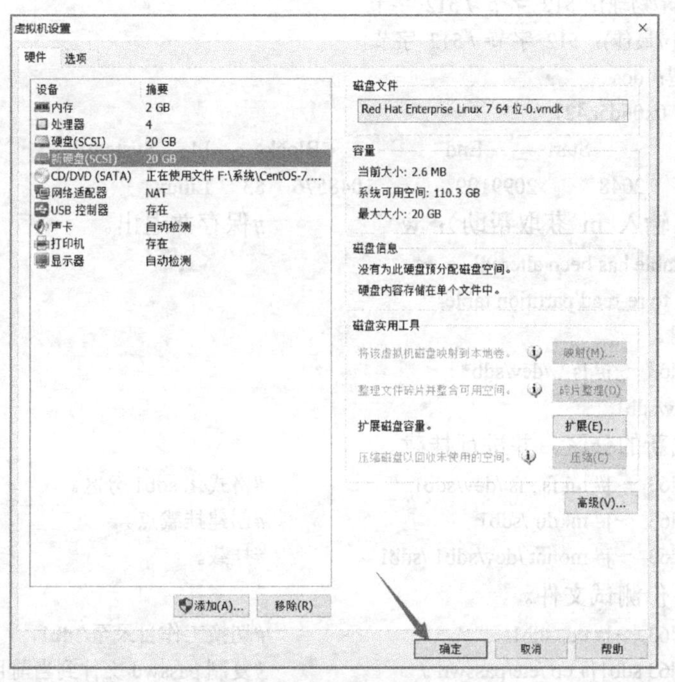

图 4-9　完成设置

（2）使用 fdisk 命令对新添加的磁盘进行分区。

```
[root@xuegod63 ~]# fdisk /dev/sdb                    #对指定磁盘进行分区。
```

```
欢迎使用 fdisk (util-linux 2.23.2)。
更改将停留在内存中，直到用户决定将更改写入磁盘。
使用写入命令前请三思。
Device does not contain a recognized partition table
使用磁盘标识符 0x06d5a427 创建新的 DOS 磁盘标签。
```

（3）命令（输入 m 获取帮助）：**n**。表示创建一个新的分区。

```
Partition type:
   p    primary (0 primary, 0 extended, 4 free)
   e    extended
```

（4）Select (default p): **p**。表示创建一个主分区。

```
分区号 (1-4，默认 1):
起始扇区 (2048-41943039，默认为 2048):
将使用默认值 2048。
```

（5）Last 扇区, +扇区 or +size{K,M,G} (2048-41943039，默认为 41943039)：**+1G** #指定分区大小。

```
分区 1 已设置为 Linux 类型，大小设为 1 GiB
```

（6）命令（输入 m 获取帮助）：**p**。表示打印分区表。

```
磁盘 /dev/sdb：21.5 GB, 21474836480 字节，41943040 个扇区
Units = 扇区 of 1 * 512 = 512 bytes
扇区大小(逻辑/物理)：512 字节 / 512 字节
I/O 大小(最小/最佳)：512 字节 / 512 字节
磁盘标签类型：dos
磁盘标识符：0x06d5a427
设备 Boot      Start         End      Blocks   Id  System
/dev/sdb1        2048     2099199     1048576   83  Linux
```

（7）命令（输入 m 获取帮助）：**w**　　　　#保存并退出。

```
The partition table has been altered!
Calling ioctl() to re-read partition table.
正在同步磁盘。
[root@xuegod63 ~]# ls  /dev/sdb*
/dev/sdb  /dev/sdb1
```

（8）格式化新的分区，并进行挂载。

```
[root@xuegod63 ~]# mkfs.xfs /dev/sdb1            #格式化 sdb1 分区。
[root@xuegod63 ~]# mkdir /sdb1                   #创建挂载点。
[root@xuegod63 ~]# mount /dev/sdb1 /sdb1         #挂载。
```

（9）准备备份测试文件。

```
[root@xuegod63 ~]# cd /sdb1/                     #切换工作目录至/sdb1。
[root@xuegod63 sdb1]# cp /etc/passwd ./          #复制 passwd 文件到当前目录。
[root@xuegod63 sdb1]# mkdir test                 #在当前目录下创建 test 目录。
[root@xuegod63 sdb1]# touch test/a               #在 test 目录下创建 a 文件。
[root@xuegod63 sdb1]# tree /sdb1/                #使用 tree 命令查看当前目录结构。
/sdb1/
```

```
├── passwd
└── test
    └── a
```

2．文件系统备份

（1）备份整个分区（这个功能就像虚拟机的快照，服务器被黑后，能够进行快速恢复）。

命令使用格式：xfsdump　-f 存放位置 目标文件的路径。

注意：备份的路径这里不能写成/sdb1/，可以是/dev/sdb1 或/sdb1。

把/dev/sdb1 设备文件备份到/opt/dump_sdb1。

```
[root@xuegod63 sdb1]# xfsdump -f /opt/dump_sdb1    /dev/sdb1
xfsdump: using file dump (drive_simple) strategy
xfsdump: version 3.1.4 (dump format 3.0) - type ^C for status and control
========== dump label dialog ==============================
please enter label for this dump session (timeout in 300 sec)
-> dump_sdb1                    #手动指定备份会话标签。
session label entered: "dump_sdb1"
 --------------------------------- end dialog ---------------------------------
xfsdump: level 0 dump of xuegod63.cn:/sdb1
xfsdump: dump date: Fri Nov 17 12:24:53 2017
xfsdump: session id: b5a25fcd-d43d-4308-bf29-142066f89d9a
xfsdump: session label: "dump_sdb1"
xfsdump: ino map phase 1: constructing initial dump list
xfsdump: ino map phase 2: skipping (no pruning necessary)
xfsdump: ino map phase 3: skipping (only one dump stream)
xfsdump: ino map construction complete
xfsdump: estimated dump size: 25856 bytes
============== media label dialog ==============================
please enter label for media in drive 0 (timeout in 300 sec)
-> sdb1                    #手动指定设备标签，就是对要备份的设备做一个描述。
media label entered: "sdb1"
 --------------------------------- end dialog ---------------------------------
xfsdump: creating dump session media file 0 (media 0, file 0)
xfsdump: dumping ino map
xfsdump: dumping directories
xfsdump: dumping non-directory files
xfsdump: ending media file
xfsdump: media file size 24544 bytes
xfsdump: dump size (non-dir files) : 2592 bytes
xfsdump: dump complete: 46 seconds elapsed
xfsdump: Dump Summary:
xfsdump:     stream 0 /opt/dump_sdb1 OK (success)
xfsdump: Dump Status: SUCCESS
```

（2）指定备份时免交互操作，方便后期做定时备份。

```
[root@xuegod63 sdb1]# xfsdump -f /opt/dump_passwd /sdb1 -L dump_passwd -M media1
-L：xfsdump  记录每次备份的会话标签，这里可以填写针对此文件系统的简要说明。
-M：xfsdump 可以记录存储媒体的标签，这里可以填写此媒体的简要说明。
```

（3）指定只备份分区中的某个目录。

参数-s：文件路径，只对指定的文件或目录进行备份，-s 指定的路径是相对路径（可以是文件或目录）。

备份 grub2/grub.cfg 到/opt/目录下，并命名为 dump_grub2。

```
[root@xuegod63 sdb1]# xfsdump -f /opt/dump_grub2 -s grub2/grub.cfg /boot -L dump_grub2 -M boot-sda1
```

（4）查看备份信息与内容。

备份成功后，可以在/var/lib/xfsdump/inventory 目录下看到生成的文件信息。

```
[root@xuegod63 opt]# xfsdump  -I（大写字母 I）
```

（5）测试恢复准备：先删除之前创建的内容。

```
[root@xuegod63 sdb1]# ls
passwd  test
[root@xuegod63 sdb1]# pwd            #执行 pwd 命令，获得当前工作目录。
/sdb1
[root@xuegod63 sdb1]# rm -rf ./*     #删除当前工作目录下的所有文件。
```

3. 文件系统恢复

命令使用格式：xfsrestore -f 恢复文件的位置 指定存放恢复后文件的路径。

```
[root@xuegod63 opt]# xfsrestore -f /opt/dump_sdb1 /sdb1    #恢复 /opt/dump_sdb1 文件到/sdb1 目录下。
```

查看恢复情况如下。

```
[root@xuegod63 ~]# ls /sdb1/         #此前删除的内容，经过恢复，已经还原了。
passwd  test
```

恢复单个文件如下。

```
[root@xuegod63 ~]# mkdir /var/test/                       #在/var 目录下创建 test 目录。
[root@xuegod63 ~]# xfsrestore -f /opt/dump_grub2 -s grub2/grub.cfg /var/test/
[root@xuegod63 ~]# xfsrestore -f /opt/dump_grub2 -s grub2 /var/test/    #恢复目录。
[root@xuegod63 ~]# ls /var/test/
grub2
```

4. 使用 xfsdump 时，请注意以下几个限制

① xfsdump 不支持没有挂载的文件系统，所以只能备份已挂载的。

② xfsdump 必须使用 root 的权限才能操作（涉及文件系统的关系）。

③ xfsdump 只能备份 XFS 文件系统。

④ xfsdump 备份的数据（档案或储存媒体）只能让 xfsrestore 解析。

⑤ xfsdump 是通过文件系统的 UUID 来分辨各个备份档的，因此，不能备份两个具有相同 UUID 的文件系统。

5. 增量备份

增量备份是指在一次完全备份或上一次增量备份后，以后每次的备份只需备份与前一

次相比增加和修改的文件。这就意味着，第一次增量备份的对象是进行完全备份后所产生的增加和修改的文件；第二次增量备份的对象是进行第一次增量备份后所产生的增加和修改的文件，以此类推。

增量备份的优缺点如下。

优点：不需要重复备份数据，因此备份的数据量不大，备份所需的时间很短。

缺点：数据恢复相对比较麻烦，它需要上一次完全备份和所有增量备份的内容才能够完全恢复成功，并且必须沿着从完全备份到每次增量备份的时间顺序逐个反向恢复，因此会延长恢复时间。

4.5　实战 2：增量备份文件系统

（1）准备一个备份目录进行备份。

```
[root@xuegod63 sdb1]# tree   /sdb1
/sdb1/
├── passwd
└── test
    └── a
```

（2）对上面的内容进行第一次完全备份。

```
[root@xuegod63 sdb1]# xfsdump -f /opt/test-full /sdb1 -L test-full -M media0
```

（3）增加一些内容，然后进行第一次增量备份。

```
[root@xuegod63 ~]# touch   /sdb1/1.txt /sdb1/2.txt      #在/sdb1 目录创建 1.txt 和 2.txt 文件。
[root@xuegod63 ~]# tree   /sdb1/                        #使用 tree 命令查看/sdb1 目录结构。
/sdb1/
├── 1.txt
├── 2.txt
├── passwd
└── test
    └── a
[root@xuegod63 sdb1]# xfsdump -l 1 -f /opt/test-back1 /sdb1 -L test-bak1 -M media0
选项-l <level>：做一个等级为 1 的增量备份。
```

（4）再次增加内容，然后进行 level 2 级别的增量备份。

```
[root@xuegod63 sdb1]# touch   /sdb1/test/a.txt   /sdb1/test/b.txt
[root@xuegod63 ~]# tree /sdb1/
/sdb1/
├── 1.txt
├── 2.txt
├── passwd
└── test
    ├── a
    ├── a.txt
    └── b.txt
```

（5）进行 level 2 级别的增量备份。

```
[root@xuegod63 sdb1]# xfsdump -l 2 -f /opt/test-back2 /sdb1 -L test-bak2 -M media0
[root@xuegod63 ~]# rm -rf /sdb1/*                    #删除所有数据。
```

（6）进行恢复。要想恢复全部数据，包括新添加的文件，操作步骤如下。

① 情况 1：恢复最后一次增量备份，如果两次增量备份都是 1 级的，那么只需要恢复最后一个增量备份即可。

② 情况 2：如果第一次是 1 级增量备份，第二次是 2 级增量备份，那么在恢复的时候就需要先恢复完全备份，然后恢复 1 级增量备份，最后恢复 2 级增量备份。

恢复完全备份。

```
[root@xuegod63 ~]# xfsrestore -f /opt/test-full /sdb1/    #恢复完全备份。
[root@xuegod63 ~]# xfsrestore -f /opt/test-back2 /sdb1/ #故意先恢复 back2。
[root@xuegod63 ~]# tree /sdb1/                        #查看目录结构，发现没有文件 1.txt 和 2.txt 。
/sdb1/
├── passwd
└── test
    ├── a
    ├── a.txt
    └── b.txt
```

恢复 1 级别的增量备份。

```
[root@xuegod63 ~]# xfsrestore -f /opt/test-back1 /sdb1/
[root@xuegod63 ~]# tree /sdb1/
/sdb1/
├── 1.txt
├── 2.txt
├── passwd
└── test
    ├── a
    ├── a.txt
└── b.txt
```

至此，数据恢复成功了。

第 5 章

vim 编辑器和 Xmanager 工具

5.1 vim 主要模式介绍

vim 是文本编辑器，只编辑纯 ASCII 码的文档，没有任何多余的修饰符。

首先需要确保系统已经安装了 vim 工具。

5.1.1 安装 vim 及编辑模式

```
[root@panda ～]# rpm -qf `which vim`                #使用 rpm 程序包管理器查看是否已安装 vim。
vim-enhanced-7.4.160-2.el7.x86_64

[root@panda ～]# rpm -qf `which vi`                 #使用 rpm 程序包管理器查看是否已安装 vi。
vim-minimal-7.4.160-2.el7.x86_64
```

以上输入的查询结果表示已安装好。

```
[root@xuegod63 ～]# yum -y install vim              #使用 Yum 安装 vim。
```

知识扩展：vim 是 vi 的增强版，最明显的区别就是 vim 可以加亮语法，它完全兼容 vi。

vim 编辑器模式之间的切换如图 5-1 所示。

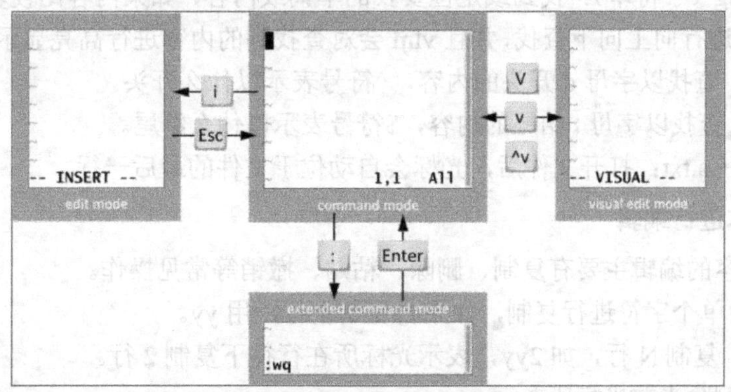

图 5-1　vim 模式之间切换

5.1.2 模式介绍

首次进入文件，处于“命令模式”。

出现“Insert”，处于“编辑模式”。

输入冒号“:”，处于“命令行模式”。

vim 模式之间的切换方式如下。

“命令模式”切换为“编辑模式”，可按键盘上的字母键 a、i、o、A、I、O。

“编辑模式”切换为“命令模式”，按 Esc 键。

“命令模式”切换为“命令行模式”，输入冒号“:”。

1. 命令模式切换为编辑模式

（1）i：在当前字符之前插入（光标前）。

（2）I：在行首插入。

（3）a：在当前字符之后插入（光标后）。

（4）A：在行尾插入。

（5）o：在下一行插入（另起一行）。

（6）O：在上一行插入（上一行）。

2. 在命令模式下做的操作

（1）h：光标向左移动。

（2）j：光标向下移动。

（3）k：光标向上移动。

（4）l：光标向右移动。

（5）0 和 home 键：切换到行首；$和 end 键：切换到行尾。

（6）gg：快速定位到文档的首行，G 定位到末行。

（7）3gg（或者 3G）：快速定位到第 3 行。

（8）u：撤销一步，每按一次就撤销一次。

（9）r：替换。

（10）/string（字符串）：找到或定位要找的单词或内容，如果内容比较多，可以通过按字母键 N、n 来进行向上向下查找，并且 vim 会对查找到的内容进行高亮显示，取消用 :noh。

（11）/^d：查找以字母 d 开头的内容，^符号表示以什么开头。

（12）/t$：查找以字母 t 结尾的内容，$符号表示以什么结尾。

（13）vim + a.txt：打开文件后，光标会自动位于文件的最后一行。

3. 对文本进行编辑

对文本内容的编辑主要有复制、删除、粘贴、撤销等常见操作。

（1）y：对单个字符进行复制，如果要复制整行，用 yy。

（2）Nyy：复制 N 行，如 2yy，表示光标所在行往下复制 2 行。

（3）dd：删除当前光标所在行。

（4）Ndd：删除 N 行，如 2dd，表示光标所在行往下删除 2 行。

（5）p：在光标所在下一行插入粘贴的内容。

（6）dd：剪切。

（7）x：向后删除一个字符，等同于 Delete。

（8）X：向前删除一个字符。

（9）D：从光标处删除到行尾。

（10）u：撤销操作。

（11）Ctrl+r：还原撤销过的操作，将做过的撤销操作再还原回去，也就是说撤销前是什么样，再还原成什么样。

（12）r：替换，或者说用来修改一个字符。

4．总结：vim 如何进入其他模式

（1）按字母键 a、A、o、O、i、I 都可以进行插入，并进入编辑模式。

（2）输入冒号“:”，进入命令行模式。

（3）按字母 v 键，进入可视模式。

（4）按 Ctrl+v 组合键，进入可视块模式。

（5）按 r 键，擦除、改写，进入替换模式。

（6）进入以上模式后，要想退出，可按 Esc 键。

知识扩展：在插入模式中，Ctrl+p 组合键可以进行补全操作，所修改的内容必须是在当前打开的文件内存在的，它只针对当前文件。

5.1.3 可视块模式

按字母 v 键，进入可视块模式后，移动光标可选择区域，如编程的时候需要进行多行注释，Ctrl+v 组合键可以进入可视块模式。

（1）向下或向上移动光标，把需要注释、编辑的行的开头选中。

（2）按大写字母 I 键。

（3）插入注释符或者需要插入的符号，如“#”。

（4）按 Esc 键，实现全部注释或添加。

（5）删除：按 Ctrl+v 组合键进入可视块模式，通过键盘上下键移动光标选中注释部分，然后按字母 d 键，删除选中的注释符号。

5.1.4 命令行模式操作

在命令行模式下，使用的操作如下（冒号后为命令行模式下输入的内容）。

（1）:w：保存。

（2）:w!：强制保存。

（3）:q：没有进行任何修改，退出。

（4）:q!：修改了，不保存，强制退出。

（5）:wq：保存并退出。

（6）:wq!：强制保存并退出。

（7）:x：保存退出。

例 5.1：强制保存并退出操作示例。

```
[root@xuegod63 ~]# ll /etc/shadow          #使用 ll 命令可查看，得到 shadow 文件权限为 000。
----------. 1 root root 1179 9 月  19 12:57 /etc/shadow
[root@xuegod63 ~]# vim /etc/shadow        #使用 root 用户对 shadow 文件进行编辑，在保存退出时，
由于权限不够，无法正常保存退出，但 root 用户可以使用:wq! 强制保存并退出。
```

5.1.5 调用外部文件或命令

假设在 vim 中编辑文档时，想要写入本机的网卡 MAC 地址，需要先查看一下网卡 MAC 地址，此时不需要退出当前的文档编辑，因为 Vim 在命令行模式下提供了直接可以调用系统命令的功能。

在命令行模式下做如下操作。

（1）当需要在文本中调用系统命令以方便复制和粘贴时，在命令行模式下输入！+命令并按 Enter 键。

如输入!ifconfig 会在文本中调用 ifconfig 命令并输出命令结果，如图 5-2 所示。

```
:!ifconfig
[已修改但尚未保存]
ens33: flags=4163<UP,BROADCAST,RUNNING,MU
        inet 192.168.1.100  netmask 255.2
        inet6 fe80::e27:8ba:b75d:eced  pr
        ether 00:0c:29:12:48:a0  txqueuel
        RX packets 3156  bytes 2862274 (2
        RX errors 0  dropped 0  overruns
```

图 5-2 调用 ifconfig 命令

（2）当需要在当前文本下读取其他文件以方便完成批量添加或导入操作时，在命令行输入 r +文件名，如输入:r /etc/hosts，会读取/etc/hosts 文件内容，如图 5-3 所示。

```
127.0.0.1   localhost localhost.localdomain localhost4 localhost4.localdomain
4
::1         localhost localhost.localdomain localhost6 localhost6.localdomain
6
~
```

图 5-3 读取/etc/hosts 文件内容

5.1.6 文本替换

范围中的%表示文件中的所有内容，分隔符可以自定义。

格式：范围　s 分隔符 旧的内容 分隔符 新的内容。

默认替换每一行的第一个符合要求的词，加上/g 表示替换全部。

注意：*以下操作都是在命令行模式下完成的*。

（1）:1,3 s/bin/xuegod：将第 1～3 行中出现的第一个 bin 替换成 xuegod。

（2）:1,3 s/bin/xuegod/g：将第 1～3 行中查找到的所有的 bin 替换成 xuegod。

（3）:3 s/xue/aaaaa：只替换第 3 行中的内容。

（4）:% s/do/xuegod/g：将文本中所有的 do 替换成 xuegod。

（5）:% s/do/xuegod/gi：将文本中所有的 do 替换成 xuegod，并且忽略 do 的大小写。

（6）:% s@a@b@g：将文本中所有的 a 替换成 b。

5.1.7　自定义 vim 使用环境

1．临时设置环境

在命令行模式下输入以下内容，临时设置环境。

（1）:set nu：设置行号。

（2）:set nonu：取消设置行号。

（3）:noh：取消高亮显示命令，默认高亮。

2．永久设置环境

在文件中编辑后便会永久生效，如在～/.vimrc 中加入 set nu，则当前用户打开所有文件默认带行号。

```
[root@xuegod63 ～]# vim /etc/vimrc          #设置后会影响系统所有的用户。
[root@xuegod63 ～]# vim ～/.vimrc          #在用户的家目录下创建一个以“.”开头的文件 .vimrc，此修改的应用范围仅生效于该用户，～符号表示匹配当前登录用户的家目录，以“.”开头的文件表示隐藏文件。
```

例 5.2：root 用户下所有文件打开后默认带行号。

```
[root@xuegod63 ～]# vim /root/.vimrc          #使用 vim 命令创建或修改家目录下的.vimrc 并添加 set nu。
set nu
[root@xuegod63 ～]# cat /root/.vimrc
set nu
[root@xuegod63 ～]# vim /etc/passwd          #以上设置完成后，使用 vim 打开文件，会自动显示行号，如图 5-4 所示。
```

```
1 root: x: 0: 0: root: /root: /bin/bash
2 bin: x: 1: 1: bin: /bin: /sbin/nologin
3 daemon: x: 2: 2: daemon: /sbin: /sbin/nologin
4 adm: x: 3: 4: adm: /var/adm: /sbin/nologin
```

图 5-4　vim 设置永久显示行号

5.1.8　使用 vim 打开多个文件

（1）以上下形式打开并显示两个文件。

```
[root@xuegod63 ～]# vim -o /etc/passwd /etc/hosts          #以上下形式同时打开/etc/passwd 和/etc/hosts 两个文件，如图 5-5 所示。
```

（2）以左右形式打开并显示两个文件。

```
[root@xuegod63 ～]# vim -O /etc/passwd /etc/hosts          #以左右形式同时打开/etc/passwd 和/etc/hosts 两个文件。
```

注意：按 Ctrl+ww 组合键：在两个文件之间进行切换编辑。用 vim 查看文件时，参数用大写字母 O，文件以左右分屏显示，参数用小写字母 o，文件以上下分屏显示。

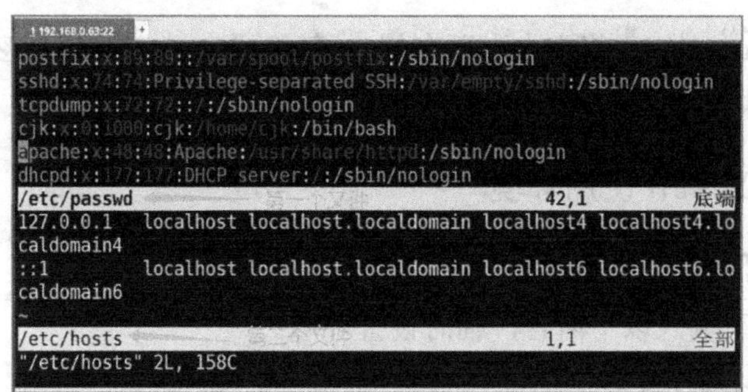

图 5-5　vim 以上下形式同时打开两个文件

5.1.9　比较两个文件内容

[root@xuegod63 ～]# cp /etc/passwd mima.txt　　　#复制/etc/passwd 文件到当前工作目录下，并命名为 mima.txt。

[root@xuegod63 ～]# echo aaa >> mima.txt　　　#使用 echo 命令追加内容 aaa 到 mima.txt 文件中。

使用 diff 命令对/etc/passwd 文件和 mima.txt 文件做对比。

[root@xuegod63 ～]# diff /etc/passwd mima.txt

42a43

> aaa

[root@xuegod63 ～]# vimdiff /etc/passwd mima.txt　　　#使用 vimdiff 命令可同时打开这两个文件，打开后光标直接跳到两个文件的差别之处，如图 5-6 所示。

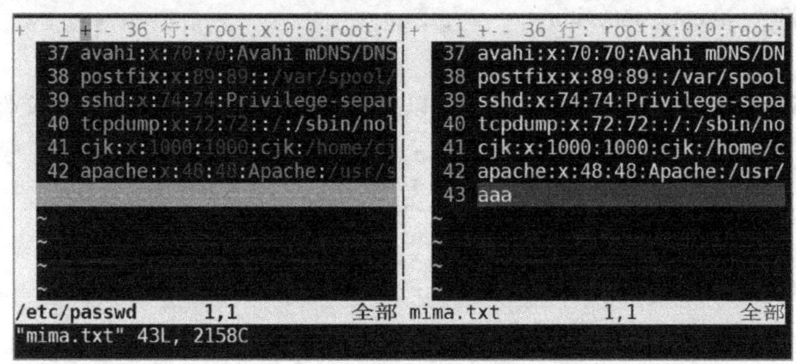

图 5-6　vimdiff 命令对比两个文件

5.1.10　其他编辑器

其他编辑器如下。

（1）nano 编辑器。

（2）Emacs 编辑器。

（3）Gnome 下，gedit 编辑器。

例 5.3：gedit 文本编辑器。

[root@xuegod63 ～]# gedit /etc/passwd　　　#gedit 是图形文本编辑工具，远程和命令行模式下不能使用，需要图形化模式才能使用，类似于 Windows 的文本文档编辑工具，如图 5-7 所示。

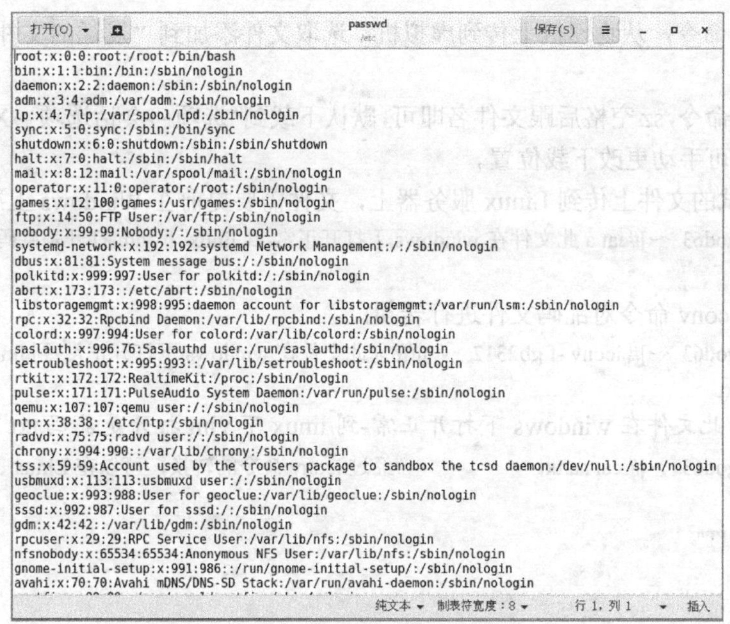

图 5-7 图形化下的 gedit 文本编辑工具

5.2 实战 1：解决在 Linux 下打开 Windows 汉字出现乱码的问题

（1）实验环境：CentOS 7.6 系统默认使用的语言是汉语（系统中必须安装好中文包）。

（2）在 Windows 系统中用记事本编辑名字为“a 此文件在 windows 下打开正常-到 linux 下 vim 打开是乱码.txt”的文件上传到 Linux 服务器上。

文件中的内容如下。

```
#!/bin/bash
echo "学神 IT"
```

（3）使用 ssh 远程连接到 Linux 上，使用 vim 打开后显示乱码。

这是编码的问题，需要通过 iconv 命令进行转码。

命令使用格式如下：iconv [选项] 文件名

命令选项及参数如下。

```
-f 或 --from-code：指定原始文件的编码。
-t 或 --to-code：指定转换后的文件的编码。
-o 或 –output：指定输出文件名。
[root@xuegod63 ~]# mkdir test                #创建一个测试目录。
[root@xuegod63 ~]# cd test/                  #切换到测试目录。
```

① 使用 Xshell 方式连接虚拟机后，使用 lrzsz 命令上传下载文件。

lrzsz 是 Xshell 自带的上传下载命令，使用 yum install -y lrzsz 安装（默认已安装）。

rz 是上传命令，从物理机上传到虚拟机，选取文件添加到“发送的文件”并单击“确定”按钮。

sz 是下载命令，sz 空格后跟文件名即可，默认下载到“选项→会话选项→X/Y/Zmodem→下载”路径，可手动更改下载位置。

② 将测试的文件上传到 Linux 服务器上，文件需要提前在 Windows 上准备好。

```
[root@xuegod63 ~]#cat a 此文件在 windows 下打开正常-到 linux 下 vim 打开是乱码.txt
#!/bin/bash
```

③ 使用 iconv 命令对乱码文件进行转换：

```
[root@xuegod63 ~]# iconv -f gb2312   -t utf8 a 此文件在 windows 下打开正常-到 linux 下 vim 打开是乱码.txt   -o aa.txt
```

注意：“a 此文件在 windows 下打开正常-到 linux 下 vim 打开是乱码.txt”是文件名。

```
[root@xuegod63 ~]# cat aa.txt                #经过 iconv 命令的转换，可以在 Linux 上正常查看了。
#!/bin/bash
echo "学神 IT"
```

5.3 实战 2：解决将 Linux 服务器上的脚本导入 Windows 但打开串行的问题

问题产生的原因：Windows 和 Linux 处理回车的方法不同，在 Windows 系统中，文件的每行结尾是“<回车><换行>”，即换行符是“\r\n”。而在 Linux 系统中，换行符则是$，由于内核所识别的换行符不同，造成串行。

（1）上传“b 在 Linux 编辑的文档到 windows 下没有换行.sh”到 Linux 上，打开后正常显示。

```
[root@xuegod63 test]# sz b 在 Linux 编辑的文档到 windows 下没有换行.sh          #下载到本地，使用 sz 命令把需要下载到本地的文件下载到本地存储的位置，如图 5-8 所示。
```

（2）在 Windows 中打开上一步下载的文件并显示，可以看到打开的文件没有换行，如图 5-9 所示。

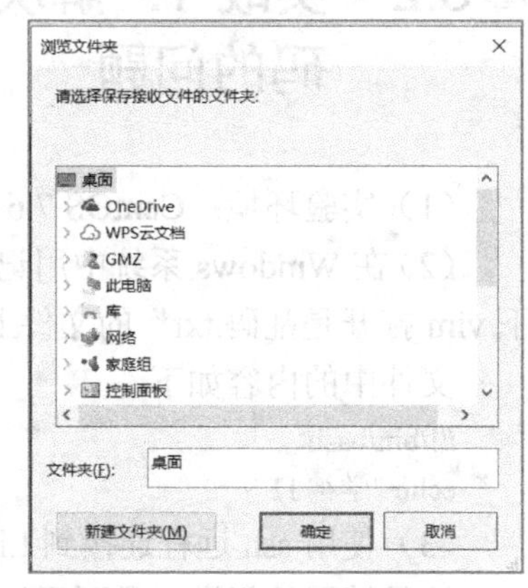

图 5-8　下载文件到本地

图 5-9　从 Linux 传输到本地打开串行

（3）解决方法：使用 UNIX2dos 命令对文件进行格式转换。

dos2UNIX 命令的作用是把 Windows 系统中的回车转成 Linux 类型。

使用 rpm 程序包管理器安装 dos2UNIX 工具。

```
[root@xuegod63 ~]# rpm -ivh /mnt/Packages/dos2UNIX-6.0.3-7.el7.x86_64.rpm
```

UNIX2dos 命令的作用是把 Linux 系统中的回车转换成 Windows 类型。

在 CentOS 7 上，UNIX2dos 命令已经被集成到 dos2UNIX-6.0.3-7.el7.x86_64.rpm 包中了。

在 CentOS 6 下需要安装 UNIX2dos.xxx.rpm，可单独安装 UNIX2dos 工具。

在本例中，使用 UNIX2dos 命令对文件进行格式转换。

```
[root@xuegod63 test]# UNIX2dos b 在 Linux 编辑的文档到 windows 下没有换行.sh
```

（4）经过转换后，再次下载该文件到 Windows 中查看，可以看到打开的文件换行正常，如图 5-10 所示。

```
[root@xuegod63 test]# sz b 在 Linux 编辑的文档到 windows 下没有换行.sh
```

图 5-10 转换格式后的文件

5.4 实战 3：在 CentOS 6/RHEL 6 上恢复 ext4 文件系统上误删除的文件

本实验针对 ext4 文件系统进行操作，如果是 XFS 文件系统不能执行此实验，本实验用于在误删文件后进行文件恢复。

首先对根目录尝试执行删除。

```
[root@xuegod63 ~]# rm -rf /              #由于根目录受安全模式保护，执行不成功。
rm：在根目录进行递归操作十分危险。
rm：使用 --no-preserve-root 选项跳过安全模式。
[root@xuegod63 ~]# rm -rf /*             #可以删除根目录下的所有内容。
```

5.4.1 恢复文件相关工具

在 ext4 文件系统上误删除的文件，可以使用 extundelete 工具进行恢复。

在 ext3 文件系统上误删除的文件，可以使用 ext3grep 工具进行恢复。

在 Windows 文件系统上误删除的文件，可以使用 final data v2.0 汉化版和 easyrecovery 进行恢复。

5.4.2 知识扩展

Linux 文件系统由 3 部分组成：文件名、inode、block。Windows 文件系统也由这三部分组成。

```
a.txt          -->inode              --> block
文件名         存放文件元数据信息       真正存放数据
查看文件名。
[root@xuegod63 ~]# cp /etc/passwd a.txt
[root@xuegod63 ~]# ls a.txt
a.txt
查看 inode 号，每个文件都有一个 inode 号。
```

```
[root@xuegod63 ~]# ls -i a.txt                #使用 ls 命令加-i 选项即可查看文件 inode 号。
440266 a.txt
查看 inode 中的文件属性，通过 stat 命令查看 inode 中包含的内容。
[root@xuegod63 ~]# stat a.txt                #查看 inode 中的文件属性。
  文件："a.txt"
  大小：0          块：0           IO 块：4096    普通空文件
设备：811h/2065d    Inode：4194497      硬链接：1
权限：(0644/-rw-r--r--)  Uid：(    0/    root)   Gid：(    0/    root)
最近访问：2018-09-13 09:38:41.000000000 +0800
最近更改：2018-09-13 09:38:41.000000000 +0800
最近改动：2018-09-13 09:40:47.940507063 +0800

[root@xuegod63 ~]# ls -l a.txt
-rw-r--r-- 1 root root 1720 Oct 25 10:21 a.txt
```

block 指磁盘块，是存储数据的地方。

为什么删除文件比复制文件快？因为删除文件时首先找到对应的目录条目，将其删除，然后把目录条目上对应的 inode 号码在 inode 位图中标为空，不需要删除该 inode，也不需要清空该 inode 中保存的数据，当再次存储文件时，用新文件的 inode 覆盖该 inode 即可。该删除文件的数据所占用的磁盘块也不需要删除，也不需要清空数据，只需要在磁盘块的位图中标记删除文件的数据所占用的磁盘块为未使用，磁盘块中存储的数据则不会做任何删除或更改操作。如果要存储新的数据，把这些磁盘块当作未使用的，直接用新数据覆盖原有的数据。

复制文件即创建一个新文件，并把原来的数据填充到新文件的磁盘块上。

因此，删除只是删除文件名，实际数据并没有删除，而复制则需要数据填充，此过程需要时间，所以删除会比复制快，如图 5-11 所示。

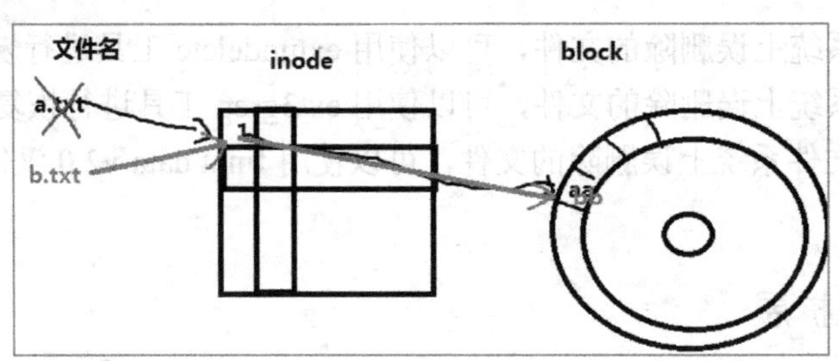

图 5-11 文件、inode、block 分层图

5.4.3 在 ext4 文件系统上恢复被误删除的文件

extundelete 程序下载地址 http://sourceforge.net/ #从开源软件发布中心上下载到本地计算机，然后用 rz 上传到 Linux 系统上。

1. 准备测试分区

```
[root@xuegod63 /]# fdisk /dev/sda                  #创建一个 sda4 分区。
欢迎使用 fdisk(util-linux 2.23.2)。
```

```
更改将停留在内存中，直到用户决定将更改写入磁盘。
使用命令前请三思。
（1）命令（输入 m 获取帮助）：p                                  #查看现有分区表。
磁盘/dev/sda: 21.5 GB, 21474836480 字节
Units = 扇区 of 1 * 512 = 512 bytes
扇区大小（逻辑/物理）：512 字节/512 字节
I/O 大小（最小/最佳）：512 字节/512 字节
磁盘标签类型：dos
磁盘标识符：0x000a9853
   Device Boot      Start         End      Blocks   Id  System
/dev/sda1   *           1          26      204800   83  Linux
Partition 1 does not end on cylinder boundary.
/dev/sda2              26        1301    10240000   83  Linux
/dev/sda3            1301        1428     1024000   82  Linux swap / Solaris
（2）命令（输入 m 获取帮助）：n                                  #创建一个新分区。
Command action
   e   extended
   p   primary partition (1-4)
Select (default p): p                                               #创建一个主分区。
已选择分区 4
起始扇区 (1428-2610, default 1428):
将使用默认值 1428
（3）Last 扇区, +扇区 or +size{K,M,G} (2048-41943039, 默认为 41943039): +1G    #指定分区大小。

（4）命令（输入 m 获取帮助）：w                                  #保存。
The partition table has been altered!

Calling ioctl() to re-read partition table.

WARNING: Re-reading the partition table failed with error 16: Device or resource busy.
The kernel still uses the old table. The new table will be used at
the next reboot or after you run partprobe(8) or kpartx(8)
正在同步磁盘。
```

2．重启主机或刷新分区表

```
[root@xuegod63 ~]#reboot
或
[root@xuegod63 ~]# partx -a /dev/sda                                #获得新分区表。
```

3．使用新的分区表

```
[root@xuegod63 /]# mkdir /tmp/sda4                                  #创建挂载点。
[root@xuegod63 ~]# mkfs.ext4 /dev/sda4                              #格式化 sda4 分区。
[root@xuegod63 ~]# mount /dev/sda4 /tmp/sda4/                       #挂载。
```

4．复制一些测试文件，然后把这些文件删除，最后恢复

（1）复制 /etc/passwd 文件到/tmp/sda4/目录下。

```
[root@xuegod63 ~]# cp /etc/passwd /tmp/sda4/
```

（2）复制 /etc/hosts 文件到/tmp/sda4/目录下。

```
[root@xuegod63 ~]# cp /etc/hosts /tmp/sda4/
```

（3）使用 echo 命令在当前目录下生成 a.txt 文件。

```
[root@xuegod63 ~]# echo aaa > a.txt
```

（4）递归创建/tmp/sda4/a/b/c 目录。

```
[root@xuegod63 ~]# mkdir -p /tmp/sda4/a/b/c
```

（5）复制 a.txt 文件到 /tmp/sda4/a/目录下。

```
[root@xuegod63 ~]# cp a.txt /tmp/sda4/a/
```

（6）复制 a.txt 文件到 /tmp/sda4/a/b 目录下。

```
[root@xuegod63 ~]# cp a.txt /tmp/sda4/a/b/
```

（7）使用 touch 命令在/tmp/sda4/a/b/目录下生成 kong.txt 文件。

```
[root@xuegod63 ~]# touch /tmp/sda4/a/b/kong.txt
```

（8）安装 tree 命令。

```
[root@xuegod63 ~]# rpm -ivh /mnt/Packages/tree-1.5.3-2.el6.x86_64.rpm
```

（9）使用 tree 命令查看/tmp/sda4/目录结构。

```
[root@xuegod63 ~]# tree /tmp/sda4/
/tmp/sda4/
├── a
│   ├── a.txt
│   └── b
│       ├── a.txt
│       ├── c                          #空目录。
│       └── kong.txt                   #空文件。
├── hosts
├── lost+found
└── passwd
```

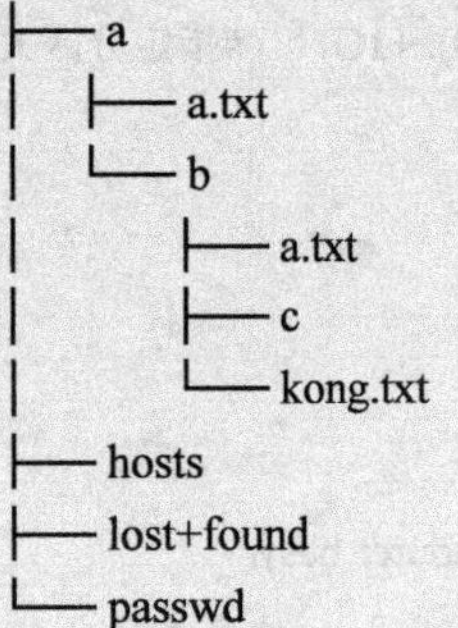

5．删除文件

```
[root@xuegod63 ~]# cd /tmp/sda4/               #切换目录到/tmp/sda4/目录。
[root@xuegod63 sda4]# ls
a   hosts   lost+found   passwd
[root@xuegod63 sda4]# rm -rf a hosts passwd    #删除 a 目录、hosts 文件和 passwd 文件。
卸载需要恢复文件的分区，或以只读的方式挂载。
[root@xuegod63 ~]# cd /root                    #切换目录到 root 目录。
[root@xuegod63 ~]# umount /tmp/sda4            #卸载 sda4 分区。
```

6．安装 extundelet

（1）从 Windows 上传 extundelete 文件到 Linux，使用 yum 安装 lrzsz 工具，5.2 节有讲解。

```
[root@xuegod63 ~]# yum -y install lrzsz
[root@xuegod63 ~]# rz          #使用 rz 命令上传安装包，rz 命令后会出现上传物理主机文件到Linux 的对话框，并选择此前下载的 extundelete 程序包。
```

（2）解压并安装 extundelet。

```
[root@xuegod63 ~]# tar jxvf extundelete-0.2.4.tar.bz2        #解压 extundelete 程序包。
[root@xuegod63 ~]# cd extundelete-0.2.4                      #切换到解压后的程序包目录。
```

（3）使用 yum 安装 e2fsprogs-devel 程序。

```
[root@xuegod63 extundelete-0.2.4]# yum install e2fsprogs-devel
[root@xuegod63 extundelete-0.2.4]# ./configure               #检查系统安装环境。
[root@xuegod63 extundelete-0.2.4]# make   -j 4               #编译，把源代码编译成可执行的二进制文件。
```

注意：-j 4：使用 4 进程同时编译，提升编译速度，或使用 4 核 CPU 同时编译。

（4）安装

```
[root@xuegod63 extundelete-0.2.4]# make install              #安装。
```

知识扩展：install 命令和 cp 命令有什么区别？

用 install 命令复制时可以指定权限，而 cp 命令不可以。

7．开始恢复

方法 1：通过 inode 结点恢复。

方法 2：通过文件名恢复。

方法 3：恢复某个目录，如目录 a 下的所有文件。

方法 4：恢复所有文件。

（1）创建一个目录用于存放恢复的数据。

```
[root@xuegod63 ~]# mkdir test
[root@xuegod63 ~]# cd test/                                  #切换目录到 test/。
```

（2）通过 inode 结点查看被删除的文件名。

```
[root@xuegod63 test]# extundelete /dev/sda4 --inode 2
.                                              2
lost+found                                     11
passwd                                         12          Deleted
hosts                                          13          Deleted
a                                              7313        Deleted
```

知识扩展：ext4 文件系统的分区根目录的 inode 值为 2，XFS 文件系统的分区根目录的 inode 值为 64。

```
[root@xuegod63 test]# ls -id /boot/                          #XFS 文件系统。
64 /boot/
```

（3）挂载分区。

```
[root@xuegod63 test]# mount /dev/sda4 /tmp/sda4/
[root@xuegod63 test]# ls -id /tmp/sda4/                      #查看分区的 inode 号。
2 /tmp/sda4/

[root@xuegod63 test]# umount /tmp/sda4/                      #卸载分区。
```

（4）方法 1：通过 inode 结点恢复。

```
[root@xuegod63 test]# extundelete /dev/sda4 --restore-inode 12          #需要使用 inode 参数指定 indoe 号。
NOTICE: Extended attributes are not restored.
Loading filesystem metadata ... 9 groups loaded.
Loading journal descriptors ... 63 descriptors loaded.
[root@xuegod63 test]# ls
RECOVERED_FILES                #恢复后会自动命名为 RECOVERED_FILES
[root@xuegod63 test]# diff /etc/passwd RECOVERED_FILES/file.12          #没有任何输出，说明文件是一样的。
```

（5）方法 2：通过文件名恢复。

```
[root@xuegod63 test]# extundelete /dev/sda4 --restore-file passwd          #需要使用 file 参数指定文件。
[root@xuegod63 test]# diff /etc/passwd RECOVERED_FILES/passwd          #没有任何输出，说明文件是一样的。
```

（6）方法 3：恢复某个目录，如目录 a 下的所有文件。

```
[root@xuegod63 test]# extundelete /dev/sda4 --restore-directory a          #需要使用 directory 参数指定目录。
[root@xuegod63 test]# tree RECOVERED_FILES/a/
RECOVERED_FILES/a/
├── a.txt
└── b
└── a.txt
```

下面是原来的目录结构。

```
[root@xuegod63 ~]# tree /root/sda4-back/a/
/root/sda4-back/a/
├── a.txt
└── b
    ├── a.txt
    ├── c
└── kong.txt
```

（7）方法 4：恢复所有文件。

```
[root@xuegod63 test]# extundelete /dev/sda4 --restore-all          #使用 all 参数指定即可。
```

文件删除前和恢复后的对比，如图 5-12 所示。

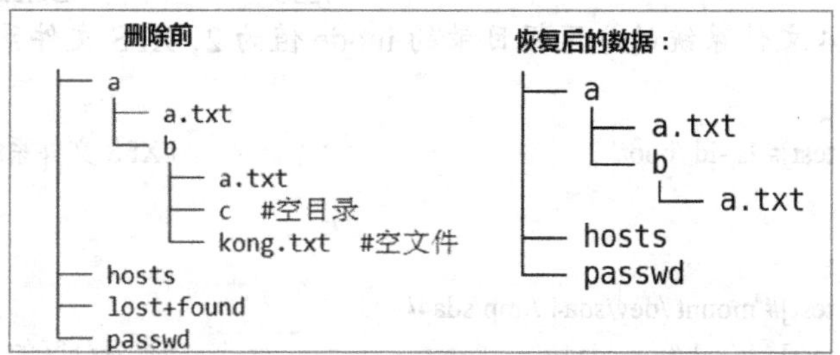

图 5-12　文件删除前和恢复后的对比

知识扩展：如果在根目录下删除文件了，想恢复，怎么办？

方法 1：立即断电，然后把磁盘以只读方式挂载到另一台计算机中进行恢复。

方法 2：把 extundelete 安装在虚拟机上（虚拟机上系统的版本要和服务器上系统的版本一样），安装好后再复制到 U 盘中，恢复时，把 U 盘插入服务器，恢复的文件要保存到 U 盘中（不要让恢复的文件写到根目录下，这样会覆盖之前删除的文件）。

5.5 实战 4：使用 Xmanager 等远程连接工具管理 Linux

Linux 系统通常在服务器上运行，服务器是托管于 IDC 数据中心的，或使用的是云主机，在大多数情况下，都是通过远程连接使用服务器，下面介绍远程连接服务器的相关工具。

Linux 下常用的远程连接工具如图 5-13 所示。

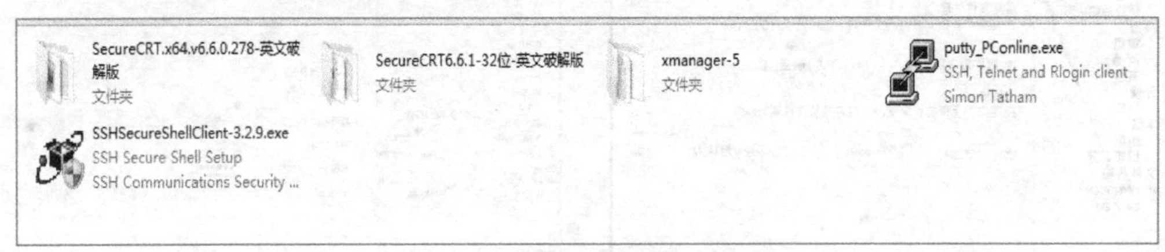

图 5-13　Linux 下常用的远程连接工具

Xmanager 的官方下载地址：http://www.xshellcn.com。

1．Xshell 使用方法

（1）连接一台新的服务器，在主机上安装 Xshell 并打开，单击“新建”按钮，打开图 5-14 所示的“新建会话属性”对话框，“名称（N）”自定义即可，“协议（P）”选择“SSH”，“主机”输入想要连接的主机的 IP 地址，“端口号（O）”默认为 22。

（2）调整 Xshell 字体大小，选择“外观”选项，在“字体大小（S）”下拉列表框进行选择，如图 5-15 所示。

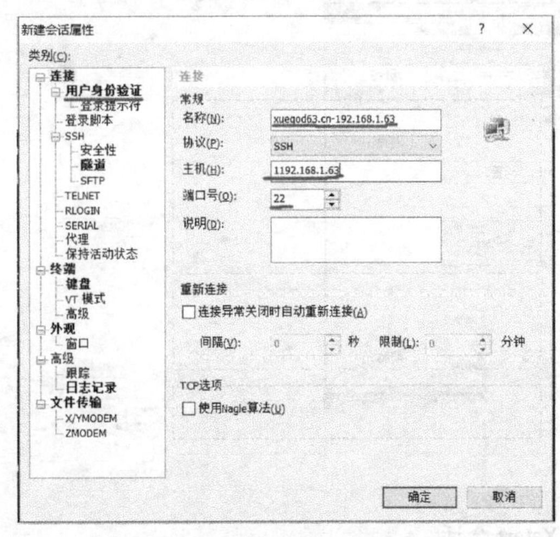

图 5-14　Xshell 连接

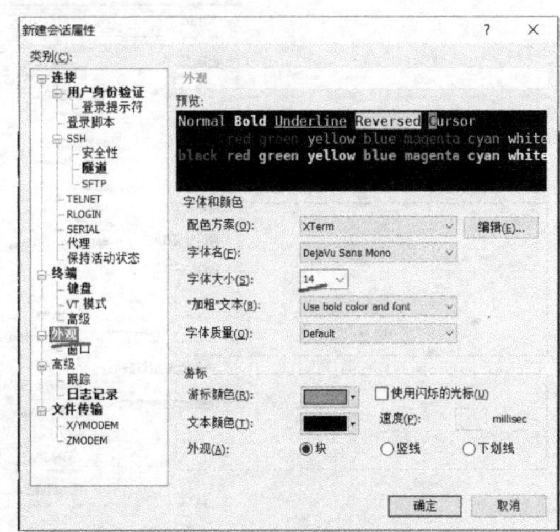

图 5-15　调整字体大小

（3）调整 rz 和 sz 命令的默认路径，如图 5-16 所示。

2. Xftp 使用方法

安装 Xftp 并打开，单击“新建”按钮，打开图 5-17 所示的“新建会话属性”对话框，“名称（N）”自定义即可，“协议”选择“SSH”，“主机”输入想要连接的主机的 IP 地址，“端口”默认为 21，并指定用户名和密码。

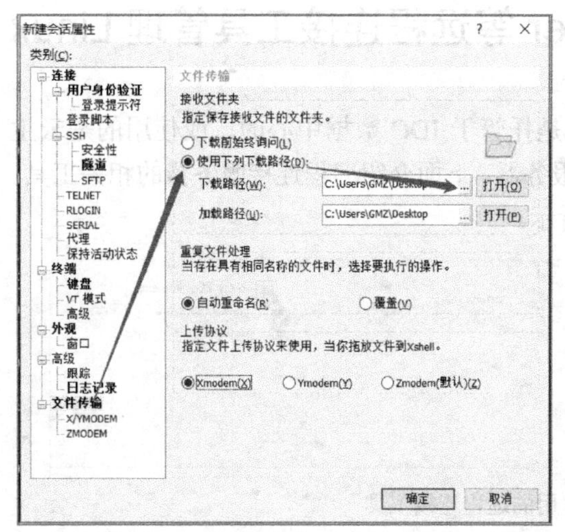

图 5-16　修改文件上传下载路径

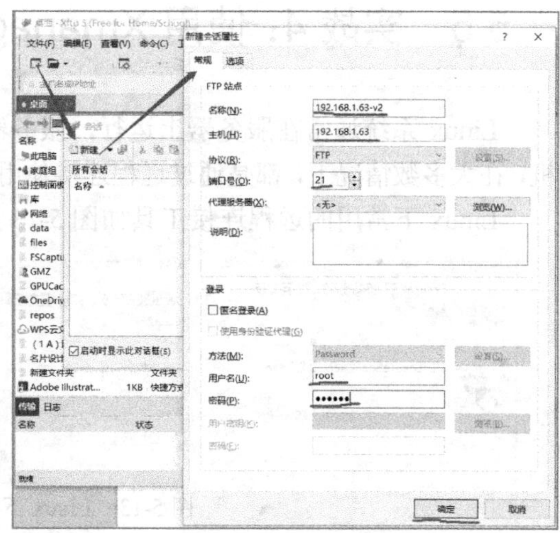

图 5-17　新建 Xftp 会话

3. Xstart 使用方法

方法 1：使用 Xshell 直接运行图形界面程序。

```
[root@xuegod63 ~]# gnome-terminal          #打开新的终端。

[root@xuegod63 ~]# firefox &               #打开 Firefox 浏览器。
```

方法 2：使用 Xstart 调用桌面，比较缓慢，如图 5-18 所示。

图 5-18　新建 Xstart 会话

第 6 章

CentOS 用户管理

一般来说，用户是指使用计算机的人。给每一个使用计算机的人指定一个特定的名称，用户就可以使用这些名称来登录和使用计算机。除了人之外，一些系统服务也需要在含有部分特权的用户账户下运行。因此，出于安全考虑，系统明确限制各个用户账户的权限，root 在计算机中拥有至高特权，所以，一般只做管理用，非特权用户可以通过 su 或 sudo 命令程序来临时获得特权。

GNU/Linux 通过用户和用户组实现访问控制，包括对文件访问、设备使用及控制等。

个人可以拥有多个账户，只是彼此名称不相同，root 这个名称已经占用就不能再用了。此外，任意用户可以从属于某个用户组，通过加入某些已经存在的组来获得该组的权限。

GNU/Linux 系统中的每一个文件都属于一个用户（属主）和一个用户组（属组）。另外，还有 3 种类型的访问权限：读（read）、写（write）和运行（execute）。可以针对文件的属主和属组设置相应的访问权限，还可以使用 ls 和 stat 命令查询文件的属主、属组和权限。

```
[root@xuegod63 ~]# ll | head -2        #使用 ll 查看当前目录，输出结果只显示前两行。
总用量 8
-rw-------. 1 root root 1680 9 月   19 2017 anaconda-ks.cfg

[root@xuegod63 ~]# stat anaconda-ks.cfg
  文件："anaconda-ks.cfg"
  大小：1782        块：8          IO 块：4096   普通文件
设备：803h/2051d    Inode：33574991     硬链接：1
权限：(0600/-rw-------)  Uid：(    0/     root)   Gid：(    0/     root)
最近访问：2018-02-03 01:09:35.552324534 +0800
最近更改：2018-02-02 23:47:56.692063786 +0800
最近改动：2018-02-02 23:47:56.692063786 +0800
```

6.1 用户和用户组的关系

用户用于标识文件或目录的拥有者的身份。

用户组是一个用户容器，在容器中可以添加多个用户。此容器还可以关联权限，只要把某个用户放到某个容器里，某个用户就有了该容器的权限，此容器称为用户组。另外，组也可以理解为权限的容器或者是权限的集合，而这些权限的集合可以附加在某些用户上，从而让某些用户拥有这些权限。所以，组是一个逻辑概念，不能登录计算机，也不能使用某些资源，只是用于方便地指派权限。

每个用户都有一个唯一的UID（User ID）用来标识该用户，每个用户组都有一个唯一的GID（Group ID）用来标识该用户组。

（1）Linux用户有3种角色：超级用户、普通用户、虚拟用户。

① 超级用户：即root用户，拥有对系统的最高管理权，UID为0。

② 普通用户（包含系统用户和本地用户）：在不同的系统版本中，系统用户和本地用户的UID取值范围不相同。

CentOS 7版本：系统用户UID为1～999，本地用户UID为1000及以上。

CentOS 6版本：系统用户UID为1～499，本地用户UID为500及以上。

③ 虚拟用户：伪用户，一般不会用来登录系统，它主要用来维持某个服务的正常运行，如ftp、apache。

（2）用户和用户组的关系如图6-1所示。

① 一对一：一个用户可以存在于一个用户组中。

② 一对多：一个用户可以存在于多个用户组中。

③ 多对一：多个用户可以存在于一个用户组中。

④ 多对多：多个用户可以存在于多个用户组中。

图6-1　用户和用户组的关系

（3）用户相关配置文件如表6-1所示。

表6-1　用户配置文件说明

名　称	账号信息	说　明
用户配置文件	/etc/passwd	记录了每个用户的一些基本属性，并且对所有用户可读，每一行记录对应一个用户，每行记录用冒号进行分隔
用户组文件	/etc/group	存放用户组的所有信息，并且组名不能重复
用户对应的密码信息	/etc/shadow	因为passwd文件对所有用户是可读的，为安全起见，把密码从passwd中分离出来放入这个单独的文件中，该文件只有root用户拥有读权限，从而保证了密码的安全性

6.2　创建用户相关命令

6.2.1　创建用户

1．useradd命令

useradd命令用于创建用户，在Linux中，adduser命令也用于创建用户。实际上，

adduser 是软链接指向 useradd 的命令程序，所以两者的效果是一样的。

在默认创建用户时，会自动指定 UID 和 GID，默认的 UID 和 GID 都是 1000 以上的。一般情况下，新创建用户的 UID 和 GID 是相同的，用户家目录（也叫宿主目录）是/home/目录下与用户名相同的目录，Shell 类型为/bin/bash。如果在特殊情况下造成不相同，在权限分配时可能会出错。

创建用户完成时默认该用户密码为空，/etc/shadow 文件中的密码位是两个“!!”，没有密码不能直接登录系统，只能用超级用户登录系统以后再切换到该用户。创建用户时如果不指定其附加组，默认会创建一个与用户名同名的组。

这些默认属性是根据/etc/default/useradd 文件中所定义的创建用户默认值来设定的。

命令使用格式如下：useradd [选项] 用户名。

常用选项如下。

-d：指定新创建用户的家目录路径。

-M：不创建用户的家目录。

-g：指定用户初始组的名字或 GID，前提是该组必须是存在的，如果没有设置该选项，useradd 会根据/etc/login.defs 文件中的 USERGROUPS_ENAB 环境变量进行设置。USERGROUPS_ENAB 默认为 yes，会用和用户名相同的名字创建用户组，并且 GID 等于 UID。

-G：指定用户要加入的附加组列表，使用逗号分隔多个组，不要添加空格，如果不设置，用户仅加入初始组（一个用户只允许有一个初始组，可以有多个附加组）。

-s：指定用户登录系统后默认使用的 Shell，请确保指定的 Shell 已经安装，默认的是 bash。有时需要禁止某些用户执行登录动作，如用来执行系统服务的用户，将该用户登录系统后默认使用的 Shell 指定为/sbin/nologin 就可以禁止该用户登录。

-u：指定用户 UID。

注意：*用户初始组是指在创建用户的同时创建的与用户名同名的组，也称为主组。附加组则是指用户创建后或在创建的同时指定的一个额外的组，此组不属于用户初始组，因此称为附加组。*

例 6.1：创建 harry 用户，并使用 bash 作为登录的 Shell。

```
[root@panda ~]# useradd harry              #不使用-s 指定 Shell 时，默认为 bash。

[root@panda ~]# tail -1 /etc/passwd        #查看/etc/passwd 最后一行内容。
harry:x:1001:1001::/home/harry:/bin/bash
```

说明：此命令会自动创建 harry 组，并成为 harry 用户的默认主组，同时默认的登录 Shell 是 bash。

在/etc/passwd 文件中保存了每一个系统账户的全部信息（每个用户账户信息，有 7 段，每段之间以“:”分隔）。

2．passwd 文件

passwd 用户信息文件每段的含义如图 6-2 所示。

某个用户信息如下。

```
harry:x:1001:1001::/home/harry:/bin/bash
```

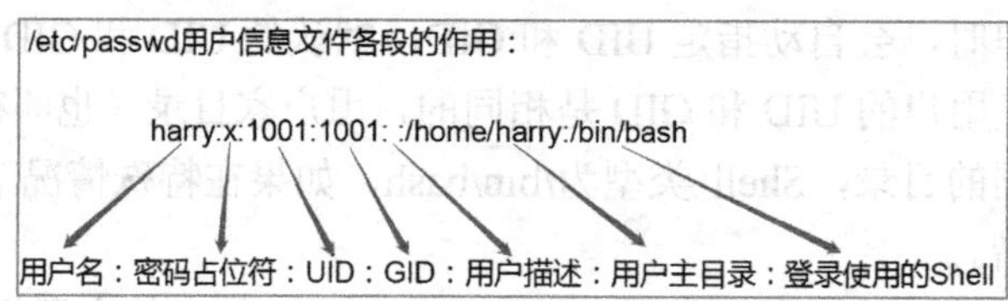

图 6-2　用户信息各段含义

（1）harry：用户名。

（2）x：密码占位符，实际上密码并不存储于该文件中。

（3）1001：用户的 UID，它都是用数字来表示的。

（4）1001：用户所属组（一般是用户的初始组）的 GID，它都是用数字来表示的。

（5）用户描述：对用户的功能或其他信息进行简要描述，默认为空。

（6）/home/harry：用户家目录（Shell 提示符当中，"～"代表用户家目录）。

（7）/bin/bash：用户登录系统后默认使用的 Shell。

3．查看系统中支持哪些 Shell

```
[root@xuegod63 ～]# cat /etc/shells      #查看系统中支持哪些Shell，在此文件中出现的Shell，说明是系统支持的Shell，如后期在系统中安装其他类型的Shell，在此文件中也会出现。
/bin/sh
/bin/bash
/sbin/nologin
/bin/csh
```

4．创建用户时使用-u 选项指定用户的 UID

```
[root@xuegod63 ～]# useradd  -u 1100 oracle        #创建 oracle 用户，并指定其 UID 为 1100。
[root@xuegod63 ～]# id oracle                       #使用 id 命令查看 oracle 用户信息，结果如下。
uid=1100(oracle) gid=1100(oracle)  组=1100(oracle)

[root@xuegod63 ～]# tail -1 /etc/passwd            #查看/etc/passwd 文件的最后一行内容。
oracle:x:1100:1100::/home/oracle:/bin/bash

[root@xuegod63 ～]# ls /home/oracle/ -a            #查看用户家目录文件，通常都是隐藏文件。
.  ..  .bash_logout  .bash_profile  .bashrc  .mozilla
```

5．创建用户时指定用户家目录

```
[root@xuegod63 ～]# useradd -d /opt/mk1 mk1        #创建 mk1 用户并指定其家目录为/opt/mk1。
[root@xuegod63 ～]# tail -1 /etc/passwd            #查看/etc/passwd 文件的最后一行内容。
mk1:x:1102:1102::/opt/mk1:/bin/bash
```

6．创建用户时指定用户的初始组

例 6.2：创建 xuegod2 用户并指定其初始组为 xuegod。

```
[root@xuegod63 ～]# useradd  xuegod                #创建 xuegod 用户。
[root@xuegod63 ～]# id xuegod                      #使用 id 命令查看 xuegod 用户信息，结果如下。
```

```
uid=1103(xuegod) gid=1103(xuegod) 组=1103(xuegod)
[root@xuegod63 ~]# useradd -g xuegod xuegod2        #创建 xuegod2 用户并指定其主组为 xuegod。
[root@xuegod63 ~]# id xuegod2                       #使用 id 命令查看 xuegod2 用户信息，结果如下。
uid=1104(xuegod2) gid=1103(xuegod) 组=1103(xuegod)
```

7. 创建用户时，指定用户的附加组

附属组也称为补充组，用户可以有 0 个或多个附加组，一个组也可以有多个用户，组和用户的关联可以通过/etc/group（用户组信息文件）文件中的最后一个字段看到。

创建 xuegod3 用户，并指定多个附加组，多个组之间使用逗号“,”分隔。

```
[root@xuegod63 ~]# useradd -G xuegod,harry,root xuegod3
[root@xuegod63 ~]# id xuegod3           #使用 id 命令查看 xuegod3 用户信息，结果如图 6-3 所示。
```

```
[root@xuegod63 ~]# id xuegod3
uid=1003(xuegod3) gid=1003(xuegod3) 组=1003(xuegod3),0(root),1001(xuegod),1002(harry)
```

图 6-3　查看 xuegod3 用户信息

```
[root@xuegod63 ~]# vim /etc/group   #在/etc/group 文件的最后可看到 xuegod3 用户组，如图 6-4 所示。
```

```
xuegod:x:1001:xuegod3
harry:x:1002:xuegod3
xuegod3:x:1003:
```

图 6-4　/etc/group

8. 创建用户的 adduser 命令

```
[root@xuegod63 ~]# adduser xuegod4           #创建 xuegod4 用户。
[root@xuegod63 ~]# id xuegod4
uid=1106(xuegod4) gid=1106(xuegod4) 组=1106(xuegod4)
[root@xuegod63 ~]# which  adduser            #查看 adduser 命令所在的位置。
/usr/sbin/adduser
[root@xuegod63 ~]# ll /usr/sbin/adduser      #以长格式查看 adduser 文件。
lrwxrwxrwx. 1 root root 7 9 月  19 2017 /usr/sbin/adduser -> useradd
```

9. 删除用户

命令使用格式：userdel [选项] 用户名。

选项如下所示。

-r：删除时，会同时删除用户的家目录和/var/mail 目录下该用户的相关目录。

```
[root@xuegod63 ~]# userdel xuegod3           #删除 xuegod3 用户。
[root@xuegod63 ~]# ls /home                  #xuegod3 用户的家目录仍然存在。
cjk  dir4  harry  xuegod  xuegod3

[root@xuegod63 ~]# userdel harry -r          #删除 herry 用户，并使用-r 选项。
[root@xuegod63 ~]# ls /home                  #同时把用户的家目录也删除了。
cjk  dir4  xuegod  xuegod3
```

10. 创建用户规则文件

文件/etc/default/useradd 和/etc/login.defs 是创建用户时的规则文件。

使用 egrep 命令过滤 login.defs 文件中的空白行和注释行（以“#”开头的行），该文件

定义了创建用户时，用户属性相关的默认值，在创建用户时，如果明确指定其值时，则不需要从此文件中获取默认值。

```
[root@panda home]# egrep -v "^$|^#" /etc/login.defs
MAIL_DIR        /var/spool/mail
PASS_MAX_DAYS   99999
PASS_MIN_DAYS   0
PASS_MIN_LEN    5
PASS_WARN_AGE   7
UID_MIN                 1000        #UID 开始的数字，该值可以设置为大于 1000，如果设置为小于 1000，创建的用户会被识别为系统用户。
UID_MAX                 60000       #UID 结束的数字。
SYS_UID_MIN               201
SYS_UID_MAX               999
GID_MIN                  1000       #GID 开始的数字。
GID_MAX                 60000       #GID 结束的数字。
SYS_GID_MIN               201
SYS_GID_MAX               999
CREATE_HOME     yes                 #是否为用户建立家目录。
UMASK           077
USERGROUPS_ENAB yes
ENCRYPT_METHOD SHA512               #shadow 文件的加密算法。
[root@panda home]# cat /etc/default/useradd
```

/etc/default/useradd 文件中的内容如下。

```
GROUP=100                  #表示可以创建普通组，GID 为 100。如果不指定此项，或者把这个组删除了，再创建用户时，将会提示：useradd: group '100' does not exist。
HOME=/home                 #指定用户家目录的存放目录。如果不想让用户的家目录在/home 下，可以修改这个地方。
INACTIVE=-1                #是否启用账号过期，shadow 文件中的第 7 个字段。即密码过期后是否会失效的设定值 。INACTIVE 为-1 表示启用。
EXPIRE=                    #账号终止日期，shadow 文件中的第 8 个字段。可以直接设定账号在哪个日期后就直接失效，而不用理会密码的问题。通常不会设定此字段，但如果是付费的会员制系统，或许会设定这个字段。
SHELL=/bin/bash            #用户登录系统后的默认 Shell。
SKEL=/etc/skel             #模板目录。
CREATE_MAIL_SPOOL=yes      #是否创建邮箱文件。
```

6.2.2 修改用户属性

usermod 命令用于修改用户账号属性信息。

命令使用格式：usermod [选项] 用户名。

常用选项如下。

-u：修改用户的 UID。

-d：修改用户的家目录。

-g：修改用户初始组，只能有一个。

-G：修改用户附加组，可以有多个。

-c：修改用户描述（说明）信息。

-s：修改用户登录 Shell。

-L：锁定用户，锁定用户后，该用户不得登录系统。

例 6.3：修改用户的 UID。

```
[mk@xuegod63 ~]# id oracle                          #查看用户信息，结果如下。
uid=1100(oracle) gid=1100(oracle) 组=1100(oracle)

[mk@xuegod63 ~]# usermod -u 1111 oracle #修改用户的 UID 为 1111。
[mk@xuegod63 ~]# id oracle                          #修改后查看用户信息，结果如下。
uid=1111(oracle) gid=1100(oracle) 组=1100(oracle)
```

例 6.4：修改用户 Shell 为/sbin/nologin，该 Shell 不能登录系统，具体操作如图 6-5 所示。

```
[root@panda home]# usermod -s /sbin/nologin oracle
[root@panda home]# grep oracle /etc/passwd
oracle:x:1111:1100::/home/oracle:/sbin/nologin
```

图 6-5　修改用户 Shell 为/sbin/nologin

例 6.5：更改用户的家目录。

```
[root@panda home]# usermod -m -d /mnt/market market        #修改 market 用户的家目录为/mnt/market
选项-m：选项会自动创建新目录并且将内容移动到新目录中。
```

例 6.6：添加用户说明信息。

```
[root@panda mnt]# usermod -c "hello world" market          #添加 market 用户说明。
```

总结：如果记不住命令，那么直接改 vim /etc/passwd 文件也是一样的，使用:wq! 强制保存并退出。

解决模板文件被删除之后显示不正常的问题。

```
[mk@xuegod63 ~]# rm -rf /home/xuegod/.bash*              #删除 xuegod 用户家目录下以.bash 开头的文件。
[mk@xuegod63 ~]# su - xuegod               #切换到 xuegod 用户。
-bash-4.2$ exit                            #出现这个不完整的 Shell 提示符，如何处理？
```

处理：使用 root 用户复制/etc/skel/.bash 开头的文件到/home/xuegod/目录下。

```
[mk@xuegod63 ~]# cp /etc/skel/.bash* /home/xuegod/
```

修改复制过来的文件的属主、属组。

```
[mk@xuegod63 ~]# chown xuegod:xuegod /home/xuegod/.bash*
[mk@xuegod63 ~]# su - xuegod               #再次切换到 xuegod 用户，恢复正常。
[xuegod@xuegod63 ~]$
```

6.2.3　用户密码管理

1．passwd 命令

普通用户只能使用 passwd 命令更改用户自身的密码。对于管理员用户的密码管理权限，可以使用 passwd USERNAME 更改所有其他用户的密码。

命令使用格式：passwd [选项] [选项参数] [用户名]。

```
[root@xuegod63 ~]# head -1 /etc/shadow          #查看/etc/shadow 文件中的第一行内容。
root:$6$C88LCVx5ZjfBU7xv$cKcdyNeTFmOYTs9NbRZDTA4hGcbMXc/5hQEWZKCtNyLqlBagrjct.pMfs39iEaF1UbEvcOzWZHMDf9Q5KojXM1::0:99999:7:::
```

/etc/shadow 是用户密码信息文件，用于保存用户密码相关信息，具体含义如图 6-6 所示。

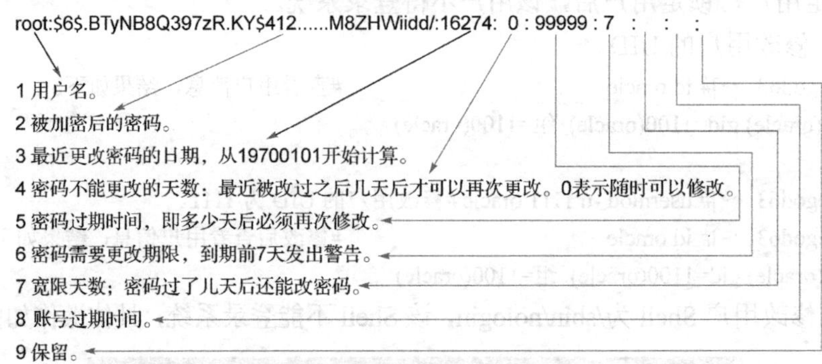

图 6-6 /etc/shadow 文件内容含义

格式说明如表 6-2 所示。

表 6-2 /etc/shadow 内容含义分解表

密码相关信息	含 义
name	登录名，必须是系统中的有效账户名
password	已加密密码，分为三个部分，第一部分表示使用哪种哈希算法；第二部分用于加密哈希的 salt 值；第三部分是已加密的哈希。 哈希算法：$1 表示 MD5；$6 表示 SHA-512；$5 表示 SHA-256 查看帮助说明： man 5 passwd man 5 shadow man 5 group man 3 crypt
lastchange	最近一次更改密码的日期，以距离 1970/1/1 的天数表示
min-age	不能更改密码的最少天数，最近更改过几天后才可以再更改，如果为 0 表示"最短期限要求"
maxage	密码过期时间，必须更改密码前的最多天数
warning	密码即将到期的警告期，以天数表示，0 表示"不提供警告"
inactive	宽限天数，密码到期后几天内还能改密码
expire	账号过期时间，距离 1970/1/1 的天数（千年虫）
blank	预留字段

更改用户密码。

```
[root@panda home]# passwd oracle        #交互形式更改用户密码。
Changing password for user oracle.
New password:                           #输入新密码（输入密码时没有回显）。
BAD PASSWORD: The password is shorter than 8 characters
```

```
Retype new password:                    #再次输入新密码（输入密码时没有回显）。
passwd: all authentication tokens updated successfully.

[root@xuegod63 ~]# echo 123456 | passwd --stdin xuegod       #以非交互形式更改用户密码。
[root@xuegod63 ~]# echo 123456 | passwd --stdin harry
```

2．chage 命令

chage 命令用于修改用户密码属性。

命令使用格式：chage [选项] [选项参数] 用户名。

常用选项如下。

-m：密码可更改的最小天数，参数为 0 时，表示任何时候都可以更改密码。

-M：密码保持有效的最大天数。

-W：用户密码到期前，提前收到警告信息的天数。

-E：账号到期的日期，过了这一天，此账号将不可用。

-d：上一次更改的日期，参数为 0 时，表示强制用户在下次登录时更改密码。

例 6.7：修改 mk 用户密码属性，使 mk 用户下次登录系统时必须更改其密码。

```
[root@xuegod63 ~]# chage -d 0 mk
[root@xuegod63 ~]# ssh mk@192.168.1.63
...
Are you sure you want to continue connecting (yes/no)? yes          #输入 yes。
Warning: Permanently added '192.168.1.63' (ECDSA) to the list of known hOSts.
mk@192.168.1.63's password: 123456                                    #输入密码。
You must change your password now and login again!                    #提示必须更改密码。
```

更改 mk 用户的密码。

为 mk 更改 STRESS 密码。

```
（当前）UNIX 密码：                      #输入当前密码。
新的 密码：                              #输入新密码。
重新输入新的 密码：                      #再次输入新密码。
```

passwd：所有的身份验证令牌已经成功更新。

例 6.8：两个用户使用同一个 UID。

```
[root@xuegod63 ~]# vim /etc/passwd #把 mk 用户的 UID 更改为 0。
mk:x:0:0:mk:/home/mk:/bin/bash

[root@xuegod63 ~]# su - mk            #切换到 mk 用户登录系统。
上一次登录：二 9 月 19 22:03:16 CST 2017:0 上
[mk@xuegod63 ~]# id mk                #查看 mk 用户信息，可见 UID 号为 0，用户登录系统后的命令
提示符仍为“#”。
uid=0(mk) gid=0(root) 组=0(root),10(wheel)
```

注意：当某个用户的 UID 与其他用户的 UID 相同时，系统会将 UID 相同的用户识别为同一个用户，因为系统识别用户时，是识别用户的 UID。以上实验结果，系统把 mk 用户识别为 root 用户了。

6.2.4 查看用户相关命令

1. id 命令

作用：查看用户和组的信息。

命令使用格式：id [选项] [用户名]。

选项有以下几种。

-n：和-u/-g/-G 组合使用，在查看信息时以名称显示输出；如不加-n 选项，则以 ID 号显示输出。

-u：只显示指定用户的 UID。

-g：只显示指定用户的 GID。

-G：只显示指定用户的所有组的 GID 列表。

```
[root@xuegod63 ~]# id                #在不指定用户名的情况下，默认查看的是当前用户。
uid=0(root) gid=0(root)  组=0(root)
[root@xuegod63 ~]# id cjk            #指定用户名时，查看指定用户。
uid=1000(cjk) gid=1000(cjk)  组=1000(cjk),10(wheel)
```

2. whoami 命令

作用：查看当前登录系统的用户名。

命令使用格式：whoami [选项]。

```
[root@xuegod63 ~]# whoami
root
```

3. who 命令

作用：显示当前登录系统的用户信息。

命令使用格式：who [选项]。

```
[root@xuegod63 ~]# who
root     :0          2018-09-06 14:11 (:0)
root     pts/0       2018-09-25 15:49 (:0)                #此行表示在系统中打开了终端。
root     pts/2       2018-09-25 15:49 (192.168.0.100)     #远程登录。
```

4. w 命令

作用：显示已经登录系统的用户列表。

命令使用格式：w [用户名]。

5. users 命令

作用：显示当前登录系统的所有用户的用户列表。

命令使用格式：users [选项]。

```
[root@xuegod63 ~]# users
root root
```

6.3　实战：进入 CentOS 7 紧急模式，恢复 root 密码

实战场景：公司的一台 CentOS 7 系统忘记 root 密码了，需要快速把 root 密码修改为 xuegod，找回 root 身份。

（1）重启系统，在出现内核选择界面时（在此界面中，如果不按键盘的上下方向键，则在默认时间过去后，自动选择光标所选的内核并启动，如果在默认时间内按键盘的上下方向键，则停留在内核选择界面，按 Enter 键即可选择），按键盘的上下方向键，进入图 6-7 所示的界面，选择第一项，并按 e 键进行编辑。

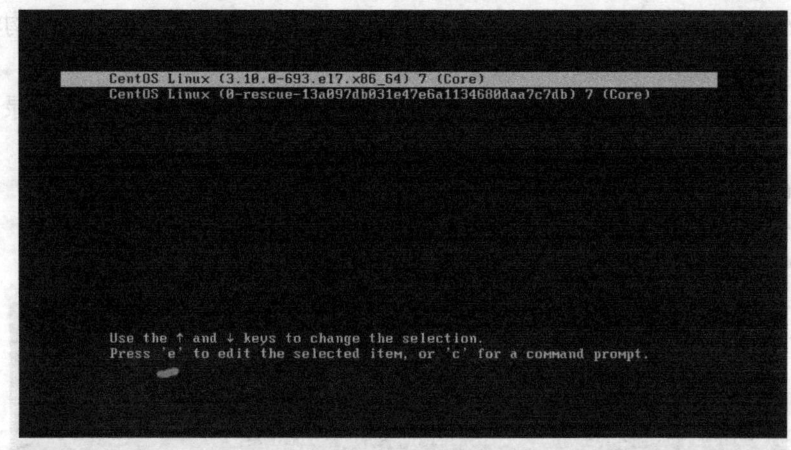

图 6-7　选择内核

（2）在图 6-8 所示的编辑内核界面找到 ro 这一项，改为 rw init=/sysroot/bin/sh。

```
        insmod part_msdos
        insmod xfs
        set root='hd0,msdos1'
        if [ x$feature_platform_search_hint = xy ]; then
          search --no-floppy --fs-uuid --set=root --hint-bios=hd0,msdos1 --hin\
t-efi=hd0,msdos1 --hint-baremetal=ahci0,msdos1 --hint='hd0,msdos1'  a635d4d2-a\
21e-4d9b-b199-4c8d5cfed808
        else
          search --no-floppy --fs-uuid --set=root a635d4d2-a21e-4d9b-b199-4c8d\
5cfed808
        fi
        linux16 /vmlinuz-3.10.0-693.2.2.el7.x86_64 root=UUID=4bcb433e-10e6-464\
d-a40b-00d018950149 rw init=/sysroot/bin/sh_   rhgb quiet LANG=zh_CN.UTF-8
        initrd16 /initramfs-3.10.0-693.2.2.el7.x86_64.img

      Press Ctrl-x to start, Ctrl-c for a command prompt or Escape to
      discard edits and return to the menu. Pressing Tab lists
      possible completions.
```

图 6-8　编辑内核

（3）按 Ctrl+X 组合键进入图 6-9 所示的紧急模式。

原理：启动一个 Shell 环境，系统并没有真正启动。

```
Generating "/run/initramfs/rdsosreport.txt"
[   13.586448] blk_update_request: I/O error, dev fd0, sector 0
[   13.697767] blk_update_request: I/O error, dev fd0, sector 0


Entering emergency mode. Exit the shell to continue.
Type "journalctl" to view system logs.
You might want to save "/run/initramfs/rdsosreport.txt" to a USB stick or /boot
after mounting them and attach it to a bug report.


:/#
```

图 6-9　进入紧急模式

（4）更改根目录并更改密码。

chroot 命令用来在指定的根目录下运行指令。

chroot 即 change root directory （更改根目录）。在 Linux 系统中，系统默认的目录结构都是以“/”（根目录）开始的。而在使用 chroot 命令之后，系统的目录结构将以指定的位置作为根目录位置。

在经过 chroot 命令之后，系统读取到的目录和文件将不再是旧系统根目录下的，而是新根目录下（即被指定的新的位置）的目录和文件。

```
:/# chroot /sysroot
:/# passwd
```

具体操作如图 6-10 所示。

```
:/# chroot /sysroot
:/# passwd
Changing password for user root.
New password:
BAD PASSWORD: The password is shorter than 8 characters
Retype new password:
passwd: all authentication tokens updated successfully.
:/#
```

图 6-10　修改密码

注意：如果系统的 SELinux 已开启，则需要执行命令 touch /.autorelabel 以更新系统信息，否则，重启之后密码修改不会生效。用户需要先退出当前根目录，然后重启系统，如图 6-11 所示。

图 6-11　退出根目录、重启系统

第 7 章

CentOS 7 文件权限管理

7.1 文件的基本权限

7.1.1 文件权限的作用

计算机如何识别哪些用户拥有哪些权限？可以访问系统中的哪些文件？

在用户登录系统时，会以该用户和该用户组的身份启动一个 Shell 进程，用户在 Shell 中运行某个命令时，其实是通过 Shell 进程启动该命令的进程的。整个过程看似是用户在执行，其实都是由进程来完成的，用户只是指定 Shell 进程需要启动哪个进程、需要做什么操作。

当不同的用户登录计算机系统时，同时发起 ls 进程，他们的权限是不一样的。计算机操作系统是如何得知权限不一样的呢？

因为用户的操作是由 Shell 进程来代替执行的，而 Shell 进程是以某个登录系统的用户和用户组身份启动的，那么用户在 Shell 中发起访问某个资源的进程时，Shell 以什么用户身份启动，访问某个资源的进程也就以什么用户启动，Shell 进程就是代理某个用户操作。这个操作能不能访问到某个资源，取决于该进程的属主和资源的属主和属组。

如果该进程的属主符合该资源的属主，则以使用属主的身份访问该资源。如果该进程的属主不符合该资源的属主，那么会查看该资源的属组中是否有该进程的属主，如果有则使用属组的身份访问该资源，否则只能使用其他用户的身份访问，这个判断过程由内核的安全属性来完成。

1．设定权限

通过对文件设定权限可以达到以下 3 种访问权限。

（1）只允许文件的拥有者访问。

（2）允许一个预先指定的用户组中的用户访问。

（3）允许系统中的任何用户访问。

例 7.1：查看权限。

```
[root@xuegod63 ~]# ll /etc/passwd             #使用 ll 命令以长格式查看 passwd 文件。
-rw-r--r--. 1 root root 2053 9 月    19 2017 /etc/passwd
```

2．文件权限

文件权限的基本解释如表 7-1 所示。

表 7-1　文件权限基本解释

-	rw-	r--	r--.1	root	root	2053	9 月 19 2017	/etc/passwd
-	rwx	r-x	r-x	user1	user1	size	time	FILENAME
文件类型	拥有者的权限	所属组的权限	其他人的权限	拥有者	属组 c	文件大小	最后修改时间	对象

文件类型可以为 p、d、l、–、s、c 和 b。

（1）p 表示命名管道文件。

（2）d 表示目录文件。

（3）l 表示符号连接文件。

（4）-表示普通文件。

（5）s 表示 socket 套接口文件，如启用 MySQL 时会产生一个 mysql.sock 文件。

（6）c 表示字符设备文件。例如，虚拟控制台或 tty0。

（7）b 表示块设备文件。例如，sda 和 cdrom。

例 7.2：查看/dev/sda /dev/cdrom　/etc/passwd /dev/tty0 三个设备文件的类型。

```
[root@xuegod63 ～]# ll /dev/sda /dev/cdrom    /etc/passwd /dev/tty0
Lrwxrwxrwx    1 root root       3 9 月    19 2017 /dev/cdrom -> sr0
brw-rw----    1 root disk 8, 0 9 月    19 2017 /dev/sda
crw--w----    1 root tty    4, 0 9 月    19 2017 /dev/tty0
-rw-r--r--.   1 root root 2053 9 月    19 2017 /etc/passwd
```

效果如图 7-1 所示。

```
[root@xuegod63 ~]# ll /dev/sda /dev/cdrom  /etc/passwd /dev/tty0
lrwxrwxrwx  1 root root     3 9月   19 2017 /dev/cdrom -> sr0
brw-rw----  1 root disk 8,  0 9月   19 2017 /dev/sda
crw--w----  1 root tty  4,  0 9月   19 2017 /dev/tty0
-rw-r--r--. 1 root root  2053 9月   19 2017 /etc/passwd
```

图 7-1　文件类型

3．权限说明

（1）对于文件来说。

① r：读，可查看文件内容。

② w：写，可向文件中添加或修改内容。

③ x：执行，可执行文件（提交到 CPU 中运行）。

（2）对于目录来说（一般目录需要具有 r 和 x 权限）。

① r：读（表示能看到目录里面有什么），使用 ls 命令。

② w：在目录中创建文件，删除、移动可以通过 touch、mkdir、rm、mv、cp 命令实现。

③ x：进入，使用 cd 命令。

（3）文件的三类权限表示符。

① U：表示所有者权限标识位。

② G：表示用户组权限标识位。

③ O：表示其他用户权限标识位。

所有者：就是创建文件的用户，这个用户拥有对它所创建文件的一切权限，所有者可以允许其所在的用户组访问所有者创建的文件。

用户组：用户组是具有相同特征用户的逻辑集合，有时需要让多个用户具有相同的权限，如查看、修改某一个文件的权限，一种方法是分别对多个用户进行文件访问授权，如果有 10 个用户的话，就需要授权 10 次，显然这种方法不太合理。

另一种方法就是建立一个组，让这个组具有查看、修改此文件的权限，然后将所有需要访问此文件的用户都放入这个组中，那么所有用户就都具有了和组一样的权限，这就是用户组。

其他用户：针对此文件或目录来说，并非属主，也并非属组，那么对于该文件或目录而言就是其他用户。

4．常见的几种文件权限组成

（1）- rwx --- ---：文件所有者对文件具有读、写和执行的权限。

（2）- rwx r-- r--：文件所有者具有读、写和执行的权限，同组用户及其他用户则具有读取的权限。

（3）- rw- rw- r-x：文件所有者与同组用户对文件具有读和写的权限，而其他用户仅具有读取和执行的权限。

（4）drwx--x--x：目录所有者具有读、写和进入目录的权限，而其他用户仅能进入该目录，却无法读取任何数据。

（5）drwx------：除目录所有者具有完整的权限外，其他用户对该目录没有任何权限。

举例如下。

每个用户都拥有自己的专属目录，通常放置在/home 下。

```
[root@xuegod63 home]# ll /home/        #以长格式查看/home 目录下的文件。
总用量 0
drwx------. 3 mk mk 78 9 月  19 2017 mk
```

注意：[drwx------]表示目录所有者本身拥有的权限，其他用户是无法进入的，但 root 可以。

例 7.3：以什么用户身份登录并创建文件或目录，该用户及所在用户组会自动成为该文件的属主和属组。

```
[root@xuegod63 home]# su - mk              #切换到 mk 普通用户登录系统。
上一次登录：二 9 月 19 12:57:21 CST 2018:0 上
[mk@xuegod63 ~]$
[mk@xuegod63 ~]$ touch a.txt               #创建 a.txt 文件。
[mk@xuegod63 ~]$ ll a.txt
-rw-rw-r-- 1 mk mk 0 5 月   8 20:58 a.txt
```

7.1.2　更改文件的属主和属组

1．改变文件的所属关系用到 chown 命令和 chgrp 命令（只有管理员可以使用该命令）

chown 命令：用于改变文件或目录的属主。

chgrp 命令：用于改变文件或目录的默认属组。

如果要对目录进行操作，加参数 -R 相当于递归操作，将基于目录下的所有文件或目录进行同一操作。

2．chown 命令使用语法

命令使用格式：chown 用户名:组名 文件名。

例如，把文件的属主和属组改为 hr 用户和 san 组。

```
[root@xuegod63 ~]# chown hr:san a.txt
```

3．仅改变文件或目录的属主

命令使用格式：chown 用户名 文件名。

比如：把文件的属主改为 san 用户。

```
[root@xuegod63 ~]# chown san a.txt
```

4．仅改变文件或目录的属组

命令使用格式：chown :组名 文件名。

例如，把文件的属组改为 miao 组（只修改属组，不用指定属主）。

```
[root@xuegod63 ~]# chown :miao a.txt
```

5．自动继承这个用户所有的组（不用指定属组）

命令使用格式：chown 用户名: 文件名。

```
[root@xuegod63 ~]# chown san: a.txt
```

6．chgrp 命令，仅用于修改文件或目录的属组

命令使用格式：chgrp 组名 文件名。

例如，把文件的属组改为 hr 组。

```
[root@xuegod63 ~]# chgrp hr f.txt
```

选项-R：递归，目录下的所有内容都更改，不使用该选项则只修改目录。

例 7.4：chown 命令使用示例如下。

```
[root@xuegod63 ~]# touch {a,b,c}.txt              #同时创建 a.txt、b.txt 和 c.txt 文件。
[root@xuegod63 ~]# ll  *.txt
-rw-r--r-- 1 root root 0 5 月   8 21:03 a.txt
-rw-r--r-- 1 root root 0 5 月   8 21:03 b.txt
-rw-r--r-- 1 root root 0 5 月   8 21:03 c.txt

[root@xuegod63 ~]# chown mk a.txt                 #修改 a.txt 文件的属主为 mk 用户。
[root@xuegod63 ~]# ll a.txt
-rw-r--r-- 1 mk root 0 5 月   8 21:03 a.txt

[root@xuegod63 ~]# chown mk:mk a.txt              #修改 a.txt 文件的属主和属组为 mk 用户和 mk 组。
[root@xuegod63 ~]# ll a.txt
-rw-r--r-- 1 mk mk 0 5 月   8 21:03 a.txt
```

```
[root@xuegod63 ~]# chown :root a.txt          #修改 a.txt 文件属主和属组为 root 组。
[root@xuegod63 ~]# ll a.txt
-rw-r--r-- 1 mk root 0 5 月   8 21:03 a.txt
```

实验：一个文件只有读的权限，拥有者是否可以写这个文件？

```
[root@xuegod63 ~]# su - mk                    #切换 mk 普通用户登录系统。
[mk@xuegod63 ~]$ touch a.txt                  #在家目录下创建 a.txt 文件。
[mk@xuegod63 ~]$ ll a.txt                     #使用长格式查看文件的属性，可见权限为 rw-rw-r--。
-rw-rw-r-- 1 mk mk 0 5 月   8 21:07 a.txt
```

在另一个终端上以 root 用户登录。

```
[root@xuegod63 ~]# chmod 000 /home/mk/a.txt  #修改成 000 权限。
[root@xuegod63 ~]# ll /home/mk/a.txt         #使用长格式查看文件的属性，可见权限为---------。
---------- 1 mk mk 14 5 月   8 21:08 /home/mk/a.txt
```

回到以 mk 用户登录的终端。

```
[mk@xuegod63 ~]$ vim a.txt                    #写入内容 aaaaa→:wq! 强制保存并退出。
```

在另一个终端上以 root 用户登录。

```
[root@xuegod63 ~]# cat /home/mk/a.txt         #查看文件内容。
aaaaa
```

实验结果：文件所有者一定可以写文件。就像 root 用户可以对 shadow 文件强制写，因为 shadow 文件的拥有者是 root 用户。

7.1.3　文件权限管理

修改权限用的命令：chmod。

命令使用格式：chmod [操作对象] [操作符] [赋予什么权限] 文件名。

作用：修改文件、目录的权限。

1．操作对象

u：用户（user），表示文件或目录的所有者。

g：用户组（group），表示文件或目录所属的用户组。

o：其他用户（others）。

a：所有用户（all）。

2．操作符

+：添加权限。

-：取消权限。

=：直接给定一个权限。

3．权限：r w x

权限组合如表 7-2 所示。

表 7-2　权限组合

权限组合	对谁操作
u-w	user
g+x	group
o=r	other
a+x	all

例 7.5：用 chmod 命令修改权限。

```
[root@xuegod63 ~]# touch 1.txt                #创建 1.txt 文件。
[root@xuegod63 ~]# ll 1.txt                   #使用长格式查看 1.txt 文件，权限为 rw-r--r--。
```

```
-rw-r--r-- 1 root root 0 5月   8 21:20 1.txt

[root@xuegod63 ~]# chmod u-w 1.txt              #对1.txt文件去掉其所属主的写权限。
[root@xuegod63 ~]# ll 1.txt                     #使用长格式查看1.txt文件，权限为r--r--r--。
-r--r--r-- 1 root root 0 5月   8 21:20 1.txt

[root@xuegod63 ~]# chmod g+x 1.txt              #对1.txt文件加上其所属组的执行权限。
[root@xuegod63 ~]# ll 1.txt                     #使用长格式查看1.txt文件，权限为r--r-xr--。
-r--r-xr-- 1 root root 0 5月   8 21:20 1.txt

[root@xuegod63 ~]# chmod a+x 1.txt              #对1.txt文件如上所有用户的执行权限。
[root@xuegod63 ~]# ll 1.txt                     #使用长格式查看1.txt文件，权限为r-xr-xr-x。
-r-xr-xr-x 1 root root 0 5月   8 21:20 1.txt

[root@xuegod63 ~]# chmod a=rwx 1.txt            #对1.txt文件加上所有用户的所有权限。
[root@xuegod63 ~]# ll 1.txt                     #使用长格式查看1.txt文件，权限为rwxrwxrwx。
-rwxrwxrwx 1 root root 0 5月   8 21:20 1.txt
```

使用八进制值（0～7）表示权限，如表7-3所示。

表7-3　数字表示权限法

权　　限	二进制值	八进制值	描　　述
---	000	0	没有任何权限
--x	001	1	只有执行权限
-w-	010	2	只有写入权限
-wx	011	3	有写入和执行权限
r--	100	4	只有读取权限
r-x	101	5	有读取和执行权限
rw-	110	6	有读取和写入权限
rwx	111	7	有全部权限

例7.6：权限的二进制、八进制对照如图7-2所示。

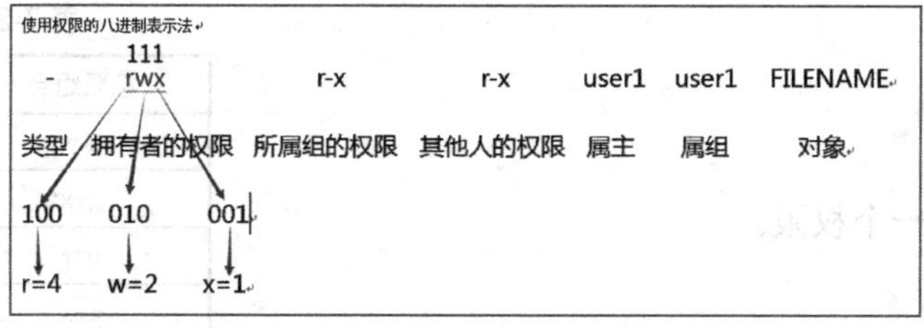

图7-2　权限的二进制、八进制对照

问：rw- 的值是多少？

答：4+2=6

问：rwx　r-x　r-x 的值是多少？

答：rwx=4+2+1=7

r-x=4+1=5

r-x=4+1=5

rwx r-x r-x=7 5 5

根据权限的八进制表示法，chmod 命令可以按如下格式使用。

chmod 755　文件/目录。

```
chmod a=rwx b.txt    等于  chmod 777 b.txt        #a 表示所有用户（属主、属组、其他用户）。
```

例 7.7：修改文件权限。

```
[root@xuegod63  ~]# touch dd.txt                  #创建 dd.txt 文件。
[root@xuegod63  ~]# ll dd.txt                     #以长格式查看文件，文件权限默认为 644。
-rw-r--r-- 1 root root 0 5 月     8 21:40 dd.txt

[root@xuegod63  ~]# chmod 755 dd.txt              #修改文件权限为 755。
[root@xuegod63  ~]# ll dd.txt
-rwxr-xr-x 1 root root 0 5 月     8 21:40 dd.txt

[root@xuegod63  ~]# chmod 700 dd.txt              #修改文件权限为 700。
[root@xuegod63  ~]# ll dd.txt
-rwx------ 1 root root 0 5 月     8 21:40 dd.txt
```

权限对文件和目录的影响如下。

有 3 种权限可以应用：读、写和执行，这些权限对访问文件和目录的影响如表 7-4 所示。

表 7-4　三种权限的应用

权　　限	对文件的影响	对目录的影响
r（读取）	可以读取文件的内容	可以列出目录的内容（文件名）
w（写入）	可以更改文件的内容	可以创建或删除目录中的任意文件
x（执行）	可以作为命令执行文件	可以访问目录的内容（取决于目录中文件的权限）

7.1.4　文件权限补码

创建文件的默认权限是 644，这个默认权限是怎么来的？

文件默认权限＝666 ，目录默认权限＝777。

一般在/etc/profile、$ [HOME]/.bash_profile 或$[HOME]/.profile 中设置 umask 值。

1．永久生效，编辑用户的配置文件 vim .bash_profile

```
[root@xuegod63  ~]# vim /etc/profile          #修改 umask 值，如图 7-3 所示。
```

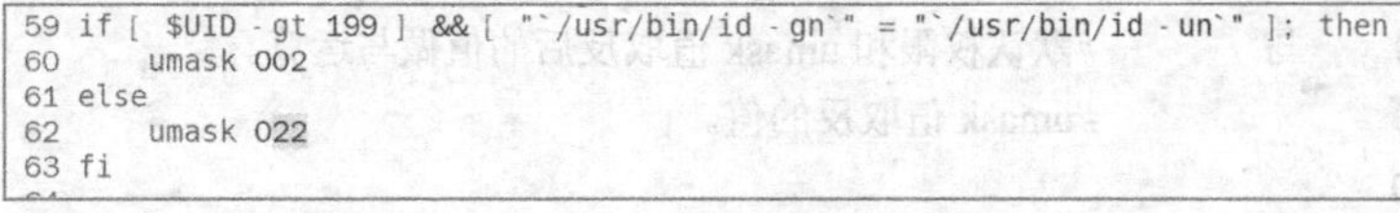

```
59 if [  $UID -gt 199 ] && [ "`/usr/bin/id -gn`" = "`/usr/bin/id -un`" ]; then
60     umask 002
61 else
62     umask 022
63 fi
```

图 7-3　umask 修改

注：UID 大于 199 且用户的组名和用户名一样，那么 umask 值为 002，否则为 022。-gt 在 Shell 中表示大于；id -g 显示用户组 ID，id -gn 显示组名。

2．临时生效：umask 权限补码

```
[root@xuegod63 ~]# umask 044                #临时修改权限补码为 044。
[root@xuegod63 ~]# touch ss.txt             #创建文件。
[root@xuegod63 ~]# ll ss.txt                #文件权限为 622，即 666-044=622。
-rw--w--w- 1 root root 0 5 月   8 21:47 ss.txt
```

权限的算法：一般情况是目录默认权限-umask 值。

```
666022=644
777022=755
```

例 7.8：验证，将 umask 掩码设置为 033，再创建文件。

```
[root@xuegod63 ~]# umask 033
[root@xuegod63 ~]# touch k.txt
[root@xuegod63 ~]# ll k.txt
-rw-r--r-- 1 root root 0 5 月   8 22:00 k.txt
```

结果为 644。

在 Linux 中创建的文件，默认是不能带有执行权限的，如果指定的 umask 是 033，创建的文件权限为 644，则等于 rw--wx-wx，此时系统检测到带有执行权限创建的文件都会采取加 1 机制，即为 rw-r--r-。

3．权限科学的计算方法

（1）将默认权限（目录 777，文件 666）和 umask 值都转换为二进制值。

（2）对 umask 取反。

（3）将默认权限和 umask 取反后的值做与运算。

（4）将得到的二进制值再转换为八进制值，即为权限。

例 7.9：umask 值为 022。

```
6   6   6               umask   0  2   2
110 110 110                 000 010  010            #转换为二进制。
                            111 101  101            #umask 值取反的值。
110 110 110     与        #默认权限和 umask 值取反后的值做与运算。
111 101 101               #umask 值取反的值。
110 100 100
6   4   4                 #转换为八进制值。
```

例 7.10：umask 值为 033，结果为 644。

```
6   6   6               umask   0   3   3
110 110 110                 000 011  011            #转换为二进制。
                            111 100  100            #umask 值取反的值。
110 110 110     与        #默认权限和 umask 值取反后的值做与运算。
111 100 100               #umask 值取反的值。
110 100 100
6   4   4                 #转换为八进制。
```

7.2　文件的特殊权限：SUID、SGID、STicky 及文件扩展权限 ACL

其实文件和目录的权限设置不止这些，还有所谓的特殊权限。特殊权限会拥有一些“特权”，7.1.4 节描述了 umask 掩码的 3 位，实际上是 4 位，umask 掩码的第 1 位表示特殊权限 SUID、SGID、STicky。

7.2.1　文件的特殊权限：SUID、SGID、STicky

SUID、SGID 和 STicky 对应的八进制数值如表 7-5 所示。

表 7-5　特殊权限数值

SUID	SGID	STicky
u+s 或 u=4	g+s 或 g=2	o+t 或 o=1

1．SUID

SUID 属性一般用在可执行文件上，当用户执行该文件时，会临时拥有该执行文件的所有者权限。使用“ls -l”或者“ll”命令查看文件时，如果可执行文件所有者权限的第三位是一个小写的“s”，就表明该执行文件拥有 SUID 属性，如/usr/bin/passwd 文件，如图 7-4 所示。

```
[root@panda mnt]# ll /usr/bin/passwd
-rwsr-xr-x. 1 root root 27832 Jun 10  2014 /usr/bin/passwd
```

图 7-4　拥有 SUID 属性

注意：赋予 SUID 权限后，该权限需占用所属主的 x 权限位，如果文件本身的所属主权限具有 x 权限，那么将会显示为 s ，如果没有 x 权限，则显示为 S。

互动：普通用户 mk 没有对 shadow 文件的写权限，但是 mk 用户使用 passwd 修改自己的密码时，可以修改 shadow 文件中的内容，这是什么原因？

```
[root@xuegod63 ~]# ll /etc/shadow                #以长格式查看/etc/shadow 文件，权限为 000。
----------. 1 root root 1179 9 月  19 2017 /etc/shadow

[root@xuegod63 ~]# su - mk                       #切换 mk 普通用户登录。
上一次登录：二 5 月  8 21:07:24 CST 2018pts/0 上
[mk@xuegod63 ~]$ passwd                          #修改密码。
更改用户 mk 的密码。
为 mk 更改 STRESS 密码。
（当前）UNIX 密码：123456                        #输入当前用户密码。
新的 密码：xuegod*666                            #输入新密码。
重新输入新的 密码：xuegod*666                    #再次输入新密码。
```

```
passwd：所有的身份验证令牌已经成功更新。

[root@xuegod63 ~]# vim /etc/shadow  #查看 shadow 文件已经被 mk 用户修改成功。
```

因为 mk 用户执行 passwd 命令时，权限会提升成 root 用户，所以可以修改成功。

例 7.11：赋值 SUID 权限。

```
[root@xuegod63 ~]# useradd mk               #创建 mk 普通用户，如有该用户则不需再创建。
[root@xuegod63 ~]# su - mk                  #切换 mk 普通用户登录。
[root@xuegod63 ~]$ less /etc/shadow         #看不到内容。
[root@xuegod63 ~]$ su - root                #切换到 root 用户。
[root@xuegod63 ~]# chmod u+s /usr/bin/less  #设置 SUID 权限。
[root@xuegod63 ~]# su - mk                  #切换 mk 普通用户登录。
[mk@xuegod63 ~]$ less /etc/shadow           #使用 less 命令查看/etc/shadow 文件。
```

查看设置 SUID 权限后的效果。

```
[root@xuegod63 ~]# ll /usr/bin/less         #以长格式查看/usr/bin/less 文件，权限为 rwsr-xr-x。
-rwsr-xr-x 1 root root 154536 Sep 26  2011 /usr/bin/less

[root@xuegod63 ~]# ps -axu | grep less
root      43407  0.0  0.0 110260   980 pts/0    S+   22:30   0:00 less /etc/shadow
```

另外：chmod 4755 /usr/bin/less 等同于 chmod u+s /usr/bin/less。

2．SGID

限定：既可以给二进制可执行程序设置，也可以给目录设置。

功能：在设置了 SGID 权限的目录下创建文件时，新创建的文件的所属组会继承上级目录的权限。

注意：赋予 SGID 权限后，该权限需占用所属组的 x 权限位，如果文件本身的所属组权限具有 x 权限时，将会显示为 s，如果没有 x 权限，则显示为 S。

```
[root@xuegod63 ~]# mkdir test        #创建 test 目录。
[root@xuegod63 ~]# ll -d test        #以长格式查看目录，权限为 rwxr-xr-x。
drwxr-xr-x 2 root root 4096 Jan 24 20:14 test

[root@xuegod63 ~]# chmod g+s test    #赋予 SGID 权限。
[root@xuegod63 ~]# ll -d test        #以长格式查看目录，权限为 rwxr-sr-x。
drwxr-sr-x 2 root root 4096 Jan 24 20:14 test
```

测试设置 SGID 大权限后的效果。

```
[root@xuegod63 ~]# chown :bin test/      #修改 test 目录属组为 bin 用户组。
[root@xuegod63 ~]# touch test/a.txt      #在 test 目录中创建 a.txt 文件。
[root@xuegod63 ~]# ll !$                 #以长格式查看文件，属组为 bin 用户组。
ll test/a.txt
-rw-r--r-- 1 root bin 0 Jan 24 20:15 test/a.txt
```

3．STicky

限定：只作用于目录。

功能：在一个公共目录中，每个用户都可以创建文件，但只能删除自己的文件，不能删除其他用户的文件。

注意：赋予 STicky 权限后，该权限需占用其他用户的 x 权限位，如果目录本身的其他用户权限具有 x 权限，将会显示为 t，如果没有 x 权限，则显示为 T。

例 7.12：系统中的 tmp 目录本身就具有 STicky 权限。

```
[root@xuegod63 ~]# ll -d /tmp/                    #以长格式查看/tmp 目录，默认权限为 rwxrwxrwt。
drwxrwxrwt. 11 root root 4096 Jan 24 19:41 /tmp/

赋予 sTicky 权限用法。
[root@xuegod63 ~]# chmod o+t /tmp/test/           #赋予 sTicky 权限。
```

7.2.2　文件扩展权限

文件扩展权限（ACL）的全称为 Access Control List。

设置 ACL 权限的相关命令：setfacl 命令和 getfacl 命令。

setfacl 命令：用于设置 ACL 权限。

命令使用格式：setfacl -m u:用户名:权限　文件名。
　　　　　　　setfacl -m g:用户名:权限　文件名。
　　　　　　　setfacl -x u:用户名　文件名。
　　　　　　　setfacl -x g:用户名　文件名。

注意：用 setfacl 设定权限时，没有相关修改权限的参数，也就是说，权限设定后不支持修改或调整，但可以通过重新指定权限进行调整，例如，指定了 rwx 权限时，想要去掉 x 权限，重新赋予 rw 权限即可。

setfacl 命令的选项如下。

-m：设定权限（通常需要带上 u/g 标识指定权限）。

U: 用户名：给指定用户设定的 ACL 权限。

G: 用户组名：给指定用户组设定的 ACL 权限。

-x：取消设定。

d：该参数针对目录使用时不需要使用“-”指定，使用时加在 u:或 d:前面。

getfacl 命令用于查看 ACL 权限。

命令使用格式：getfacl 文件名。

例 7.13：设置用户 mk 对文件 a.txt 拥有的 rwx 权限，mk 不属于 a.txt 的所属主和所属组，mk 是其他用户。

```
[root@xuegod63 ~]# touch /tmp/a.txt          #创建 a.txt 文件。
[root@xuegod63 ~]# getfacl /tmp/a.txt        #查看 a.txt 的 ACL 权限。
getfacl: Removing leading '/' from absolute path names
# file: tmp/a.txt                 #文件名。
# owner: root                     #所属主。
# group: root                     #所属组。
user::rw-                         #属主的权限。
```

```
group::r--                    #属组的权限。
other::r--                    #其他用户的权限。

[root@xuegod63 ~]# setfacl -m u:mk:rwx /tmp/a.txt          #u：设置某个用户的 ACL 权限。
[root@xuegod63 ~]# getfacl  /tmp/a.txt                     #查看 a.txt 的 ACL 权限。
getfacl: Removing leading '/' from absolute path names
...
user::rw-
user:mk:rwx                   #此时属主的权限中有 mk 用户了。

[root@xuegod63 ~]# su - mk                                 #切换 mk 用户登录。
[mk@xuegod63 ~]$ vim /tmp/a.txt                            #尝试编辑 a.txt。
[mk@xuegod63 ~]$ ll /tmp/a.txt                             #以长格式查看，权限为 rw-rwxr--+。
-rw-rwxr--+ 1 root root 8 5 月   8 22:42 /tmp/a.txt
```

例 7.14：给目录设置 ACL 权限。

```
[root@xuegod63 ~]# mkdir /tmp/test
[root@xuegod63 ~]# setfacl -m d:u:mk:rwx /tmp/test         #d 参数，设置默认 ACL，对目录有效，此目录下新建的目录或文件都继承此 ACL 权限。
```

例 7.15：测试一下 d 参数。

```
[root@xuegod63 ~]# mkdir /tmp/test
[root@xuegod63 ~]# setfacl -m d:u:mk:rwx /tmp/test         #使用 d 参数。
[root@xuegod63 ~]# getfacl /tmp/test/                      #查看/tmp/test 目录的 ACL 权限。
getfacl: Removing leading '/' from absolute path names
# file: tmp/test/
# owner: root
# group: root
user::rwx
group::r-x
other::r-x
default:user::rwx
default:user:mk:rwx
default:group::r-x
default:mask::rwx
default:other::r-x

[root@xuegod63 ~]# touch /tmp/test/a.txt              #在 test 目录下创建 a.txt。
[root@xuegod63 ~]# mkdir /tmp/test/data               #在 test 目录下创建 data 目录。
[root@xuegod63 ~]# getfacl /tmp/test/a.txt            #因为使用了 d 参数，所以 test 下所有新创建的文件和目录都继承了默认的 ACL 权限。
getfacl: Removing leading '/' from absolute path names
# file: tmp/test/a.txt
# owner: root
# group: root
```

```
user::rw-
user:mk:rwx                    #effective:rw-
group::r-x              #effective:r--
mask::rw-
other::r--

[root@xuegod63 ~]# getfacl /tmp/test/data           #查看 data 目录的 ACL 权限。
getfacl: Removing leading '/' from absolute path names
# file: tmp/test/data
# owner: root
# group: root
user::rwx
user:mk:rwx
group::r-x
mask::rwx
other::r-x
default:user::rwx
default:user:mk:rwx
default:group::r-x
default:mask::rwx
default:other::r-x
```

例 7.16：给目录下所有文件都加扩展权限。

```
[root@xuegod63 ~]# setfacl -R -m u:lee:rw- testdirectory/          #-R，一定要加在-m 前面，表示目录下所有文件。
[root@xuegod63 ~]# setfacl -x u:mk /tmp/a.txt                       #去掉文件的单个用户的 ACL 权限。
[root@xuegod63 ~]# setfacl -b   /tmp/a.txt                          #去掉文件的所有 ACL 权限。
```

7.3　实战：创建一个让 root 都无法删除的文件

问：发现 Windows 中有文件删除不了，怎么办？

答：使用 360 强制删除，粉碎文件。

那么在 Linux 下有文件删除不了怎么办？

例 7.17：模拟 Linux 下删除不了的文件。

```
[root@xuegod63 ~]# touch hack.sh aa.sh                  #创建 hack.sh 文件和 aa.sh 文件用来做测试。
[root@xuegod63 ~]# ll hack.sh aa.sh                     #使用长格式查看文件属性。
-rw-r--r-- 1 root root 0 May 24 21:29 aa.sh
-rw-r--r-- 1 root root 0 May 24 21:29 hack.sh

[root@xuegod63 ~]# rm -rf aa.sh                         #删除文件 aa.sh，可以正常删除。
```

1．黑客使用 Xshell 悄悄在后台给文件添加扩展属性

```
[root@xuegod63 ~]# chattr +i hack.sh             #加入 i 属性。
```

2. 删除文件

```
[root@xuegod63 ~]# rm -rf   hack.sh                    #发现删除不了。
rm: 无法删除"hack.sh": 不允许的操作
```

3. 从 REHL 6 开始，新增加文件系统扩展属性

chattr 命令用于添加文件的隐藏权限。

命令使用格式：chattr [权限] 文件名。

参数：a 只能追加内容；i 不能被修改。

（1）+a：只能追加内容，如 echo aaa   >> hack.sh。

（2）+i：即 Immutable，系统不允许对这个文件进行任何修改。如果目录具有这个属性，那么任何进程只能修改该目录之下的文件，不允许建立和删除文件。

（3）-i：移除 i 参数。

（4）-a：移除 a 参数。

4. 解决

```
[root@xuegod63 ~]# lsattr hack.sh                      #使用 lsattr 命令查看 hack.sh 文件的相关属性。
----i----------- hack.sh

[root@xuegod63 ~]# chattr -i hack.sh                   #使用 chattr 命令去掉 hack.sh 文件的 i 属性。
[root@xuegod63 ~]# echo aa >> hack.sh                  #可以正常写入文件。
[root@xuegod63 ~]# lsattr hack.sh                      #查看扩展属性，没有相关属性。
---------------- hack.sh

[root@xuegod63 ~]# chattr +a hack.sh                   #给 hack.sh 文件加入 a 属性。
[root@xuegod63 ~]# rm -rf hack.sh                      #无法正常删除文件。
rm: 无法删除"hack.sh": 不允许的操作
[root@xuegod63 ~]# echo aaa >> hack.sh                 #可以正常写入内容。
```

第 8 章

CentOS 7 程序包的管理与安装

8.1 程序包的管理

RPM 是 Red Hat Package Manager（RPM 程序包管理器）的缩写，其设计理念是开放式的，现在包括 OpenLinux、SUSE 及 Turbo Linux 等 Linux 的分发版本都有采用，可以算是公认的行业标准了。

8.1.1 程序包的类型

程序包的类型分为以下两种。

（1）tar 源码包：是开发者开发后的源代码程序包，在安装时需要先编译再进行安装。

（2）rpm 二进制包：是经过发布者使用 GCC 编译后的程序包。

8.1.2 RPM 包简介

rpm 包的获取方式有以下三种。

（1）CentOS 系统镜像光盘。

（2）rpmfind.net 网站。

（3）去官方网站 http://www.mysql.com 下载。

rpm 包格式的说明。

```
[root@xuegod63 ～]# ls /mnt/Packages/zsh-5.0.2-28.el7.x86_64.rpm
/mnt/Packages/zsh-5.0.2-28.el7.x86_64.rpm
```

软件命名规则。

zsh	-5.	0.	2-	28.	el7.	x86_64.rpm
软件名	主版本号	次版本号	修订	发布	操作系统版本	程序包是 64 位包

修订：即第几次修改 bug。

发布：即第几次发布。发布时，可能只是对软件安装的默认参数做了修改，而没有其他改动。

8.1.3 RPM 包安装

1．rpm 工具的使用分为安装、查询、验证、更新、删除等操作

命令使用格式：rpm [参数] 程序包。

命令参数如下。

-i：install 的意思，安装程序包。

-v：显示附加信息，提供更多详细信息。

-V：校验，对已经安装的软件进行校验。

-h：--hash，安装时输出####的标记。

问：使用 rpm 时，什么情况下使用程序包全名，什么时候使用程序包名？

答：在安装和更新升级时使用软件命名。对已经安装过的程序包进行操作时，如查找已经安装的某个包、卸载包等，使用程序包名。默认去/var/lib/rpm 目录下进行搜索。当一个 rpm 包安装到系统上之后，安装信息通常会保存在本地的/var/lib/rpm/目录下。

2．从本地安装 zsh-5.0.2-28.el7.x86_64.rpm

```
[root@xuegod63 ~]# rpm -ivh /mnt/Packages/zsh-5.0.2-28.el7.x86_64.rpm
[root@xuegod63 ~]# cat /etc/shells            #查看支持的 Shell 类型，发现最后多了一个/bin/zsh
/bin/sh
/bin/bash
/sbin/nologin
/usr/bin/sh
/usr/bin/bash
/usr/sbin/nologin
/bin/tcsh
/bin/csh
/bin/zsh
```

3．从网上下载直接安装 CentOS epel 扩展源

例 8.1：安装 CentOS epel 扩展 Yum 源。

```
[root@xuegool63~]# rpm -ivh http://dl.fedoraproject.org/pub/epel/epel-release-latest-7.noarch.rpm
```

注意：epel 源是对 CentOS 7 系统中自带的 base 源的扩展。

8.1.4 rpm 查询功能

用法：rpm –q，常与下面的参数组合使用。

-a：查询所有已安装的程序包。

-f：系统文件名（查询系统文件属于哪个程序包），反向查询。

-i：显示已经安装的 rpm 程序包信息，后面直接跟程序包名。

-l：查询程序包中文件安装的位置。

-p：查询未安装程序包的相关信息，后面要跟软件的名字。

-R：查询程序包的依赖性。

```
[root@xuegod63 mnt]# rpm -q zsh              #查询指定的程序包是否安装。
zsh-5.0.2-28.el7.x86_64
[root@xuegod63 mnt]# rpm -qa                 #查询所有已安装程序包。
[root@xuegod63 mnt]# rpm -qa | grep vim      #查询所有已安装程序包中带 vim 关键字的程序包。
```

```
[root@xuegod63 ～]# which find                    #查看 find 命令的路径。
/usr/bin/find
[root@xuegod63 ～]# rpm -qf /usr/bin/find        #查询文件或命令属于哪个程序包。
findutils-4.5.11-5.el7.x86_64
```

查询已经安装的 rpm 包的详细信息或作用，格式如下：**rpm -qi rpm 包名。**

```
[root@xuegod63 ～]# rpm -qi lrzsz

针对没有安装的 rpm 包，要加参数-p
[root@xuegod63 ～]# rpm -qpi /mnt/Packages/php-mysql-5.4.16-42.el7.x86_64.rpm
...
Summary: A module for PHP applications that use MySQL databases    #PHP 使用 MySQL 数据库的一个模块。

[root@xuegod63 mnt]# rpm -qpl /mnt/Packages/zip-3.0-10.el7.x86_64.rpm   #查看 rpm 包安装后，将生成哪些文件。
```

8.1.5　检查程序包内容是否被修改过

命令使用格式：rpm –V 程序包名。

rpm -Vf 文件路径。

例 8.2：检查文件是否被修改过。

```
[root@xuegod63 ～]# which   find
/usr/bin/find
[root@xuegod63 ～]# rpm -qf /usr/bin/find        #查看/usr/bin/find 文件由哪个包安装生成。
findutils-4.5.11-5.el7.x86_64

[root@xuegod63 ～]# rpm -Vf /usr/bin/find        #检查具体文件。

[root@xuegod63 ～]# echo aaa >> /usr/bin/find

[root@xuegod63 ～]# rpm -Vf /usr/bin/find        #检查/usr/bin/find 文件是否被修改过。
S.5....T.     /usr/bin/find

[root@xuegod63 ～]# rpm -V findutils             #检查程序包是否被修改过。
S.5....T.     /usr/bin/find
```

注意：如果出现的全是点或没有任何输出结果，则表示检查通过，在检查时实际上参考了/var/lib/rpm 目录下的 rpm 数据库信息。

（1）在检查结果中，出现下面的字符代表检查失败。

① 5：MD5 校验和是否改变，也可看成文件内容是否改变。

② S：文件长度，文件大小发生改变。

③ L：符号链接，文件路径发生改变。

④ T：文件修改日期发生改变。

⑤ D：设备文件的主设备号和次设备号不能匹配（发生改变）。

⑥ U：文件的所属主不匹配（发生改变）。

⑦ G：文件的所属组不匹配（发生改变）。

⑧ M：文件权限发生改变。

⑨ ?：不可读文件。

（2）检查结果中，后面的文件名中 c 表示的是文件类型。

比如：[root@xuegod63 ～]# rpm -V dhcp

S.5....T.   c   /etc/dhcp/dhcpd.conf

有以下几种文件类型。

① c：配置文件。

② d：普通文件。

③ g：不该出现的文件，意思就是这个文件不该被这个包所包含。

④ l：授权文件（license file）。

⑤ r：描述文件。

知识扩展：查看系统中所有的 rpm 包及安装的文件有没有被修改过。

```
root@xuegod63 ～]# rpm -Va   > rpm_check.txt
```

注意：">"表示标准输出重定向，将 rpm -Va 输出到屏幕上的信息重定向到 rpm_check.txt 文件中。

8.1.6 rpm 包的卸载和升级

用法：rpm -e 程序包名。

1. 卸载

```
[root@xuegod63 ～]# rpm -qa zsh              #查看 zsh 程序由哪个程序包安装。
zsh-5.0.2-28.el7.x86_64
[root@xuegod63 ～]# rpm -e zsh               #卸载 zsh 程序。
[root@xuegod63 ～]# rpm -qa zsh              #查看是否有安装，如果没有任何输出即说明没安装。

参数：--nodeps 表示忽略依赖，建议在卸载时不要用 rpm 去卸载有依赖关系的程序包，应该用 Yum 工具自动卸载相关依赖包。
[root@xuegod63 ～]# rpm -e --nodeps lrzsz     #以忽略依赖方式卸载 lrzsz 程序。
```

2. 升级

```
[root@xuegod63 ～]# rpm -Uvh /mnt/Packages/lrzsz-0.12.20-36.el7.x86_64.rpm     #因为升级时会有一些依赖程序包要解决，所以一般使用 yum update 来升级。
```

3. 解决 rpm 依赖关系

```
[root@xuegod63 ～]# rpm -ivh /mnt/Packages/mariadb-server-5.5.56-2.el7.x86_64.rpm
警告：/mnt/Packages/mariadb-server-5.5.56-2.el7.x86_64.rpm: 头 V3 RSA/SHA256 Signature, 密钥 ID f4a80eb5: NOKEY
错误：依赖检测失败：     #以下两个程序包，是在安装 mariadb-server 时需要的依赖程序包。
```

```
mariadb-5.5.56-2.el7.x86-64.rpm 被 mariadb-server-5.5.56-2.el7.x86_64.rpm 需要。
perl-DBD-MySQL-4.023-5.el7.x86-64.rpm 被 mariadb-server-5.5.56-2.el7.x86_64.rpm 需要。
```

解决：安装被依赖的程序包。

```
[root@xuegod63～]# rpm -ivh /mnt/Packages/mariadb-5.5.56-2.el7.x86_64.rpm
[root@xuegod63～]# rpm -ivh /mnt/Packages/perl-DBD-MySQL-4.023-5.el7.x86_64.rpm
[root@xuegod63～]# rpm -ivh /mnt/Packages/mariadb-server-5.5.56-2.el7.x86_64.rpm
```

8.2 Yum 的使用

Yum 的全称是 Yellowdog Updater Modified，是程序包的前端管理工具。

前端管理工具实际上并不能取代程序包管理器，而仅作为程序包管理器的补充。Yum 在工作时还需要依赖 RPM 程序包管理器来完成工作。

Yum 能够自动解决包依赖关系问题，自动下载程序，它是基于 C/S（客户端/服务端）的架构。C 代表 Client 客户端，S 代表服务器端，服务器端可以是 ftp、http 或 file。

Yum 的工作机制如下：当安装某个程序时，不管该程序包有多少层依赖或依赖多少个程序包，Yum 都能够找到所被依赖的程序包，并在本地完成所需程序的安装。Yum 能够自动解决依赖关系，那么程序包是怎么来的？Yum 的自动解决依赖的过程依赖某一种机制，在某一个地方存放着程序包。

文件服务器能够通过 Yum 所支持的文件共享机制共享各 RPM 包。这个文件服务器所输出的路径，给 Yum 工作提供后端支持以获取所需的任意 RPM 包，这个后端支持称为 Yum 仓库。

但仅靠一个 Yum 仓库不能完成 Yum 的工作，Yum 需要自行发现各 RPM 包的依赖关系，并且根据其依赖关系到 Yum 仓库中找到所被依赖的程序包。那么，Yum 仓库中有多少个 RPM 包？各 RPM 包的依赖关系是什么？是否有依赖 Yum 仓库内并不存在的 RPM 包？这些都需要事先定义，也就是说，这种依赖关系并不是 Yum 自身就能够得知的，Yum 也是通过查询某个文件后得知的。

因此，Yum 仓库中不仅有 RPM 包，还包含一些元数据文件，每一个 RPM 包的名称、安装后能提供哪些文件、程序的依赖关系等都存储在这些文件中。Yum 在使用任何一个 Yum 仓库时，首先会获取这些元数据文件，把仓库中的各元数据文件下载并缓存到本地，以便快速分析。而后根据元数据文件分析需要安装的程序是否有依赖关系、所依赖的程序有多少存在于仓库中、有多少本地系统是已经安装了的、还剩余多少尚未安装，根据检测后的结果下载所需要的程序包，并在本地安装。

Yum 在获取服务端的元数据文件并缓存到本地以后，下次安装时就不用再去服务端下载，而是直接查询本地缓存即可，但是 Yum 每次查询本地缓存的元数据文件时，也会到服务端根据元数据文件的 MD5 码做检测对比。如果服务端的元数据文件发生了改变，Yum 会自动下载元数据文件到本地，如果没有改变，则不再下载，直接使用本地的元数据文件，当然，也可以手动清除 Yum 的缓存元数据文件。

8.2.1 配置 Yum 源

1. 配置本地 Yum 源

（1）首先需要把光盘镜像挂载，设置连接光驱，打开图 8-1 所示的“虚拟机设置”对话框，选择“CD/DVD（SATA）”，勾选“已连接”和“启动时连接”复选框，单击“浏览（B）”按钮，选择镜像文件，如图 8-1 所示。

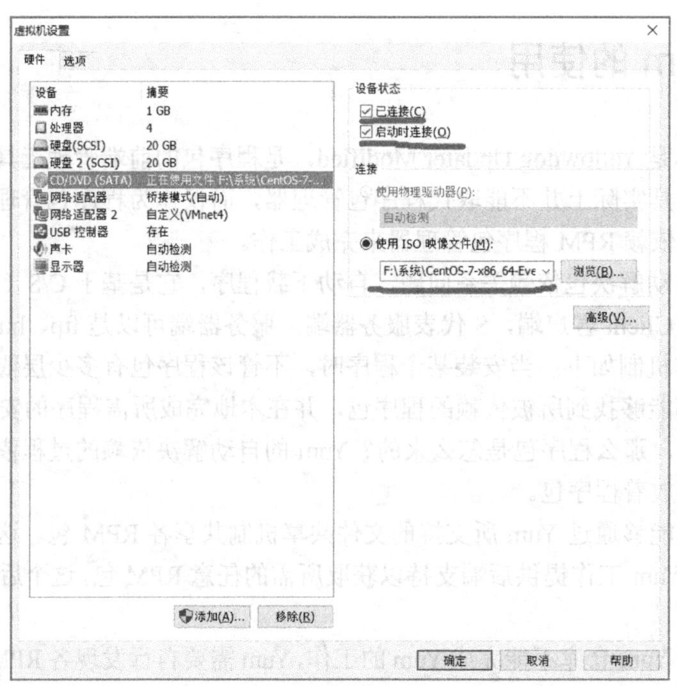

图 8-1 连接光驱

（2）确定虚拟机光驱中有加载系统镜像，如图 8-2 所示。

```
[root@xuegod63 Packages]# mount /dev/cdrom /mnt/          #挂载光驱到/mnt 目录下。
[root@xuegod63 Packages]# ls /mnt/                        #查看/mnt 目录下是否有文件存在。
CentOS_BuildTag  GPL       LiveOS    RPM-GPG-KEY-CentOS-7
EFI              images    Packages  RPM-GPG-KEY-CentOS-Testing-7
EULA             isolinux  repodata  TRANS.TBL
```

图 8-2 光驱连接状态

（3）配置 Yum 源文件。

```
[root@xuegod63 ~]# vim /etc/yum.repos.d/CentOS 7.repo     #必须以.repo 结尾，插入以下内容。

[CentOS 7]              #Yum 源名称，在本服务器上是唯一的，用来区分不同的 Yum 源。
```

```
name= CentOS 7                #对 Yum 源描述信息。
baseurl=file:///mnt           #Yum 源的路径，提供方式包括 FTP(ftp://...)、HTTP(http://...)、本地(file:///...光盘挂载目录所在的位置)。
enabled=1                     #为 1，表示启用 Yum 源，为 0 禁用。
gpgcheck=0                    #为 1，使用公钥检验 rpm 包的正确性；为 0 不校验。
gpgkey=file:///etc/pki/rpm-gpg/RPM-GPG-KEY-CentOS-7   #指定进行 rpm 校验的公钥文件地址。
```

2．网络 Yum 源

（1）CentOS 7 配置网络 Yum 源。

```
[root@xuegod63 ~]# wget -O /etc/yum.repos.d/CentOS-Base.repo http://mirrors.aliyun.com/repo/CentOS-7.repo
```

注意： wget 命令用来下载文件，选项-O 表示将 wget 命令下载的文件保存到指定的位置，保存时可以重新起一个名字，也可以直接写一个要保存的路径，这样还用原来的文件名。

（2）查看网络 Yum 源。

```
[root@xuegod63 yum.repos.d]# vim /etc/yum.repos.d/CentOS-Base.repo
找到这一条：baseurl=http://mirrors.aliyun.com/CentOS/$releasever/OS/$basearch/
```

注意： $releasever 表示系统版本的值，会自动匹配当前系统的版本号。

```
[root@xuegod63 ~]# cat /etc/centos-release         #查看系统版本。
CentOS Linux release 7.5.1708 (Core)
$basearch 等于：x86_64
```

（3）排错：如果下载 CentOS-7.repo 后不能用，可打开阿里云链接：http://mirrors.aliyun.com/centos/，找到 CentOS 7 最新版本号，并下载，上传到 Linux 系统，如图 8-3 所示。

```
6.8/                                    12-Jun-2017 12:38      -
6.9/                                    25-Jul-2018 15:42      -
7/                                      15-Sep-2019 01:00      -
7.0.1406/                               07-Apr-2015 14:24      -
7.1.1503/                               08-Jan-2016 15:25      -
7.2.1511/                               28-Jan-2017 14:29      -
7.3.1611/                               25-Oct-2017 14:57      -
7.4.1708/                               24-May-2018 13:25      -
7.5.1804/                               04-Jan-2019 16:00      -
```

图 8-3　阿里镜像站点

（4）执行 sed 命令进行全文替换。

```
[root@xuegod63 ~]# sed -i 's/$releasever/7.5.1708/g' /etc/yum.repos.d/CentOS-Base.repo
[root@xuegod63 ~]# yum clean all           #清空 Yum 缓存。
[root@xuegod63 ~]# yum list                #查看列表。
```

8.2.2　Yum 的使用

1．Yum 常用操作

```
[root@xuegod63 ~]#  yum install -y httpd      #安装程序包，选项-y 表示直接安装。
[root@xuegod63 ~]#  yum -y update             #升级程序包，改变软件设置和系统设置，系统版本和内核都升级。
[root@xuegod63 ~]#  yum -y upgrade            #升级程序包，不改变软件设置和系统设置，系统版本升级，内核不改变。
```

```
[root@xuegod63 ~]#  yum -y update                  #不加任何程序包，表示整个系统进行升级。
[root@xuegod63 ~]#  yum info httpd                 #查询 RPM 包的作用。
[root@xuegod63 ~]#  yum provides /usr/bin/find     #查看命令是哪个程序包安装的。
[root@xuegod63 ~]#  yum -y remove 包名             #卸载程序包。
[root@xuegod63 ~]#  yum search keyword             #按关键字搜索程序包。
```

2．Yum 报错，注意几个小问题

（1）查看光盘是否挂载。

（2）配置文件中格式是否正确，字母和符号有没有少写，挂载点和配置文件中的设置是否一致。

（3）网络源需要联网，操作和 RPM 类似，是会自动安装依赖程序包。

3．Yum 安装开发工具程序包组

```
[root@xuegod63 ~]# yum grouplist     #查看有哪些程序包组。
```

语法：yum groupinstall GROUPNAME

```
[root@xuegod63 ~]# yum grouplist    #显示中文，如果想变成英文，可执行以下命令。

[root@bogon Packages]# echo $LANG                   #查看系统中的语言。
zh_CN.UTF-8
[root@bogon Packages]# LANG=en_US.UTF-8             #修改系统语言为英文。

[root@xuegod63 Packages]# yum grouplist
```

测试：

```
[root@xuegod63 ~]# yum remove gcc   -y                 #卸载开发工具程序包组中的 gcc 包。
[root@xuegod63 ~]# yum groupinstall 'Development tools'   -y     #安装开发工具程序包组，安装这组
程序时，把 gcc 包再次安装上了。
```

8.3 实战：tar 源码包管理及 srpm 源码包安装方法

8.3.1 源码安装 Nginx

Nginx 同 Apache 一样，是一种 Web 服务器，基于 REST 架构风格，以统一资源描述符（Uniform Resources Identifier，URI）或者统一资源定位符（Uniform Resources Locator，URL）作为沟通依据，通过 HTTP 提供各种网络服务，本节并不对 Nginx 重点讲解，只通过安装 Nginx 学会 tar 源码包的安装。

首先准备编译环境，如 gcc 和 gcc-c++编译器。

准备软件：nginx-1.12.2.tar.gz。

1．部署 Nginx

在部署之前需要解决编译环境、Nginx 依赖关系。

```
[root@xuegod63 ~]# yum -y install gcc gcc-c++ make zlib-devel pcre pcre-devel openssl-devel
pcre：支持正则表达式、地址重写。
```

2. 解压 Nginx 程序压缩包并切换目录

```
[root@xuegod63 ~]# tar xvf nginx-1.12.2.tar.gz          #解压 Nginx 程序压缩包。
[root@xuegod63 ~]# cd nginx-1.12.2                      #切换到解压后的 Nginx 程序包目录。
```

3. 开始安装

执行预编译（检测环境）并指定安装目录，使用--prefix= 指定。

安装 Nginx 预编译时指定安装目录为/usr/local/nginx。

```
[root@xuegod63 nginx-1.12.2]# ./configure --prefix=/usr/local/nginx
[root@xuegod63 nginx-1.12.2]# make -j 4        #编译，-j 4 表示同时开启 4 个核心 CPU 进行编译。
[root@xuegod63 nginx-1.12.2]# make install     #编译安装。
```

4. 详解源码安装步骤

（1）./configure 有如下作用。

① 指定安装路径，如--prefix=/usr/local/nginx。

② 启用或禁用某项功能，如 --enable-ssl、--disable-filter、--with-http_ssl_module。

③ 和其他软件关联，如--with-pcre。

④ 检查安装环境，如是否有编译器 gcc、是否满足软件的依赖需求。

最终在当前目录下生成 Makefile 文件。

（2）# make -j 4：按 Makefile 文件编译，使用-j 4 指定 4 核心 CPU 进行编译，提升速度。

（3）make install：按 Makefile 定义的文件路径安装。

（4）make clean：清除上次的 make 命令所产生的 object 和 Makefile 文件。当需要重新执行./configure 时，需要先执行 make clean。

8.3.2 删除源码包

使用命令：make uninstall。

有时删除不彻底，所以建议大家在安装时，在./configure 步骤中添加一个--prefix 参数来指定安装目录，在删除或备份时，直接对--prefix 指定的安装目录操作即可。

8.3.3 源码编译出错的 5 种完美解决方法

从 Windows 上传 extundelete 文件到 Linux，安装 Xmanager v5 或者 CRT。

解压并安装 extundelete。

```
[root@xuegod63 ~]# rpm -ivh /mnt/Packages/e2fsprogs-devel-1.41.12-11.el6.x86_64.rpm
[root@xuegod63 extundelete-0.2.4]# tar jxvf extundelete-0.2.4.tar.bz2
[root@xuegod63 ~]# cd extundelete-0.2.4
[root@xuegod63 extundelete-0.2.4]# ./configure     #检查系统安装环境。
Configuring extundelete 0.2.4
configure: error: Can't find ext2fs library
```

源码编译因为缺少库文件导致报错，可以通过安装对应的库文件解决，常见的 5 种解决方法如下。

方法 1：

```
[root@xuegod63 Packages]# rpm -ivh ext2fs              #按两下 Tab 键。如果存在，则自动补全程序包名。
```

方法 2：

```
[root@xuegod63 Packages]# ls *ext2fs*              #查找完整关键字。
```

方法 3：

```
[root@xuegod63 Packages]# ls *2fs*              #查找部分关键字。
```

方法 4：

下载相关 rpm 包安装，如图 8-4 所示。

（安装包下载地址：http://www.rpmseek.com/index.html）

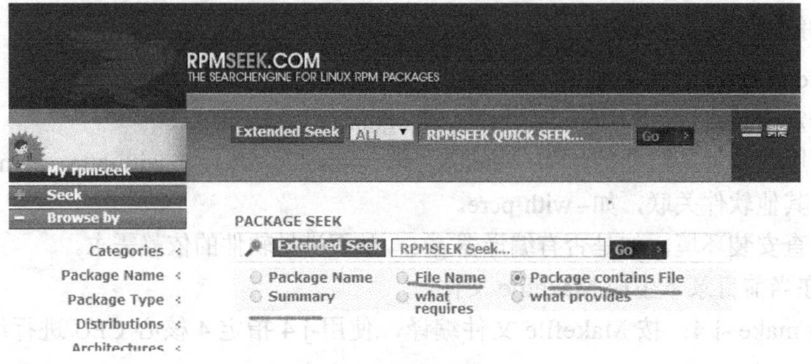

图 8-4　RPM 包下载站点

```
方法 5：使用 Yum 去搜索。
[root@xuegod63 Packages]# yum search ext2fs
安装库。
[root@xuegod63 Packages]# rpm -ivh e2fsprogs-libs-1.41.12-11.el6.x86_64.rpm
warning: e2fsprogs-libs-1.41.12-11.el6.x86_64.rpm: Header V3 RSA/SHA256 Signature, key ID fd431d51: NOKEY
Preparing...                ########################################### [100%]
        package e2fsprogs-libs-1.41.12-11.el6.x86_64 is already installed
```

互动：显示库已经安装，但是 configure 时又提示找不到，怎么办？

解决：安装了库，却显示找不到，这种情况需要安装库的开发文件。

```
[root@xuegod63]#rpm -ivh /mnt/Packages/e2fsprogs-devel-1.41.12-11.el6.x86_64.rpm
```

知识扩展：查看 RPM 包安装后生成的文件。

```
[root@xuegod63 Packages]#rpm -qpl e2fsprogs-devel-1.41.12-11.el6.x86_64.rpm | more
[root@xuegod63 extundelete-0.2.4]# make   -j 4                    #编译。
[root@xuegod63 extundelete-0.2.4]# make install                   #安装。
[root@xuegod63 extundelete-0.2.4]# ls /usr/local/bin/extundelete   #查看安装后的文件。
/usr/local/bin/extundelete
```

rpm＋Yum：安装方便，软件版本低，稳定性好，管理方便，性能稍差。

源码编译安装：安装复杂，软件版本新，可以定制，稳定性稍差，管理稍差，性能好。安装 LAMP 或 LNMP 架构时需要用到。

8.3.4 安装.src.rpm 源码包的方法（了解）

srpm 是 Source RPM 的意思，也就是这个 RPM 包中含有源代码（Source Code）。

上传 lrzsz-0.12.20-27.1.el6.src.rpm 到 Linux 的/root 目录。

[root@xuegod63 ~]# rpm -e lrzsz #先卸载程序包。

编译。

[root@xuegod63 ~]# rpmbuild --rebuild lrzsz-0.12.20-27.1.el6.src.rpm #将 src.rpm 中的源码文件编译成可执行的二进制文件。

若执行成功则会在 root 用户家目录下生成一个/root/rpmbuild 目录。

在/root/rpmbuild/RPMS/x86_64/目录下生成 lrzsz-0.12.20-27.1.el7.CentOS.x86_64.rpm 这个 rpm 文件。

rpm -ivh rpmbuild/RPMS/x86_64/lrzsz-0.12.20-27.1.el7.CentOS.x86_64.rpm #安装。

第 9 章

文件的归档和压缩

9.1 使用 tar 命令进行文件的归档和压缩

9.1.1 归档和压缩文件

归档和压缩文件的好处是节约磁盘的资源、加快文件传输速率。

tar 命令的作用是打包、压缩文件。tar 命令是把多个文件和目录集合在一个存档文件中，该存档文件可以通过使用 gzip、bzip2 或 xz 等压缩工具进行压缩后传输，如图 9-1 所示。

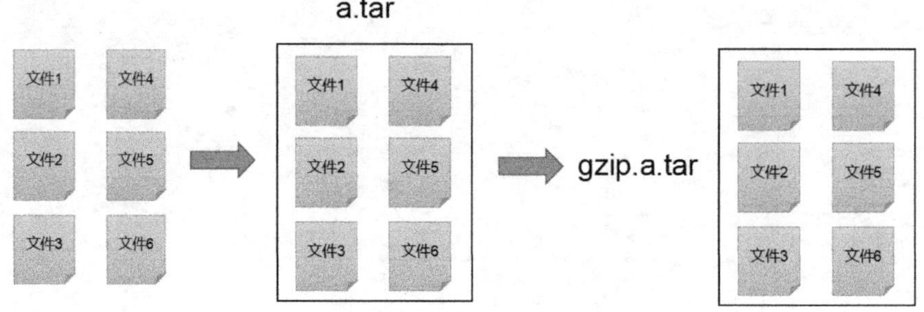

图 9-1 压缩

查看 tar 命令使用帮助。

```
[root@xuegod63 ~]# man tar
```

命令使用格式：tar [选项] 文件名称。

选项参数如下。

-c：创建文件。

-x：提取，解压还原文件。

-v 或—verbose：显示执行详细过程。

-f 或—file：指定备份文件。

-t 或—list：列出压缩包中包括哪些文件，不解包，查看包中的内容。

-C 或—directory：指定解压位置。

例 9.1：给/boot/grub 目录打包，打包后的文件为 grub.tar。

```
[root@xuegod63 ~]# tar -cvf grub.tar /boot/grub/        # tar 命令的参数前可以不使用“-”
```

或

```
[root@xuegod63 ~]# tar cvf grub.tar /boot/grub/
tar: 从成员名中删除开头的“/”
/boot/grub/
/boot/grub/splash.xpm.gz

[root@xuegod63 ~]# ls gurb.tar                    #查看压缩后的文件是否存在。
[root@xuegod63 ~]# tar xvf grub.tar               #解压缩。
boot/grub/
boot/grub/splash.xpm.gz

[root@xuegod63 ~]# ls boot                        #查看 boot 目录。
```

注意：在使用绝对路径归档文件时，将默认从文件名中删除该路径中前面的“/”，当解包时，直接按绝对路径来释放，会覆盖原系统中此路径的文件。

例 9.2：指定解压位置，使用 -C 选项。

```
[root@xuegod63 ~]# tar xvf grub.tar.bz2 -C /opt/        #解压 grub.tar.bz2 文件，并存放到/opt 目录下。
tar: 从成员名中删除开头的“/”。
/boot/grub/
/boot/grub/splash.xpm.gz

[root@xuegod63 ~]# ls /opt/
boot
```

例 9.3：把两个目录或目录+文件打包成一个程序包。

```
[root@xuegod63 ~]# mkdir back
[root@xuegod63 ~]# cp /etc/passwd back/
[root@xuegod63 ~]# tar -cvf back.tar /boot/grub back/ /etc/passwd
tar: 从成员名中删除开头的“/”。
/boot/grub/
/boot/grub/splash.xpm.gz
back/
back/passwd
/etc/passwd
```

例 9.4：在不解压压缩包的情况下，查看 tar 归档中的内容。

```
[root@xuegod63 ~]# tar -tvf grub.tar          #在不解压的前提下，查看压缩包中的内容。
```

例 9.5：对比加选项 v 的效果。

```
[root@xuegod63 ~]# tar -xf grub.tar
[root@xuegod63 ~]# tar -xvf grub.tar
boot/grub/
boot/grub/splash.xpm.gz
```

9.1.2 使用 tar 命令进行归档并压缩

tar 命令只能对文件进行归档，并不能对文件进行压缩。归档指的是把多个文件以某种机制合并为一个文件，而压缩指的是把多个文件合并为一个文件，并以某种机制把文件以某种算法组织存放，使文件的体积容量变小。在 tar 命令归档同时可调用压缩工具进行归档并压缩。

命令使用格式：tar 选项 解压后文件 源文件。

常用选项如下。

-zcf：归档并调用 gzip 压缩，压缩后的扩展名为 tar.gz。

-zxf：调用 gzip 解压并展开归档。

-ztf：不解压和展开归档，直接查看归档中的文件。

-jcf：归档并调用 bzip2 压缩，压缩后的扩展名为 tar.bz2。

-jxf：调用 bzip2 解压并展开归档。

-jtf：不解压和展开归档，直接查看归档中的文件。

-Jcf：归档并调用 xz 压缩，压缩后的扩展名为 tar.gz，在 RedHat 6 以上版本中支持使用。

-Jxf：调用 xz 解压并展开归档。

-Jtf ：不解压和展开归档，直接查看归档中的文件。

例 9.6：创建.tar.gz 包。

```
[root@xuegod63 ~]# tar cvf etc.tar /etc                #仅使用 tar 归档。
[root@xuegod63 test]# tar zcvf etc.tar.gz /etc         #归档，注意备份的名字后缀。
[root@xuegod63 test]# tar zxvf etc.tar.gz              #解压缩。
```

例 9.7：创建.tar.bz2 包。

```
[root@xuegod63 ~]# tar -jcvf etc.tar.bz2 /etc          #使用 bz2 压缩归档/etc 目录。
[root@xuegod63 ~]# tar -jxvf etc.tar.bz2 /etc          #解压缩。
[root@xuegod63 ~]# tar -jxvf etc.tar.bz2 -C /opt       #解压到 opt 目录下。
```

例 9.8：创建.tar.xz 包。

```
[root@xuegod63 ~]#   tar -Jcvf etc.tar.xz /etc         #使用 xz 压缩归档。
[root@xuegod63 ~]#   tar -xvf etc.tar.xz               #解压缩。
```

或

```
[root@xuegod63 ~]#   tar -Jxvf etc.tar.xz              #解压缩。
```

对比 3 种压缩方式后的压缩比例。

```
[root@xuegod63 ~]# ll -h etc.tar*
-rw-r--r-- 1 0 root    36M 5 月   10 12:10 etc.tar
-rw-r--r-- 1 0 root    9.6M 5 月   10 12:14 etc.tar.bz2       #常用。
-rw-r--r-- 1 0 root    12M 5 月   10 12:11 etc.tar.gz         #常用。
-rw-r--r-- 1 0 root   7.7M 5 月   10 12:16 etc.tar.xz         #压缩的比例最高，但压缩的时间最长。
```

9.2 zip 管理压缩文件

zip 是压缩程序，unzip 是解压程序。

命令使用格式：zip [选项] 压缩后文件 源文件。

例 9.9：压缩文件。

```
[root@xuegod63 ~]# zip a.zip /etc/passwd          #压缩/etc/passwd 文件，压缩后的文件为 a.zip。
```

例 9.10：将所有.jpg 的文件压缩成一个 zip 包。

```
[root@xuegod63 ~]# zip all.zip *.jpg          #把当前目录下的所有以.jpg 结尾的文件压缩。
```

例 9.11：压缩一个目录。

```
[root@xuegod63 ~]# zip -r grub.zip /boot/grub          #不常用。

解压缩。
[root@xuegod63 ~]# unzip grub.zip          #解压 grub.zip 文件到当前目录下。
[root@xuegod63 ~]# unzip grub.zip -d /opt/          #-d 解压到指定的目录/opt。
```

9.3　gzip、bzip2、xz 压缩文件及 file、sort 命令

在创建压缩的 tar 归档时，tar 命令支持 3 种不同的压缩方式，即 tar 命令可以合并 gzip、bzip2、xz（在同一时间只能合并一种压缩工具）。

gzip 压缩速度最快。

bzip2 压缩生成的文件比 gzip 小，但不如 gzip 使用广泛。

xz 压缩工具相对较新，但是会提供最佳的压缩率。

9.3.1　压缩工具

常见的压缩工具有 gzip、bzip2、xz、zip。

常见的压缩命名格式有.gz、.bz2、.xz、.zip。

1．gzip 压缩工具

命令使用格式：gzip 文件名

```
[root@xuegod63 ~]# mkdir xuegod          #创建 xuegod 目录。
[root@xuegod63 ~]# touch xuegod/a.txt          #在 xuegod 目录下创建 a.txt 文件。
[root@xuegod63 ~]# gzip xuegod/a.txt          #压缩 xuegod 目录下的 a.txt 文件。
[root@xuegod63 ~]# ls xuegod/a*          #压缩后不保留原文件。
xuegod/a.txt.gz
```

注意：只能对文件进行压缩，且压缩后源文件会消失，一般不常用。bzip2 和 xz 这两个工具可以通过添加参数-k 来保留源文件。

2．bzip2 压缩工具

命令使用格式：bzip2 [选项] 文件名。

```
[root@xuegod63 ~]# cp /etc/passwd 1.txt          #复制 passwd 文件到当前目录下，并命名为 1.txt。
[root@xuegod63 ~]# bzip2 -k 1.txt          #对 1.txt 文件进行压缩，使用-k 选项保留源文件。
[root@xuegod63 ~]# ls 1.txt.bz2
```

3．xz 压缩工具

命令使用格式：xz [选项] 文件名称。

```
[root@xuegod63 ~]# xz -k 1.txt                #对 1.txt 进行压缩，使用-k 选项保留源文件。
[root@xuegod63 ~]# ls 1.txt.xz
```

4．解压

几种解压命令的使用格式如下。

（1）gzip -d 文件名。

（2）bzip2 -d 文件名。

使用-k 选项，可以保留源文件。

（3）xz -d 文件或 unxz 文件名。

使用-k 选项，可以保留源文件。

例：解压。

```
[root@xuegod63 ~]# gzip -d 1.txt.bz2
[root@xuegod63 ~]# bzip2 -d 1.txt.bz2
[root@xuegod63 ~]# xz -d 1.txt.bz2
```

9.3.2 file 命令

作用：用于查看文件的属性和类型。

命令使用格式：file 文件名。

注意：Linux 系统不根据扩展名识别文件类型。

使用 file 命令查看文件的类型。

```
[root@xuegod63 ~]# file /etc/passwd          #查看/etc/passwd 文件是什么类型。
/etc/passwd: ASCII text
```

按一定排序规则查看文件。

```
[root@xuegod63 ~]# ls -ltr        #按时间排序，-t 表示时间，-r 表示从小到大，不加-r 参数表示由大到小。
[root@xuegod63 ~]# ls -lSr        #按大小排序，-r 表示从小到大。
[root@xuegod63 ~]# ls -lSrh       #按大小排序，-r 表示从小到大，加-h 参数，能更清楚地看大小。
[root@xuegod63 ~]# ls -lS         #按从大到小排序。
```

查看目录大小。

```
[root@xuegod63 ~]# du -sh /etc               #查看某个目录的大小。
```

查看分区大小。

```
[root@xuegod63 ~]# df -h                     #可以快速查看磁盘存储空间的大小。
```

9.3.3 sort 命令

sort 是在处理大量数据时会用到的命令，用于排序。

选项及使用方法如下。

sort -f filename：-f 选项，忽略字符大小写。

sort -r filename：-r 选项，降序。

sort -n filename：-n 选项，按数值排序，升序。

sort -nr filename：-r 和-n 选项，同时使用，按数值排序，降序。

sort -u filename：-u 选项，排序后去掉重复的行，或相同的行只显示一次。

sort -t : -k 3 /etc/passwd：-t 选项，指定分隔符，-k 选项指定以第几个字段为排序目标，默认并不以数值大小进行比较，而是以指定的字段，由左向右按字符（数字或字母）做升序排序，如果指定的字段所有行的第一个字符都是一样的，那么比较第二个，直到找到不一样的做排序。

sort -t : -k 3 -n /etc/passwd：-t 选项，指定分隔符，-k 选项指定以第几个字段为排序目标，-n 选项按数值排序，默认为升序，需要做降序加 -r 选项。

sort -t : -k 3 -nr /etc/passwd：-t 选项，指定分隔符，-k 选项指定以第几个字段为排序目标，-n 选项按数值排序，–r 选项表示降序。

例 9.12：默认按字母规则进行排序。

```
[root@xuegod63 ～]# cat   /etc/passwd | sort | more
```

例 9.13：按数字进行排序。

```
[root@xuegod63 ～]# vim file2                #每行随意写一些数字。
    23
    2
    231
[root@xuegod63 ～]# sort   -n file2          #-n 选项默认从小到大排序。
    2
    23
    231
[root@xuegod63 ～]# sort   -r file2          #-r 选项反序排序（升序变成降序进行排序），从大到小。
    231
    23
    2
```

例 9.14：支持按月份进行排序。

```
[root@xuegod63 ～]# vim file3                #写入以下内容。
    January
    March
    April
    February

[root@xuegod63 ～]# sort -M file3
    April
    February
    January
    March
```

例 9.15：组合使用。

-t 选项指定一个用来区分键位置的字符。

-k 选项后面跟数字，指定按第几列进行排序。

-r 选项反序排序（升序变成降序进行排序）。

[root@xuegod63 ~]# sort -t ":" -k3 -r /etc/passwd | more #以":"作为分隔符，按第 3 列（即UID）从大到小进行排序。

[root@xuegod63 ~]# du -h /etc | sort -r | more #把 etc 目录下所有文件按从大到小进行排序。

第 10 章

CentOS 7 系统进程管理

10.1 进程概述及 ps 管理进程

10.1.1 什么是进程

进程是已启动的可执行程序的运行实例，进程有以下组成部分。

（1）已分配内存的地址空间。

（2）安全属性，包括所有权凭据和特权。

（3）程序代码的一个或多个执行线程。

（4）进程状态。

程序是二进制文件，在没启动时为静态，存储在磁盘空间中，如/bin/date、/usr/sbin/sshd。进程则是二进制文件或程序运行的过程，展示为动态，有生命周期及运行状态。进程的生命周期如图 10-1 所示。

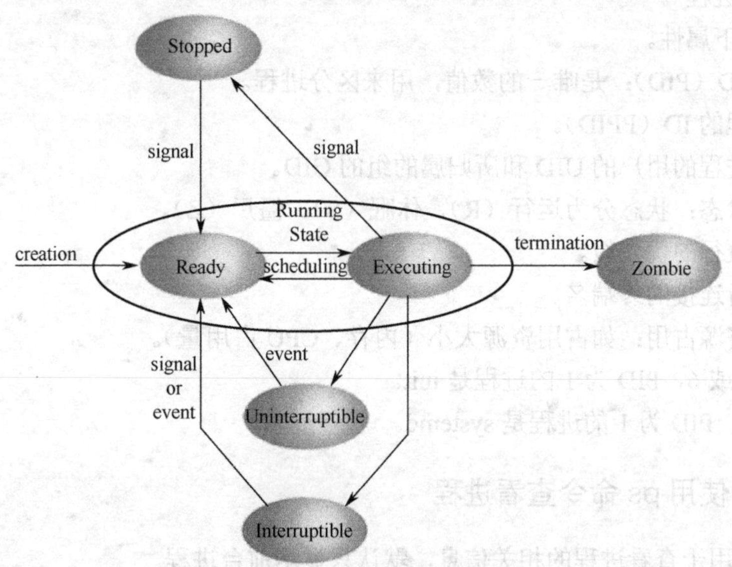

图 10-1 进程的生命周期

进程状态描述如下。

Stopped：停止状态，不会再被调度到 CPU 上运行。

Ready：就绪状态，在队列中等待运行，只要轮到其运行，就马上可以在 CPU 上运行。

Executing：正在运行中，说明已获得 CPU，并在 CPU 上运行。在运行当中，可能会因为需要获得其他资源而转入睡眠状态。

Uninterruptible Sleep：睡眠状态（不可中断的睡眠），当进程在运行中需要加载额外的 IO 资源时，由于 IO 速度比 CPU 慢，进程会进入睡眠状态，交出 CPU，运行其他进程。之所以睡眠，是因为进程运行时所需要的资源没有正常获取到，或是进程没有更多的事务需要执行。睡眠状态的进程也是可以被内核再次调度到 CPU 上运行的，但对于这种需要加载额外资源才能运行的进程，在额外资源没有加载完成时，再次调度运行（中断睡眠）没有任何意义，因此说“不可中断”。

Interruptible Sleep：睡眠状态（可中断的睡眠），进程在运行中并不是因为某个额外资源的问题进入睡眠状态，而可能是因为需要执行的事务已经执行完成。例如，某个服务，有用户进行请求时，那么该进程则运行，执行完成用户的请求时，并不能退出运行，所以需要转入睡眠状态。当有用户再次请求时，系统内核则将其再次调度到 CPU 上运行，是有需要时可以随时调度的睡眠状态，因此说“可中断的睡眠”。

Zombie：僵尸进程，在一个进程运行结束时，如果资源能够被回收，那么该进程正常结束。如果进程运行结束时，资源不能被回收，占用的内存不释放，在内核的数据结构也没法删除，甚至连进程占用了哪些内存都无法得知，导致该进程无法释放内存空间，一直存在内存中不能自动退出。因此，该进程也不会再次被内核调度到 CPU 上运行了，这类进程称为“僵尸进程”。

进程有如下属性。

① 进程 ID（PID）：是唯一的数值，用来区分进程。

② 父进程的 ID（PPID）。

③ 启动进程的用户的 UID 和所归属的组的 GID。

④ 进程状态：状态分为运行（R）、休眠（S）、僵尸（Z）。

⑤ 进程执行的优先级。

⑥ 进程所连接的终端名。

⑦ 进程资源占用：如占用资源大小（内存、CPU 占用量）。

CentOS 5 或 6，PID 为 1 的进程是 init。

CentOS 7，PID 为 1 的进程是 systemd。

10.1.2 使用 ps 命令查看进程

ps 命令：用于查看进程的相关信息，默认只显示前台进程。

命令使用格式：ps [选项]。

1. 使用 PS 命令查看进程，用 BSD 的格式显示进程

常用的选项如下。

a：显示与当前终端关联的所有进程。

u：基于用户的格式显示（U：显示某 UID 所有的进程）。

x：显示所有进程，不以终端机来区分。

例 10.1：常用的选项组合是 ps -aux。

```
[root@xuegod63 ~]# ps -axu | more                    #查看进程，如图 10-2 所示。
```

注意：*最后一列，使用方括号括起来的进程是内核态进程，没有括起来的是用户态进程。*

```
USER       PID %CPU %MEM    VSZ   RSS TTY      STAT START   TIME COMMAND
root         1  0.1  0.1 191036  4028 ?        Ss   20:21   0:03 /usr/lib/syste
root      2397  0.0  0.1 116692  3428 pts/0    Ss   20:25   0:00 bash
postfix   2954  0.0  0.1  91732  4024 ?        S    20:27   0:00 pickup -l -t unix
root      2985  0.0  0.0      0     0 ?        S    20:27   0:00 [kworker/3:0]
root      2994  1.2  0.0      0     0 ?        S    20:28   0:15 [kworker/u128:0]
root      3451  0.0  0.0      0     0 ?        S    20:33   0:00 [kworker/1:2]
root      3643  0.0  0.0      0     0 ?        S    20:35   0:00 [kworker/u128:1]
root      3778  0.1  0.0      0     0 ?        S    20:36   0:01 [kworker/0:1]
```

图 10-2　查看进程

USER：启动这些进程的用户。

PID：进程的 ID。

%CPU：进程占用的 CPU 百分比。

%MEM：进程占用的内存百分比。

VSZ：进程占用的虚拟内存大小（单位：KB）。

RSS：进程占用的物理内存大小（单位：KB）。

STAT 该进程目前的状态，Linux 进程有 5 种基本状态。

- R 表示该进程目前正在运作，或者是可被运作。
- S 表示该进程目前正在睡眠当中（ idle 状态），但可被某些信号（signal）唤醒。
- T 表示该进程目前正在侦测或停止了。
- Z 表示该进程应该已经终止，但是其父进程却无法正常将其终止，所以为 Zombie（僵尸）进程状态。
- D 表示不可中断状态。

5 种基本状态后还可以加一些字母，如 Ss、R+，如图 10-3 所示。

```
root      4394  0.0  0.1 116692  3284 pts/1    Ss   20:52   0:00 bash
root      4435  0.0  0.2 151752  5292 pts/1    S+   20:52   0:00 vim a.txt
root      4437  0.0  0.1 116692  3280 pts/2    Ss+  20:52   0:00 bash
root      4542  0.0  0.0      0     0 ?        S    20:56   0:00 [kworker/3:1]
root      4559  0.0  0.0      0     0 ?        S    20:58   0:00 [kworker/0:0]
root      4567  0.0  0.0 107904   608 ?        S    20:58   0:00 sleep 60
root      4568  0.0  0.0 151064  1828 pts/0    R+   20:59   0:00 ps -axu
root      4569  0.0  0.0 110436   964 pts/0    S+   20:59   0:00 more
```

图 10-3　进程状态

5 种基本状态后可以加的字母含义如下。

<：表示进程运行在高优先级上。

N：表示进程运行在低优先级上。

L：表示进程有页面锁定在内存中。

S：表示进程是控制进程。

L：表示进程是多线程的。

+：表示当前进程运行在前台。

START：该进程被触发启动的时间。

TIME：该进程实际使用 CPU 运作的时间。

COMMAND：启动该进程的实际指令。

例 10.2：查看进程状态。

```
[root@xuegod63 ~]# vim a.txt
```

在另一个终端执行以下操作。

```
[root@xuegod63 ~]# ps -aux | grep a.txt        #查看进程状态，S 表示睡眠状态，+ 表示前台。
root      4435  0.0  0.2 151752  5292 pts/1   S+   20:52   0:00 vim a.txt
root      4661  0.0  0.0 112676   996 pts/0   S+   21:05   0:00 grep --color=auto a.txt
```

在执行了 vim a.txt 的这个终端上按 Ctrl+Z 组合键，挂起进程。

```
[1]  +  已停止               vim a.txt
```

在另一个终端执行以下操作。

```
[root@xuegod63 ~]# ps -aux | grep a.txt        #查看进程状态，T 表示停止状态。
    root      4435  0.0  0.2 151752  5292 pts/1   T    20:52   0:00 vim a.txt
    root      4675  0.0  0.0 112676   996 pts/0   S+   21:05   0:00 grep --color=auto a.txt
```

注意：

按 Ctrl+C 组合键是发送 SIGINT 信号，终止一个进程。

按 Ctrl+Z 组合键是发送 SIGTSTP 信号，挂起一个进程。将作业放置到后台（暂停）。

按 Ctrl+D 组合键不是发送信号，而是表示一个特殊的二进制值，即 EOF，代表输入完成或者注销。

例 10.3：D 不可中断状态。

```
[root@xuegod63 ~]# tar -zcvf usr-tar.gz /usr/        #解压文件。
```

在另一个终端不断查看状态，由 S+到 R+再变为 D+，如图 10-4 所示。

```
[root@xuegod63 ~]# ps -axu | grep tar
root      1911  0.0  0.3 1279032 7184 ?        S<l  20:23   0:02 /usr/bin/pulseaudio
--start
root      4746 14.0  0.0 123660  1480 pts/1    S+   21:11   0:01 tar -zcvf usr.tar.gz
 /usr
root      4758  0.0  0.0 112680   984 pts/0    S+   21:11   0:00 grep --color=auto ta
r
[root@xuegod63 ~]# ps -axu | grep tar
root      1911  0.0  0.3 1279032 7184 ?        S<l  20:23   0:02 /usr/bin/pulseaudio
--start
root      4746 14.8  0.0 123660  1480 pts/1    R+   21:11   0:02 tar -zcvf usr.tar.gz
 /usr
root      4766  0.0  0.0 112680   984 pts/0    S+   21:11   0:00 grep --color=auto ta
r
[root@xuegod63 ~]# ps -axu | grep tar
root      1911  0.0  0.3 1279032 7184 ?        S<l  20:23   0:02 /usr/bin/pulseaudio
--start
root      4746 15.7  0.0 123660  1480 pts/1    D+   21:11   0:02 tar -zcvf usr.tar.gz
 /usr
root      4774  0.0  0.0 112680   984 pts/0    S+   21:11   0:00 grep --color=auto ta
```

图 10-4　不可中断状态

2．使用 ps 命令查看进程，用标准的格式来显示进程

ps 命令常用的选项如下。

-e：显示所有进程。

-f：显示完整格式输出。

常用的组合：ps -ef，如图 10-5 所示。

```
[root@panda ~]# ps -ef|head
UID         PID   PPID  C STIME TTY          TIME CMD
root          1      0  0 Oct23 ?        00:01:47 /usr/lib/systemd/systemd --switc
hed-root --system --deserialize 21
root          2      0  0 Oct23 ?        00:00:00 [kthreadd]
root          3      2  0 Oct23 ?        00:00:06 [ksoftirqd/0]
root          5      2  0 Oct23 ?        00:00:00 [kworker/0:0H]
root          7      2  0 Oct23 ?        00:00:01 [migration/0]
root          8      2  0 Oct23 ?        00:00:00 [rcu_bh]
root          9      2  0 Oct23 ?        00:01:23 [rcu_sched]
root         10      2  0 Oct23 ?        00:00:05 [watchdog/0]
root         11      2  0 Oct23 ?        00:00:04 [watchdog/1]
```

图 10-5　ps –ef 的执行结果

进程相关信息每列含义如下。

UID：启动进程的用户的 ID。

PID：进程的 ID。

PPID：父进程的 ID。

C：进程生命周期中 CPU 的利用率。

STIME：进程启动时的系统时间。

TTY：表明进程在哪个终端设备上运行。如果显示“?”，表示与终端无关，这种进程一般是内核态进程。另外，tty1～tty6 是本机上的登入者程序，若为 pts/0 等，则表示运行在虚拟终端上的进程。

TIME：运行进程累计占用 CPU 的时间。

CMD：启动的程序名称。

例 10.4：测试 CPU 使用时间。

```
[root@xuegod63 ~]# dd if=/dev/zero of=/a.txt count=10 bs=100M  #使用 dd 命令生成一个大小为 1GB 的文件。
[root@xuegod63 ~]# ps -axu | grep dd                            #查看进程，并过滤 dd 进程。
```

10.2　uptime 命令查看系统负载和 top 命令动态管理进程

10.2.1　uptime 命令查看系统负载

```
[root@xuegod63 ~]# uptime                                       #查看系统负载情况。
13:22:30 up 20days, 2 users, load average: 0.06, 0.60, 0.48
```

弹出信息的含义如表 10-1 所示。

表 10-1 uptime 输出含义

弹出信息	含　义
13:22:30	当前时间
up 20days	系统运行时间，说明此服务器已经连续运行 20 天了
2 user	当前登录用户数
load average: 0.06, 0.60, 0.48	系统平均负载，即任务队列的平均长度。3 个数值分别为 1 分钟、5 分钟、15 分钟前到现在的平均值

任务队列的平均长度是什么？

比如在售票大厅排队买票时，如果购票者多于售票员，则需要排队购买，此时形成队列，如图 10-6 所示。

而对于 CPU 而言也是如此，CPU 在同一时间只能运行一个进程，当只有一个 CPU 时，如果进程的数量大于 1，则需要排队等待，等正在 CPU 上运行的进程结束后，下一个进程才能调入 CPU 上运行，因此形成了“队列”。当有 3 个 CPU 时，如果有 3 个进程，那么这 3 个进程可以同时分别在 3 个 CPU 上运行，如果有 9 个进程需要运行，那么每个 CPU 的平均队列长度则为 3。

以 1 个 CPU 为例，如图 10-7 所示，CPU 队列长度为 3 时，进程 1 正在 CPU 中运行，进程 2、3 正在等待 CPU 运行。

图 10-6　排队买票

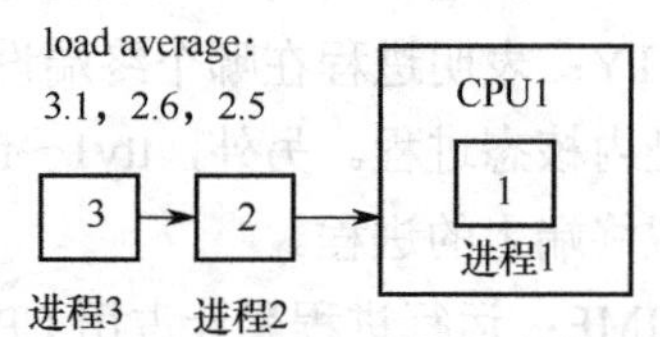

图 10-7　CPU 任务队列的平均长度

问：找出下列系统中 CPU 负载过高的服务器？

服务器 1：load average：0.15，0.08，0.01，CPU 为 1 核心。

服务器 2：load average：4.15，6.08，6.01，CPU 为 1 核心。

服务器 3：load average：10.15，10.08，10.01，CPU 为 4 核心。

答：服务器 2。

如果服务器的 CPU 为 1 核心，那么 load average 中的数字大于等于 3 时说明负载过高；如果服务器的 CPU 为 4 核心，那么 load average 中的数字大于等于 12 时说明负载过高。

也就是说，单核心、1 分钟的系统平均负载不要超过 3 即可。

10.2.2　top 命令

top 命令用于动态查看进程和系统相关属性信息，默认 3 秒刷新一次。

```
[root@xuegod63 ~]# top                                  #top 命令弹出的每行信息含义如下。
```

1．第一行：内容和 uptime 命令的弹出信息一样。

2．第 2、3 行进程和 CPU 的信息，如图 10-8 所示，其相关含义如表 10-2 所示。

```
Tasks: 481 total,   1 running, 480 sleeping,   0 stopped,   0 zombie
%Cpu(s):  0.0 us,  0.0 sy,  0.0 ni,100.0 id,  0.0 wa,  0.0 hi,  0.0 si,  0.0
```

图 10-8 进程和 CPU 的信息

表 10-2 top 命令中的 CPU 的信息

CPU 信息	含 义
Tasks: 481 total	进程总数
1 running	正在运行的进程数
480 sleeping	睡眠的进程数
0 stopped	停止的进程数
0 zombie	僵尸进程数
Cpu(s): 0.0% us	系统用户进程使用 CPU 百分比
0.0% sy	内核中的进程占用 CPU 百分比
0.0% ni	用户进程空间内改变过优先级的进程占用 CPU 百分比
100.0% id	空闲 CPU 百分比
0.0% wa	CPU 等待 I/O 完成的时间总量
0.0% hi（了解）	硬中断，占 CPU 的百分比。硬中断是由硬件产生的，比如，磁盘、网卡、键盘、时钟等。每个设备或设备集都有它自己的 IRQ（中断请求）。基于 IRQ，CPU 可以将相应的请求分发到对应的硬件驱动上（硬件驱动通常是内核中的一个子程序，而不是一个独立的进程） 软中断，占 CPU 的百分比。通常，软中断是一些对 I/O 的请求，这些请求会调用内核中可以调度 I/O 发生的程序。对于某些设备，I/O 请求需要被立即处理，而磁盘 I/O 请求通常可以排队并且可以稍后处理。根据 I/O 模型的不同，进程或许会被挂起直到 I/O 完成，此时内核调度器就会选择另一个进程去运行。I/O 可以在进程之间，产生并且调度过程通常和磁盘 I/O 方式是相同的
0.0% st	虚拟机偷取物理机 CPU 的时间

当有多个 CPU 时，这些内容可能会超过两行。

3．第四、五行：内存信息，如图 10-9 所示，其相关含义如表 10-3 所示。

```
KiB Mem :  2033552 total,  1376636 free,   340392 used,   316524 buff/cache
KiB Swap:  2097148 total,  2097148 free,        0 used.  1518140 avail Mem
```

图 10-9 内存信息

表 10-3 内存信息表

内存信息	含 义
Mem: 2033552 total	物理内存总量
340392 used	使用的物理内存总量
1376636 free	空闲内存总量

（续表）

内存信息	含 义
316524 buff/cache	用作内核缓存的内存量
Swap: 2017148 total	交换区总量
0 used	使用的交换区总量
2097148 free	空闲交换区总量
1518148 avail Mem	可利用内存总量

注意：如果swap分区被使用，那么说明内存已经不够用。

4．第七行：进程信息，如图10-10所示，其相关含义如表10-4所示。

```
PID USER      PR  NI    VIRT    RES    SHR S  %CPU %MEM     TIME+ COMMAND
```

图10-10 进程信息

表10-4 进程信息表

列 名	含 义
PID	进程ID
USER	进程所有者的用户名
PR	进程优先级，由内核动态调整，用户不能调整
NI	进程优先级nice值。负值表示高优先级，正值表示低优先级，用户可以自己调整
VIRT	虚拟内存，是进程正在使用的所有内存（ps命令中标为VSZ）。 VIRT：virtual memory usage，虚拟内存。 （1）进程“需要的”虚拟内存大小，包括进程使用的库、代码、数据等 （2）假如进程申请100MB的内存，但实际只使用了10MB，那么它会增长100MB，而不是实际的使用量
RES	是进程所使用的物理内存，即实际使用内存（ps命令中标为RSS）。 RES：resident memory usage 常驻内存。 （1）进程当前使用的内存大小，但不包括swap out （2）包含其他进程的共享 （3）如果申请100MB的内存，实际使用10MB，它只增长10MB，与VIRT相反 （4）关于库占用内存的情况，它只统计加载的库文件所占的内存大小
SHR	共享内存大小，单位KB。 SHR：shared memory，共享内存。 （1）除了自身进程的共享内存，也包括其他进程的共享内存 （2）虽然进程只使用了几个共享库的函数，但它包含了整个共享库的大小 （3）计算某个进程所占用的物理内存大小公式：RES – SHR （4）swap out后，它将会降下来
S	进程状态，包括以下几种： D=不可中断的睡眠状态 R=运行中或可运行 S=睡眠中 T=已跟踪/已停止 Z=僵停

（续表）

列　名	含　义
%CPU	上次更新到现在进程占用 CPU 时间的百分比
%MEM	进程使用的物理内存百分比
TIME+	进程使用的 CPU 时间总计，单位 1/100 秒
COMMAND	启动该进程的命令名/命令行

Top 命令快捷键如下。

（1）按 s 键：默认 3s 刷新一次，按 s 键修改刷新时间。

（2）按 Space 键：立即刷新。

（3）按 q 键：退出。

（4）按 P 键：按 CPU 使用率降序排序。

（5）按 M 键：按内存排序。

（6）按 T 键：按时间排序。

（7）按 p 键：进程 IP，查看某个进程状态。

（8）按数字 1 键：显示每个内核的 CPU 使用率。

（9）按 u/U 键：指定显示的用户。

（10）按 h 键：帮助。

例 10.5：使用 top 命令动态查看某个或某些进程的信息。

```
[root@xuegod63  ~]# ps -axu | grep vim                    #使用 ps 命令查看进程信息，并过滤 vim 进程。
Warning: bad syntax, perhaps a bogus '-'? See /usr/share/doc/procps-3.2.8/FAQ
root        9667   0.0   0.2 143620   3344 pts/1      S<+    19:15      0:00 vim a.txt
[root@xuegod63  ~]# top -p 9667                           #通过 ps -axu | grep vim 命令得知其他进程的
PID，可以使用 top 命令加-p 选项直接指定其 PID 进行查看。
```

10.2.3　实战：找出系统中使用 CPU 最多的进程

在命令行中运行 top 命令时，如果需要找出使用 CPU 最多的进程，按 P 键，可以按 CPU 使用率来降序显示，如图 10-11 所示。

```
Swap:  1023992k total,        0k used,  1023992k free,   274516k cached

  PID USER      PR  NI  VIRT  RES  SHR S %CPU %MEM    TIME+  COMMAND
 2276 root      20   0  163m  29m 7692 R  5.0  2.6   0:27.98 Xorg
 3107 root      20   0  637m  15m  10m S  2.3  1.4   0:05.12 gnome-terminal
 3363 root      20   0 15088 1308  956 R  0.7  0.1   0:00.09 top
```

图 10-11　按 CPU 使用率来排序显示

在 Linux 系统中的一个进程，最多可以使用 100% CPU，对吗？如图 10-12 所示，可以看到 dirtyc0w 进程使用了 196.8% CPU。如果是 4 核心 CPU 的话，CPU 运行率可以达到 400%。

```
top - 15:13:53 up  3:58,  5 users,  load average: 1.94, 1.03, 0.64
Tasks: 256 total,   3 running, 253 sleeping,   0 stopped,   0 zombie
%Cpu0  :  0.0 us,  1.7 sy,  0.0 ni, 98.3 id,  0.0 wa,  0.0 hi,  0.0 si,  0.0 st
%Cpu1  :  0.0 us,  1.7 sy,  0.0 ni, 98.3 id,  0.0 wa,  0.0 hi,  0.0 si,  0.0 st
%Cpu2  :  0.0 us,100.0 sy,  0.0 ni,  0.0 id,  0.0 wa,  0.0 hi,  0.0 si,  0.0 st
%Cpu3  :  8.2 us, 91.8 sy,  0.0 ni,  0.0 id,  0.0 wa,  0.0 hi,  0.0 si,  0.0 st
KiB Mem :  2040364 total,    70948 free,   787200 used,  1182216 buff/cache
KiB Swap:  1048572 total,  1047728 free,      844 used.   995628 avail Mem

  PID USER      PR  NI    VIRT    RES    SHR S  %CPU %MEM     TIME+ COMMAND
45145 root      20   0   22856    304    304 S 196.8  0.0   7:02.43 dirtyc0w
45297 root      20   0  157816   2328   1552 R   3.2  0.1   0:00.54 top
    9 root      20   0       0      0      0 R   1.6  0.0   0:12.57 rcu_sched
   14 root      20   0       0      0      0 R   1.6  0.0   0:03.46 kworker/1:0
    1 root      20   0  191036   4028   2508 S   0.0  0.2   0:05.42 systemd
```

图 10-12　dirtyc0w 进程的 CPU 使用百分比

10.2.4　lsof 命令

lsof 命令用于查看进程打开的文件，打开文件的进程，进程打开的端口（TCP、UDP）。常用的选项如下。

-i<条件>：列出符合条件的进程。条件包括 4、6、协议、:端口、@ip。

-p<PID>：列出指定 PID 所打开的文件。

例 10.6：lsof 命令示例。

```
[root@xuegod63 ~]# vim a.txt          #使用 vim 打开 a.txt 文件。
```

在另一个终端上执行。

```
[root@xuegod63 ~]# ps -axu | grep a.txt
root     43641  0.8  0.2 151744  5280 pts/3    S+   18:19   0:00 vim a.txt
root     43652  0.0  0.0 112676   996 pts/1    S+   18:19   0:00 grep --color=auto a.txt
[root@xuegod63 ~]# lsof -p 43641      #一般用于查看木马进程在读哪些文件。
[root@xuegod63 ~]# lsof -i :22        #用于查看端口，或查看黑客开启的后门端口是哪个进程在使用。
```

10.2.5　pstree 命令

pstree：（display a tree of processes）以树状图显示进程，直接使用 pstree 命令时只显示进程的名字，且相同进程合并显示。

命令使用格式：pstree　或　pstree　-p。

使用-p 选项可以显示进程 ID 号。

```
[root@xuegod63 ~]# pstree -p
```

10.3　进程前、后台切换及优先级管理

1．Linux 前台进程与后台进程的区别

前台进程：在终端中运行的进程，该终端为进程的控制终端，一旦这个终端关闭，这个进程也随之消失。

后台进程：也叫守护进程（Daemon），是运行在后台的一种特殊进程，不受终端控制，它不需要与终端交互，Linux 的大多数服务器就是用守护进程实现的。比如，Web 服务器

的 httpd 等。

2. 进程的前台与后台运行

跟系统任务相关的几个命令（了解）如表 10-5 所示。

表 10-5 与系统任务相关的命令

命 令	含 义
&	用在一个命令的最后，可以把这个命令放到后台运行
Ctrl + z	将一个正在前台运行的命令放到后台，并且暂停
jobs	查看当前有多少在后台运行的进程，是作业控制命令
fg(foreground process)	将后台中的命令调至前台继续运行，如果后台中有多个命令，可以用 fg %jobnumber 将选中的命令调出，%jobnumber 是通过 jobs 命令查到的后台正在运行的命令的序号（不是 PID）
bg(background process)	将一个在后台暂停的命令，变成继续执行，如果后台中有多个命令，可以用 bg %jobnumber 将选中的命令调出，%jobnumber 通过 jobs 命令查到的后台正在运行的命令的序号（不是 PID）

10.3.1 实战：恢复被挂起的进程（了解）

例 10.7：恢复被挂起的进程。

```
[root@xuegod63 ~]#  vim a.txt                  #用 vim 命令打开文件，然后按 Ctrl+z 组合键挂起。
[1]  +  已停止                  vim a.txt

[root@xuegod63 ~]# ps -axu | grep vim          #查看 vim 进程信息。
root      43710  0.8  0.2 151744   5304 pts/3    T    18:26   0:00 vim a.txt
root      43720  0.0  0.0 112676    984 pts/3    S+   18:26   0:00 grep --color=auto vim
[root@xuegod63 ~]# jobs                        #查看当前有多少在后台运行的进程。
[1]  +  已停止                  vim a.txt

[root@xuegod63 ~]# fg 1                        #将后台挂起的进程恢复到前台运行。
```

10.3.2 关闭进程

关闭进程的 3 个命令：kill、killall、pkill。

kill 命令通过指定 PID 关闭单个进程。

命令使用格式：kill [信号] PID。

killall 和 pkill 命令用于关闭指定程序名的所有相关进程。

命令使用格式：killall 程序名。

命令使用格式：pkill 程序名。

Kill 命令关闭进程是通过信号的方式来控制进程的。

```
[root@xuegod63 ~]# kill -l      #列出所有支持的信号（了解），用的最多的是 9 信号，如图 10-13 所示。
```

常用信号的作用如表 10-6 所示。

```
[root@panda ~]# kill -l
 1) SIGHUP       2) SIGINT       3) SIGQUIT      4) SIGILL       5) SIGTRAP
 6) SIGABRT      7) SIGBUS       8) SIGFPE       9) SIGKILL     10) SIGUSR1
11) SIGSEGV     12) SIGUSR2     13) SIGPIPE     14) SIGALRM     15) SIGTERM
16) SIGSTKFLT   17) SIGCHLD     18) SIGCONT     19) SIGSTOP     20) SIGTSTP
21) SIGTTIN     22) SIGTTOU     23) SIGURG      24) SIGXCPU     25) SIGXFSZ
26) SIGVTALRM   27) SIGPROF     28) SIGWINCH    29) SIGIO       30) SIGPWR
31) SIGSYS      34) SIGRTMIN    35) SIGRTMIN+1  36) SIGRTMIN+2  37) SIGRTMIN+3
38) SIGRTMIN+4  39) SIGRTMIN+5  40) SIGRTMIN+6  41) SIGRTMIN+7  42) SIGRTMIN+8
43) SIGRTMIN+9  44) SIGRTMIN+10 45) SIGRTMIN+11 46) SIGRTMIN+12 47) SIGRTMIN+13
48) SIGRTMIN+14 49) SIGRTMIN+15 50) SIGRTMAX-14 51) SIGRTMAX-13 52) SIGRTMAX-12
53) SIGRTMAX-11 54) SIGRTMAX-10 55) SIGRTMAX-9  56) SIGRTMAX-8  57) SIGRTMAX-7
58) SIGRTMAX-6  59) SIGRTMAX-5  60) SIGRTMAX-4  61) SIGRTMAX-3  62) SIGRTMAX-2
63) SIGRTMAX-1  64) SIGRTMAX
```

图 10-13　kill 信号

表 10-6　kill 常用信号作用

信号编号	信号名	信号作用
1）	SIGHUP	重新加载配置
2）	SIGINT	中断进程按 Ctrl+c 组合键
3）	SIGQUIT	退出
9）	SIGKILL	强制终止
15）	SIGTERM	终止（正常结束），缺省信号
18）	SIGCONT	继续
19）	SIGSTOP	停止
20）	SIGTSTP	挂起进程，按 Ctrl+z 组合键

例 10.8：kill、killall、pkill 关闭进程。

[root@xuegod63 ～]# kill -9 2342　　#指定 PID 关闭进程，前提需要使用 ps aux |grep XXX 得到 PID。
[root@xuegod63 ～]# killall sshd　　#把 sshd 相关的所有进程关闭。
[root@xuegod63 ～]# pkill sshd　　#把 sshd 相关的所有进程关闭。

10.3.3　进程的优先级管理

进程优先级的取值范围为从-20 到 19，取值越小优先级越高。默认情况下，进程的优先级是 0。

命令 1：nice 用来指定进程的运行优先级，在进程启动时指定。

命令使用格式：nice　优先级　进程名。

命令 2：renice 用来改变进程的运行优先级，进程在运行时可改变其优先级。

命令使用格式：renice 优先级　程序名。

例 10.9：指定运行 vim 的优先级为 5。

[root@xuegod63 ～]# nice -n 5 vim a.txt　　#打开 a.txt 并指定运行优先级为 5，输入内容，然后按 Ctrl+z 组合键挂起。
[1]　+　已停止　　nice -n 5 vim a.txt

改变 vim 运行优先级的步骤如下。

（1）通过 ps 命令查看 vim 的 PID。

[root@xuegod63 ～]# ps -aux |grep vim　　#通过 ps 命令查看其 PID，如图 10-14 所示。

```
[root@xuegod72 ~]# ps -aux|grep vim
root     26154  0.0  0.1 151224  4952 pts/1    TN   18:28   0:00 vim a.txt
root     26270  0.0  0.0 112644   956 pts/1    S+   18:30   0:00 grep --color=auto vim
```

图 10-14 ps 命令查看 vim 的 PID

（2）通过 top 命令查看进程的优先级。

```
[root@xuegod63 ~]# top -p 26154              #通过 top 命令查看进程的优先级，如图 10-15 所示。
```

```
[root@xuegod72 ~]# top -p 26154
top - 18:31:27 up 1 day,  5:21,  4 users,  load average: 0.00, 0.01, 0.05
Tasks:   1 total,   0 running,   0 sleeping,   1 stopped,   0 zombie
%Cpu(s):  0.0 us,  0.1 sy,  0.0 ni, 99.9 id,  0.0 wa,  0.0 hi,  0.0 si,  0.0 st
KiB Mem :  2999960 total,   573612 free,   957084 used,  1469264 buff/cache
KiB Swap:  3071996 total,  3071996 free,        0 used.  1763920 avail Mem

  PID USER      PR  NI    VIRT    RES    SHR S  %CPU %MEM     TIME+ COMMAND
26154 root      25   5  151224   4952   2576 T   0.0  0.2   0:00.06 vim
```

图 10-15 查看 26154 进程的优先级

（3）改变正在运行的进程的优先级。

```
[root@xuegod63 ~]# renice -10 26154          #通过 renice 命令更改其进程优先级，如图 10-16 所示。
```

```
[root@xuegod72 ~]# renice -10 26154
26154 (process ID) old priority 5, new priority -10
[root@xuegod72 ~]# top -p 26154
top - 18:34:52 up 1 day,  5:25,  4 users,  load average: 0.00, 0.01, 0.05
Tasks:   1 total,   0 running,   0 sleeping,   1 stopped,   0 zombie
%Cpu(s):  0.0 us,  0.0 sy,  0.0 ni,100.0 id,  0.0 wa,  0.0 hi,  0.0 si,  0.0 st
KiB Mem :  2999960 total,   573736 free,   956960 used,  1469264 buff/cache
KiB Swap:  3071996 total,  3071996 free,        0 used.  1764044 avail Mem

  PID USER      PR  NI    VIRT    RES    SHR S  %CPU %MEM     TIME+ COMMAND
26154 root      10 -10  151224   4952   2576 T   0.0  0.2   0:00.06 vim
```

图 10-16 更改 26154 进程优先级

10.4 实战：使用 screen 执行备份命令

实战场景：公司晚上需要备份 1TB 数据，在 Xshell 上直接执行备份脚本 back.sh 可以吗？或直接运行 back.sh & 放到后台运行可以吗？ 当关了 Xshell 后，back.sh & 还在后台执行吗？

答：Xshell 长时间连接，如果本地网络偶尔断开或 Xshell 不小心关闭，都会让后台运行的备份命令停止运行，正确的做法是使用 srceen 工具。

10.4.1 screen 概述和安装

screen 中有会话的概念，用户可以在一个 screen 会话中创建多个 screen 窗口，在每一个 screen 窗口中，就像操作一个真实的 telnet/SSH 连接窗口那样。

1．安装 screen 程序包

```
[root@xuegod63~]# rpm -ivh /mnt/Packages/screen-4.1.0-0.23.20120314git3c2946.el7_2.x86_64.rpm
```

或者

```
[root@xuegod63 ~]# yum -y install screen
```

2. screen 使用方法

screen 常用方法如下。

(1) 开启一个 screen。

直接在命令行输入 screen 命令并回车。

```
[root@xuegod63 ~]# screen                    #执行 screen 命令。
```

screen 将创建一个执行 Shell 的全屏窗口。可以执行任意 Shell 程序，就像在 ssh 窗口中那样，如图 10-17 所示。

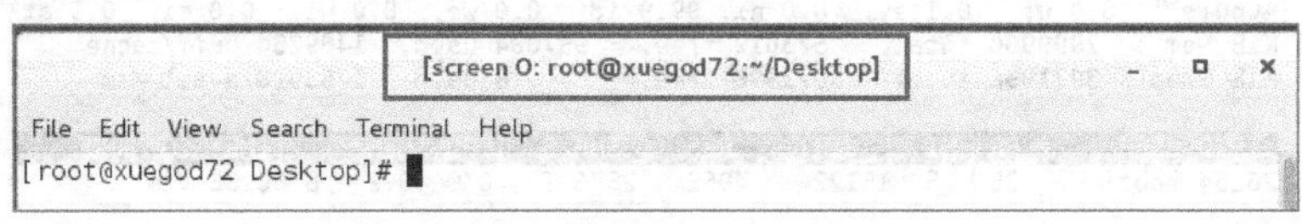

图 10-17　screen 的全屏窗口

如果使用-s 选项，可以指定 screen 会话名，如 screen –s test，新建一个叫 test 的 screen 会话。

(2) 隐藏该 screen，按下 Ctrl+a+b 组合键。

(3) 重新打开隐藏的 screen（只有一个时），使用命令 screen –r。

(4) 列出当前所有 screen 会话，包括 screen 会话 ID 和会话名，使用命令 screen –ls。

(5) 重新打开多个 screen 中的某个隐藏的 screen，使用命令 screen –r screen 会话 ID 1 会话名。

10.4.2　使用 screen 执行备份命令

使用 screen 执行备份命令步骤如下。

```
[root@xuegod63 ~]# screen          #进入 screen 程序。
[root@xuegod63 ~]# vim a.txt       #执行命令，  或执行需要运行的备份命令。
```

此时想离开一段时间，但还想让这个命令继续运行。

```
[root@xuegod63 ~]#                          #在 screen 当前窗口按下 Ctrl+a+d 组合键。
[detached from 44074.pts-3.xuegod63]        #分离出来独立的一个会话。
```

半小时之后，找到该 screen 会话。

```
[root@tivf06 ~]# screen -ls                 #查看已经建立的 screen 会话。
There is a screen on:
        44074.pts-1.tivf06     (Detached)   #screen ID 为 44074。
1 Socket in /tmp/screens/S-root.
```

重新连接会话。

```
[root@xuegod63 ~]# screen -r 44074   #使用-r 选项，并指定要恢复的 screen 会话 ID。
[root@xuegod63 ~]# exit              #不想使用 screen 会话了，在命令行输入 exit 退出。
```

第 11 章

重定向和文件的查找

Linux 下一切皆文件，包括所有的程序和一些设备的访问入口都展示为文件。
Linux 中的文件分为普通文件、目录文件、链接文件和设备文件四种类型。

11.1 文件描述符

文件描述符是内核为了高效管理已被打开的文件所创建的索引，用于指向被打开的文件，所有执行 I/O 操作的系统调用都通过文件描述符；文件描述符是一个简单的非负整数，用以标明每一个被进程所打开的文件，程序刚刚启动的时候，第一个打开的设备文件是 0，第二个是 1，依此类推。也可以理解为是文件的身份 ID。

用户通过操作系统处理信息的过程中，使用的交互设备文件（键盘，鼠标，显示器）如图 11-1 所示。

Number	Channel name	Description	Default connection	Usage
0	stdin	Standard input	Keyboard	read only
1	stdout	Standard output	Terminal	write only
2	stderr	Standard error	Terminal	write only
3+	*filename*	Other files	*none*	read and/or write

图 11-1　交互设备文件

1．标准输入输出说明，如图 11-2 所示

STDIN 标准输入，默认的设备是键盘，文件编号为 0。
STDOUT 标准输出，默认的设备是显示器，文件编号为 1，也可以重定向到文件。
STDERR 标准错误输出，默认的设备是显示器，文件编号为 2，也可以重定向到文件。

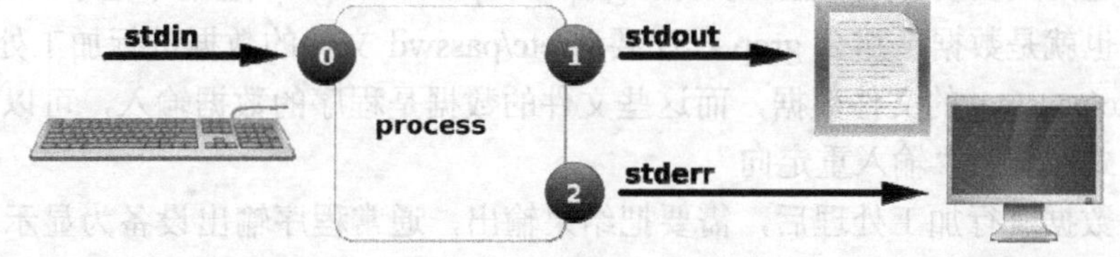

图 11-2　标准输入、输出

2．查看一个进程打开了哪些文件

语法：ll /proc/PID/fd。

例 11.1：查看 vim 进程打开了哪些文件。

```
[root@xuegod63 ~]# vim /etc/passwd              #打开 vim 程序。
[root@xuegod63 ~]# ps -axu | grep passwd        #在另一个终端查看 vim 的 PID。
root      4602  2.1  0.2 151600  5300 pts/2    S+   15:30   0:00 vim /etc/passwd

[root@xuegod63 ~]# ll /proc/4602/fd             #查看 vim 进程打开的文件。
总用量 0
lrwx------ 1 root root 64 5 月  14 15:30 0 -> /dev/pts/2
lrwx------ 1 root root 64 5 月  14 15:30 1 -> /dev/pts/2
lrwx------ 1 root root 64 5 月  14 15:30 2 -> /dev/pts/2
lrwx------ 1 root root 64 5 月  14 15:30 4 -> /etc/.passwd.swp
```

这些 0、1、2、4 就是文件的描述符。一个进程启动时，都会打开 3 个文件：标准输入、标准输出和标准错误输出。这 3 个文件分别对应的文件描述符为 0、1 和 2，也就是宏替换 STDIN_FILENO、STDOUT_FILENO 和 STDERR_FILENO。

```
/proc/PID/fd                                    #fd 目录下，专门存文件描述符。
```

注意：对文件描述符的操作就是对文件本身的操作，可以直接通过操作文件描述符来修改文件。

例 11.2：查看和临时设置一个进程最多可以打开几个文件，也就是说，一个进程可以打开的文件描述符的个数限制。

```
[root@xuegod63 ~]# ulimit -n                    #查看一个进程最多可以同时打开的文件数。
1024
[root@xuegod63 ~]# ulimit -n 2048               #修改一个进程最多可以同时打开的文件数为 2048。
[root@xuegod63 ~]# ulimit -n
2048
```

11.2　重定向的含义及管道、tee 命令的使用

程序是由数据和指令组成的，程序可理解为对数据的加工，就好比计算器，它本身是个程序，在计算器里面输入 1 + 1，程序处理并输出结果 2，这个结果也是个数据。

那么程序在数据加工时，首先需要加载数据或获取数据，程序本身都有默认的获取数据的方式，通常默认设备是键盘。例如，grap /etc/passwd，grep 是命令程序，而/etc/passwd 则是文件，也就是数据，那么 grep 程序要对/etc/passwd 文件的数据进行加工处理时，grep 需要获取/etc/passwd 的文件数据，而这些文件的数据是程序的数据输入，可以把这一种数据输入的方式，称为“输入重定向”。

程序对数据进行加工处理后，需要把结果输出，通常程序输出设备为显示器，如果需要把结果永久存储起来，则需要把结果指向文件存储。这个对程序输出做重新指定的操作，称为“输出重定向”。

11.2.1　输入重定向

输入重定向主要更改程序的数据输入方式。

例 11.3：将命令中接收输入的途径由默认的键盘改为其他文件，而不是等待从键盘输入。

```
[root@xuegod63 mnt]# grep root /etc/passwd
root:x:0:0:root:/root:/bin/bash
operator:x:11:0:operator:/root:/sbin/nologin

[root@xuegod63 mnt]# grep root < /etc/passwd          #将 passwd 文件中的内容，重定向给 grep 命令处理后再输出到屏幕上。
root:x:0:0:root:/root:/bin/bash
operator:x:11:0:operator:/root:/sbin/nologin
```

例 11.4：mysql 中数据导入。

```
[root@xuegod63 ~]# mysql -uroot -p123456 < xuegod.sql     #将 xuegod.sql 导入 mysql 数据库中，这个命令现在不能执行，知道有这种写法就可以。
```

11.2.2　输出重定向

定义：输出重定向是指将命令的正常输出结果保存到指定的文件中，而不是直接显示在显示器的屏幕上。

输出重定向使用"＞""＞＞"操作符号。

语法：

＞文件名，表示将标准输出的内容，写到后面的文件中，如果此文件名已经存在，将会覆盖原文件中的内容，若此文件不存在，则会以此文件名写新建文件。

＞＞文件名，表示将标准输出的内容，以追加形式写到后面的文件中。若此文件不存在，则会以此文件名新建该文件。

例 11.5：查看当前主机的 CPU 的类型并保存到 cpu.txt 文件中（而不是直接显示到屏幕上）。

```
[root@xuegod63 ~]# cat /proc/cpuinfo > cpu.txt       #如果 cpu.txt 中有内容会先清除再写入。
```

例 11.6：将内核的版本信息追加到 cpu.txt 文件中（不清除 cpu.txt 原有的内容）。

```
[root@xuegod63 ~]# uname -a >> cpu.txt
```

例 11.7：清空一个文件。

```
[root@xuegod63 ~]# > cpu.txt
```

11.2.3　EOF 的使用

EOF 本意是 End Of File，表明到了文件末尾。"EOF"通常与"<<"结合使用，"<<EOF"表示后续的输入作为子命令或者子 Shell 的输入，直到命令又遇到"EOF"，再次返回到主调 Shell，可将其理解为分界符（delimiter）。既然是分界符，那么形式自然不是固定的，这里可以将"EOF"进行自定义，但是前后的分界符必须成对出现且不能和 Shell 命令冲突。

例 11.8：以<<EOF 开始，以 EOF 结尾 。

```
[root@bogon ~]# cat > a.txt <<EOF          #以下内容需要手动输入。
> dfsd
> sdfs
> sdf
> dfs
> EOF
[root@bogon ~]# cat a.txt
dfsd
sdfs
sdf
dfs
```

例 11.9：以 ccc 作为分界符。

```
[root@xuegod63 ~]# cat > a.txt << ccc
> eof
> EOF
> ccc
[root@xuegod63 ~]# cat a.txt
eof
EOF
```

例 11.10：在脚本中可以通过输入重定向来打印消息菜单。

在使用的时候需要在“<<”右边跟一对终止符。终止符是可以自定义的。

```
[root@xuegod63 mnt]# vim p.sh               #写入以下内容。
#!/bin/bash

cat <<efo
========================
1.mysql
2.httpd
3.oracle
========================
efo

[root@xuegod63 ~]# chmod +x p.sh
[root@xuegod63 ~]#./p.sh                    #执行脚本查看效果，执行时使用“./”。
========================
1.mysql
2.httpd
3.oracle
========================
```

11.2.4 错误重定向

将命令执行过程中出现的错误信息（选项或参数错误）保存到指定的文件中，而不是直接显示到显示器。

重定向操作符：

输入重定向：1> 或简写为 >。

输出重定向：0> 或简写为 >。

错误重定向：2>。

其中的 2 指的是标准错误输出的文件描述符（在使用标准输入和输出时省略了 1、0 编号）。

在实际应用中，错误重定向可以用来收集执行的错误信息，为排错提供依据。对于 Shell 脚本还可以将无关紧要的错误信息重定向到空文件/dev/null 中，以保持脚本输出的简洁。

例 11.11：将错误显示的内容和正确显示的内容分开。

```
[root@xuegod63 mnt]# ls /etc/passwd xxx
ls: 无法访问 xxx: 没有那个文件或目录
/etc/passwd

[root@xuegod63 mnt]# ls /etc/passwd xxx > a.txt          #>重定向只重定向正确的输出，不重定向错误输出。
ls: 无法访问 xxx: 没有那个文件或目录
[root@xuegod63 mnt]# cat a.txt                           #以上操作仅针对正确的输出重定向，因此没有看到错误重定向内容。
/etc/passwd

[root@xuegod63 mnt]# ls /etc/passwd xxx 2> a.txt         #2>重定向只重定向错误的输出，不重定向正确地输出。
/etc/passwd
[root@xuegod63 mnt]# cat a.txt
ls: 无法访问 xxx: 没有那个文件或目录
```

注意：使用“2>”操作符时，像使用“>”操作符时一样，会覆盖目标文件的内容，若要追加而不覆盖文件的内容可使用“2>>”操作符。

11.2.5　null 黑洞和 zero 空文件

1．可以把/dev/null 文件看作“黑洞”（是个特殊设备），所有写入的内容都会永远丢失，而尝试读取内容则什么也读不到，然而/dev/null 文件对命令行和脚本都非常有用。

```
[root@xuegod63 ～]# echo aaaa > /dev/null        #尝试输出一些内容到/dev/null 当中。
[root@xuegod63 ～]# cat /dev/null                #什么信息也看不到。
```

2．/dev/zero，在类 UNIX 操作系统中是一个特殊的设备文件，读取该文件的时候，它会提供无限的空字符（NULL，ASCII NUL，0x00）。典型用法是用它来产生一个特定大小的空白文件。

例 11.12：使用 dd 命令产生一个 50MB 的文件。

dd 命令：用于转换并复制一个文件。

参数如下。

（1）if 代表输入文件。如果不指定 if，默认就会从 stdin 中读取输入。

（2）of 代表输出文件。如果不指定 of，默认就会将 stdout 作为默认输出。

（3）bs 代表以字节为单位的块大小。

（4）count 代表被复制的块数。

```
[root@xuegod63 mnt]# dd if=/dev/zero of=b.txt bs=1M count=50          #产生一个 50MB 的文件。
50+0 records in
50+0 records out
52428800 bytes (52 MB) copied，0.228653 s，229 MB/s

[root@xuegod63 mnt]# du -sh b.txt          #使用 du 命令查看 d.txt 文件的内容，大小为 50MB。
50MB     b.txt

[root@xuegod63 mnt]# cat b.txt          #使用 cat 命令查看，什么也不显示。
```

例 11.13：对于程序输出的结果，正确的结果内容写入一个文件，错误的结果内容写入另一个文件。

```
[root@xuegod63 mnt]# ls /tmp   xxxx   >ok.txt   2> err.txt
[root@xuegod63 mnt]# cat err.txt
ls: 无法访问 xxxx: 没有那个文件或目录
```

11.2.6 &>和>&符号

&表示等同于的意思。

例 11.14：把正确的程序执行结果重定向到标准错误的结果内，输入一个相同的位置或文件。

1>&2　把标准输出重定向到标准错误，如图 11-3 所示。

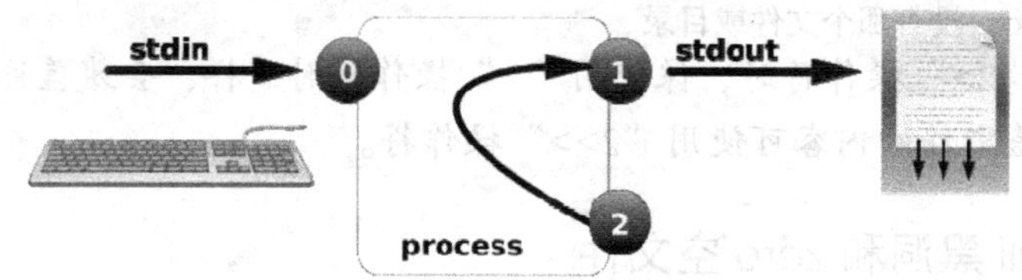

图 11-3　标准输出重定向到标准错误

例 11.15：把错误的程序执行结果重定向到标准输出的程序结果内，输入一个相同的位置或文件。

2>&1　把标准错误重定向到标准输出，如图 11-4 所示。

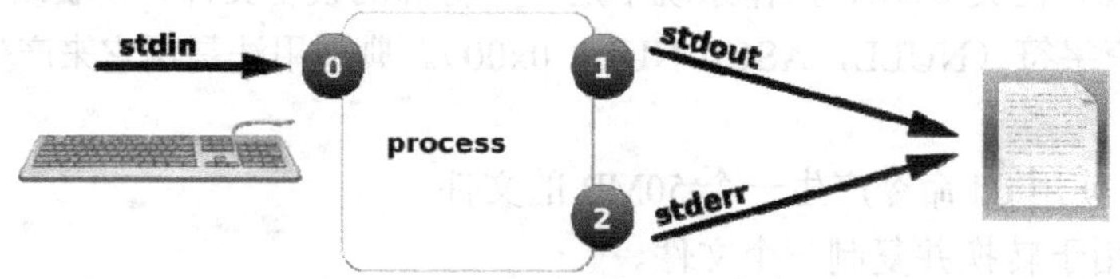

图 11-4　标准错误重定向到标准输出

```
[root@xuegod63 mnt]# ls /tmp xxxx >1.txt 2>&1
```

或

```
[root@xuegod63 mnt]# ls /tmp xxxx 2>2.txt 1>&2
```

例 11.16：在生产环境中的 Shell 脚本中的 >/dev/null 2>&1 是什么意思？

```
[root@xuegod63 ~]# cat /etc/passwd >/dev/null 2>&1
```

注意：将标准输出和错误输出全部重定向到/dev/null 中，也就是将产生的所有信息丢弃。

11.2.7　管道 | 的使用

语法：command-a | command-b | command-c | ......。

使用管道传输数据，如图 11-5 所示。

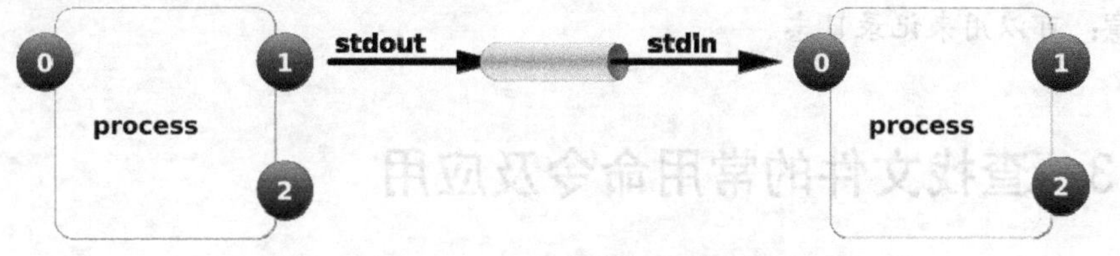

图 11-5　使用管道传输数据

管道命令只处理前一个命令的正确输出，不处理错误输出。

管道右边的命令，必须是能够接收标准输入的数据流的命令。

管道符可以把两条命令连起来，并可以连接多个命令。

管道能够使进程之间完成数据传输，在 A 进程处理完数据后，把输出的结果通过管道传输给 B 进程。A 进程输出的结果为“标准输出”，在 B 进程接收时，则为“标准输入”。因此，管道后面的需要支持接收“标准输入”的数据流。

```
[root@xuegod63 ~]# ps -axu | grep sshd          #首先 ps 命令执行的结果，管道传递给 grep 命令再将结果处理。
root      1089   0.0   0.2 105996   4088 ?       Ss    20:19   0:00 /usr/sbin/sshd -D
root      43262  0.0   0.0 112680    984 pts/1   S+    21:36   0:00 grep --color=auto sshd
```

11.2.8　tee 命令（了解）

功能：读取标准输入的数据，并将其内容输出成文件。

命令使用格式：tee [-a][--help][--version][文件...]。

参数如下。

（1）-a，--append：内容追加到给定的文件而非覆盖。

（2）--help：在线帮助。

tee 命令会从标准输入设备读取数据，将其内容输出到标准输出设备，同时保存成文件，如图 11-6 所示。

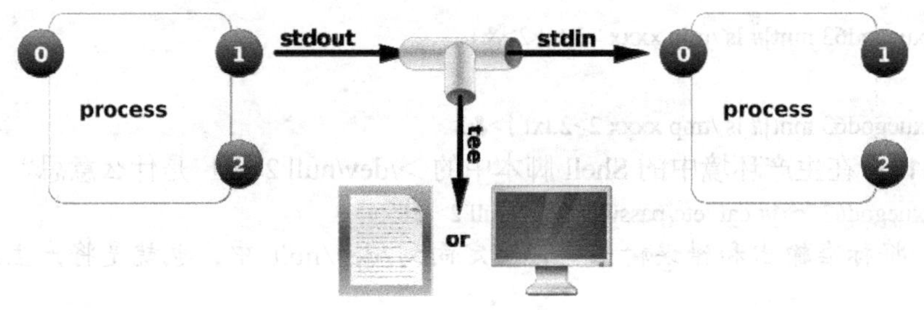

图 11-6　tee 命令

例 11.17：将磁盘使用的信息写入文件。

```
[root@xuegod63  ~]# df -h | tee disk.log              #df 命令所执行的结果通过管道传递给 tee 命令。
```

例 11.18：将文件系统使用的信息追加到文件。

```
[root@xuegod63  ~]# df -h | tee -a disk.log
```

注意：可以用来记录日志。

11.3　查找文件的常用命令及应用

11.3.1　查看文件常用命令

一般，查找文件常用的有以下几个命令。

which：查看可执行文件的位置。

whereis：查看可执行文件及相关文件的位置。

locate：配合数据库缓存，快速查看文件位置。

grep：过滤匹配，它是一个文件搜索工具。

find：查找相关文件。

举例如下。

```
[root@xuegod63  ~]# which cd                 #查看 cd 二进制可执行文件的存放位置。
/usr/bin/cd
[root@xuegod63  ~]# whereis cd               #查看 cd 二进制可执行文件及与 cd 命令相关的其他文件所在位置。
cd: /usr/bin/cd /usr/share/man/man1/cd.1.gz /usr/share/man/man1p/cd.1p.gz
[root@xuegod63  ~]# whereis ls
ls: /usr/bin/ls /usr/share/man/man1/ls.1.gz /usr/share/man/man1p/ls.1p.g
```

11.3.2　locate 命令

locate 命令和 find-name 功能差不多，是另外一种写法，但是这个要比 find 搜索的快，因为 find 命令查找的是具体目录文件，而 locate 搜索的是一个数据库/var/lib/mlocate/mlocate.db，这个数据库中存有本地所有的文件信息。

这个数据库是 Linux 自动创建并且每天自动更新维护的。相关的配置信息在

/etc/updatedb.conf，查看定时任务信息在/etc/cron.daily/mlocate。

命令使用格式：locate [选项] 文件名。

```
[root@xuegod63 mnt]# touch /opt/xuegod.txt          #新建一个文件。
[root@xuegod63 mnt]# locate xuegod.txt              #发现找不到。
[root@xuegod63 mnt]# updatedb        #如果查找当天新建的文件，需要手动更新数据库 updatedb。
[root@xuegod63 mnt]# locate xuegod
```

11.3.3　grep 命令

grep 命令的作用：过滤文本内容，它能够使用正则表达式来搜索文本，并把结果打印出来。

常用选项如下。

-v：取反。

-i：忽略大小写。

^#：以"#"开头。

#$：以"#"结尾。

^$：空行。

-n：对过滤的内容加上行号。

|：或者。

```
[root@xuegod63 ~]# ps -aux | grep sshd | grep -v grep
root        1089   0.0   0.2 105996   4088 ?        Ss    20:19    0:00 /usr/sbin/sshd -D

[root@xuegod63 ~]# grep bash$ /etc/passwd                                #过滤以 bash 为结尾的内容。

[root@xuegod63 ~]# grep  " nologin\|root "  /etc/passwd | wc -l    #过滤 nologin 或 root 的内容，通过
管道把结果传输给 wc 命令统计数量。
36
```

注意："\"是转义符，因为在 Linux 下有些符号含有特殊意义，比如"*"，表示所有，但如果需要用到"*"本身，而不需要用到"*"的特殊含义时，则加上转义符。

```
[root@xuegod63 ~]# egrep  " nologin|root "  /etc/passwd | wc -l   #查看包括 nologin 或 root 的行。
36
```

注意：egrep 命令是 grep 命令的加强版本。

11.3.4　find 命令

find 命令用于查找文件，支持众多查找标准，如根据文件名、权限、类型、时间戳、容量大小等查找文件，并支持正则表达式对文件名匹配，以及支持遍历指定目录中的所有文件以完成查找。

命令使用格式：find 路径名称 [选项]。

参数：路径名 find 命令所查找的目录路径，不输入代表当前目录，用"."或空字符串来表示当前目录，用"/"来表示系统根目录。

find 命令常用选项如下。

-name：按照文件名查找文件。

-perm：按照文件权限来查找文件。

-user：按照文件属主来查找文件。

-group：按照文件所属的组来查找文件。

-mtime　-n / +n：按照文件的更改时间来查找文件。

　　- n：表示文件更改时间距现在 n 天以内。

　　+ n：表示文件更改时间距现在 n 天以前。

-type 查找某一类型的文件，包括以下几种。

b：块设备文件。

d：目录。

c：字符设备文件。

p：管道文件。

l：符号链接文件。

f：普通文件。

-size n：查找符合指定文件大小的文件，n 替换为文件容量大小。

-exec command {}\;：对匹配的文件执行 command 操作，注意{ }和 \；之间有空格，{}代表查到的内容。

-print：将查找到的文件输出到标准输出。

例 11.19：查看当前目录下所有的 txt 格式的文件。

```
[root@xuegod63 mnt]# find . -name “*.txt”          #查找当前目录下所有以.txt 为结尾的文件。
./a.txt
./xuegod.txt
```

按照更改时间或访问时间等查找文件。

如果希望按照更改时间来查找文件，可以使用 mtime、atime 或 ctime 选项。

mtime：文件最后一次修改的时间。

atime：文件最后一次访问的时间。

ctime：文件属性最后一次发生变化的时间。

例 11.20：希望在 root 目录下查找更改时间在 1 天以内的文件。

```
[root@xuegod63 ~]# find /root/ -mtime -1
```

对查找内容执行相应命令。

-exec　　这个选项参数后面可以跟自定义的 Shell 命令，格式如图 11-7 所示。

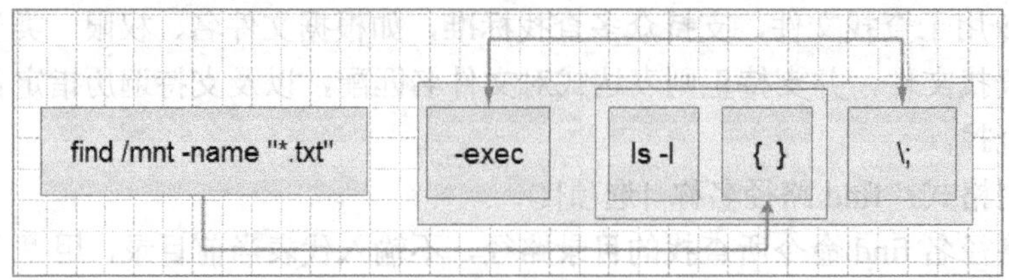

图 11-7　find 命令-exec 选项的格式

其中的 { } 表示把 find 命令搜索结果调至 { } 位置当中，而 { } 前面通常都是 Shell 命令，即相当于，先用 find 命令搜索结果，再使用其他命令处理。

例 11.21：把查找到的文件通过 exec 选项交给 ls 命令处理。

```
[root@xuegod63 mnt]# touch {1,2,3}.back                    #创建 1.back、2.back、3.back 文件。
[root@xuegod63 mnt]# find . -name " *.back " -exec ls -l {} \;    #查找当前目录下所有以.back 为结尾的文件，并通过-exec 选项交给 ls -l 命令处理。
```

例 11.22：把查找到的文件通过-exec 选项交给 mv 命令处理。

```
[root@xuegod63 ~]# find . -name " *.back " -exec mv {} /opt \;    #查找当前目录下所有以.back 为结尾的文件，并通过-exec 选项交给 mv 命令移动到/opt 目录。
[root@xuegod63 ~]# ls /opt/
1.back   2.back   3.back   rh   xuegod.txt
```

例 11.23：把查找到的文件复制到一个指定的目录。

```
[root@xuegod63 mnt]# find /root -name " *.txt " -exec cp {} /opt \;
```

例 11.24：xargs 和 find 命令结合，-i 选项表示从 find 命令传递给 xargs 的结果由{ }来代替。

```
[root@xuegod63 ~]# rm -rf /opt/*
[root@xuegod63 ~]# find . -name " *.txt "  | xargs  -i cp {}  /opt
[root@xuegod63 ~]# ls /opt/
```

例 11.25：查找多个类型文件。

使用 find 命令时，有以下几个比较符可以使用。

-a：并且。

-o：或者。

+：超过。

：低于。

```
[root@xuegod63 ~]# touch a.pdf back.sh
[root@xuegod63 ~]# find . -name " *.sh " -o -name " *.pdf "    #查找当前目录下所有以.sh 为结尾或所有以.pdf 为结尾的文件。
[root@xuegod63 ~]# find /etc -size +20k -a -size -50k | wc -l    #查找/etc 目录下所有容量大小超过 20KB 但低于 50KB 的文件，通过管道交给 wc 命令统计。
22
[root@xuegod63 ~]# find /etc -size +20k  | wc -l    #查找/etc 目录下所有容量大小超过 20KB 的文件。
49
```

例 11.26：按权限查找。

```
[root@xuegod63 ~]# find /bin/ -perm 755          #等于 0755 权限的文件或目录。
[root@xuegod63 ~]# find /bin/ -perm  -644        #-perm -644：不低于 644 权限的文件或目录。
```

例 11.27：查看系统中权限至少为 777 的文件或目录。

创建一些测试文件。

```
[root@xuegod63 ~]# mkdir ccc                     #创建 ccc 目录。
[root@xuegod63 ~]# chmod 777 ccc                 #赋予 777 权限。
[root@xuegod63 ~]# mkdir test                    #创建 test 目录。
```

```
[root@xuegod63 ~]# chmod 1777 test                    #赋予 1777 权限。
 [root@xuegod63 ~]# touch b.sh                        #创建 b.txt 脚本。
[root@xuegod63 ~]# chmod 4777 b.sh                    #赋予 4777 权限。
```

查找文件。

```
[root@xuegod63 ~]# find /root/ -perm 777              #查找/root 目录下权限为 777 的文件。
[root@xuegod63 ~]# find /root/ -perm 1777             #查找/root 目录下权限为 1777 的文件。
[root@xuegod63 ~]# find /root/ -perm 4777             #查找/root 目录下权限为 4777 的文件。
```

例 11.28：把系统中权限不低于 777 的危险文件或目录查找出来。

```
[root@xuegod63 ~]# find /root/ -perm -777             #查找/root 目录下权限不低于 777 的文件或目录。
```

例 11.29：把系统中权限不低于 777 的危险文件查找出来。

```
[root@xuegod63 ~]# find / -type f -perm   -777        #查找/root 目录下权限不低于 777 的文件。
```

例 11.30：查找的目录深度。

```
-maxdepth 1              #只查找目录第一层的文件和目录。
如：查找/bin 目录下权限等于 755 的可执行文件。
[root@xuegod63 ~]# find /bin/ -maxdepth 1 -perm 755        #/bin 后面要有/。
[root@xuegod63 ~]# find /bin -maxdepth 1 -perm 755         #这个命令无法满足需求。
```

例 11.31：查找系统中所有属于 mk 用户的文件，并把这些文件放到/root/findresults 目录下。

注意：/root/findresults 这个需要提前创建好。

```
[root@xuegod63 ~]# mkdir /root/findresults

[root@xuegod63 ~]# find / -user mk -exec cp -a {} /root/findresults/ \;
```

参数-a：复制时，保留原来文件的所有属性。

报错。

```
find: '/proc/43475/task/43475/fd/6': 没有那个文件或目录。
find: '/proc/43475/task/43475/fdinfo/6': 没有那个文件或目录。
find: '/proc/43475/fd/6': 没有那个文件或目录。
find: '/proc/43475/fdinfo/6': 没有那个文件或目录。
cp: 无法以目录"/home/mk"来覆盖目录"/root/findresults/mk"
```

问：同一个目录下，可以创建 mk 文件和 mk 目录吗？同一个目录下创建的文件名和目录名可以一样吗？

答：不可以。

解决方法如下。

```
[root@xuegod63 ~]# find / -user mk                    #查找根目录下属主为 mk 用户的文件。
[root@xuegod63 ~]# ll /var/spool/mail/mk              #查看这个文件。
-rw-rw----. 1 mk   mail 0 2 月    5 2018 mk

[root@xuegod63 ~]# ll /home/mk
drwx------. 14 mk   mk      4096 2 月     5 2018 mk
```

发现/var/spool/mail/mk 和/home/mk 的名字是一样的。而两者都要复制到/root/findresults/下，先复制了/var/spool/mail/mk，/home/mk 就不能复制了。

把/var/spool/mail/mk 文件重命名为 /var/spool/mail/mk.mail。

```
[root@xuegod63 ~]# mv /var/spool/mail/mk   /var/spool/mail/mk.mail
```

删除/root/findresults/下所有文件。

```
[root@xuegod63 ~]# rm -rf /root/findresults/*
```

查看以 mk 用户为属主的文件，并复制到/root/findresults/目录下。

```
[root@xuegod63 ~]# find / -user mk -exec cp -a {} /root/findresults/   \;

[root@xuegod63 ~]# mv /var/spool/mail/mk.mail   /var/spool/mail/mk   #再修改过来。
```

11.4　命令判断——3 个特殊符号“;”“&&”“||”

用“;”连接命令，不保证命令全部执行成功，即使前者执行失败，后者仍然执行。

例 11.32：“;”的使用。

```
[root@xuegod63 mnt]# sync ; shutdown -F    #sync 命令，将内存中的数据同步到磁盘，执行完成 sync
命令（不管是否执行）即执行 shutdown -F 命令。
```

用“&&”（逻辑与）连接命令，只有在前面的命令执行成功后，后面的命令才能执行。

例 11.33：如果/opt 目录存在，则在/opt 下面新建一个文件 a.txt。

```
[root@xuegod63 ~]# cd /opt/ && touch /opt/a.txt && ls
```

例 11.34：源码编译经典使用方法。

```
[root@xuegod63 ~]# ./configure   &&   make -j 4 &&   make install    #现在没有源码包，所以此命令
不能执行成功。
```

用“||”（逻辑或）连接命令，如果前面的命令执行成功，后面的命令就不能执行了；如果前面的命令执行不成功，才会执行后面的命令，两者（多者）中如果有一条能够正常执行，其他的则不执行。

例 11.35：逻辑或使用示例。

```
[root@xuegod63 etc]# ls xxx || cd /mnt              #ls xxx 执行失败，则执行 cd /mnt。
ls: 无法访问 xxx: 没有那个文件或目录
[root@xuegod63 mnt]# pwd
/mnt
[root@xuegod63 mnt]# ls /etc/passwd || cd /etc       # ls /etc/passwd 执行成功，则不执行 cd /etc。
/etc/passwd
```

“&&”和“||”总结，如表 11-1 所示。

表 11-1　总结&&、||使用说明

命令情况	说　明
命令 1 && 命令 2	如果命令 1 执行，且执行正确($? = 0)，然后执行命令 2 如果命令 1 执行完成，但是执行错误（$? ≠0），那么后面的命令是不会执行的
命令 1 || 命令 2	如果命令 1 执行，且执行正确($? = 0)，那么命令 2 不执行 如果命令 1 执行，但执行错误($? ≠ 0)，那么命令 2 执行

运算顺序：Linux 执行命令，是从左到右一个一个执行的。

例 11.36：“||”和“&&”同时使用。

```
[root@xuegod63 ~]# cd /opt/back || mkdir /opt/back && touch /opt/back/back.tar && ls /opt/back
```

#当 cd /opt/back 执行成功，则停止执行后面的命令，如果执行失败，则执行 mkdir /opt/back && touch /opt/back/back.tar && ls /opt/back，在用“&&”连接的 3 个命令中，从左到右，如果当中有一个命令执行失败，则不再往后执行，执行成功的命令将生效。

第 12 章

磁盘介绍及管理

12.1 常见接口类型磁盘讲解

常见磁盘类型有以下几种。

（1）SAS 接口类型磁盘。

（2）SATA 接口类型磁盘。

（3）SSD 接口类型磁盘。

（4）SCSI 接口类型磁盘。

（5）IDE 接口类型磁盘。

12.1.1 SAS 磁盘

SAS（Serial Attached SCSI），串行连接小型计算机系统接口，是新一代的 SCSI 技术，和现在流行的 Serial ATA（SATA）磁盘相同，都采用串行技术以获得更高的传输速度，通过缩短连接线以改善内部空间，SAS 接口可以向下兼容 SATA 接口，如图 12-1 和 12-2 所示。

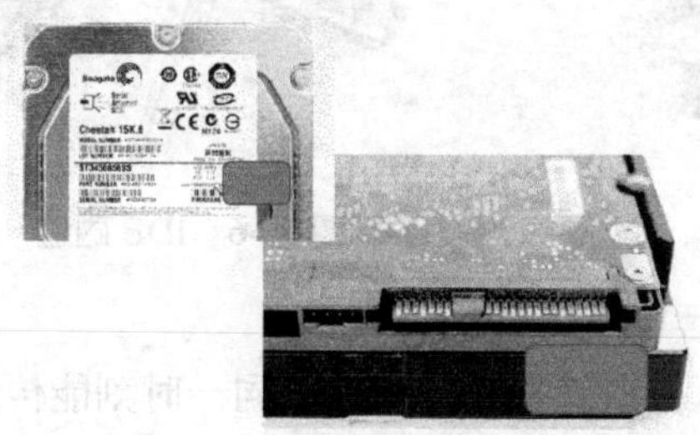

图 12-1 SAS 接口

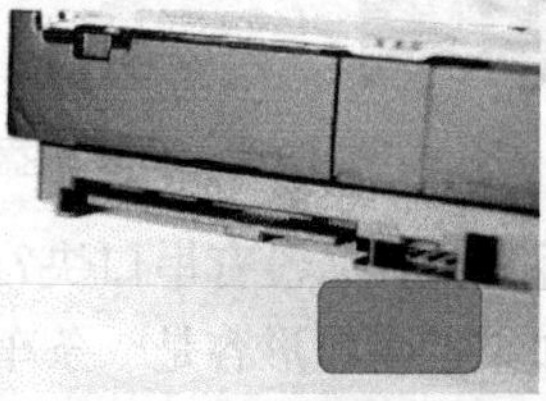

图 12-2 SAS 接口背面

SAS 接口和 SATA 接口对比，如图 12-3 所示。

SAS 磁盘线，如图 12-4 所示。

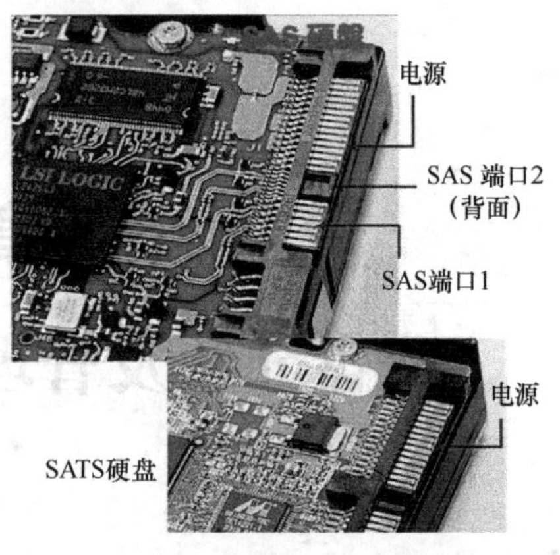

图 12-3 SAS 和和 SATA 接口对比

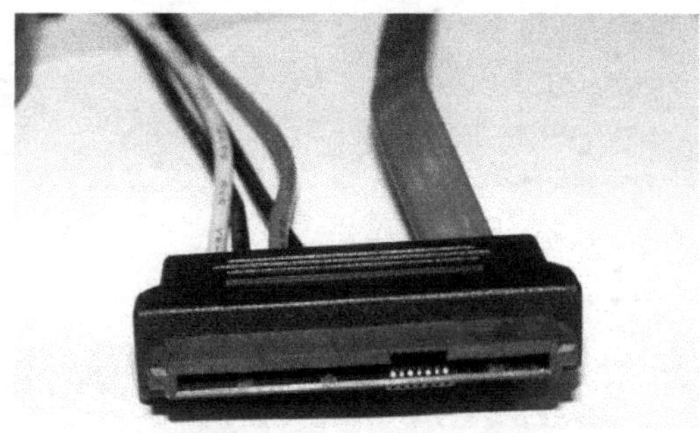

图 12-4 SAS 磁盘线

12.1.2 磁盘尺寸

磁盘尺寸通常分为 3.5 英寸、2.5 英寸两种，此前主流的桌面磁盘和服务器磁盘都是采用 3.5 英寸设计的，而 SAS 磁盘除了有传统的 3.5 英寸规格之外，还有 2.5 英寸的缩小版。

这样可以在机架式服务器有限的空间内安装更多的磁盘以扩充存储系统的容量，也能够为其他配件腾出更大的空间，以便通风散热。在 2U 高度内使用 8 个 2.5 英寸的 SAS 磁盘位已经成为大多数服务器厂商的选择。

注意：U 是一种表示服务器外部尺寸的单位（计量单位：高度或厚度），是 Unit 的缩略语，详细的尺寸由美国电子工业协会（EIA）所决定，单位换算为 1U=4.445 厘米。

已经被淘汰的 SCSI 磁盘和 IDE 磁盘，如图 12-5、12-6、12-7 所示。

图 12-5 SCSI 磁盘

图 12-6 IDE 磁盘

问：并口为什么没有串口快？

答：如果把串口形容是一条车道，那么并口就有 8 条车道，同一时刻能传送 8 位（即一个字节）数据。但并不是并口快，由于 8 个通道之间有互相干扰，传输速度就受到了限制。当传输出错时，要同时重新传 8 位的数据，而且传输速度越快，干扰越严重。设计上受限导致速度无法提升。串口没有干扰，传输出错后重发一位就可以了。而且串口传输的时钟频率要比并口高。

1965 年，一台容量为 5MB 的 IBM 磁盘被装上飞机，重量超过一吨，如图 12-8 所示。

图 12-7 IDE 磁盘接口线

图 12-8 1965 年的磁盘

当下流行的磁盘常见品牌：希捷（SEAGATE）、西部数据（WD）、日立、HP、戴尔（DELL）、EMC、IBM 等。

12.1.3 磁盘种类

1. 按工作原理分类

（1）固态磁盘：用固态电子存储芯片阵列制成的磁盘，由控制单元和存储单元（FLASH 芯片、DRAM 芯片）组成。相对机械磁盘而言价格比较贵，使用的寿命比较长，读取的速度也比较快。

（2）机械磁盘：怕摔，特别在磁盘运转的过程中如果遇到磕碰特别容易受损，同时怕磁性（通常换下来的坏磁盘会做消磁处理），读取速度比较慢，存在磁道寻址时间。

2. 按磁盘接口类型应用服务器分类

（1）STAT 磁盘：通常在低端服务器使用。

（2）SAS 磁盘、SCSI 磁盘：通常在中高端服务器使用。

对 Linux 而言，在内核中，不同的接口对应有不同的命名方式，如表 12-1 所示。

表 12-1 Linux 内核识别接口对应命名

操作系统	IDE	STAT | SCSI	SAS
RHEL6	/dev/hda	/dev/sda	/dev/sda
RHEL7	/dev/sda	/dev/sda	/dev/sda
KVM	/dev/vda		

12.1.4 常见磁盘及存储设备介绍

1. 企业中常见的品牌磁盘

（1）戴尔服务器磁盘，参数如下。

接口类型：SAS 6Gbp/S。

容量大小：300GB。

尺寸大小：3.5 英寸。

缓存容量：128MB。

支持热插拔。

（2）希捷 ES.3 系列磁盘，参数如下。

接口类型：SAS 6Gbp/S，企业级磁盘。

容量大小：2TB。

尺寸大小：3.5 英寸。

缓存容量：128MB。

SAS 磁盘容量通常都为：300GB、600GB。

（3）西部数据 SATA 磁盘。

西部数据黑盘 2TB SATA6Gb/s 64MB 常用于台式机磁盘。

西部数据红盘 2TB SATA6Gb/s 64MB 常用于台式机磁盘。

西部数据紫盘 2TB SATA6Gb/s 64MB 常用于监控磁盘。

西部数据绿盘 6TB SATA6Gb/s 64MB 常用于台式机磁盘，如图 12-9 所示。

图 12-9 西部数据磁盘（绿盘）

西部数据蓝盘 2TB SATA6Gb/s 64MB 常用于台式机磁盘，如图 12-10 所示。

西部数据金盘 2TB 7200 转 128MB 企业级磁盘（WD2005FBYZ）。

（4）大容量磁盘：昱科/HGST Ultrastar He10 10T 企业级服务器磁盘阵列磁盘 10TB，如图 12-11 所示。

图 12-10 西部数据磁盘（蓝盘）

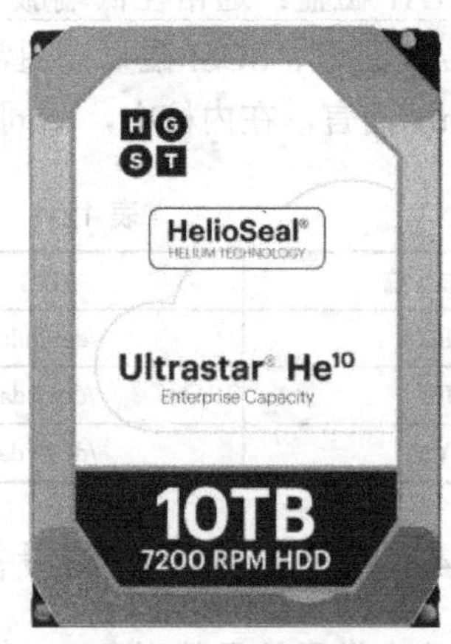

图 12-11 昱科磁盘

查看存储系统上的磁盘，如图 12-12 所示。

注意：ST 是希捷品牌。WD 是西部数据品牌。

（5）游戏服务器上的固态磁盘：通常存储的数据量比较少，但要求读取数据延迟低，随机读写能力强，如图 12-13 所示。

已安装磁盘总数：24

插槽	类型	型号	修订版	大小	速度	状态	错误
0	SAS HDD	ST6000NM0105	DE43	5.46 TB	7200 RPM	联机	
1	SAS HDD	ST6000NM0105	DE43	5.46 TB	7200 RPM	联机	
2	SAS HDD	ST6000NM0105	DE43	5.46 TB	7200 RPM	联机	
3	SAS HDD	ST6000NM0105	DE43	5.46 TB	7200 RPM	联机	
4	SAS HDD	ST6000NM0105	DE43	5.46 TB	7200 RPM	联机	
5	SAS HDD	ST6000NM0105	DE43	5.46 TB	7200 RPM	联机	
6	SAS HDD	ST6000NM0105	DE43	5.46 TB	7200 RPM	联机	
7	SAS HDD	ST6000NM0105	DE43	5.46 TB	7200 RPM	联机	
8	SAS HDD	ST6000NM0105	DE43	5.46 TB	7200 RPM	联机	
9	SAS HDD	ST6000NM0105	DE43	5.46 TB	7200 RPM	联机	
10	SAS HDD	ST6000NM0105	DE43	5.46 TB	7200 RPM	联机	
11	SAS HDD	ST6000NM0105	DE43	5.46 TB	7200 RPM	联机	
12	SAS HDD	ST6000NM0105	DE43	5.46 TB	7200 RPM	联机	

图 12-12　存储系统上的磁盘

2. SAS 接口的 SSD 磁盘

联想（Lenovo）IBM 存储 V3500/V3700 系列，参数为：2.5 英寸，容量 200GB，SAS 接口，SSD 固态磁盘。

戴尔 S3610 系列，参数为：容量 400GB，SAS 接口，2.5 英寸，SSD 固态磁盘，服务器磁盘。

图 12-13　Intel 固态磁盘

3. 假 SAS 接口磁盘

假 SAS 接口磁盘相当于 SATA 类型的盘身加上 SAS 类型的接口（支持热插拔）。

假 SAS 接口磁盘优点：磁盘存储容量比较大，而售价便宜，因此比较符合市场需求，读写速度相比 SAS 磁盘要慢一些。

提速方法：把多个假的 SAS 接口磁盘做成 RAID5 或 RAID10，或做成分布式存储，比如，MFS、HDFS、GFS、swift、ceph 等。

4. 存储设备

2U 存储设备和 4U 存储设备如图 12-14、图 12-15 所示。

图 12-14　2U 存储设备

图 12-15　4U 存储设备

5. 磁盘阵列柜

机柜摆放机器时，存储设备会放到机柜的下面，通常存储设备比较重，放在机柜下面比较稳定，更换磁盘时也比较方便，机柜不容易倒，布线也比较容易，如图 12-16 所示。

知识扩展：最贵的 SSD 磁盘是英特尔（Intel）DC P3608 1/2 PCIe NVMe3.0x8 MLC 固态磁盘，如图 12-17 所示为 P3608 PCI-E 4TB。

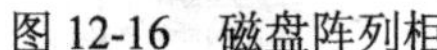

图 12-16　磁盘阵列柜

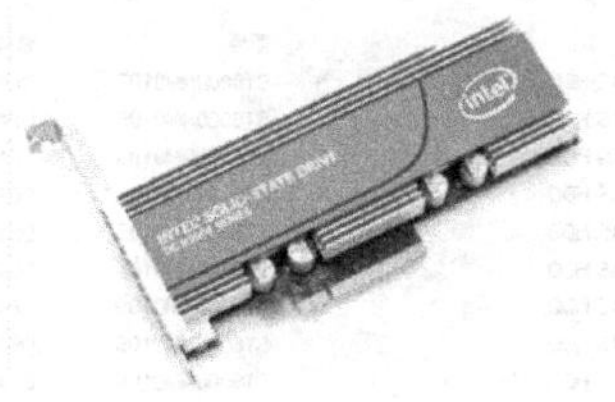

图 12-17　英特尔（Intel）DC P3608 固态磁盘

总结：对于机械式磁盘，SATA3 和 SATA2 接口标准，速度上没有太明显的提升，但是对于固态磁盘，SATA3 接口比 SATA2 接口快很多，类似于 USB3.0 比 USB2.0 快很多一样。

12.2　磁盘分区工具和挂载

12.2.1　磁盘分区认识

MBR（Master Boot Record），磁盘的主引导记录。

磁盘的 0 柱面、0 磁道、0 扇区称为主引导扇区，也叫 MBR。MBR 由三个部分组成：主引导程序、磁盘分区表 DPT（Disk Partition table）和分区有效标志（55AA）。总共 512 字节的 MBR 里，主引导程序占 446 个字节，DPT 占 64 个字节。磁盘中有多少分区，以及每一分区的大小都记录在其中。分区有效标志占 2 个字节，固定为 55AA，主要用于标记 MBR 是否有效。

分区是按柱面进行划分的，因为存储一个文件时为了加速存储，也是按照柱面来进行存储的。在存储文件时，会把文件划分为多个部分，存储在每个盘面上。由于所有盘片固定在同一根轴上，每个盘片的旋转速度、次序、方向也是同样的，而且多个读写磁头也是固定在一个机械臂上的。所以，它们都是同步运转的，在存储数据时，磁头肯定处于对应盘片上的相同位置，所以存储数据是按柱面存储的，划分分区也是按柱面划分的。

（1）分区编号：主分区为 1～4，逻辑分区从第 5 以上开始分配。

（2）Linux 规定：逻辑分区必须建立在扩展分区上，而不是建立在主分区上。

（3）扩展分区：在 MBR 中只有 64 字节用于记录分区信息，每个存储分区需要 16 字节，所以最多只能创建 4 个主分区，但是可以把其中的 16 字节单独划分出来，不用于存放分区信息，而用于存放指针，指向磁盘另外一个更大空间的位置，在这个更大的空间中，可以存储更多的分区信息。这个创建指针的分区，称为“扩展分区”。

在一个磁盘上最多可以分为 4 个主分区，或 3 个主分区和 1 个扩展分区，扩展分区只能有一个。

如果使用的是 GPT 分区方式，那么主分区个数没有限制。

12.2.2　各种分区的作用

主分区：主要是用来启动操作系统的，它主要放的是操作系统的启动或引导程序，/boot 分区最好存放在主分区上。

扩展分区是不能直接存放数据的，它只作为逻辑分区的容器存在，真正存放数据的是主分区和逻辑分区，大量数据都放在逻辑分区中。

注意：使用分区工具 fdisk 对磁盘进行操作，分区，格式化（重点）。

Linux 下的分区名，如图 12-18 所示。

命名方式：/dev/sd[a-z]n，如图 12-19 所示。

```
[root@panda ~]# ls /dev/sda*
/dev/sda  /dev/sda1  /dev/sda2
```

图 12-18　Linux 下的分区名

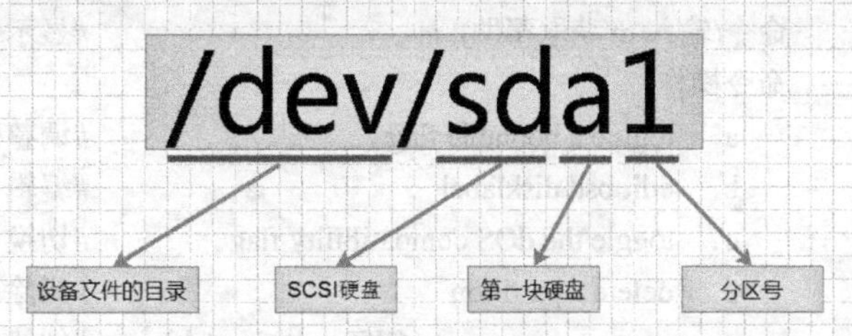

图 12-19　设备命名分解

其中，a-z 表示设备的序号，如 sda 表示第 1 块 SCSI 磁盘，sdb 就是第 2 块，以此类推。n 表示每块磁盘上划分的磁盘分区编号。

12.2.3　使用 fdisk 命令管理磁盘分区

fdisk 命令是用来磁盘分区的，它是 Linux 发行版本中最常用的分区工具。

命令使用格式：fdisk [选项] 设备名。

常用选项：-l，查看磁盘分区表。

例 12.1：给 sdb 这块磁盘划分出一个 100MB 的分区。

1．在虚拟机上添加一块磁盘，具体操作如图 12-20 所示

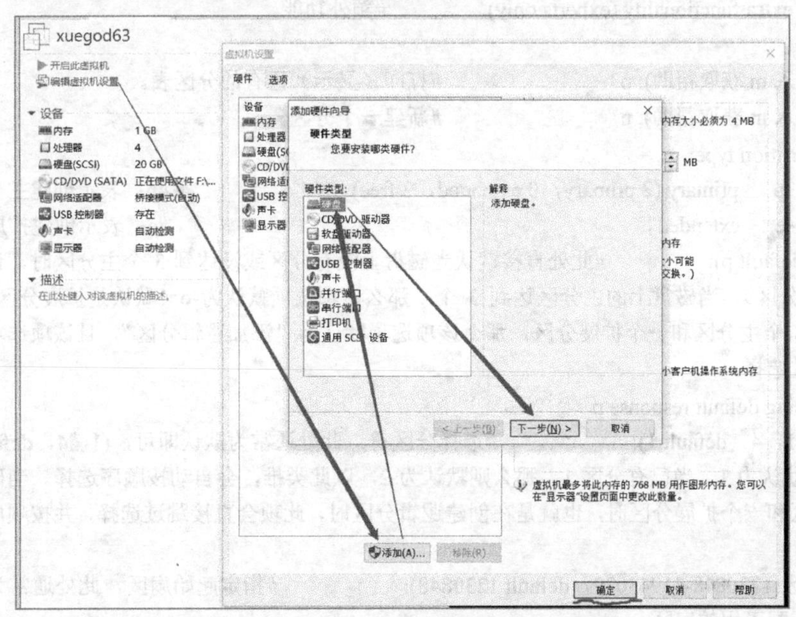

图 12-20　虚拟机添加磁盘

2. 给磁盘划分分区

```
[root@xuegod63 ~]# fdisk /dev/sdb                #把添加的 sdb 磁盘进行分区操作。
欢迎使用 fdisk (util-linux 2.23.2)。

更改将停留在内存中，直到您决定将更改写入磁盘。
使用写入命令前请三思。
命令(输入 m 获取帮助): m                          #显示使用帮助。
命令操作
   a   toggle a bootable flag                      #调整磁盘的启动分区。
   b   edit bsd disklabel                          #编辑 BSD 磁盘标签。
   c   toggle the dOS compatibility flag           #切换 DOS 兼容性标志。
   d   delete a partition                          #删除已划分的分区。
   g   create a new empty GPT partition table      #创建一个新的空 GPT 分区表。
   G   create an IRIX (SGI) partition table        #创建一个 IRIX（SGI）分区表。
   l   list known partition types                  #显示分区类型。
   m   print this menu                             #打印帮助菜单。
   n   add a new partition                         #添加新的分区。
   o   create a new empty DOS partition table      #创建一个新的空 DOS 分区表。
   p   print the partition table                   #显示分区表。
   q   quit without saving changes                 #不保存，退出。
   s   create a new empty Sun disklabel            #创建一个新的空 Sun 标签。
   t   change a partition's system id              #改变分区类型。
   u   change display/entry units                  #更改显示/输入单元。
   v   verify the partition table                  #验证分区表。
   w   write table to disk and exit                #写分区表信息到磁盘，保存操作并退出。
   x   extra functionality (experts only)          #额外功能。

命令(输入 m 获取帮助): p                  #打印（显示）已有的分区表。
命令(输入 m 获取帮助): n                  #新建一个分区。
  Partition type:
     p   primary (2 primary，0 extended，2 free)          #p：表示创建主分区。
     e   extended                                        #e：表示创建扩展分区。
```

Select (default p):　　#此处直接默认当磁盘上没有分区或没达到 3 个主分区时，该选项默认为 p（默认是主分区），当磁盘上的主分区达到 3 个，那么该项选项默认为 e（默认是扩展分区）。如果磁盘上已创建了 3 个主分区和一个扩展分区，那么该项选项默认为“添加逻辑分区”，且该项选项和分区符选项都直接跳过选择。

Using default response p

分区号(1，4，default 1):　　#选择分区符，此处通常为默认即可，(1，4，default 1)表示可选为 1～4，默认为 1，当已有分区 1，那么则默认为 2，以此类推，会自动按顺序选择。当磁盘上已创建了 3 个主分区和一个扩展分区时，也就是在创建逻辑分区时，此项会直接跳过选择，并按顺序设置默认分区号。

起始扇区(1230848-41943039，default 1230848):　　#指定起始扇区，此处通常为默认即可，系统会自动匹配可用的扇区。

将使用默认值 1230848

Last 扇区，+扇区 or +size{K，M，G} (1230848-41943039，default 41943039): +1G　#指定分区，使用+号指定，单位可指定为 K、M、G，此处实例以+1G 为例，指定分区大小容量为 1GB，默认情况是将磁盘上所有空余空间全部分配。

分区 3 已设置为 Linux 类型，大小设为 1GiB

Command (m for help): w　　　　　　　　　　#保存并退出。

[root@xuegod63 ～]# ls /dev/sdb*　　　　　　　　#查看分区后的分区设备为/dev/sdb1。

/dev/sdb　/dev/sdb1

3．对已经在使用的磁盘进行分区，并让新生成的分区生效。对 sda 磁盘进行分区，再分一个 sda4 主分区

```
[root@xuegod63 ～]# fdisk /dev/sda              #对 sda 磁盘进入分区操作。
命令(输入 m 获取帮助)：p                         #打印分区信息。
磁盘标识符：0x0005c80e

   设备 Boot      Start         End      Blocks   Id  System
/dev/sda1   *        2048      411647      204800   83  Linux
/dev/sda2          411648     2508799     1048576   82  Linux swap / Solaris
/dev/sda3         2508800    23480319    10485760   83  Linux

命令(输入 m 获取帮助)：n                         #创建新分区。
Partition type:
   p   primary (3 primary，0 extended，1 free)
   e   extended
Select (default e): p                           #由于磁盘中已有 3 个主分区，此选项默认为扩展分区，需要创建主分区时，则需要手动指定。
已选择分区 4

起始 扇区 (23480320-41943039，默认为 23480320)：          #选项起始扇区，使用默认起始扇区即可。
将使用默认值 23480320
Last 扇区，+扇区 or +size{K，M，G} (23480320-41943039，默认为 41943039)：+1G #指定分区大小。
分区 4 已设置为 Linux 类型，大小设为 1 GiB

命令(输入 m 获取帮助)：w                         #保存并退出。
The partition table has been altered!

Calling ioctl() to re-read partition table.

WARNING: Re-reading the partition table failed with error 16: 设备或资源忙.
The kernel still uses the old table. The new table will be used at
the next reboot or after you run partprobe(8) or kpartx(8)
```

```
使新生成的分区生效
[root@xuegod63 ~]#reboot                     #重启使新分区生效（推荐此方法）。
或
[root@xuegod63 ~]# partx -a /dev/sda          #获得新分区表（需要多执行两次，建议在不能重启主机的情况下使用）。
partx: /dev/sda: error adding partitions 1-4

使用 sdb1 新分区
新分的分区在使用之前，需要对分区进行格式化之后才能够使用。
命令：mkfs。
作用：用于对分区进行格式化。
命令使用格式：mkfs.文件系统格式 [选项] 分区名。
  或：mkfs -t 文件系统格式 分区名，#使用-t 选项指定文件系统格式。
例：mkfs.xfs /dev/sdb1
      mkfs -t xfs /dev/sdb1

[root@xuegod63 ~]# mkfs.xfs /dev/sdb1         #格式化为 XFS 格式，-f 选项对已经存在文件系统的分区强制格式化。
[root@xuegod63 ~]# mkdir /sdb1                #创建挂载点。
[root@xuegod63 ~]# mount /dev/sdb1 /sdb1/     #挂载 sdb1 分区到/sdb1 目录下。
[root@xuegod63 ~]# df -h                      #查看文件系统 2。
文件系统        容量   已用    可用   已用%  挂载点
/dev/sda3        10G   4.3G   5.8G    43%   /
devtmpfs        982M     0    982M     0%   /dev
tmpfs           997M     0    997M     0%   /dev/shm
tmpfs           997M   9.0M   988M     1%   /run
tmpfs           997M     0    997M     0%   /sys/fs/cgroup
/dev/sr0        4.3G   4.3G     0    100%   /mnt
/dev/sda1       197M   172M    25M    88%   /boot
tmpfs           200M    24K   200M     1%   /run/user/0
/dev/sdb1      1014M    33M   982M     4%   /sdb1

[root@xuegod63 ~]# cd /sdb1/                  #切换工作目录至/sdb1 目录下。
[root@xuegod63 sdb1]# ls
[root@xuegod63 sdb1]# cp /etc/passwd ./       #复制 passwd 文件到当前目录下。
```

4．解决卸载不了的问题

原因：由于某个进程占用当前的挂载点目录，一般是因为当前的工作目录处在挂载点目录，则会出现无法卸载的情况。

```
root@xuegod63 ~]# cd /sdb1/                   #切换到/sdb1 目录。
[root@xuegod63 sdb1]# umount /sdb1            #卸载，提示无法卸载。
umount: /sdb1：目标忙。

[root@xuegod63 sdb1]# cd                      #离开当前所处挂载点的工作目录。
```

```
[root@xuegod63 ～]# umount /dev/sdb1
```

umount 命令使用说明（umount 卸载时有两种方式）。
命令使用格式：umount 挂载点，卸载挂载点。
或
umount 设备路径，卸载设备，需要指定设备绝对路径。

5. 写入配置文件，实现开机自动挂载

```
[root@xuegod63 /]# vim /etc/fstab          #在配置文件最后写入挂载信息，如图 12-21 所示。
/dev/sdb1      /sdb1      xfs      defaults      0   0
```

```
# Accessible filesystems, by reference, are maintained under '/dev/disk'
# See man pages fstab(5), findfs(8), mount(8) and/or blkid(8) for more info
#
UUID=1f7f435e-7480-4a62-8f98-808fbf2d389c /                       xfs     defaults        0 0
UUID=66f9258a-3508-4b19-89b0-aef32f608604 /boot                   xfs     defaults        0 0
UUID=c5f23f48-28fc-4e14-8c4a-fdd453832c76 swap                    swap    defaults        0 0
/dev/sr0        /mnt/cd         iso9660         defaults        0 0
/dev/sdb1       /sdb1           xfs             defaults        0 0
```

图 12-21　开机自动挂载配置文件

开机自动挂载内容含义，如表 12-2 所示。

表 12-2　开机自动挂载内容含义

/dev/sdb1	/sdb1	xfs	defaults	0	0
要挂载的分区设备	挂载点	文件系统类型	挂载选项	是否备份	是否检测

```
[root@xuegod63 ～]# mount -a              #自动挂载/etc/fstab 中没有挂载上的文件。
[root@xuegod63 ～]# df -h                 #查看设备及挂载点。
文件系统        容量    已用    可用    已用%    挂载点
/dev/sda3       10G     4.3G    5.8G    43%     /
devtmpfs        982M    0       982M    0%      /dev
tmpfs           997M    0       997M    0%      /dev/shm
tmpfs           997M    9.0M    988M    1%      /run
tmpfs           997M    0       997M    0%      /sys/fs/cgroup
/dev/sr0        4.3G    4.3G    0       100%    /mnt
/dev/sda1       197M    172M    25M     88%     /boot
tmpfs           200M    24K     200M    1%      /run/user/0
/dev/sdb1       1014M   33M     982M    4%      /sdb1
```

发现已经挂载上，说明配置没有问题。然后再重启，尝试自动挂载。

6. 使用 UUID 进行挂载

```
[root@xuegod63 ～]# blkid                 #使用 blkid 命令查看系统上所有分区的 UUID 号。
/dev/sda1: UUID="a635d4d2-a21e-4d9b-b199-4c8d5cfed808" TYPE="xfs"
/dev/sda2: UUID="46f139f8-fd5c-4e51-8d5c-b33f6c7aa38e" TYPE="swap"
/dev/sda3: UUID="4bcb433e-10e6-464d-a40b-00d018950149" TYPE="xfs"
```

```
/dev/sdb1: UUID="5e3a580a-e5b4-448c-88bf-d22fb3d1d9e2" TYPE="xfs"
[root@xuegod63 /]# echo "UUID=5e3a580a-e5b4-448c-88bf-d22fb3d1d9e2   /sdb1   xfs defaults 0 0" >> /etc/fstab
```

注意：两种方法，使用其中一种即可，建议使用 UUID 进行挂载。

7．开机自动挂载配置文件中，每条挂载信息的每一列含义说明如下

第四列：挂载选项。即挂载的文件系统的参数，如表 12-3 所示。

表 12-3　挂载的文件系统的参数

参　数	含　义
Async/sync	设置是否为同步方式运行，默认为 async
auto/noauto	当执行 mount -a 命令时，此文件系统是否被主动挂载，默认为 auto
rw/ro	是否以只读或者读写模式挂载
exec/noexe	限制此文件系统内是否能够进行“执行”的操作
user/nouser	是否允许用户使用 mount 命令挂载
suid/nosuid	是否允许 SUID 的存在
usrquota	启动文件系统支持磁盘配额模式
grpquota	启动文件系统对群组磁盘配额模式的支持
defaults	同时具有 rw、suid、dev、exec、auto、nouser、async 等默认参数的设置 samba nfs

第五列：是否进行备份。通常这个参数的值为 0 或者 1，如表 12-4 所示。

表 12-4　文件中内容第五列含义

参　数	含　义
0	代表不做备份
1	代表要每天进行备份
2	代表不定日期进行备份

第六列：是否检验扇区。开机的过程中，系统默认会用 fsck 命令检验系统是否完整，如表 12-5 所示。

表 12-5　文件中内容第六列含义

参　数	含　义
0	不要检验
1	最早检验（一般根目录会选择此值）
2	1 级别检验完成之后进行检验

12.2.4　使用 gdisk 命令管理磁盘分区

gdisk 命令可以用来划分容量大于 2TB 的磁盘，大于 2TB 的磁盘 fdisk 命令不支持。

命令使用格式：gdisk 设备名。

两种类型的分区表：GPT 和 MBR，MBR 不支持 4TB 以上的磁盘。

GPT 分区：GPT（GUID Partition Table）全局唯一标识分区表，它使用 128 位 GUID

来唯一标识每个磁盘和分区，与 MBR 存在单一故障点不同。GPT 提供分区表信息的冗余，一个在磁盘头部，一个在磁盘尾部，它通过 CRC 校验来检测 GPT 头和分区表中的错误与损坏，默认一个磁盘支持 128 个分区。

1．对 sdb 做 GPT 分区，创建一个 sdb1 分区

```
[root@xuegod63 ～]# gdisk /dev/sdb                    #对/dev/sdb 进行分区。
GPT fdisk (gdisk) version 0.8.6

Partition table scan:
  MBR: not present
  BSD: not present
  APM: not present
  GPT: not present

Creating new GPT entries.
Command (? for help): ?                               #显示帮助。
    b    back up GPT data to a file                        #备份 GPT 数据到文件。
    c    change a partition's name                         #更改分区名。
    d    delete a partition                                #删除已划分的分区。
    i    show detailed information on a partition
    l    list known partition types
    n    add a new partition                               #新建一个分区。
    o    create a new empty GUID partition table (GPT)
    p    print the partition table                         #显示已划分的分区表。
    q    quit without saving changes                       #不保存退出。
    r    recovery and transformation options (experts only)
    s    sort partitions                                   #排序分区。
    t    change a partition's type code                    #更改分区的类型代码。
    v    verify disk                                       #验证磁盘。
    w    write table to disk and exit                      #写入分区表并退出。
    x    extra functionality (experts only)                #额外功能。
    ?    print this menu                                   #显示帮助菜单。

Command (? for help): n                          #新建分区表。
Partition number (1-128，default 1):                  #直接按回车键。
First sector (34-41943006，default = 2048) or {+-}size{KMGTP}:          #直接按回车键，默认从最初可
用的扇区开始划分空间。
Last sector (2048-41943006，default = 41943006) or {+-}size{KMGTP}: +1G      #指定分区大小。
    Current type is 'Linux filesystem'
Hex code or GUID (L to show codes，Enter = 8300):                   #分区类型，直接按回车。
    注：8300 Linux filesystem；8e00 Linux LVM                          #需要查看，可以按字母 L 键
来显示。
    Changed type of partition to 'Linux filesystem'

Command (? for help): p                                            #查看分区列表。
    ……
```

```
    Number  Start (sector)    End (sector)  Size       Code  Name
       1            2048         2099199   1024.0 MiB  8300  Linux filesystem
Command (? for help): w                  #保存。
Do you want to proceed? (Y/N): y         #输入 y 确定写入。
    OK; writing new GUID partition table (GPT) to /dev/sdb.
    The operation has completed successfully.

[root@xuegod63 ~]# mkfs.xfs   /dev/sdb1          #格式化。
```

2．修改 fstab 文件错误时，重启系统后系统报错

首先，故意写错开机自动挂载 fstab 文件。

```
[root@xuegod63 ~]# vim /etc/fstab               #故意写错或/dev/sd1，模拟出现的错误。
/dev/sd1        /sdb1         xfs         defaults        0 0
[root@xuegod63 ~]# reboot                       #重启主机。
```

（1）重启后报错，如图 12-22 所示。

```
[    6.588260] sd 0:0:0:0: [sda] Assuming drive cache: write through
[    6.654072] sd 0:0:1:0: [sdb] Assuming drive cache: write through
Welcome to emergency mode! After logging in, type "journalctl -xb" to view
system logs, "systemctl reboot" to reboot, "systemctl default" or ^D to
try again to boot into default mode.
Give root password for maintenance
(■ ■  Control-D ■ ■ ■ ):■
```

图 12-22　重启后报错

（2）输入 root 密码（根据自己设置的 root 用户密码进行输入）。

（3）把 fstab 文件中所添加的开机自动挂载项目修改为正确，并保存退出，如图 12-23 所示。

```
[root@xuegod63 ~]# vim /etc/fstab          #修改开机自动挂载文件。
```

```
#
# /etc/fstab
# Created by anaconda on Fri Feb  2 23:30:47 2018
#
# Accessible filesystems, by reference, are maintained under '/dev/disk'
# See man pages fstab(5), findfs(8), mount(8) and/or blkid(8) for more info
#
UUID=1f7f435e-7480-4a62-8f98-808fbf2d389c /                       xfs     defaults        0 0
UUID=66f9258a-3508-4b19-89b0-aef32f608604 /boot                   xfs     defaults        0 0
UUID=c5f23f48-28fc-4e14-8c4a-fdd453832c76 swap                    swap    defaults        0 0
/dev/sr0        /mnt/cd         iso9660         defaults        0 0
/dev/sdb1       /sdb1           xfs             defaults        0 0
~
```

图 12-23　修改开机自动挂载项

（4）执行 reboot 重启主机。

```
[root@xuegod63 ~]# reboot
```

12.3　实战：扩展 Swap 分区

Swap 分区是在系统的物理内存不够用的时候，把磁盘空间中的一部分空间供当前运行的程序使用。

Swap 分区相关命令如下。

mkswap 设置名：格式化为 Swap 分区。

swapon 设备名：激活 Swap 设备，加入到 Swap 分区中。

swapoff 设备名：关闭 Swap 设备。

vim /etc/fstab：开机自启动新添加的 Swap 分区，在最后追加/devices swap swap defaults 0 0。

进行 Swap 分区和格式后修改此文件，添加新的 Swap 分区，步骤如下。

1．对磁盘分区

```
[root@xuegod63 ~]# gdisk /dev/sdb                    #对/dev/sdb 分区。
GPT fdisk (gdisk) version 0.8.6

Partition table scan:
  MBR: MBR only
  BSD: not present
  APM: not present
  GPT: not present
...
Command (? for help): n                              #新建分区。
Partition number (2-128，default 2):                 #直接按回车键，使用默认值即可。
First sector (34-41943006，default = 2099200) or {+-}size{KMGTP}:  #直接按回车键，使用默认值即可。
Last sector (2099200-41943006，default = 41943006) or {+-}size{KMGTP}: +1G  #指定分区大小
Current type is 'Linux filesystem'
Hex code or GUID (L to show codes，Enter = 8300):    #直接按回车键，使用默认值即可。
Changed type of partition to 'Linux filesystem'
Command (? for help): w                              #保存并退出。
Do you want to proceed? (Y/N): y
```

2．格式化为 Swap 分区

```
[root@xuegod63 ~]# mkswap /dev/sdb2                  #把 sdb2 格式化为 Swap 分区。
正在设置交换空间版本 1，大小 = 2097148 KB
无标签，UUID=dc41b5ef-bcf1-477c-902e-c5bb00d41c1e
```

验证如下。

```
[root@xuegod63 ~]# free -m               #使用 free 命令查看内存使用情况，Swap 分区容量为 2047
字节。
            total     used     free     shared     buff/cach e     available
Mem:         977       557       75        16          345            168
Swap:        2047      234      1813

[root@xuegod63 ~]# swapon /dev/sdb2           #开启 sdb2 交换分区。

[root@xuegod63 ~]# free -m          #使用 free 命令查看内存使用情况，Swap 分区容量为 3071 字节。
```

```
              total      used      free      shared   buff/cache   available
Mem:           977        556        75        16        345          169
Swap:         3071        234      2837.

[root@xuegod63 ~]# swapoff /dev/sdb2                #关闭 sdb2 交换分区。
[root@xuegod63 ~]# free -m          #使用 free 命令查看内存使用情况，Swap 分区容量为 2047 字节。
              total      used      free      shared   buff/cache   available
Mem:           977        556        75        16        345          169
Swap:         2047        234      1813

[root@xuegod63 ~]# swapon -s                        #查看正在使用的交换分区设备。
Filename                Type        Size  Used Priority
/dev/dm-1                           partition   2097148   240532   -1

[root@xuegod63 ~]# swapon /dev/sdb2                 #开启 sdb2 交换分区。
[root@xuegod63 ~]# swapon -s                        #查看正在使用的交换分区设备（可看到 sdb2 交换
分区）。
Filename                Type        Size  Used Priority
/dev/dm-1                           partition   2097148   240532   -1
/dev/sdb2                           partition   1048572   0        -2
```

知识扩展：通过文件（回环设备）增加 Swap 空间。

当磁盘上没有空余的空间可以创建新的分区，但是在某个分区里（已在使用的分区）还有很多可用空间可以使用时，机器上的交换分区已经不够用了，而 swap 分区必须是个独立的分区，怎么应急？

操作系统有一个特点，不论是 Windows 还是 Linux 都支持回环设备。

本地回环设备（loopback）使用软件来模拟硬件。在本地创建一个镜像文件，空间为 1GB，直接把该空间当作一个设备来使用是可行的，而这个 1GB 的空间还可以模拟成 120GB 的空间，模拟出来以后，可以当作一个磁盘使用，可以分区、格式化、挂载。这个设备的真实空间可能 1GB 都不到，但 fdisk 查看结果是 120GB，此类设备称为回环设备。

使用回环设备增加 Swap 空间的过程如下。

```
[root@xuegod63 ~]# dd if=/dev/zero of=swap_file bs=1M count=500     #使用 dd 命令生成一个新文
件，文件名为 swap_file，容量大小为 500M。
```

注释：dd 命令，用于转换并复制一个文件。

if=inputfile：指定输入文件，或源文件、数据来源。

of=outputfile：指定输出位置，或目录/文件、数据存储目录。

bs=1024：指定单位，默认为字节，K、M、G 为单位。

count=2：指定复制单位的次数。

```
[root@xuegod63 ~]# ll /root/swap_file                    #使用长格式查看生成的文件。
-rw-r--r--   1 root root 524288000 9 月   15 14:17 swap_file
```

```
[root@xuegod63 ~]# chmod 0600 /root/swap_file                #赋予文件 Swap_file600 权限。
[root@xuegod63 ~]# mkswap -f /root/swap_file                 #格式化为 Swap 分区。
[root@xuegod63 ~]# swapon /root/swap_file                    #开启 Swap 分区。
[root@xuegod63 ~]# free -m        #使用 free 命令查看内存使用情况。
```

第 13 章

Linux 文件系统结构

13.1 磁盘结构

13.1.1 磁盘结构简介

要想理解文件系统，要先从文件存储说起，由于内存是一时性（临时）存储，在计算机关机后，存储在内存中的数据都会丢失。因此，需要实现文件或数据的持久化存储时，通常需要把文件或数据都存储到磁盘当中。

磁盘结构，如图 13-1 所示。

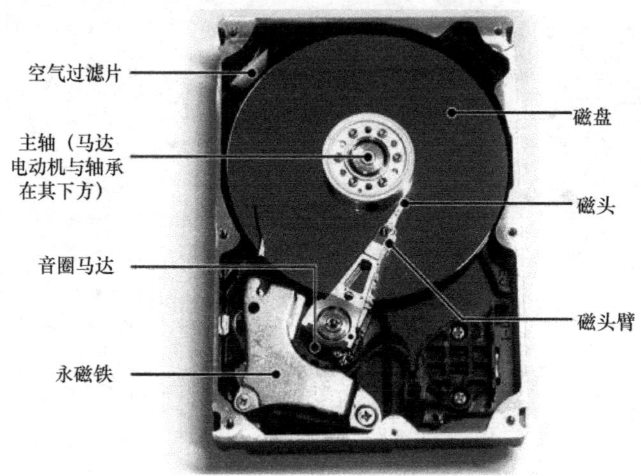

图 13-1　磁盘内部结构

问：磁盘内部是真空的吗？

答：磁盘内部不是真空的，只不过里面的空气非常纯净。如果是真空的，不利于散热。

磁盘相关的专业术语如下。

（1）磁盘的内部是金属盘片，将圆形的盘片划分成若干个扇形区域，这就是“扇区”（Sector）。若干个扇区就组成了整个盘片。

（2）为什么要分扇区？是逻辑化数据的需要，能更好地管理磁盘空间。以盘片中心为圆心，把盘片分成若干个同心圆，每一个划分圆的“线条”称为磁道。

（3）磁盘内的盘片有两个面，而且盘片往往不止一张，常见的有两张。两张盘片中相同位置的磁道组成一个“柱面”（Cylinder），盘片中有多少个磁道，就有多少个柱面。盘片的两个面都能存储数据，要读取磁盘的数据，必须有“磁头”（Head），每一个面都有一个磁头，所以，一张盘片有两个磁头。

（4）磁盘的存储容量=磁头数×磁道（柱面）数×每道扇区数×每个扇区字节数。

（5）磁道从外向内自 0 开始顺序进行编号，各个磁道上的扇区数是在磁盘格式化时确定的。

文件储存在磁盘上，磁盘的最小存储单位就是扇区。每个扇区可以存储 512 字节（相当于 0.5KB）。

在早期比较古老的 CHS（Cylinder/Head/ Sector）结构体系中，磁盘的容量还非常小，人们采用与软盘类似的结构生产磁盘。也就是磁盘盘片的每一条磁道都具有相同的扇区数，由此产生了所谓的 3D 参数，即磁头数（Heads）、柱面数（Cylinders）、扇区数（Sectors）及相应的 3D 寻址方式，如图 13-2 所示。

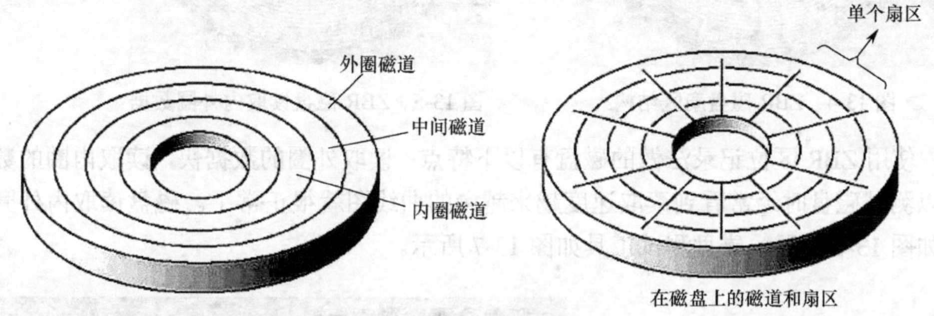

图 13-2　老式磁盘结构

问题：如上的磁盘结构有没有问题？

回答：这种结构有问题。老式的磁盘中，每个磁道的扇区数都一样，外圈磁道整个弧长要大于内圈磁道整个弧长。因此，外圆磁道磁记录密度比内部磁道的磁记录密度小，最终，导致了外部磁道的空间浪费。

如果您是磁盘设计工程师，打算怎么解决？会选择下面哪种方法？

方法 1：每个磁道的宽度不一样，从而让每个扇区面积尽量一样，如图 13-3 中方法 1 所示。

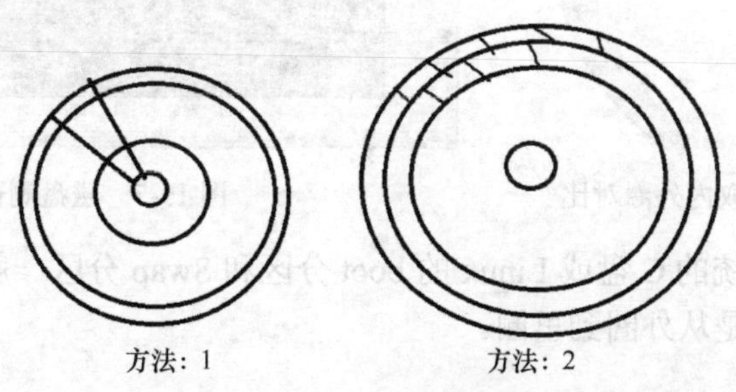

图 13-3　两种不同的扇区

方法 2：不再一刀切，让每个磁道中的扇区数量可以不一样，如图 13-3 中方法 2 所示。

现在的磁盘都采用 ZBR（Zoned Bit Recording）区位记录技术。ZBR 区位记录是一种物理优化磁盘存储空间的方法，此方法通过将更多的扇区放到磁盘的外部磁道而获取更多存储空间，如图 13-4 所示。

问：ZBR 磁盘从外圈读写数据快？还是从内圈读写快？如图 13-5 所示。

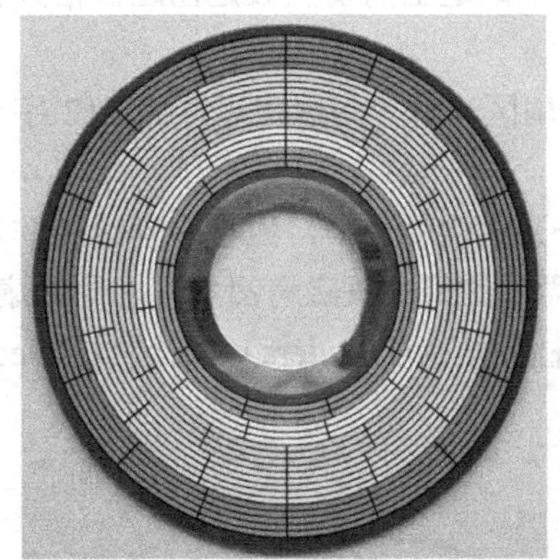

图 13-4　ZBR 磁盘扇区结构

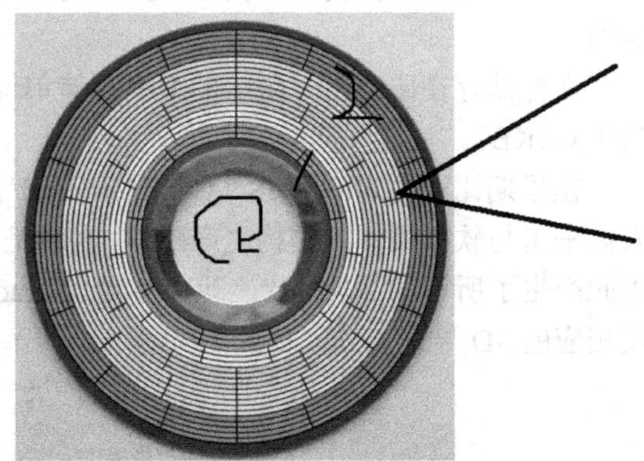

图 13-5　ZBR 磁盘读取内外圈数据

答：使用 ZBR 区位记录法做的磁盘有以下特点：读取外圈的数据快，读取内圈的数据慢，所以测试磁盘时经常看到读取速度越来越慢的曲线图就很正常了。磁盘读取内外圈数据对比如图 13-6 所示，磁盘测试工具如图 13-7 所示。

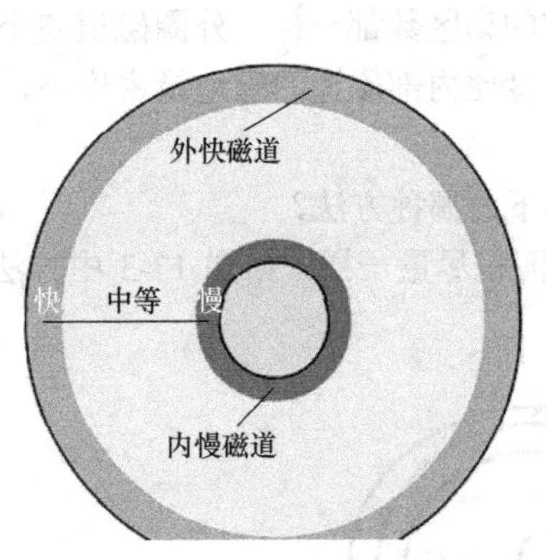

图 13-6　磁盘读取内外圈对比

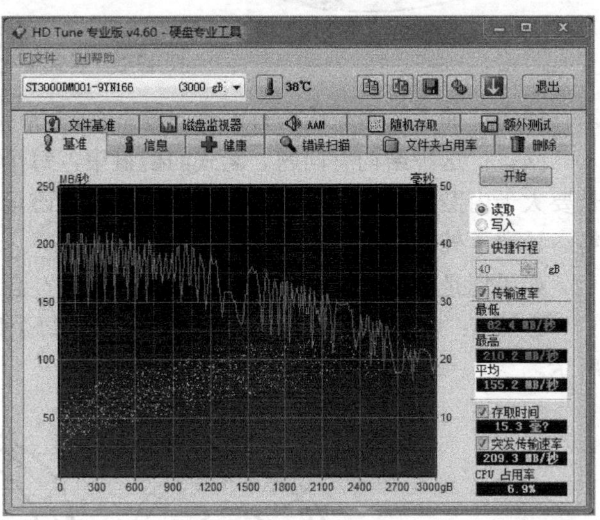

图 13-7　磁盘测试工具

Windows 安装系统的 C 盘或 Linux 的 boot 分区和 Swap 分区一般安装在磁盘最外面。磁盘写数据时，顺序是从外圈到里圈。

13.1.2　簇和 block

磁盘的盘面如图 13-8 所示。

在 Windows 中叫簇，在 Linux 系统中叫 block。

例 13.1：文件数据存储占用空间的大小和实际占用空间的大小。

在 Windows 系统中，新建一个文本文件“新建文本文档.txt”，只输入 aa 两个字符，如图 13-9 所示。

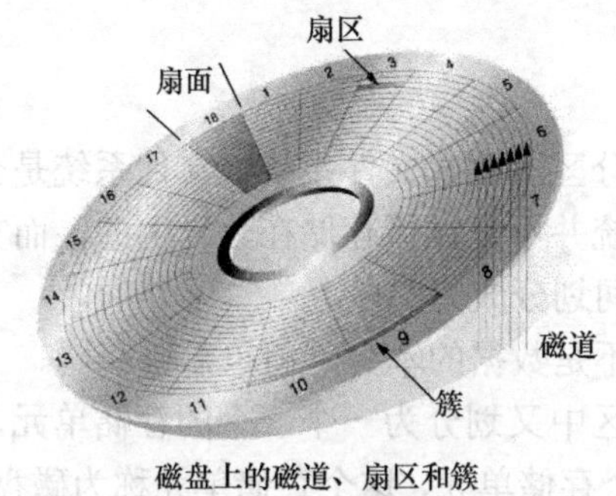

图 13-8　磁盘的盘面

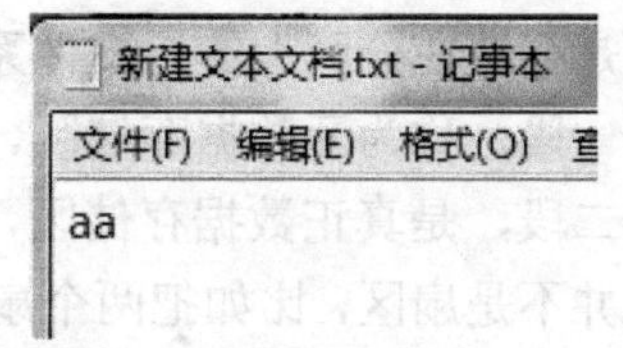

图 13-9　在文本文档中输入字符

鼠标右键单击该文件，然后单击属性，即可查看文件大小，如图 13-10 所示，说明文件系统（此例中是 NTFS 文件系统）中默认的簇大小为 4KB，实际上真实存储大小为 2B，但是最小占用空间为 4KB。

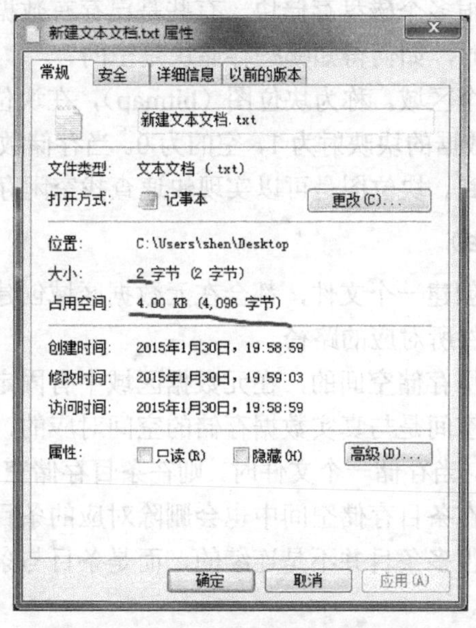

图 13-10　Windows 查看文件属性

```
[root@xuegod63 ~]# stat /etc/passwd          #查看 Linux block 大小。
  文件："/etc/passwd"
  大小：2053        块：8        IO 块：4096 =4KB   普通文件
```

13.2 文件系统结构

Linux 文件系统由三部分组成：文件名、inode、block。

Linux 的文件系统格式有：ext3、ext4、XFS。

Windows 的文件系统格式有：FAT32、NTFS。

13.2.1 文件系统

要想实现按名字快速存储文件，则需要在分区上创建文件系统。文件系统是个管理软件，也是存储在磁盘的某个位置上的。文件系统并不是直接存储在分区上的，而文件系统的数据是存储在分区上的，文件系统把存储空间划分成为两段。

第一段，称为元数据存储区，元数据虽然不是数据的本身，但也需要存储。

第二段，是真正数据存储区，在数据存储区中又划分为一个一个的存储单元，这个存储单元并不是扇区，比如把两个扇区划分为一个存储单元，这个存储单元称为磁盘存储块。这些磁盘存储块是有单独编号的，在元数据存储区上，存储着文件数据对应的磁盘块的编号。比如，文件的真实数据存储在 1 号、2 号块上，当访问该文件时，则直接访问 1 号、2 号块，就能找到该文件的真实数据了。

1．磁盘块分配存储

在一个分区里，会有很多个磁盘存储块，有些是已存有数据的，有些是空的。那么，当有个新的数据需要存储时，如何得知哪些存储块是空的？

在元数据区里面有一个区域，称为块位图（bitmap），在块位图区域里，每一个存储块有一个对应的位，已存储数据的块映射为 1，空的为 0。当存储数据时，扫描该块位图区域，把位图为 0 的对应的块找到。块位图是可以实现快速查找空闲存储块的一种机制。

2．元数据（Metadata）

在元数据区域里，每创建一个文件，都会在元数据区域创建一个条目给该文件，这个条目中保存有文件名和文件所对应的路径。

这些条目也是需要占用存储空间的，在元数据区域中有固定划分的存储这些条目的空间，但是这段存储条目的空间是与真实数据存储的空间对应的，假设条目存储空间预先分配能够存储 100 万个条目，当存储一个文件时，则在条目存储空间中创建一个对应的条目，当删除其中某个文件时，在条目存储空间中也会删除对应的条目。反复创建和删除多了，在条目存储空间中会发现很多条目并不是连续的，而是条目与条目之间有分隔的空间，这样就形成了一些磁盘碎片。

当再次存储文件时，如何找到哪个条目是空的呢？该条目存储空间也需要位图，当需要找到条目存储空间中空的条目时，则扫描这个位图。位图是与条目存储空间中的条目一一对应的，只要位图是空的，那么条目存储空间中对应的条目肯定也是空的。而每个用来引用文件的条目都有一个独特的称呼——“inode”索引节点。

3．inode（index node）索引节点

磁盘布局中存在两个与 inode 有关的名称：inode bitmap 和 inode table。

inode 位图（inode bitmap）用来表示 inode id 是否空闲可用。

inode 表（inode table）记录了每个文件存储在磁盘中的具体位置信息以及对应的文件权限和属性信息，每个文件都会占用一个独立的 inode 表，该表格的默认大小为 128 字节，里面记录着以下信息。

（1）文件的字节数。

（2）文件拥有者的 User ID。

（3）文件的 Group ID。

（4）文件的读、写、执行权限。

（5）文件的时间戳，共有三个：ctime、mtime、atime。

（6）链接数，即有多少文件名指向这个 inode。

（7）文件数据 block 的位置。

每一个 inode 都有一个全局唯一的 id，操作系统通过 inode id 来识别不同的文件，表面上用户通过文件名打开文件，实际上系统找到这个文件名对应的 inode id，通过 inode id 获取 inode 信息，根据 inode 信息找到文件存放在磁盘中的位置，从而读出数据。

4．文件名的存储

在 Linux 系统下，所有的文件或目录都是以根目录开始的，那么根目录在什么地方？在 Linux 启动状态下，Linux 内核会知道根目录所在的路径，所以 Linux 内核会自动引用根目录。也就是说，根目录是自引用的，因此，只要能找到根目录，接下来的文件都能找到。

那么文件名存储在什么地方？文件名存放在目录上，目录也是文件，也需要占用磁盘块，目录在磁盘块里存储的信息分为两段，第一段存放 inode 号码，第二段存放目录下可以找到的文件名。

例 13.2：找到/var/log/messages 文件呢？先在元数据上找到根目录的条目，根据根目录的条目找到根目录所对应的磁盘块，在根目录的磁盘块里会有一个表，表中有 var 文件名和对应的 inode 号码。找到 var 文件的 inode 号码后，再以 var 文件的 inode 号码去元数据区找到 var 对应的 inode 号码的条目，根据对应的条目能找到 var 所在的磁盘块，在 var 的磁盘块里面又存放着一个表，表中存放有 log 文件名和对应的 inode 号码。

同样的方法可以找到 messages 文件和对应的 inode 号码。找到 messages 文件的 inode 号码后，再以 messages 文件的 inode 号码去元数据区找到对应的 inode 号码的条目，根据对应的条目找到 messages 所在的磁盘块，该磁盘块存储的就是 messages 的真实数据，于是数据得到访问。

找到数据以后，会建立缓存条目，直接记录文件的真实数据和所在的磁盘块，有效地提高访问效率。在目录里面，记录或指向该目录的子目录或文件名和 inode 号码，称为“目录项”或“目录条目”，所以目录不是容器，是路径的映射表，也是文件。

5．创建文件

例 13.3：在根目录下的 backup 目录创建 test.txt 文件，假设文件容量为 10k，磁盘块的大小为 2kB。

首先在根目录下要有 backup 目录存在，否则所创文件的对应条目无法创建，这是没有目录则无法在相应目录下创建文件的原因。

假设 backup 目录已存在，创建 test.txt 文件，首先扫描 inode 的位图，找一个空闲的 inode 并占用，再找 backup 的 inode 号码，根据 backup 对应的 inode 号码找到对应的磁盘块，在 backup 磁盘块上找到目录条目，在 backup 目录条目里建立 test.txt 文件名和刚刚扫描到的空闲 inode 号码。

而后需要往 test.txt 中存储数据，扫描磁盘块的位图，找到空白的磁盘块存储数据，假设分配了 8 个空的磁盘块，10kB 的数据只占用了 5 个磁盘块，那么剩下的 3 个磁盘块则归回没有被使用的磁盘块中。为了避免文件碎片和交叉存放数据的文件，在存储数据时，会分配 8 个磁盘块，当存储空间不够时，再分配 8 个，剩下的再归回。如果使用一个磁盘块，且只分配一个磁盘块的话，那么有多个文件同时存储数据时，很容易产生交叉存放。

分配磁盘块是按顺序分配的，尽可能让同一个文件的数据存储在连续的块上，在访问数据时如果数据是交叉存放的，那么磁头需要跳跃磁盘块读取，速度会下降。在使用磁盘存储数据时，不断地创建和删除也会造成磁盘碎片。

6．删除文件

首先找到对应的目录条目并删除，然后把目录条目上对应的 inode 号码在 inode 位图中标为空，不需要删除，也不需要清空该 inode 中保存的数据，当再次存储文件时，覆盖该 inode 即可。该删除文件的数据所占用的磁盘块不需要删除，也不需要清空数据，只需要在磁盘块的位图里标记该删除文件的数据所占用的磁盘块为未使用。磁盘块中存储的数据不会做任何删除或更改操作，如果再存储新的数据，把这些磁盘块当作未使用的直接覆盖原有的数据即可。

7．复制文件

复制文件即创建一个新文件，并把数据再次填充到新创建的文件所占用的磁盘块上。

8．剪切文件

在同一个文件系统中剪切文件只是把文件对应路径的目录条目移动到其他路径的目录条目上，而 inode 中还是原来的 inode 号码，数据也还是原来的磁盘块上的数据，根本没给 inode 和数据做任何操作。但是只能在同一个分区上或同一个文件系统上这样剪切，因为条目中指定的磁盘块是不能跨分区或文件系统引用的。

在不同分区或文件系统上剪切，首先在剪切到的目标分区或文件系统上创建一个新文件，把原分区或文件系统上的文件复制到目标分区上的新建文件中，然后把原分区中的文件数据删除。

在整个分区建立完成以后，元数据区并不是直接划分为元数据区、inode 位图、块位图的，而是把整个磁盘分区再划分为多个逻辑组，可以理解为分区下的子分区，这对用户是不可见的。

这些子分区叫作块组（block group），在一个分区中有多少个块组是不确定的，但在一个磁盘中有多少个块组，分别是什么块组，会有全局信息记录，而记录全局信息的块组称为超级块或全局描述信息。而每个块组内部都有元数据区、inode 位图、块位图。这是划分子逻辑的管理方式，这就是文件系统。

13.2.2　inode 的内容

inode 包含文件的元信息，具体来说有以下内容。

（1）文件的字节数。

（2）文件拥有者的 User ID。

（3）文件的 Group ID。

（4）文件的读、写、执行权限。

（5）文件的时间戳，共有三个：ctime、mtime、atime。

（6）链接数，即有多少文件名指向这个 inode。

（7）文件数据 block 的位置。

可以用 stat 命令，查看某个文件的 inode 信息。

```
[root@xuegod63 ～]# stat a.txt
  File: 'a.txt'
  Size: 2053        Blocks: 8         IO Block: 4096   regular file
Device: 803h/2051d  Inode: 18521833    Links: 1
Access: (0644/-rw-r--r--)  Uid: (    0/    root)   Gid: (    0/    root)Access 最近访问。时间: 2018-05-16 14:55:36.061095050 +0800
Modify 最近更改时间: 2018-05-16 14:55:36.062095050 +0800
Change 最近改动时间: 2018-05-16 14:55:36.062095050 +0800
Birth 创建时间: -

[root@xuegod63 ～]#  ll /etc/passwd                  #ll 其实就是查看 passwd 文件的 inode 信息。
-rw-r--r--. 1 root root 2053 Sep 19  2017 /etc/passwd    #ll 查看到的时间是 ctime。
```

例 13.4：测试 mtime 时间，黑客先修改时间，再植入木马程序，防止使用 find / -mtime 查看木马文件。

```
[root@xuegod63 ～]# stat a.txt           #查看时间。
[root@xuegod63 ～]# date -s '13:42'
[root@xuegod63 ～]# vim a.txt            #写入 aaaa，vim 会修改 mtime 和 atime。
[root@xuegod63 ～]# stat a.txt           #查看时间。
[root@xuegod63 ～]# chmod +x a.txt       #修改 ctime，有时黑客忘记修改 ctime，所以可以使用 find / -ctime 查看木马文件。
[root@xuegod63 ～]# stat a.txt           #查看时间。
```

13.2.3　inode 的大小

inode 也会消耗磁盘空间，所以磁盘格式化的时候，操作系统自动将磁盘分成两个区域。一个是数据区，存放文件数据，另一个是 inode 区，存放 inode 所包含的信息。

一个 inode 节点的大小一般是 128B 或 256B。inode 节点的总数在格式化时就给定，假定在一块 1GB 的磁盘中，一个 inode 节点的大小为 128B，每 1KB 就设置一个 inode，那么 inode 区的大小就会达到 128MB，占整块磁盘的 12.8%。

UNIX/Linux 系统内部不使用文件名，而使用 inode 号码来识别文件。对于系统来说，文件名只是 inode 号码便于识别的别称或者绰号。表面上，用户通过文件名打开文件。实际上，系统内部这个过程分成三步：首先，系统找到这个文件名对应的 inode 号码；其次，通过 inode 号码获取 inode 信息；最后，根据 inode 信息找到文件数据所在的 block，读出数据。

例 13.5：使用 ls -i 命令，可以看到文件名对应的 inode 号码。

```
[root@xuegod63 ~]# ls -i a.txt
440269 a.txt
```

例 13.6：查看每个磁盘分区的 inode 总数和已经使用的数量，可以使用 df 命令。

```
[root@xuegod63 ~]# df -i
Filesystem        Inodes   IUsed   IFree IUse% Mounted on
/dev/sda2         640848  151010  489838   24% /
tmpfs             145579       1  145578    1% /dev/shm
/dev/sda1          51200      38   51162    1% /boot
```

注意：由于每个文件都必须有一个 inode，因此有可能发生 inode 已经用光、但是磁盘还未存满的情况。这时，就无法在磁盘上创建新文件。

13.2.4 目录文件

UNIX/Linux 系统中，目录（directory）也是一种文件。打开目录，实际上就是打开目录文件。

目录文件的结构非常简单，就是一系列目录项的列表。每个目录项由两部分组成，所包含文件的文件名，以及该文件名对应的 inode 号码。

```
[root@xuegod63 ~]# ls -id /etc
8388673 /etc
```

例 13.7：使用 ls -i 命令列出整个目录文件，即文件名和 inode 号码。

```
[root@xuegod63 ~]# ls -i /etc
```

13.2.5 设定簇和 block 的大小

簇/block（块）是真正存储数据的地方，是文件系统中最小的存储单位，而扇区是磁盘中最小的存储单位，如图 13-11 所示。

问：为什么要有 block，直接使用扇区可以吗？

答：操作系统读取磁盘的时候，不会逐个扇区（512B）读取，这样效率太低，而是一次性连续读取多个扇区，即一次性读取一个 block。这种由多个扇区组成的 black，是文件存取的最小单位。block 的大小，最常见的是 1KB，即连续 2 个扇区组成一个 block；或 4KB，即连续 8 个扇区组成一个 block。

把簇/block 调大的优点是速度快，节约寻址时间。缺点是浪费空间。

比如，2TB 的磁盘，前 1.5TB 使用 4kB 族，剩下的 500GB 格式化为 64kB 簇。又如，120kB 的文件进行存储时，如果簇的大小为 4kB，则需要 30 个簇才能存储下来，那么在查找该文件时，需要找到存储该文件的 30 个簇才能把文件找到。如果簇的大小为 64kB，那么只需要 2 个簇就能存储下来，在查找的时候，只需要查找存储该文件的两个簇就能找到该文件。但是簇的大小过大的话，存储小文件就会浪费空间，因为簇是最小存储单位，如簇的大小为 64kB，就算存储数据只有 4kB 也需要占用一个簇的大小。文件可以分为多个簇存储，但是一个簇同时是不能存储多个文件的。

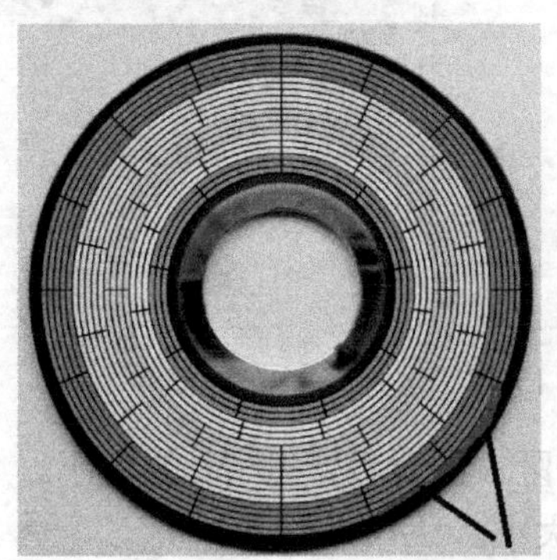

图 13-11　簇/block

例 13.8：Windows 系统上格式化分区时修改簇的大小。

（1）在弹出的菜单中，右键单击分区，单击“格式化（A）”菜单项，如图 13-12 所示。

图 13-12　Windows 格式化分区

（2）在如图 13-12 所示的格式化对话框中，单击“分配单元大小（A）”下拉菜单并选择 64KB，完成格式化时修改簇大小。

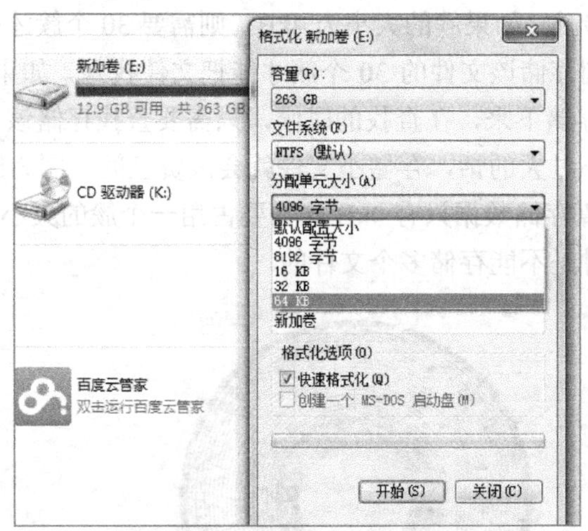

图 13-13　选择分配单元大小

例 13.9：在 Linux 上格式化分区，同时设定 block 的大小。

（1）查看 Linux 系统 block 的大小。

```
[root@xuegod63 ~]# stat /etc/passwd | grep IO
  大小：2053        块：8          IO 块：4096    普通文件
```

通过以上命令的执行结果可看到 block 的大小是 4kB。

（2）在使用 mkfs 命令格式化分区的同时使用-b size=num 选项指定 block 的大小。

使用-b 选项，并用 size 指定的 block 大小，默认为 4096，可用取值为 1024、2048、4096。

```
[root@xuegod63 ~]# mkfs.xfs -b size=2048 /dev/sdb1        #格式化分区并指定 block 的大小为 2048（2kB）。
```

13.3　文件的硬链接和软链接

Linux 下文件的链接分两种，一种被称为硬链接（Hard Link），另一种被称为软链接，即符号链接（Symbolic Link）。默认情况下，ln 命令产生的是硬链接。

硬连接是指通过 inode 来进行链接的。在 Linux 当中，多个文件名可以指向同一个 inode。一般这种链接就是“硬链接”，硬链接的作用是允许一个文件拥有多个有效路径名，这样用户就可以建立硬链接到重要文件，以防止“误删”。

实际上，只删除一个硬链接并不影响 inode 本身和其他硬链接，只有当最后一个硬链接被删除后，文件的数据块及目录的链接才会被释放。也就是说，文件真正删除的条件是与之相关的所有硬链接文件均被删除。

软链接：软链接文件类似于 Windows 中的快捷方式，它实际上是一个特殊的文本文件，其中包含有另一个文件的位置信息。

13.4 实战 1：使用 ln 命令创建文件的链接

13.4.1 创建硬链接

命令使用格式：ln 源文件 目标文件，操作如图 13-14 所示。

```
[root@xuegod63 ~]# echo 1111 > a.txt
```

```
[root@xuegod72 ~]# ln a.txt b.txt
[root@xuegod72 ~]# ll a.txt
-rw-r--r--. 2 root root 0 Dec 13 21:27 a.txt
[root@xuegod72 ~]# ll b.txt
-rw-r--r--. 2 root root 0 Dec 13 21:27 b.txt
[root@xuegod72 ~]# echo 11111 > a.txt
[root@xuegod72 ~]# cat a.txt
11111
[root@xuegod72 ~]# cat b.txt
11111
[root@xuegod72 ~]# echo 222 >> b.txt
[root@xuegod72 ~]# cat a.txt
11111
222
[root@xuegod72 ~]# ls -i a.txt
542130431 a.txt
[root@xuegod72 ~]# ls -i b.txt
542130431 b.txt
[root@xuegod72 ~]# chmod 777 a.txt
[root@xuegod72 ~]# ll a.txt
-rwxrwxrwx. 2 root root 10 Dec 13 21:28 a.txt
[root@xuegod72 ~]# ll b.txt
-rwxrwxrwx. 2 root root 10 Dec 13 21:28 b.txt
```


图 13-14 ln 命令使用

硬链接的原理就是多个文件名指向同一个 inode，因此多个文件名共用一个 inode 号码，达到共享与备份的目的。

注意：源文件被删除，不影响硬链接文件的正常使用，操作如图 13-15 所示。

硬链接不能针对目录创建，如图 13-16 所示。

```
[root@xuegod72 ~]# rm -f a.txt
[root@xuegod72 ~]# cat b.txt
11111
222
[root@xuegod72 ~]# echo 00000 >> b.txt
[root@xuegod72 ~]# cat b.txt
11111
222
00000
```

图 13-15 源文件被删除，不影响硬链接文件

```
[root@xuegod72 ~]# ln /etc/ test
ln: '/etc/': hard link not allowed for directory
```

图 13-16 针对目录创建硬链接

硬链接不能跨分区进行创建，如图 13-17 所示。

```
[root@xuegod72 boot]# ln b.txt /mnt/bb.txt
ln: failed to create hard link '/mnt/bb.txt' => 'b.txt': Invalid cross-device link
```

图 13-17 针对跨分区创建硬链接

硬链接的特点：无法针对目录创建，跨分区无法实现。因为每个分区都有自己独立的

indoe 号码。

问：为什么刚创建的一个目录，链接数就是 2？

```
[root@xuegod63 ~]# mkdir test
[root@xuegod63 ~]# ll -d test/
drwxr-xr-x 2 root root 6 5 月   16 15:55 test/
```

答：新建一个空目录 test，此目录的第二字段就是 2（包含两个隐藏目录，因为每一个目录都有一个指向它本身的子目录“.”和指向它上级目录的子目录“..”），所以目录 test 是一个链接，隐藏目录是两个链接。

```
[root@xuegod63 ~]# ll -id test/      #两个 inode 号是一样的。
2453723 drwxr-xr-x 2 root root 6 5 月   16 15:55 test/
[root@xuegod63 ~]# ll -id test/.
2453723 drwxr-xr-x 2 root root 6 5 月   16 15:55 test/.
```

13.4.2 创建软链接

命令使用格式：ln -s 源文件 软链接的名字。

例 13.10：创建软键接。

```
[root@xuegod63 ~]# cp /etc/passwd a.txt                    #复制/etc/passwd 文件到当前目录下并命名为
a.txt。
[root@xuegod63 ~]# ln -s a.txt a-link.txt                  #把 a.txt 文件软链接到 a-link.txt。
[root@xuegod63 ~]# ll a-link.txt                           #以长格式查看 a-link.txt 文件。
lrwxrwxrwx 1 root root 5 5 月   16 16:10 a-link.txt -> a.txt
[root@xuegod63 ~]# rm -rf a.txt                            #删除源文件。
[root@xuegod63 ~]# ll a-link.txt                           #以长格式查看 a-link.txt 文件，如图 13-18 所示。
lrwxrwxrwx 1 root root 5 5 月   16 16:10 a-link.txt -> a.txt
```

```
[root@xuegod63 ~]# ll a-link.txt
lrwxrwxrwx 1 root root 5 5月  16 16:10 a-link.txt -> a.txt
```

图 13-18 以长格式查看 a-link.txt

注意：如果源文件被删除，链接文件则失效。

例 13.11：能针对目录和跨分区创建软链接。

```
[root@xuegod63 ~]# ln -s /boot/grub grub-link    #把/boot/grub 目录软链到 grub-link，用 ll 命令以长
格式查看 grub-link 如图 13-19 所示。
```

```
[root@xuegod63 ~]# ll -d grub-link
lrwxrwxrwx 1 root root 10 5月  16 16:18 grub-link -> /boot/grub
```

图 13-19 以长格式查看软链接

能跨分区创建软链接（源文件必须写绝对路径），boot 分区是一个独立的分区。

```
[root@xuegod63 ~]# cd /boot/
[root@xuegod63 boot]# ln -s ./grub /root/aaa
[root@xuegod63 boot]# ll /root/aaa
lrwxrwxrwx 1 root root 6 5 月   16 16:21 /root/aaa -> ./grub    #报错了。
```

13.4.3 inode 的特殊作用

由于 inode 号码与文件名分离，这种机制导致了一些 UNIX/Linux 系统特有的现象。

（1）有些文件名包含特殊字符，无法正常删除。此时，直接删除 inode 节点，就能起到删除文件的作用。

（2）移动文件或重命名文件，只是改变文件名，不影响 inode 号码。

（3）打开一个文件以后，系统就以 inode 号码来识别这个文件，不再考虑文件名。因此，通常来说，系统无法从 inode 号码得知文件名。

问：为什么每次修改完服务器配置文件后，都需要重新加载一下配置文件？

答：因为 vim 每次修改完文件后，inode 号都会变。

```
[root@xuegod63 ~]# cp /etc/passwd passwd
[root@xuegod63 ~]# ls -i passwd
393418 passwd
[root@xuegod63 ~]# vim passwd                    #添加一些内容。
[root@xuegod63 ~]# ll -i passwd
440252 -rw-r--r-- 1 root root 1813 Dec 29 12:04 passwd
```

硬链接文件：每一个文件在磁盘上都有一个对应的 inode，在一个文件系统中，不同路径的多个文件指向同一个 inode，通过指向同一个 inode 的文件访问到的是同一个数据，这种多个文件指向同一个 inode 的不同路径的文件，称硬链接文件。

软链接文件：每一个文件在磁盘上都有一个对应的 inode，当访问/ab/a.txt，根路径找到 a.txt 的目录条目，通过 a.txt 的目录条目找到了 a.txt 的对应 inode，本来应该在 inode 条目里存储指向磁盘块编号的字段，但是此时并没有存储磁盘块的编号，而是存储了另外一个文件的路径名/cd/b.txt（字符串），然后还需要重新查找 a.txt 的 inode 中的文件路径名/cd/b.txt，当查找到 b.txt 的 inode 时，才能找到数据所在的磁盘块。

所以在 a.txt 文件的容量中显示的是 inode 中所存储的另一个文件路径名的字符数量，在访问软链接文件时，软链接文件本身的权限是不能决定最终被访问到数据文件的，因为软链接文件的权限为 777，可以让所有用户都能找到软链接文件，但并不是每个用户都能访问到软链接文件所指向的最终要被访问到的文件。

硬链接特点如下。

（1）只能对文件创建，不能应用到目录，避免循环链接，但是目录的硬链接数为 2，因为目录下的当前目录“.”的隐藏文件是和当前目录指向同一个 inode 的，这是文件系统自带的属性。

（2）不能跨文件系统（分区）。

（3）创建硬链接会增加文件被链接的次数。

软链接特点如下。

（1）可应用于目录。

（2）可跨文件系统。

（3）不会增加文件被链接的次数。

（4）大小为其指向的路径文件名的字符个数。

13.5 实战 2：解决磁盘有空间但创建不了文件及修复文件系统问题

实战场景：在一台配置较低的 Linux 服务器（内存、磁盘比较小）的/data 分区内创建文件时，系统提示磁盘空间不足，用 df -h 命令查看了一下磁盘使用情况，发现/data 分区只使用了 80%，还有 1.9GB 的剩余空间，但是无法创建新文件，使用的是 root 用户，同时服务器并没有被黑。

```
[root@xuegod63 ~]# df -h
文件系统            容量    已用   可用    已用%   挂载点
/dev/sda3           10G     8.0G   1.9G    80%     /
```

后来用 df -i 查看/data 所在的分区的 inode，发现已经用满(IUsed=100%)，这导致系统无法创建新目录和文件。

```
[root@xuegod63 ~]# df -i
文件系统          Inode      已用(I)      可用(I)        已用(I)%    挂载点
/dev/sda3         5242880    5242880      0              100%        /
```

查找原因：/data/cache 目录中存在数量非常多的小字节缓存文件，占用的 block 不多，但是占用了大量的 inode。

解决方案 1：删除/data/cache 目录中的部分文件，释放出/data 分区的一部分 inode。

解决方案 2：在/data 备份好一些文件，然后删除这些文件，释放一些 inode，然后创建一个文件夹/data/cache2。在 cache2 下挂载一个新分区：sda4，下次写数据需要写到新分区 cache2 目录下。

问：inode 分区完后，可以增加吗？

答：不可以。inode 总数是在格式化时已经固定了的。

```
[root@xuegod63 ~]# mkfs.ext4 -I 500000000000 /dev/sda1   #可以指定大小。
```

13.6 实战 3：修复服务器文件系统

实战场景：公司服务器突然断电，通电后再次启动服务器，报如图 13-20 所示的错误。解决方法如下。

（1）输入 root 密码。

（2）使用命令 fsck -f -y /dev/sda1，把引导分区文件系统修复一下，慎用。

（3）使用命令 fsck -f -y /dev/sda3，把根分区文件系统修复一下，慎用。

（4）使用命令 reboot 重启。

fsck 命令参数如下。

-y：对所有问题都回答“yes”。

-f：即使文件系统标记为 clean 也强制进行检查。

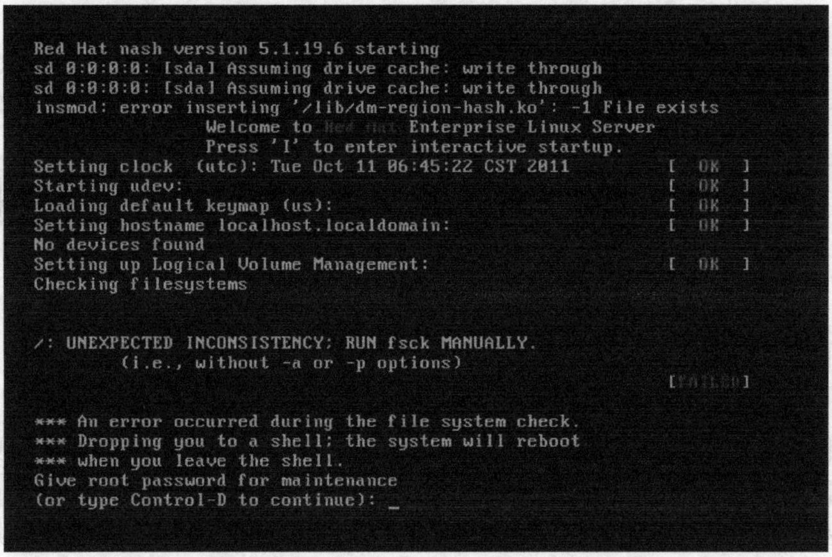

```
Red Hat nash version 5.1.19.6 starting
sd 0:0:0:0: [sda] Assuming drive cache: write through
sd 0:0:0:0: [sda] Assuming drive cache: write through
insmod: error inserting '/lib/dm-region-hash.ko': -1 File exists
                Welcome to Red Hat Enterprise Linux Server
                Press 'I' to enter interactive startup.
Setting clock  (utc): Tue Oct 11 06:45:22 CST 2011          [  OK  ]
Starting udev:                                              [  OK  ]
Loading default keymap (us):                                [  OK  ]
Setting hostname localhost.localdomain:                     [  OK  ]
No devices found
Setting up Logical Volume Management:                       [  OK  ]
Checking filesystems


/: UNEXPECTED INCONSISTENCY; RUN fsck MANUALLY.
        (i.e., without -a or -p options)
                                                            [FAILED]

*** An error occurred during the file system check.
*** Dropping you to a shell; the system will reboot
*** when you leave the shell.
Give root password for maintenance
(or type Control-D to continue): _
```

图 13-20　启动时报错

第 14 章

RAID 的原理与搭建

14.1 RAID 概念

磁盘阵列（Redundant Arrays of Independent Disks，RAID）有“独立磁盘构成的具有冗余能力的阵列”之意。RAID 是由很多价格较便宜的磁盘组合成的一个容量巨大的磁盘组，用以提升整个磁盘系统效能。利用这项技术可将数据切割成许多区段，分别存放在各个磁盘上，RAID 还能利用同位检查（Parity Check），在磁盘组中任意一个磁盘发生故障时，仍可读出数据，在数据重构时，可将数据经计算后重新存入新磁盘中。

注意：RAID 可以预防数据丢失，但是它并不能完全保证数据不会丢失，所以使用 RAID 的同时还是需要注意备份重要的数据。

RAID 的创建有两种方式：软 RAID（通过操作系统实现）和硬 RAID（使用 RAID 卡实现）；在企业中常用的 RAID 类型是 RAID 1、RAID 5 和 RAID 10。不过随着云技术的高速发展，供应商一般可以把硬件问题解决掉。

14.1.1 RAID 常见的类型

RAID 几种常见的类型如表 14-1 所示。

表 14-1 RAID 常见类型

RAID 类型		最低磁盘个数	空间利用率	各自的优缺点
级　别	说　明			
RAID 0	条带	2+	100%	读写速度快，不容错
RAID 1	镜像	2	50%	读写速度一般，容错
RAID 5	带奇偶校验的条带	3+	(n−1)/n	读写速度快，容错，允许坏一块盘
RAID 6	带奇偶校验的条带集，双校验	4+	(n−2)/n	读写快，容错，允许坏两块盘
RAID 10	RAID 1 的安全+RAID 0 的高速	4	50%	读写速度快，容错
RAID 50	RAID 5 的安全+RAID 0 的高速	6	(n−2)/n	读写速度快，容错

RAID 的三个关键技术如下。

镜像：提供了数据的安全性。

条带：为了提高 I/O，提供了数据并发性。

数据的校验：提供了数据的安全性。

RAID 相对于单个磁盘的优点如图 14-1 所示。

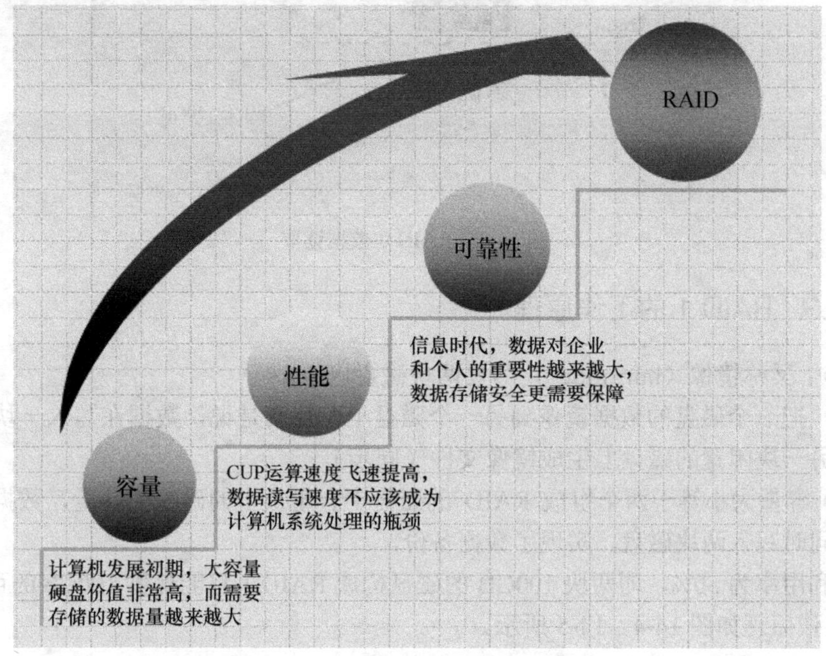

图 14-1　RAID 相对于单个磁盘的优点

14.1.2　RAID 0 的工作原理

RAID 0 又称条带（strping），是最早出现的 RAID 模式。

所需磁盘数量：只需要两块以上磁盘（容量大小最好相同）即可，是组建 RAID 中最简单的一种形式。

特点：成本低，可以提高整个磁盘的性能和吞吐量。RAID 0 并没有提供冗余或错误修复能力，速度快。

任何一个磁盘的损坏都将损坏全部数据，磁盘利用率为 100%，RAID 0 工作原理如图 14-2、14-3 所示。

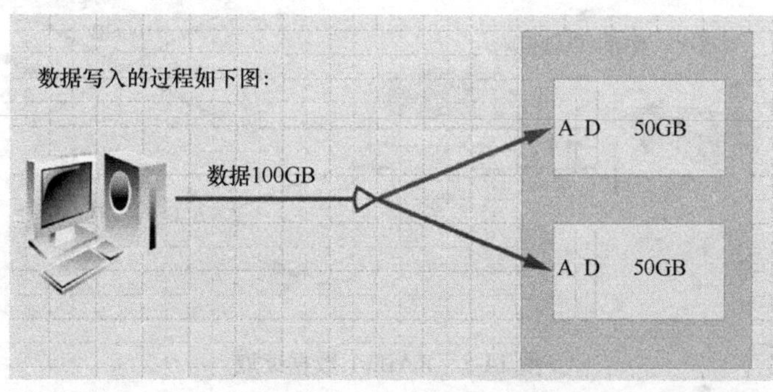

图 14-2　RAID 0 数据写入

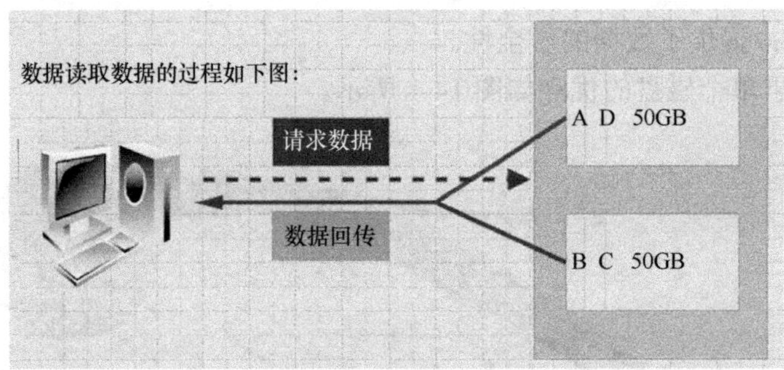

图 14-3 RAID 0 数据读取

14.1.3 RAID 1 的工作原理

RAID 1 又称镜像（mirroring），需要两块磁盘以上。

原理：把一个磁盘的数据镜像到另一个磁盘上。也就是说，数据在写入一块磁盘的同时，会在另一块闲置的磁盘上生成镜像文件（同步）。

RAID 容量大小等于两个组成 RAID 的磁盘中容量最小的磁盘的容量，数据有冗余，在存储时同时写入两块磁盘，实现了数据备份。

磁盘利用率为 50%，即两块 100GB 的磁盘构成 RAID 1 只能提供 100Gb 的可用空间，RAID 1 工作原理如图 14-4、14-5 所示。

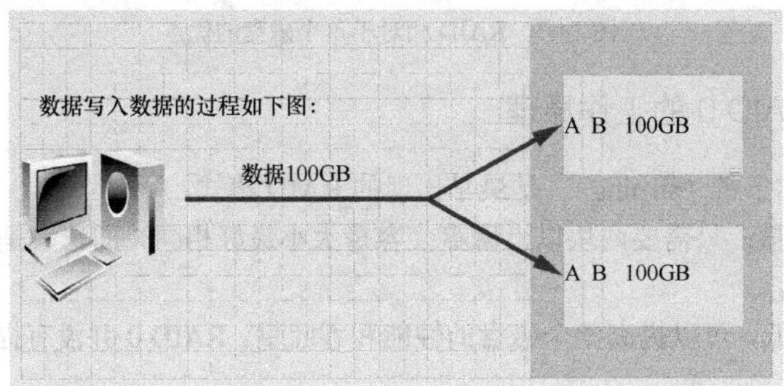

图 14-4 RAID 1 数据写入

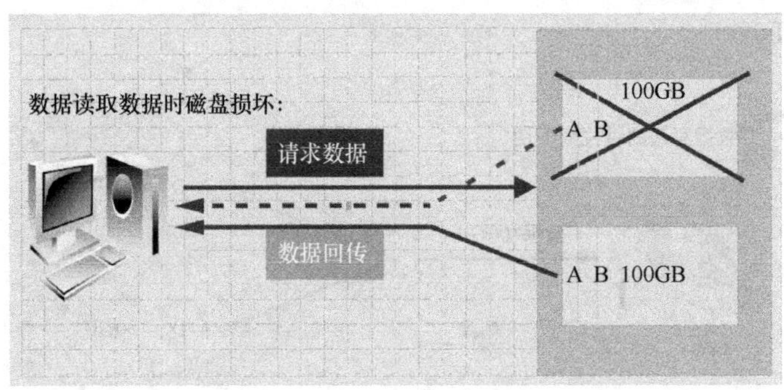

图 14-5 RAID 1 数据读取

14.1.4　RAID 5 的工作原理

需要三块或三块以上磁盘，提供热备盘实现故障的恢复。当损坏一块磁盘时，不影响正常使用，但如果同时损坏两块磁盘，则数据都会损坏，空间利用率为(n−1)/n，n 为磁盘块数。相当于三块磁盘中，两块用来块存储数据，另一块作为热备，当 RAID 5 的一个磁盘数据发生损坏后，可以利用剩下的数据和相应的奇偶校验信息去恢复被损坏的数据。RAID 5 工作原理如图 14-6 所示。

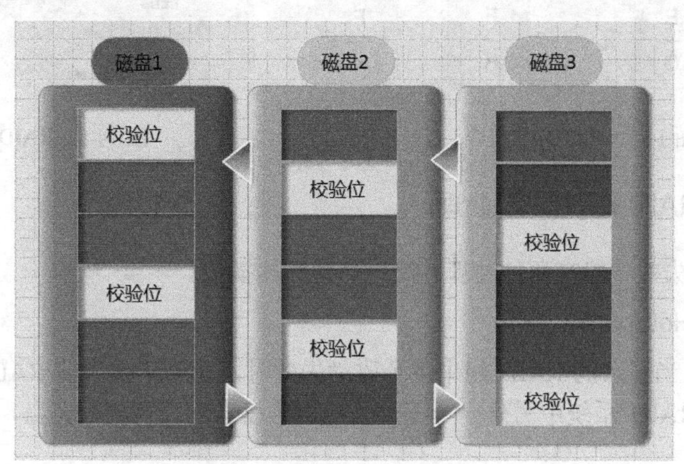

图 14-6　RAID 5 原理

知识扩展：RAID 5 奇偶校验——异或运算。

RAID 5 用相对简单的异或逻辑运算（相同为 0，相异为 1）进行校验，如表 14-2 所示。

表 14-2　异或运算对应表

A 值	B 值	Xor 结果
0	0	0
1	0	1
0	1	1
1	1	0

14.1.5　嵌套 RAID 级别

RAID 10 是将镜像和条带进行两级组合的 RAID 级别，第一级为 RAID 1，第二级为 RAID 0。比如有 8 块磁盘，先两两做 RAID 1，形成了新的 4 块磁盘，然后对这 4 块磁盘做 RAID 0。当 RAID 10 中有一个磁盘受损时，其余磁盘会继续工作，这时受影响的磁盘只有 2 块，如图 14-7 所示。

几个方案对比下来，RAID 5 的性价比是最适合的，如图 14-8 所示。

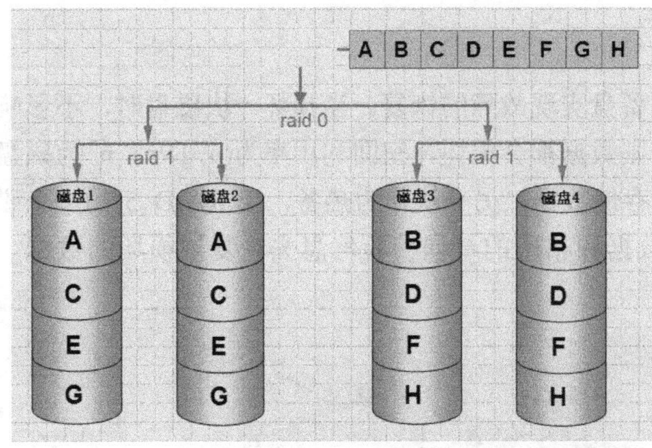

图 14-7　RAID 10 组合

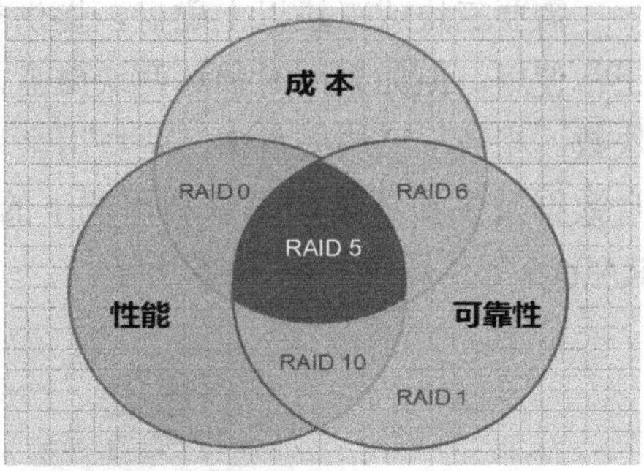

成本
性能
可靠性
RAID 0
RAID 6
RAID 5
RAID 10
RAID 1

图 14-8　RAID 方案对比

14.1.6　RAID 磁盘失效处理

RAID 磁盘失效一般有两种处理方法：热备和热插拔。

1．热备（HotSpare）

（1）定义：当冗余的 RAID 组中某个磁盘失效时，在不干扰当前 RAID 系统正常使用的情况下，用 RAID 系统中另外一个正常的备用磁盘自动顶替失效磁盘，及时保证 RAID 系统的冗余性。

（2）全局式：备用磁盘为系统中所有的冗余 RAID 组共享。

（3）专用式：备用磁盘为系统中某一组冗余 RAID 组专用。

热备盘由系统中两个 RAID 组共享，可自动顶替任何一个 RAID 中的失效磁盘，如图 14-9 所示为全局热备的示例。

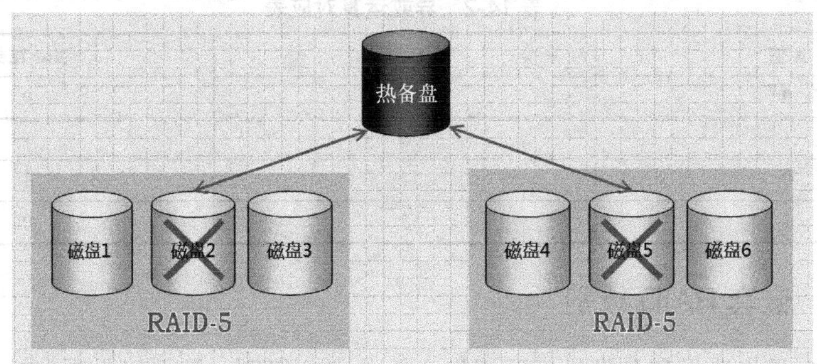

图 14-9　全局热备

2．热插拔（HotSwap）

定义：在不影响系统正常运转的情况下，用正常的物理磁盘替换 RAID 系统中的失效磁盘。

14.2　RAID 常用类型搭建和使用，以及注意事项

14.2.1　RAID 的实现方式

互动：做 RAID，是在装系统之前还是之后？

答：先做 RAID 再装系统，一般服务器启动时，有进入配置 RIAD 的提示，比如，按下 Ctrl+L/H/M 组合键进入配置 RAID 界面。

1．硬 RAID：使用 RAID 卡实现

磁盘是接在 RAID 卡上的，由它统一管理和控制，数据也是由它来进行分配和维护的。RAID 卡有自己的 CPU，处理数据的速度比较快，不需要消耗主机的 CPU 资源。

2．软 RAID：通过操作系统实现

Linux 内核中有一个 md（multiple devices）模块在底层管理 RAID 设备，它会在应用层提供一个工具 mdadm。mdadm 是 Linux 下用于创建和管理软件 RAID 的命令。

mdadm 命令使用格式：mdadm[选项]RAID 设备句 RAID 级别[选项] 磁盘设备名。

mdadm 命令常见选项，如表 14-3 所示。

表 14-3　mdadm 命令常见参数

参　数	含　义	参　数	含　义
-C 或--creat	建立一个新 RAID	-r	移除 RAID 设备
-A	激活 RAID	-l 或--level=	设定 RAID 的级别
-D 或--detail	打印 RAID 设备的详细信息	-n 或--raid-devices=	指定 RAID 成员（分区/磁盘）的数量，这个数量只能由--grow 修改
-s 或--scan	扫描配置文件/proc/mdstat 得到 RAID 缺失信息	-x 或--spare-devicds=	指定 RAID 中备用盘的数量
-f	将 RAID 设备状态定为故障	-c 或--chunk=	设定 RAID 的 chunk 的大小，单位为 KB
-a 或--add	添加设备到 RAID	-G 或--grow	改变 RAID 的大小或形态
-v 或--verbose	显示详细信息	-S	停止 RAID

14.2.2　RAID 常用类型搭建

新添加 11 块磁盘，如图 14-10 所示。

注意：当磁盘名字达到 sdz 以后，依次命名为 sdaa、sdab……如图 14-11 所示。

RAID 常用类型增建的实验环境，如表 14-4 所示。

注意：工作中，正常做 RAID 全部使用的是独立的磁盘，为了节约资源，RAID 10 以 1 块磁盘上多个分区来代替多个独立的磁盘做 RAID，但是这样做出来的 RAID 没有备份数据

的作用，因为如果 1 块磁盘坏了，这个磁盘上所做的 RAID 也都坏了。

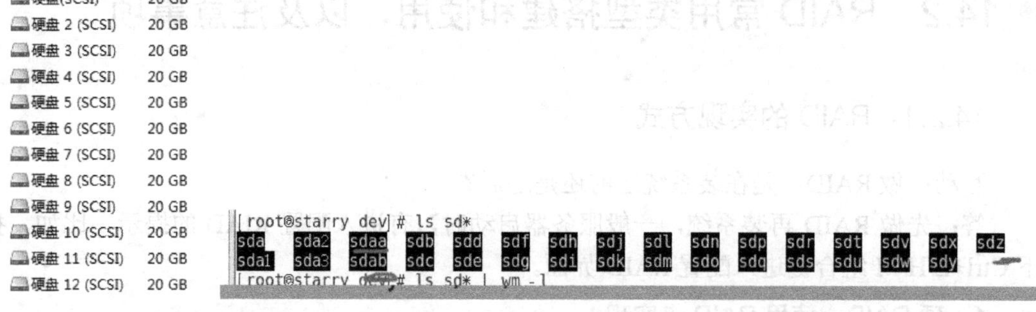

图 14-10　新添加磁盘　　图 14-11　当磁盘名字达到 sdz 后的命名

表 14-4　实验环境

RAID 种类	磁　盘	热 备 盘
RAID 0	sdb、sdc	
RAID 1	sdd、sde	sdf
RAID 5	sdg、sdh、sdi	sdj
RAID 10	分区：sdk1、sdk2、sdk3、sdk4	

1．搭建 RAID 0

搭建 RAID 0 的实验环境，如表 14-5 所示。

表 14-5　搭建 RAID 0 实验环境

RAID 种类	磁　盘	热 备 盘
RAID 0	sdb、sdc	

搭建 RAID 0 的具体步骤如下。

（1）创建 RAID 0，创建后的设备名为/devmd，目标磁盘为/dev/sdb、/dev/sdc。

```
[root@xuegod63 ~]# mdadm -C -v /dev/md0 -l 0 -n 2 /dev/sdb /dev/sdc
mdadm: chunk size defaults to 512K
mdadm: Defaulting to version 1.2 metadata
mdadm: array /dev/md0 started.
```

（2）查看/dev/md0 设备信息。

```
[root@xuegod63 ~]# mdadm -Ds
ARRAY /dev/md0 metadata=1.2 name=xuegod63.cn:0 UUID=cadf4f55:226ef97d:565eaba5:3a3c7da4

[root@xuegod63 ~]# mdadm -D /dev/md0
/dev/md0:
           Version : 1.2
     Creation Time : Thu May 17 15:59:16 2018
        Raid Level : raid0
```

```
     Array Size : 41910272 (39.97 GiB 42.92 GB)
   Raid Devices : 2
  Total Devices : 2
    Persistence : Superblock is persistent

    Update Time : Thu May 17 15:59:16 2018
          State : clean
 Active Devices : 2
Working Devices : 2
 Failed Devices : 0
  Spare Devices : 0

     Chunk Size : 512K                    #Chunk 是 RAID 中最小的存储单位。

Consistency Policy : none

           Name : xuegod63.cn:0   (local to hOSt xuegod63.cn)
           UUID : cadf4f55:226ef97d:565eaba5:3a3c7da4
         Events : 0

    Number   Major   Minor   RaidDevice State
       0       8       16        0      active sync   /dev/sdb
       1       8       32        1      active sync   /dev/sdc

[root@xuegod63 ~]# mdadm -Ds > /etc/mdadm.conf            #生成配置文件。
```

（3）对/dev/md0 设备进行文件系统创建并挂载。

```
[root@xuegod63 ~]# mkfs.xfs /dev/md0                 #格式化/dev/md0 设备。
[root@xuegod63 ~]# mkdir /raid0                      #创建挂载点。
[root@xuegod63 ~]# mount /dev/md0 /raid0/            #挂载/dev/md0 设备。
[root@xuegod63 ~]#  df -Th /raid0/                   #查看磁盘信息。
文件系统       类型   容量   已用   可用  已用%  挂载点
/dev/md0       xfs    40G    33M    40G     1% /raid0

[root@xuegod63 ~]# echo 324 > /raid0/a.txt           #向/dev/md0 设备写入文件。
```

（4）开机自动挂载。

```
[root@xuegod63 ~]# blkid /dev/md0                    #查看/dev/md0 设备的 UUID。
/dev/md0: UUID="3bf9c260-dc7b-4e37-a865-a8caa21ddf2c" TYPE="xfs"

[root@xuegod63 ~]# echo "UUID=5bba0862-c4a2-44ad-a78f-367f387ad001 /raid0 xfs defaults 0 0" >>
/etc/fstab          #使用 UUID 号进行配置开机自动挂载。
```

2．创建 RAID 1

搭建 RAID 1 的实验环境，如表 14-6 所示。

表 14-6　搭建 RAID 1 的实验环境

RAID 种类	磁　盘	热 备 盘
RAID 1	sdd、sde	sdf

以下实验当中使用 sdd、sde 两块磁盘搭建 RAID 1，并添加 1 个热备盘 sdf，实验将模拟磁盘故障，实现用热备盘自动顶替故障盘，然后从 RAID 1 中移出故障盘，实验具体步骤如下。

（1）创建 RAID 1，创建后的设备名为/dev/md1，目标磁盘/dev/sdd、/dev/sde、/dev/sdf。

```
[root@xuegod63 ~]# mdadm -C -v /dev/md1 -l 1 -n 2 -x 1 /dev/sd[d,e,f]
mdadm: Note: this array has metadata at the start and
    may not be suitable as a boot device.   If you plan to
    store '/boot' on this device please ensure that
    your boot-loader understands md/v1.x metadata, or use
    --metadata=0.90
mdadm: size set to 10477568K
Continue creating array? yes                #输入 yes 确认创建。
mdadm: Defaulting to version 1.2 metadata
mdadm: array /dev/md1 started.
```

（2）将 RAID 信息保存到配置文件。

```
[root@xuegod63 ~]# mdadm -Dsv > /etc/mdadm.conf
```

（3）查看 RAID 信息。

```
[root@xuegod63 ~]# mdadm   -D /dev/md1
        Raid Level : raid1
        Array Size : 20955136 (19.98 GiB 21.46 GB)
  …
    Number   Major   Minor   RaidDevice State
       0       8       48        0      active sync   /dev/sdd
       1       8       64        1      active sync   /dev/sde
       2       8       80        -      spare   /dev/sdf
```

（4）在/dev/md1 设备上创建文件系统。

```
[root@xuegod63 ~]# mkfs.xfs /dev/md1
[root@xuegod63 ~]# mkdir /raid1
[root@xuegod63 ~]# mount /dev/md1 /raid1/
```

（5）准备测试文件。

```
[root@xuegod63 ~]# cp /etc/passwd /raid1/
```

下面模拟 RAID 1 中数据盘/dev/sde 出现故障，观察/dev/sdf 热备盘能否自动顶替故障盘。

```
[root@xuegod63 ~]# mdadm /dev/md1 -f   /dev/sde
```

（6）查看/dev/md1 设备信息。

```
[root@xuegod63 ~]# mdadm -D /dev/md1
...
    Number   Major   Minor   RaidDevice State
       0       8       96        0      active sync   /dev/sdg
```

```
        2          8          128          1          spare rebuilding     /dev/sdi #热备盘已经在同步数据。
        1          8          112          -          faulty     /dev/sdh
```

（7）更新配置文件。

```
[root@xuegod63 ~]# mdadm -Dsv > /etc/mdadm.conf
```

（8）查看数据是否丢失。

```
[root@xuegod63 ~]# ls /raid1/      #数据正常，没有丢失。
```

列出重要的数据，如数据库、系统盘（把系统安装到 RAID 1 的/dev/sd1 设备上，可以对/dev/sd1 设备做分区）。

（9）移除损坏的设备。

```
[root@xuegod63 ~]# mdadm -r /dev/md1 /dev/sde
mdadm: hot removed /dev/sde  from /dev/md1
```

（10）查看/dev/md1 设备信息。

```
[root@xuegod63 ~]# mdadm -D /dev/md1
    Number    Major    Minor    RaidDevice State
        0        8        96          0        active sync     /dev/sdd
        2        8        128         1        active sync     /dev/sdf    #已经没有热备盘了。
```

（11）添加一块新的热备盘。

```
[root@xuegod63 ~]# mdadm -a /dev/md1 /dev/sde
mdadm: added /dev/sde
```

3．搭建 RAID 5

搭建 RAID 5 的实验环境，如表 14-7 所示。

表 14-7 搭建 RAID 5 的实验环境

RAID 种类	磁　盘	热 备 盘
RAID 5	sdg、sdh、sdi	Sdj

以下实验当中使用 sdg、sdh、sdi 3 磁盘搭建 RAID 5，并添加 1 个热备盘 sdi，指定 chunk 大小为 32KB，实验将模拟磁盘损坏后使用热备盘，然后扩展 RAID 容量，从 3 个磁盘扩展到 4 个磁盘，实验具体步骤如下。

（1）创建 RAID 5。

创建 RAID 5，创建后的设备名为/dev/md5，目标磁盘为/dev/sdg，/dev/sdh，/dev/sdi，/dev/sdj，其中 1 个磁盘作为热备盘。

```
[root@xuegod63 ~]# mdadm -C -v /dev/md5 -l 5 -n 3 -x 1 -c32 /dev/sd{g,h,i,j}
```

mdadm 命令选项说明如下。

-x 或--spare-devicds=：指定 RAID 中热备盘的数量。

-c 或--chunk=：设定 RAID 的 chunk 的大小，单位为 KB。

（2）查看/dev/md5 设备信息。

```
[root@xuegod63 ~]# mdadm -D /dev/md5
/dev/md5:
           Version : 1.2
```

```
 Creation Time : Thu May 17 18:54:20 2018
    Raid Level : raid5
    Array Size : 41910272 (39.97 GiB 42.92 GB)
 Used Dev Size : 20955136 (19.98 GiB 21.46 GB)
  Raid Devices : 3        #使用的磁盘数量。
 Total Devices : 4        #总磁盘数量。
   Persistence : Superblock is persistent

   Update Time : Thu May 17 18:54:31 2018
         State : clean, degraded, recovering
Active Devices : 2
Working Devices : 4
Failed Devices : 0
 Spare Devices : 2

        Layout : left-symmetric
    Chunk Size : 32K

Consistency Policy : resync

Rebuild Status : 7% complete

          Name : xuegod63.cn:5    (local to host xuegod63.cn)
          UUID : fa685cea:38778d6a:0eb2c670:07ec5797
        Events : 2

Number   Major   Minor   RaidDevice State
   0       8       96        0      active sync      /dev/sdg
   1       8      112        1      active sync      /dev/sdh
   4       8      128        2      spare rebuilding   /dev/sdi
   3       8      144        -      spare      /dev/sdj    #热备盘
```

（3）停止/dev/md5 设备。

```
[root@xuegod63 ~]# mdadm -Dsv > /etc/mdadm.conf        #停止前，一定要先保存配置文件。
[root@xuegod63 ~]# mdadm -D /dev/md5                   #停止前，请确认数据已经同步完成。
Consistency Policy : resync                            #数据已经同步完成。
[root@xuegod63 ~]# mdadm -S /dev/md5                   #停止/dev/md5 设备。
mdadm: stopped /dev/md5
```

（4）激活/dev/md5 设备。

```
[root@xuegod63 ~]# mdadm -As
mdadm: /dev/md5 has been started with 3 drives and 1 spare.
```

（5）扩展/dev/md5 设备。

将热备盘增加到/dev/md5 设备中，使/dev/md5 设备中可以使用的磁盘数量为 4 块。

```
[root@xuegod63 /]# mdadm -G /dev/md5 -n 4 -c 32
```

选项说明：-G 或 –grow 选项改变阵列大小或形态。

```
[root@xuegod63 ~]# mdadm -Dsv > /etc/mdadm.conf                #保存配置文件。
```

备注：RAID 只有在正常状态下才能扩容，降级及重构时不允许扩容。对于 RAID 5 来说，只能增加成员盘，不能减少。而对于 RAID 1 来说，可以增加成员盘，也可以减少。

```
[root@xuegod63 ~]# mdadm -D /dev/md5                #查看/dev/md5 设备状态。
…
        Array Size : 41910272 (39.97 GiB 42.92 GB)     #发现新增加磁盘后空间没有变大，为什么？
     Used Dev Size : 20955136 (19.98 GiB 21.46 GB)
…
    Reshape Status : 3% complete                 #重塑状态：完成 3%，等到 100%，数据才同步完，同步完后会输出下一行。
Consistency Policy : resync                      #一致性策略：再同步，表示已经同步完。
…
    Number   Major   Minor   RaidDevice State
       0       8       96        0      active sync   /dev/sdg
       1       8      112        1      active sync   /dev/sdh
       4       8      128        2      active sync   /dev/sdi
       3       8      144        3      active sync   /dev/sdj
```

等所有数据同步完成后，查看/dev/md5 设备空间大小。

```
Array Size : 62865408 (59.95 GiB 64.37 GB)          #空间已经变大。
Used Dev Size : 20955136 (19.98 GiB 21.46 GB)
```

4．创建 RAID 10

搭建 RAID 10 的实验环境，如表 14-8 所示。

表 14-8　搭建 RAID 10 的实验环境

RAID 种类	磁　盘	热 备 盘
RAID 10	分区：sdk1、sdk2、sdk3、sdk4	

搭建 RAID 10 的具体步骤如下。

（1）对磁盘进行分区。

```
[root@xuegod63 ~]# fdisk /dev/sdk          #分 4 个主分区，每个分区 1GB 大小。
```

（2）创建 RAID 10，创建后的设备名为/dev/md10，目标磁盘为/dev/sdk1，/dev/sdk2，/dev/sdk3，/dev/sdk4。

```
[root@xuegod63 ~]# mdadm -C -v /dev/md10 -l 10 -n 4 /dev/sdk[1-4]
[root@xuegod63 ~]# cat /proc/mdstat
```

清除磁盘里的 RAID 信息。

```
[root@xuegod63 ~]# umount /dev/md0 /raid0                    #如果已经挂载 RAID，就先卸载。
[root@xuegod63 ~]# mdadm -Ss                                 #停止 RAID 设备。
[root@xuegod63 ~]# rm -rf /etc/mdadm.conf                    #删除 raid 配置文件。
[root@xuegod63 ~]# mdadm --zero-superblock /dev/sdb          #清除物理磁盘中的 RAID 标识。
[root@xuegod63 ~]# mdadm --zero-superblock /dev/sdc          #清除物理磁盘中的 RAID 标识。
```

参数：--zero-superblock：清除设备中的 MD 超级块。

14.3 实战：企业中硬件 RAID 配置

以联想 ThinkServer 品牌中的 RD650 型号服务器为例：创建物理主机中的 RAID。

操作步骤如下。

（1）服务器开机后，根据提示按 Ctrl +h 组合键进入如图 14-12 所示的界面。

（2）单击“Start”按钮进入配置页面。

（3）在如图 14-13 所示的对话框中，单击“Configuration Wizard”（配置向导）进行配置。

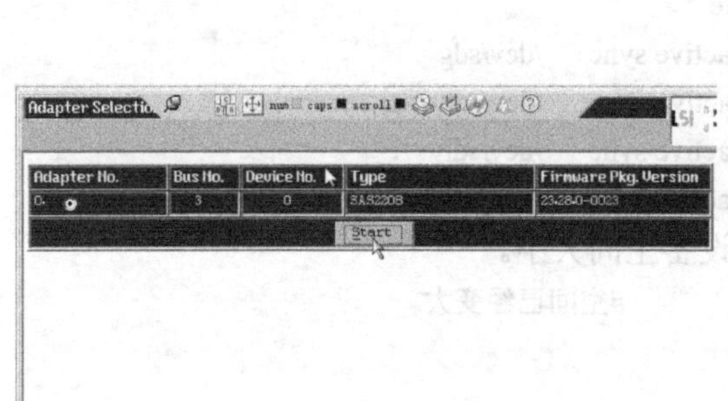

图 14-12 联想 RD650 组建硬 RAID

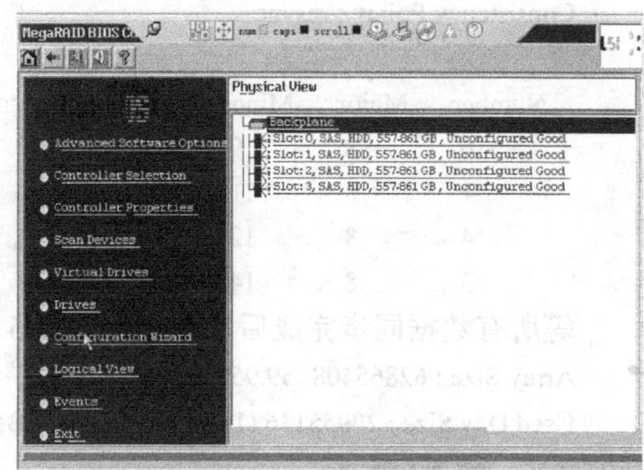

图 14-13 配置向导

（4）在如图 14-14 所示的对话框中，单击“Clear Configuration”（清除配置）单选按钮，并单击“Next”按钮清除旧的配置。

（5）清除以后，显示如图 14-15 所示的界面，再次单击“Configuration Wizard”进行配置。

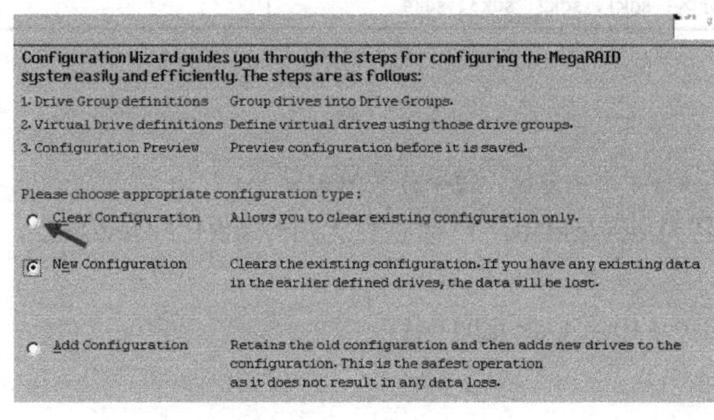

图 14-14 清除配置

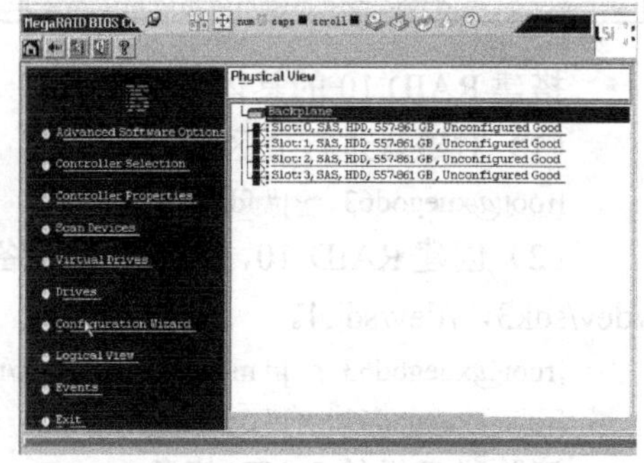

图 14-15 配置向导

（6）在弹出的如图 14-16 所示的对话框中，单击“New Configuration”单选按钮，并单击“Next”按钮进行新的配置。

（7）在弹出的如图 14-17 所示的对话框中，单击“Manual Configuration”（配置手册）单选按钮，并单击“Next”按钮，选择配置方式。

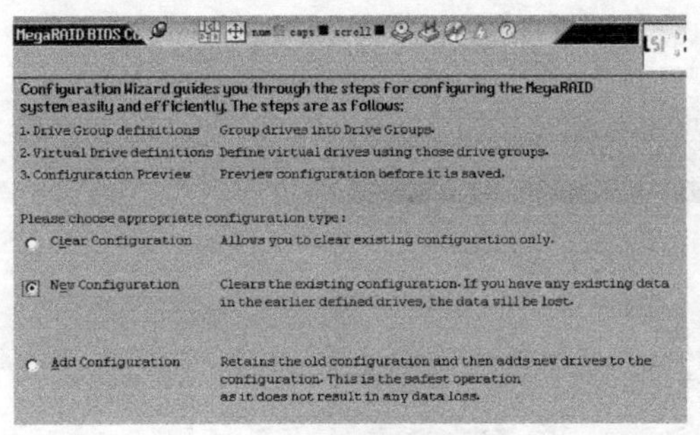

图 14-16　新配置

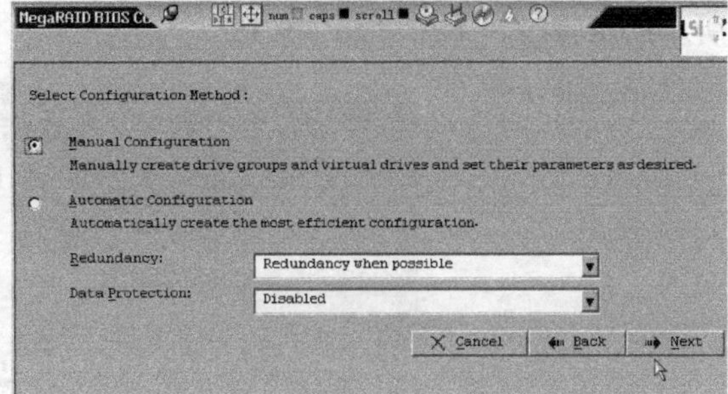

图 14-17　配置手册

（8）在弹出的如图 14-18 所示的对话框中，选择左侧两块磁盘，单击“Add To Array”（加入阵列）按钮。

（9）此处把两块盘做 RAID 1，单击“Accept DG”（接受磁盘组，DG 为 disk groups 的缩写）按钮，然后单击“Next”按钮。

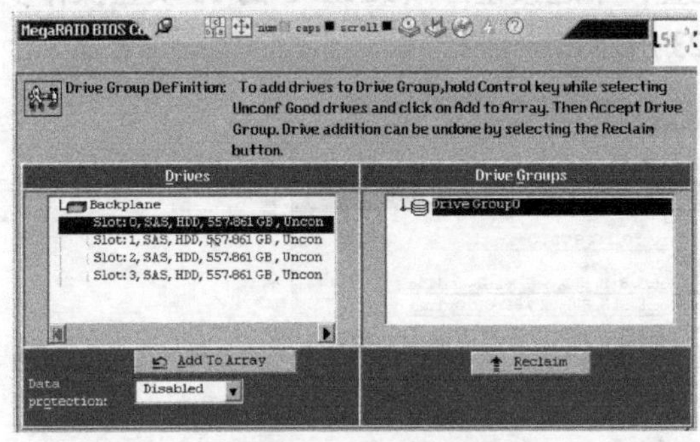

图 14-18　组建阵列

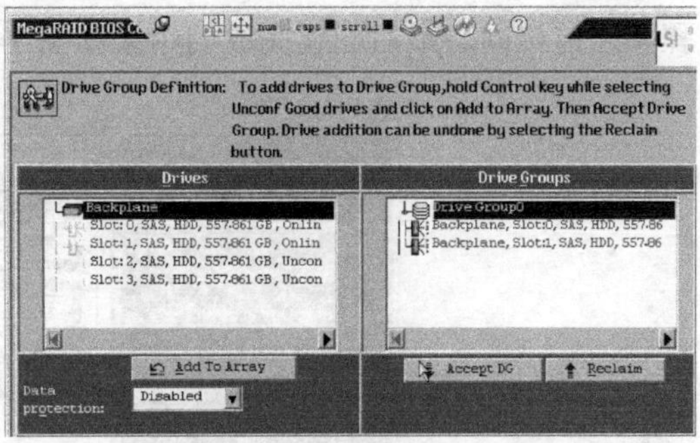

图 14-19　接受磁盘组

（10）在如图 14-20 所示的对话框中，单击“Add to SPAN”（缚住或扎牢的意思，可理解为将两块盘捆绑到一起）按钮，然后单击“Next”按钮。

（11）在 14-21 所示的对话框中，选择 RAID Level（做的是 RAID 1，此处选择 RAID 1），然后依次单击“Update Size”按钮、“Accept”按钮和“Next”按钮。

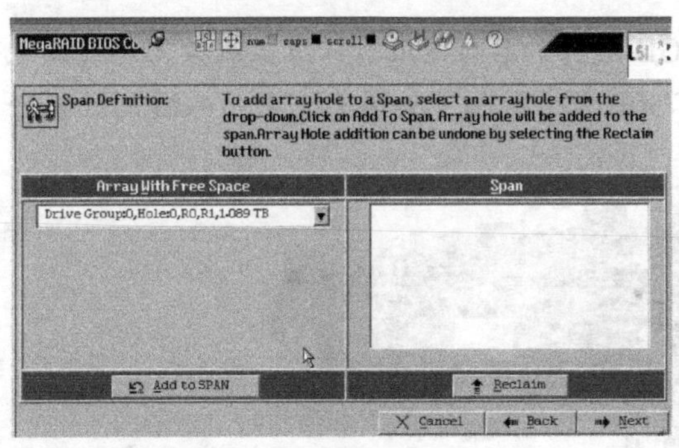

图 14-20　绑定磁盘

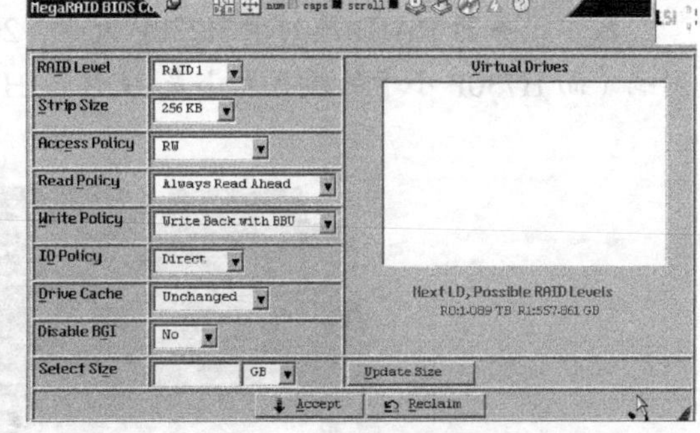

图 14-21　接受更改

（12）接下来的步骤中，全部单击“Next”按钮或者“Yes”按钮，当碰到如图 14-22

所示的步骤时，单击“go”按钮。

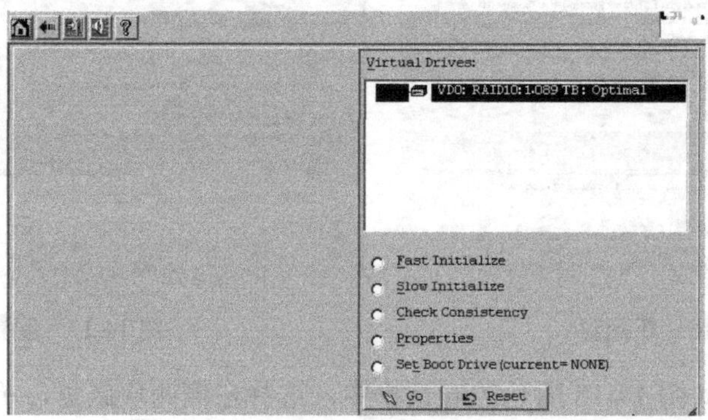

图 14-22 确认配置

（13）之后会回到 Configuration Wizard 页面，在单击“Configuration Wizard”后弹出的对话框中，单击“Add Configuration”（添加配置）单选按钮，做 RAID 5 的 10 块盘操作步骤和之前相同。最后配置完成的结果如图 14-23 所示。

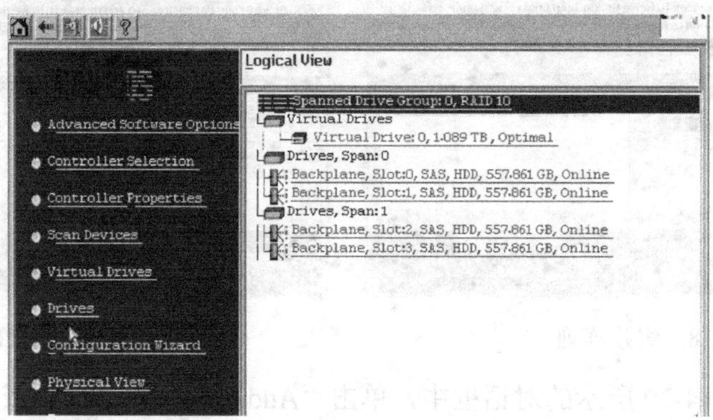

图 14-23 配置完成

如果服务器主板不支持硬 RAID，可以使用 RAID 卡。

知识扩展：常见 RAID 卡。

戴尔服务器 RAID 阵列卡 H730P 大卡，2GB 缓存加后备电池，保障数据读写不受断电影响（而 H730P 小卡的缓存大小是 1GB），H730P 大卡及细节如图 14-24、14-25 所示。

图 14-24 戴尔服务器 RAID 阵列卡 H730P 大卡

图 14-25　戴尔服务器 RAID 阵列卡 H730P 大卡（细节图）

对于硬 RAID，如果 RAID 卡损坏，处理方法如下。

如果更换的 RAID 卡与原卡规格型号相同，则不会有什么问题。若两卡规格型号不同，需要安装新卡的驱动程序。这时就会有不确定性，如驱动程序差别不大时，RAID 磁盘组顺序正常，磁盘上原来的数据可正确读写；若驱动程序差别较大，则可能发生读写错误。

因此，要尽量选购与原 RAID 卡规格相同的产品，以确保数据安全。

第 15 章

LVM 管理和 SSM 工具的使用

15.1 LVM 的基本概念

实战场景：对于生产环境下的服务器来说，如果存储数据的分区磁盘空间不够了怎么办？如图 15-1 所示。

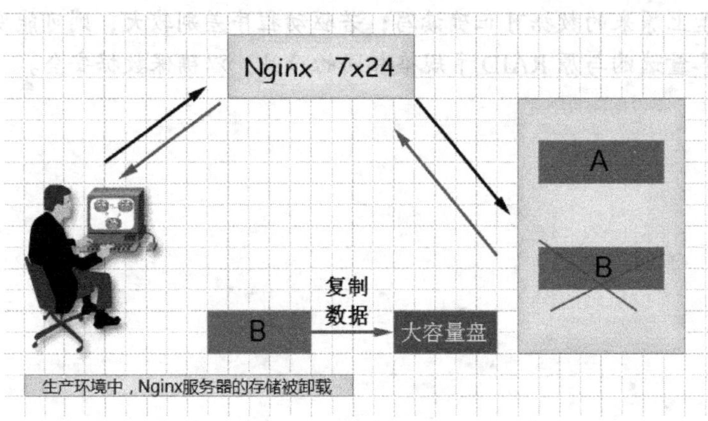

图 15-1 实战场景

答：换一个更大的磁盘。如果用了一段时间后，空间又不够了，怎么办？再加一块更大的？换磁盘的过程中，还需要把数据从一个磁盘复制到另一个磁盘，过程太慢了。

解决方案：使用 LVM 在线动态扩容。

15.1.1 LVM 的工作原理

LVM（Logical Volume Manager，逻辑卷管理），通过在磁盘分区和文件系统之间添加一个逻辑层，来为文件系统屏蔽下层磁盘分区布局，提供一个抽象的盘卷，在盘卷上建立文件系统。管理员利用 LVM 可以在磁盘不用重新分区的情况下动态调整文件系统的大小，当服务器添加了新的磁盘后，管理员不必将原有的文件移动到新的磁盘上，而是通过 LVM 直接扩展文件系统跨越磁盘。

LVM 就是通过将底层的物理磁盘封装起来，然后以逻辑卷的方式呈现给上层应用的。当我们对底层的物理磁盘进行操作时，不再针对分区进行操作，而是通过逻辑卷进行底层的磁盘管理操作。

15.1.2 LVM 常用的术语

物理存储介质（The Physical Media）：可以是磁盘分区、整个磁盘、RAID 阵列或 SAN 磁盘，设备必须初始化为 LVM 物理卷，才能与 LVM 结合使用。

PV（Physical Volume，物理卷）：是 LVM 的基本存储逻辑块，但和基本的物理存储介质（如分区、磁盘等）比较，包含有与 LVM 相关的管理参数，创建 PV 可以用磁盘分区，也可以用磁盘本身。

VG（Volume Group，卷组）：一个 VG 由一个或多个 PV 组成。

LV（Logical Volume，逻辑卷）：LV 建立在 VG 之上，可以在 LV 之上建立文件系统。

PE（Physical Extents）：PV 中可以分配的最小存储单元，PE 的大小是可以指定的，默认为 4MB。

LE（Logical Extent）：LV 中可以分配的最小存储单元，在同一个卷组中，LE 的大小和 PE 的大小是相同的，并且一一对应。

最小存储单元总结如表 15-1 所示。

表 15-1 最小存储单元

名 称	最小存储单位	例 子
磁盘	扇区（512B）	
文件系统	block（1KB 或 4KB）	mkfs.ext4 -b 2048 /dev/sdb1，最大支持 4096B
RAID	chunk （512KB）	mdadm -C -v /dev/md5 -l 5 -n 3 -c 512 -x 1 /dev/sde{1,2,3,5}
LVM	PE （4MB）	vgcreate -s 4M vg1 /dev/sdb{1,2}

LVM 是 Linux 系统对磁盘分区进行管理的一种方式，使用它可以更为灵活地管理磁盘，我们首先来了解一下 PV、VG 和 LV，因为 LVM 就是由这三种元素组成的。

PV：通常在有多块磁盘的环境中，把一块磁盘格式化成一个主分区，然后把这块磁盘做成 PV，在只有一块磁盘的情况下，把这块磁盘上的某一个分区做成 PV。比如，公司里的服务器可能有多块磁盘，此时可以把一块磁盘划为一个主分区，然后再把它做成 PV，但是还得考虑“/boot”引导分区、“/”根分区和“swap”分区，因此把磁盘划分成四个主分区，除上述 3 个分区外，把剩下的空间分成一个主分区，系统装好后把最后一个主分区做成 PV，然后把它加入 VG 里，再从 VG 里划分出 LV，也就组成了 LVM。

VG：它是由若干个 PV 组成的，也就是把上面那些磁盘分区做成的 PV 加到 VG 里，它的作用就是把 PV 集中到一块再进行划分。

LV：就是从 VG 里划分出来的卷，它可以在所用的卷不够用的情况下增加其容量。它其实就像 Windows 里的逻辑磁盘，不过 Windows 里的逻辑磁盘不能随心所欲地增加或减少磁盘的容量，而 LV 可以。

LVM 的主要元素构成及 PV、VG 和 LV 之间的关系，如图 15-2 所示。

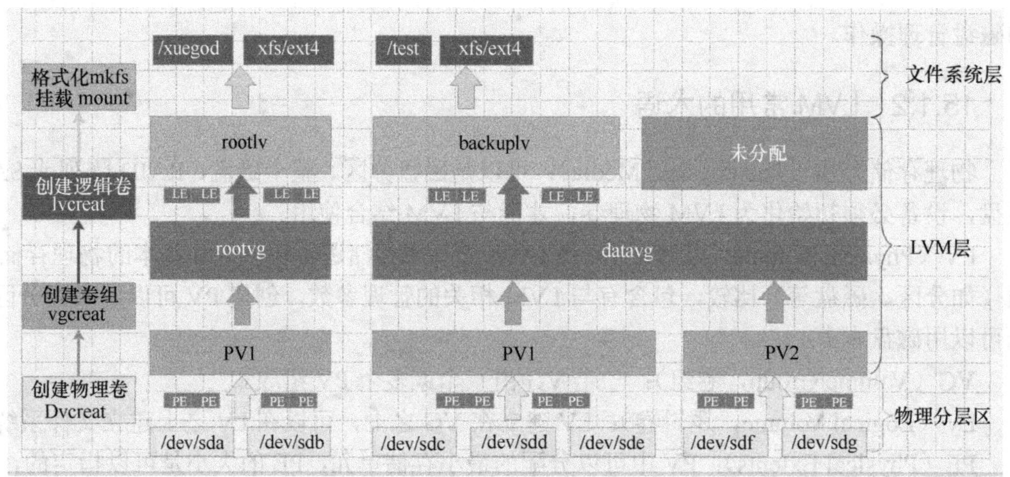

图 15-2 LVM 的主要元素构成

总结：多个磁盘、分区或 RAID→做成多个 PV→合成 VG→从 VG 划出 LV→格式化 LV 挂载使用。

LVM 的优点如下。

（1）使用 VG，使多个磁盘空间看起来像一个大的磁盘。

（2）使用 LV，可以跨多个磁盘空间的分区，如 sdb1、sdb2、sdc1、sdd2、sdf。

（3）在使用 LV 时，可以在空间不足时动态调整它的大小。

（4）在调整 LV 的大小时，不需要考虑 LV 在磁盘上的位置，不用担心没有可用的连续空间。

（5）可以在线对 LV、VG 进行创建、删除、调整大小等操作。LVM 上的文件系统也需要重新调整大小。

（6）允许创建快照，可以用来保存文件系统的备份。

RAID 加上 LVM 一起使用：LVM 是软件的卷管理方式，而 RAID 是磁盘管理的方法。对于重要的数据，使用 RAID 来保护物理的磁盘不会因为故障而中断业务，再用 LVM 实现对卷的良性的管理，可以更好地利用磁盘资源。

15.2 创建 LVM 的基本步骤

创建 LVM 的基本步骤如下。

（1）物理磁盘被格式化为 PV，空间被划分成一个个的 PE。

（2）不同的 PV 加入同一个 VG 中，不同 PV 的 PE 全部进入 VG 的 PE 池内。

（3）在 VG 中基于 PE 创建 LV，组成 LV 的 PE 可能来自不同的物理磁盘。

（4）LV 直接格式化后挂载使用。

（5）LV 的扩充或缩减实际上就是增加或减少组成该 LV 的 PE 数量，其过程不会丢失原始数据。

LVM 常用的命令，如表 15-2 所示。

表 15-2　LVM 常用的命令

功　能	PV 管理命令	VG 管理命令	LV 管理命令
scan（扫描）	pvscan	vgscan	lvscan
create（创建）	pvcreate	vgcreate	lvcreate
display（显示）	pvdisplay	vgdisplay	lvdisplay
remove（移除）	pvremove	vgremove	lvremove
extend（扩展）		vgextend	lvextend
reduce（减少）		vgreduce	lvreduce

LVM 搭建过程对应阶段的查看命令，如 PV 阶段、VG 阶段、LVM 阶段，如表 15-3 所示。

表 15-3　LVM 操作命令

查看卷名	简单对应卷信息的查看	扫描相关的所有的对应卷	详细对应卷信息的查看
PV	pvs	pvscan	pvdisplay
VG	vgs	vgscan	vgdisplay
LV	lvs	lvscan	lvdisplay

15.2.1　创建并使用 LVM

1．创建 PV

添加一个 sdb 磁盘。

```
[root@xuegod63 ~]# fdi1．创建 PV
```

添加一个 sdb 磁盘。

```
[root@xuegod63 ~]# fdisk /dev/sdb                #创建 4 个主分区，每个分区 1GB，分区操作请参考 12.2 节讲述的使用 fdisk 进行磁盘分区的内容。

[root@xuegod63 ~]# ls /dev/sdb*                  #查看 sdb 磁盘的所有分区。
/dev/sdb   /dev/sdb1   /dev/sdb2   /dev/sdb3   /dev/sdb4
```

注意：现在的 Linux 系统已经很智能了，直接使用默认的 83Linux 分区，就可以创建 PV，因此可以不需要修改分区的类型为 LVM，如果需要修改则参照如下示例。

```
[root@xuegod63 ~]# fdisk /dev/sdb
欢迎使用 fdisk (util-linux 2.23.2)。
更改将停留在内存中，直到您决定将更改写入磁盘。
使用写入命令前请三思。

命令(输入 m 获取帮助)：t
分区号 (1-4，默认 4)：1
Hex 代码(输入 L 列出所有代码)：8e
已将分区"Linux"的类型更改为"Linux LVM"
```

```
命令(输入 m 获取帮助)：t
分区号 (1-4，默认 4)：2
Hex 代码(输入 L 列出所有代码)：8e
已将分区“Linux LVM”的类型更改为“Linux LVM”

命令(输入 m 获取帮助)：t
分区号 (1-4，默认 4)：3
Hex 代码(输入 L 列出所有代码)：8e
已将分区“Linux”的类型更改为“Linux LVM”

命令(输入 m 获取帮助)：t
分区号 (1-4，默认 4)：4
Hex 代码(输入 L 列出所有代码)：8e
已将分区“Linux”的类型更改为“Linux LVM”

命令(输入 m 获取帮助)：p   #查看到 System 为 Linux LVM 则为更改成功。

命令(输入 m 获取帮助)：w
创建 PV 并查看 PV 信息
 [root@xuegod63 ~]# pvcreate /dev/sdb{1,2,}            #adb1、sdb2 分区创建 PV。
   Physical volume "/dev/sdb1" successfully created.
   Physical volume "/dev/sdb2" successfully created.

[root@xuegod63 ~]# pvdisplay /dev/sdb1                 #查看 PV 信息。
   "/dev/sdb1" is a new physical volume of "1.00 GiB"
   --- NEW Physical volume ---
   PV Name               /dev/sdb1
   VG Name
   PV Size               1.00 GiB
   Allocatable           NO
   PE Size               0
   Total PE              0
   Free PE               0
   Allocated PE          0
   PV UUID               SHKFwf-WsLr-kkox-wlee-dAXc-5eL0-hyhaTV
```

2．创建 VG

使用 vgcreate 命令建 VG。

```
命令使用格式：vgcreate   VG 名   PV 名（可以跟多个 PV）
[root@xuegod63 ~]#   vgcreate vg01 /dev/sdb1         #创建的 VG 名为 vg01，创建的设备为/dev/sdb1。
   Volume group "vg01" successfully created
[root@xuegod63 ~]#   vgs
   VG     #PV #LV #SN Attr     VSize     VFree
```

```
  vg01    1    0    0 wz--n- 1020.00m 1020.00m
[root@xuegod63 ~]#  vgdisplay vg01
  --- Volume group ---
  VG Name               vg01
  System ID
  Format                lVM2
  Metadata Areas        1
  Metadata Sequence No  1
  VG Access             read/write
  VG Status             resizable
  MAX LV                0
  Cur LV                0
  Open LV               0
  Max PV                0
  Cur PV                1
  Act PV                1
  VG Size               1020.00 MiB
  PE Size               4.00 MiB
  Total PE              255
  Alloc PE / Size       0 / 0
```

3．创建 LV

使用 lvcreate 命令创建 LV。

命令使用格式：lvcreate -n 指定 LV 名 –L 指定 LV 的大小（单位为 M，G，也可以使用-l 选项指定 PE 的数量来分配 LV 大小）最后指定 VG 名（卷组名称）。

```
[root@xuegod63 ~]#  lvcreate -n lv01 -L 16M vg01    #创建 LV，创建的 LV 名为 lv01，并指定 LV 的大小为 16MB，使用卷组 vg01。
  Logical volume "lv01" created.

[root@xuegod63 ~]#  lvcreate -n lv02 -l 4 vg01      #创建 LV，创建的 LV 名为 lv02，并指定 LV 的大小为 4 个 PE（PE 容量大小*4），使用卷组 vg01。
  Logical volume "lv02" created.

[root@xuegod63 ~]# lvs
  LV   VG   Attr       LSize  Pool Origin Data%  Meta%  Move Log Cpy%Sync Convert
  lv01 vg01 -wi-a----- 16.00m
  lv02 vg01 -wi-a----- 16.00m

[root@xuegod63 ~]# pvdisplay /dev/sdb1              #显示目前系统上 VG 的状态。
  --- Physical volume ---
  PV Name               /dev/sdb1
  VG Name               vg01
  PV Size               1.00 GiB / not usable 4.00 MiB
  Allocatable           yes
```

```
  PE Size                4.00 MiB
  Total PE               255
  Free PE                247
  Allocated PE           8                          #已经使用了 8 个 PE。
[root@xuegod63 ~]# vgdisplay vg01
…
  Alloc PE / Size        8 / 32.00 MiB              #已经使用了 8 个 PE，32MB。
  Free  PE / Size        247 / 988.00 MiB
```

4．文件系统格式化与挂载

```
[root@xuegod63 ~]# mkdir /lv01                      #创建挂载点。
互动： lv01 LV 的路径在哪？
[root@xuegod63 ~]# ls /dev/vg01/                    #查看 LV。
lv01  lv02
[root@xuegod63 ~]# ll /dev/vg01/lv01   #其实 lv01 是 dm-0 的软链接。
lrwxrwxrwx 1 root root 7 5 月  18 19:02 /dev/vg01/lv01 -> ../dm-0

[root@xuegod63 ~]# mkfs.ext4 /dev/vg01/lv01         #格式化。
[root@xuegod63 ~]# mount /dev/vg01/lv01  /lv01      #挂载。
[root@xuegod63 ~]# df -Th /lv01
文件系统                  类型  容量  已用  可用  已用% 挂载点
/dev/mapper/vg01-lv01 ext4   15M  268K   14M    2% /lv01

设备开机自动挂载。
[root@xuegod63 ~]#echo  "/dev/vg01/lv01 /lv01 ext4 defaults 0 0"  >> /etc/fstab
```

15.2.2 指定 PE 大小

用-s 参数指定 PE 大小，如果存储的数据都是大文件，那么 PE 尽量调大，这样读取速度快。

[root@xuegod63 ~]# vgcreate -s 16M vg02 /dev/sdb2 #创建 VG 时，指定其 PE 大小为 16MB，创建的 VG 名为 vg02，使用设备/dev/sdb2。

```
  Volume group "vg02" successfully created
PE 的大小只能为 2 的幂数，且最大为 512MB。
[root@xuegod63 ~]# vgdisplay vg02                   #查看 VG 状态信息。
  --- Volume group ---
  VG Name               vg02
  System ID
  Format                lVM2
  Metadata Areas        1
  Metadata Sequence No  1
  VG Access             read/write
  VG Status             resizable
  MAX LV                0
```

```
  Cur LV                0
  Open LV               0
  Max PV                0
  Cur PV                1
  Act PV                1
  VG Size               1008.00 MiB
  PE Size               16.00 MiB            #PE 的大小已经是 16MB。
```

15.2.3　LV 扩容

在 LV 扩容之前，需要确认一下是否有可用的扩容空间，因为空间是从 VG 里面创建的，并且 LV 不能跨 VG 扩容。

```
[root@xuegod63 ~]# vgs
  VG   #PV #LV #SN Attr   VSize    VFree
  vg01   1   2   0 wz--n- 1020.00m  988.00m
  vg02   1   0   0 wz--n- 1008.00m 1008.00m
```

扩容使用到的命令如表 15-4 所示。

表 15-4　扩容命令

VG 扩容命令	LV 扩容命令
vgextend	lvextend

```
[root@xuegod63 ~]# lvextend -L +30m /dev/vg01/lv01
```

说明：在指定大小的时候，扩容 30MB 和扩容到 30MB 是不一样的写法。

-L +30M：把原有的容量大小增加 30MB。

-L 30M：把原有的容量大小调为 30MB。

```
[root@xuegod63 ~]# lvextend -L +30m /dev/vg01/lv01        #调整/dev/vg01/lv01 的容量大小增加
30MB。
  Rounding size to boundary between physical extents: 32.00 MiB.
  Size of logical volume vg01/lv01 changed from 16.00 MiB (4 extents) to 48.00 MiB (12 extents).
  Logical volume vg01/lv01 successfully resized.

[root@xuegod63 ~]# lvs
  LV   VG   Attr       LSize  Pool Origin Data%  Meta%  Move Log Cpy%Sync Convert
  lv01 vg01 -wi-ao---- 48.00m                                  #LV 已经扩容成功。
  lv02 vg01 -wi-a----- 16.00m

[root@xuegod63 ~]# df -Th /lv01
文件系统                类型  容量  已用  可用 已用% 挂载点
/dev/mapper/vg01-lv01 ext4   15M  268K   14M    2% /lv01
```

注意：可以看到 LV 虽然扩展了，但是文件系统大小还是原来的，下面开始扩容文件系统。

ext4 文件系统扩容使用命令 resize2fs，命令使用格式：resize2fs　LV 名。

xfs 文件系统扩容使用命令 xfs_growfs，命令使用格式： xfs_growfs 挂载点。

resize2fs 命令和 xfs_growfs 命令两者的区别是传递的参数不一样，xfs_growfs 命令传递的参数是挂载点，而 resize2fs 命令传递的参数是 LV 名，而且 resize2fs 命令不能对 XFS 类型的文件系统使用。

```
[root@xuegod63 ~]# resize2fs /dev/vg01/lv01
resize2fs 1.42.9 (28-Dec-2013)
Filesystem at /dev/vg01/lv01 is mounted on /lv01; on-line resizing required
old_desc_blocks = 1, new_desc_blocks = 1
The filesystem on /dev/vg01/lv01 is now 49152 blocks long.
[root@xuegod63 ~]# df -Th /lv01
文件系统                    类型   容量   已用   可用  已用% 挂载点
/dev/mapper/vg01-lv01 ext4   46M  （扩容成功）522K   43M    2% /lv01

[root@xuegod63 ~]# lvextend -L 80M -r /dev/vg01/lv01   #直接把 lv01 扩容到 80MB 空间，一步到位，
不用再扩容文件系统了。
[root@xuegod63 ~]# df -T /lv01/
文件系统                    类型 1K-块   已用   可用  已用% 挂载点
/dev/mapper/vg01-lv01 ext4 78303    776 73761    2% /lv01
[root@xuegod63 ~]# df -Th /lv01/
文件系统                    类型   容量   已用   可用  已用% 挂载点
/dev/mapper/vg01-lv01 ext4   77M  776K   73M    2% /lv01
```

15.2.4 VG 扩容

```
[root@xuegod63 ~]# vgs
  VG   #PV #LV #SN Attr   VSize    VFree
  vg01   1   2   0 wz--n- 1020.00m  924.00m
  vg02   1   0   0 wz--n- 1008.00m 1008.00m
```

VG 扩容的场景：VG 中的空间不够了，需要添加新的磁盘。

```
[root@xuegod63 ~]# pvcreate /dev/sdb3      #把/dev/sdb3 分区创建为 PV。
[root@xuegod63 ~]# vgextend vg01 /dev/sdb3    #扩容 vg01。
  Volume group "vg01" successfully extended

[root@xuegod63 ~]# vgs
  VG   #PV #LV #SN Attr   VSize    VFree
  vg01   2   2   0 wz--n-    2.99g   <2.90g
  vg02   1   0   0 wz--n- 1008.00m 1008.00m
```

15.2.5 缩小 LVM

问：LVM 可以动态增加，可以动态缩小吗？

答：LVM 可以动态增加，也可以动态缩小，但是 XFS 文件系统不支持动态缩小，所以我们无法实现基于 XFS 文件系统的动态缩小。btrfs 文件系统支持在线缩小。

```
 [root@xuegod63 ~]# lvreduce -L -20m /dev/vg01/lv01        #/dev/vg01/lv01 设备的容量缩小 20MB。
  WARNING: Reducing active and open logical volume to 60.00 MiB.
  THIS MAY DESTROY YOUR DATA (filesystem etc.)
Do you really want to reduce vg01/lv01? [y/n]: y
  Size of logical volume vg01/lv01 changed from 80.00 MiB (20 extents) to 60.00 MiB (15 extents).
  Logical volume vg01/lv01 successfully resized.              # vg01/lv01 设备的容量缩小成功。
```

但是文件系统没有缩小成功。

```
[root@xuegod63 ~]# df -h /lv01/
文件系统                          容量   已用    可用    已用%  挂载点
/dev/mapper/vg01-lv01    77M  776K   73M     2%    /lv01    #发现文件系统上的空间没有变。

[root@xuegod63 ~]# lvextend -L 10M -r /dev/vg01/lv01          #这个命令也是不能成功执行的。
[root@xuegod63 ~]# resize2fs /dev/vg01/lv01                   #这个命令也是不能成功执行的。
```

VG 容量缩减，要确认 PV 是否正在被使用，因为无法缩减一个正在使用的 PV。

```
[root@xuegod63 ~]#  vgs
  VG   #PV #LV #SN Attr   VSize    VFree
  vg01   2   2   0 wz--n-    2.99g   <2.92g
  vg02   1   0   0 wz--n- 1008.00m 1008.00m

[root@xuegod63 ~]# pvs
  PV         VG   Fmt  Attr PSize    PFree
  /dev/sdb1  vg01 lVM2 a--  1020.00m  944.00m
  /dev/sdb2  vg02 lVM2 a--  1008.00m 1008.00m
  /dev/sdb3  vg01 lVM2 a--  1020.00m 1020.00m
[root@xuegod63 ~]# cp -r /boot/grub /lv01/              #复制一些测试数据。
[root@xuegod63 ~]# vgreduce vg01 /dev/sdb1              #将 sdb1 移出失败，因 sdb1 正在被使用。
  Physical volume "/dev/sdb1" still in use
```

如果 sdb1 是一个磁盘阵列，而这个磁盘阵列使用年代太久，必须移出，操作如下。

```
移动数据。
[root@xuegod63 ~]# pvmove   /dev/sdb1   /dev/sdb3        #将 sdb1 上的数据移动到新增加的 sdb3
PV 上。
  /dev/sdb1: Moved: 23.53%
  /dev/sdb1: Moved: 76.47%
  /dev/sdb1: Moved: 100.00%
[root@xuegod63 ~]#   vgreduce vg01 /dev/sdb1             #移动完数据再移出。
  Removed "/dev/sdb1" from volume group "vg01"

[root@xuegod63 ~]# pvs
  PV         VG   Fmt  Attr PSize    PFree
  /dev/sdb1       lVM2 ---     1.00g    1.00g
  /dev/sdb2  vg02 lVM2 a--  1008.00m 1008.00m
  /dev/sdb3  vg01 lVM2 a--  1020.00m  952.00m            #vg01 中只有 sdb3 了。
```

15.2.6 删除 LVM

1．创建 LVM 流程

用 pvcreate 命令创建 PV→用 vgcreate 命令创建 VG→用 lvcreate 命令创建 LV→用 mkfs.xfs 命令格式化→用 mount 命令挂载。

2．删除 LVM 流程

用 umount 命令卸载→用 lvremove 命令移出 VG 中所有 LV→用 vgremove 移出 VG→用 pvremove 命令移出 PV。

```
[root@xuegod63 ~]# umount /lv01                    #卸载 lv01 设备。
[root@xuegod63 ~]#  lvremove /dev/vg01/lv01        #移出 VG 中所有 LV。
Do you really want to remove active logical volume vg01/lv01? [y/n]: y    #输入 y。
  Logical volume "lv01" successfully removed

[root@xuegod63 ~]# lvs
  LV    VG    Attr        LSize   Pool Origin Data%  Meta%  Move Log Cpy%Sync Convert
  lv02 vg01 -wi-a----- 16.00m                      #已经看不到 lv01。

[root@xuegod63 ~]# vgremove vg01                   #直接移出 VG。
Do you really want to remove volume group "vg01" containing 1 logical volumes? [y/n]: y    #输入 y。
Do you really want to remove active logical volume vg01/lv02? [y/n]: y
#如果 VG 中还有 LV，移出时，会提示“是否也移出”，这里直接移出。
  Logical volume "lv02" successfully removed
  Volume group "vg01" successfully removed

[root@xuegod63 ~]# vgs
  VG    #PV #LV #SN Attr   VSize    VFree
  vg02    1   0   0 wz--n- 1008.00m 1008.00m      #通过 vgs 命令查看到没有 vg01。
```

3．移出 PV　sdb1

```
[root@xuegod63 ~]# pvs
  PV          VG   Fmt  Attr PSize    PFree
  /dev/sdb1        lVM2 ---     1.00g    1.00g
  /dev/sdb2   vg02 lVM2 a--  1008.00m 1008.00m
  /dev/sdb3        lVM2 ---     1.00g    1.00g

[root@xuegod63 ~]# pvremove /dev/sdb1           #移出 sdb1。
  Labels on physical volume "/dev/sdb1" successfully wiped.
[root@xuegod63 ~]# pvs
  PV          VG   Fmt  Attr PSize    PFree
  /dev/sdb2   vg02 lVM2 a--  1008.00m 1008.00m
  /dev/sdb3        lVM2 ---     1.00g    1.00g
```

15.3　SSM 工具

15.3.1　SSM 简介

SSM：检查关于可用硬驱和 LVM 卷的信息，显示关于现有磁盘存储设备、存储池、LVM 卷和存储快照的信息。

使用 Yam 工具安装 SSM。

```
[root@xuegod63 ~]# yum -y install system-storage-manager #使用 Yum 工具安装 system-storage-manager 程序包。
```

1. 使用 SSM 命令查看磁盘信息

```
root@xuegod63 ~]# ssm list dev
-----------------------------------------------------------
Device         Free      Used      Total  Pool  Mount point
-----------------------------------------------------------
/dev/fd0                         4.00 KB
/dev/sda                        20.00 GB        PARTITIONED
/dev/sda1                      200.00 MB        /boot
/dev/sda2                        1.00 GB        SWAP
/dev/sda3                       10.00 GB        /
/dev/sdb                        20.00 GB
/dev/sdb1                        1.00 GB
/dev/sdb2   1008.00 MB   0.00 KB   1.00 GB  vg02
/dev/sdb3                        1.00 GB
/dev/sdb4                        1.00 GB
```

2. 使用 SSM 命令查看存储池信息

```
[root@xuegod63 ~]# ssm list pool
-------------------------------------------------
Pool  Type  Devices        Free     Used       Total
-------------------------------------------------
vg02  lVM   1        1008.00 MB  0.00 KB  1008.00 MB
-------------------------------------------------
```

15.3.2　实战：为公司的邮件服务器创建基于 LVM 的邮件存储池

实战场景：公司要搭建一台邮件服务器，考虑到后期公司的发展和规模扩张，需要创建一个名为 mail 的 LVM 存储池，并在其上创建一个名为 mail-lv、初始大小为 1GB 的 LV，格式化为 XFS 文件系统，并将其挂载在/mail-lv 目录下。此存储池中的空间后期要可以动态扩容。创建该存储池的步骤如下。

1. 将 sdb 上所有 VG 信息删除

```
[root@xuegod63 ~]# vgremove vg02
[root@xuegod63 ~]# pvremove /dev/sdb{1,2,3}
```

2. 创建目录

```
[root@xuegod72 ~]# mkdir /mail-lv
```

使用的命令如下。

```
ssm  create  -s  LV大小  -n  LV名  --fstype  LV文件系统类型 -p VG名  设备 挂载点
```

3. 自动把设备变成 PV，创建 VG 和 LV，格式化文件系统，自动挂载

```
[root@xuegod63 ~]# ssm create -s 1G -n mail-lv --fstype xfs -p mail /dev/sdb[1-4] /mail-lv
  Physical volume "/dev/sdb1" successfully created.
  Physical volume "/dev/sdb2" successfully created.
  Physical volume "/dev/sdb3" successfully created.
  Physical volume "/dev/sdb4" successfully created.
  Volume group "mail" successfully created
WARNING: ext4 signature detected on /dev/mail/mail-lv at offset 1080. Wipe it? [y/n]: y
  Wiping ext4 signature on /dev/mail/mail-lv.
  Logical volume "mail-lv" created.
meta-data=/dev/mail/mail-lv      isize=512    agcount=4, agsize=65536 blks
         =                       sectsz=512   attr=2, projid32bit=1
         =                       crc=1        finobt=0, sparse=0
data     =                       bsize=4096   blocks=262144, imaxpct=25
         =                       sunit=0      swidth=0 blks
naming   =version 2              bsize=4096   ascii-ci=0 ftype=1
log      =internal log           bsize=4096   blocks=2560, version=2
         =                       sectsz=512   sunit=0 blks, lazy-count=1
realtime =none                   extsz=4096   blocks=0, rtextents=0
[root@xuegod63 ~]# df -h  /mail-lv/
文件系统                      容量   已用   可用   已用%   挂载点
/dev/mapper/mail-mail--lv    1014M   33M   982M   4%     /mail-lv
```

第 16 章

Linux 计划任务与日志的管理

16.1　at 计划任务及 crontab 定时任务的使用方法

Linux 系统可以通过提前做一些设置，来让计算机定时替我们执行一些命令，这被称为定时任务。而遇到一些临时需要执行的事情或任务时，可以通过命令告诉计算机把这个事情或任务做一下。

在 Linux 中，可以通过 crontab 和 at 命令来实现这些功能。

计划任务的作用：做一些周期性的任务，在生产中主要用来定期备份数据。

任务调度分两种：系统任务调度、用户任务调度。

计划任务的安排方式分两种：一种是突发性的，就是这个任务是临时决定的，只执行一次，这种计划任务在 Linux 中被称为 at 计划任务。另一种是定时性的，也就是每隔一定的周期就要重复执行，也称为周期性的计划任务，即 crontab 计划任务。

16.1.1　at 计划任务的使用

命令使用格式：at 时间。

使用 at 命令，需要开启 atd 服务。

```
[root@xuegod63 ~]# systemctl start atd             #开启 atd 服务。
[root@xuegod63 ~]# systemctl status atd            #查看 atd 服务状态。
[root@xuegod63 ~]# systemctl is-enabled atd        #查看是否开机启动 atd 服务，如果弹出 enabled，说明开机启动此服务。
```

在 CentOS 6 中查看开机启动服务使用 chkconfig 命令。

```
[root@xuegod63 ~]# chkconfig --list | grep atd   #此命令在 CentOS 7 上不能执行。
```

1. 使用 at 创建计划任务

```
[root@xuegod63 ~]# date                            #查看系统时间。
2018 年 05 月 21 日 星期一 20:43:29 CST
[root@xuegod63 ~]# at 20:46                        #注意，如果是上午时间，后面加上 am，如 9:20am。
at> mkdir /tmp/xuegod                              #输入要执行的命令。
at> touch /tmp/xuegod/a.txt
at> <EOT>                                          #结束：按 Ctrl+d 组合键。
```

```
[root@xuegod63 ~]# at -l                              #查看计划任务。
[root@xuegod63 ~]# atq                                #查看计划任务。
```

2. 检查 at 计划任务运行结果

```
[root@xuegod63 ~]# ls /tmp/xuegod/
a.txt
```

问：如果正在执行命令，需要按 Ctrl+d 组合键，若按成 Ctrl+s 组合键会怎么样？

解决：按 Ctrl+s 组合键在 Linux 下是锁定屏幕显示的意思，这时整个屏幕被锁定，不能进行正常输入。按 Ctrl+q 组合键可以解除锁定。

3. 查看和删除 at 将要执行的计划任务

这个查看，只能看到还没有执行的。如果这个任务已经开始执行或者执行完成了，是看不到的。

```
[root@xuegod63 ~]# at -l
5    Sat Aug 19 20:50:00 2017 a root                  #查看结果的各段含义，如表 16-1 所示。
```

表 16-1 at 计划任务结果

任务编号	执行的时间	队 列	执行者
5	Fri Oct 28 20:55:00 2016	a	root

```
[root@xuegod63 ~]# at -c 5    #-c 选项，打印任务的内容到标准输出，查看 5 号计划任务的具体内容。
```

4. 查看计划任务内容

```
[root@xuegod63 ~]# ls /var/spool/at/
a00003018452cb   a0000501845084   spool
[root@xuegod63 ~]# tail -5 /var/spool/at/a0000501845084
```

5. at 计划任务的特殊写法

```
[root@xuegod63 ~]# at 20:00 2018-10-1                 #指定在某天执行。
[root@xuegod63 ~]# at now +10min                      #指定在 10 分钟以后执行。
[root@xuegod63 ~]# at 17:00 tomorrow                  #指定在明天下午 5 点执行。
[root@xuegod63 ~]# at 6:00 pm +3 days                 #指定在 3 天以后的下午 6 点执行。
[root@xuegod63 ~]# at 23:00 < a.txt                   #把 a.txt 文件内容作为执行的任务。
```

6. 删除 at 计划任务

使用 atrm 命令删除 at 计划任务，命令使用语法：atrm 任务编号。

```
[root@xuegod63 ~]# at -l
3    Tue May 22 08:43:00 2018 a root
5    Mon May 21 23:00:00 2018 a root
[root@xuegod63 ~]# atrm 5                             #删除编号为 5 的 at 计划任务。
[root@xuegod63 ~]# at -l
3    Tue May 22 08:43:00 2018 a root
```

16.1.2　crontab 定时任务的使用

Crond 服务是 Linux 系统中用来定期检查是否有要执行的工作，如果有要执行的工作便会自动执行该工作。

cron 是一个 Linux 下的定时执行工具，可以在无须人工干预的情况下运行作业。

Linux 系统执行任务调度的工作主要是系统周期性所要执行的工作，如更新 whatis 数据库、更新 updatedb 数据库、日志定期切割、收集系统状态信息、/tmp 目录定期清理等，这些工作都是通过 crond 服务来完成的。

启动 crond 服务。

```
[root@xuegod63 at]# systemctl start crond
[root@xuegod63 at]# systemctl enable crond
```

1．crontab 命令参数介绍

crontab 命令的参数如下。

（1）crontab -u hr：指定 hr 用户下的 cron 服务。

（2）crontab -l：列出当前用户下的 cron 服务的详细内容。

（3）crontab -u mk -l：列出 mk 用户下的 cron 服务的详细内容。

（4）crontab -r：删除 cron 服务。

（5）crontab -e：编辑 cron 服务。

例如：

crontab -u root -l：root 用户查看自己的 cron 计划任务。

crontab -u san -r：root 用户想删除 san 用户下的 cron 计划任务。

crontab -e 编辑 cron 服务时的写法及格式如图 16-1 所示。

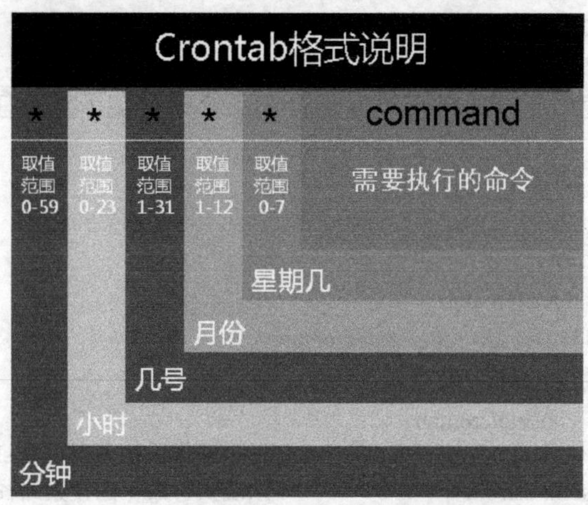

图 16-1　编辑 cron 服务时的写法及格式

星期日用 0 或 7 表示。

一行对应一个任务，特殊符号的含义如表 16-2 所示。

表 16-2 特殊符号的含义

符 号	含 义	示 例
*	代表取值范围内的数字	（每）
/	指定时间的间隔频率	*/10、0-23/2
-	代表从某个数字到某个数字	8-17
,	分开几个离散的数字	6,10-13,20

2. 创建计划任务

例 16.1：每天凌晨 2 点 1 分开始备份数据。

```
[root@xuegod63 spool]# crontab -e                    #添加计划任务。
1 2 * * *   tar zcvf /opt/grub2.tar.gz   /boot/grub2
[root@xuegod63 ~]# crontab   -l                      #查看当前用户下的计划任务。
1 2 * * *   tar zcvf /opt/grub2.tar.gz   /boot/grub2
```

例 16.2：黑客以非 root 用户添加计划任务。最好使用已经存在的系统用户添加。这里使用 bin 用户来添加。

```
[root@xuegod63 ~]# crontab -u bin -e                 #创建 bin 用户计划任务，使用选项-u 指定用户名。
1 * * * * echo  " aaaaaaa "   >> /tmp/bin.txt
```

排查。

```
[root@xuegod63 ~]# crontab   -u bin -l               #计划任务用户名如果不是当前登录的用户，则需要使用-u 选项指定对应用户名进行查看。
1 * * * * echo  " aaaaaaa "   >> /tmp/bin.txt
```

问：如何排查所有用户的计划任务？

注：所有用户的计划任务，都会在/var/spool/cron/下产生对应的文件。

```
[root@xuegod63 ~]# ll /var/spool/cron/               #以长格式查看/var/spool/cron/目录。
total 8
-rw------- 1 root root 42 Nov 12 10:11 bin
-rw------- 1 root root 19 Nov 12 10:06 root
```

所以，后期可以使用此方式排查黑客是否在系统中安装了定时任务。

16.1.3 系统级别的计划任务

系统级别的计划任务。

```
[root@xuegod63 etc]# ll /etc/crontab
-rw-r--r--. 1 root root 451 Dec 28   2013 /etc/crontab
```

这个是系统任务调度的配置文件。

```
[root@xuegod63 etc]# vim /etc/crontab
SHELL=/bin/bash                                      #指定操作系统使用哪个 shell。
PATH=/sbin:/bin:/usr/sbin:/usr/bin                   #系统执行命令的搜索路径。
MAILTO=root                                          #将执行任务的信息通过邮件发送给某个用户。

# For details see man 4 crontabs

# Example of job definition:
```

```
# .---------------- minute (0 - 59)
# |  .------------- hour (0 - 23)
# |  |  .---------- day of month (1 - 31)
# |  |  |  .------- month (1 - 12) OR jan,feb,mar,apr ...
# |  |  |  |  .---- day of week (0 - 6) (Sunday=0 or 7) OR sun,mon,tue,wed,thu,fri,sat
# |  |  |  |  |
# *  *  *  *  * user-name   command to be executed
```

也可以直接在/etc/crontab 中添加计划任务。

使用 crontab 命令的注意事项如下。

① 环境变量的问题。

② 清理邮件日志，如使用重定向 >/dev/null　2>&1。

使用 ls 命令列出/etc/cron 目录下的文件和目录。

```
[root@xuegod63 bin]# ls /etc/cron                    #按两下 Tab 键。
cron.d/         cron.deny        cron.monthly/ cron.weekly/
cron.daily/     cron.hourly/    crontab
```

/etc/cron 目录下文件和目录的作用如下。

cron.d/：系统定期需要自动做的任务，但是又不是按小时、按天、按星期、按月来执行的，那么就放在这个目录下。

cron.deny：控制用户是否能做计划任务的文件。

cron.monthly/：存放每月执行的脚本。

cron.weekly/：存放每周执行的脚本。

cron.daily/：存放每天执行的脚本。

cron.hourly/：存放每小时执行的脚本。

crontab ：计划任务的主配置文件，也可添加任务。

16.1.4　实战：常见的计划任务写法和案例

常见的计划任务的写法有以下几种。

（1）每天晚上 21：00 重启 apache。

```
0 21 * * * /etc/init.d/httpd   restart
```

（2）每月 1、10、22 日的 4：45 重启 apache。

```
45 4 1,10,22 * *   /etc/init.d/httpd   restart
```

（3）每月 1 日到 10 日的 4：45 重启 apache。

```
45 4 1-10 * *     /etc/init.d/httpd   restart
```

（4）每隔两天的上午 8 点到 11 点的第 3 分钟和第 15 分钟重启 apach。

```
3,15 8-11 */2 * *   /etc/init.d/httpd   restart
```

（5）晚上 11 点到早上 7 点，每隔一小时重启 apache。

```
0 23-7/1 * * * /etc/init.d/apach restart
```

（6）周一到周五每天晚上 21：15 寄一封信给 root@panda。

```
15 21 * * 1-5   mail -s  " hi "  root@panda < /etc/fstab
```

（7）Crontab 命令不支持指定每秒执行任务，但需要每 2 秒执行一次脚本时，可以在脚本的死循环中添加命令 sleep 2，执行 30 次自动退出，然后添加计划任务。

```
* * * * *    /back.sh
```

任务计划案例要求如下。

① 每天 2：00 备份/etc/目录到/tmp/backup 目录下面。

② 将备份命令写入一个脚本中。

③ 每天备份，要求备份文件的文件名格式为 2017-08-19_etc.tar.gz。

④ 在执行计划任务时，不要输出任务信息。

⑤ 存放备份内容的目录要求只保留 3 天的数据。

```
[root@xuegod63 ~]# vim   /root/backup.sh          #编辑脚本。
#! /bin/bash
ls /tmp/backup || mkdir /tmp/backup
find /tmp/backup -name  "*.tar.gz"  -mtime +3 -exec rm -rf {}\;
tar zcf /tmp/backup/`date +%F`_etc.tar.gz /etc

[root@xuegod63 ~]# crontab -l                     #写入以下计划任务。
0 2 * * * /root/backup.sh   & > /dev/null
```

注意：在生产中的备份文件不要放到/tmp 目录下，因为/tmp 是临时目录，系统会定时清除/tmp 目录下长时间不使用的文件。

16.2 日志的种类和记录的方式

在 CentOS 7 中，系统日志消息由两个服务负责处理：systemd-journald 和 rsyslog。

16.2.1 常见日志文件的作用

/var/log 目录是由 rsyslog 服务维护的，其中存放着一些特定的系统和服务的日志文件，如表 16-3 所示。

表 16-3 日志文件位置及作用

日志文件	用 途
/var/log/message	大多数系统日志消息记录在此处。也有例外，如与身份验证、电子邮件处理相关的定期作业任务等
/var/log/secure	安全和身份验证相关的消息和登录失败的日志文件，如 ssh 远程连接产生的日志
/var/log/maillog	与邮件服务器相关的消息日志文件
/var/log/cron	与定期计划任务相关的日志文件
/var/log/boot.log	与系统启动相关的消息记录
/var/log/dmesg	与系统启动相关的消息记录

例 16.3：查看哪个 IP 地址经常暴力破解系统用户密码。

```
[root@xuegod63 ~]# ssh root@192.168.1.63            #故意输错 3 次密码。
```

```
[root@xuegod63 log]# grep Failed /var/log/secure          #过滤日志文件/var/log/secure 的 Failed 字段。
Aug 19 21:55:42 panda sshd[84029]: Failed password for root from 10.10.30.130 port 50916 ssh2
Aug 19 21:55:44 panda sshd[84029]: Failed password for root from 10.10.30.130 port 50916 ssh2
Aug 19 21:55:47 panda sshd[84029]: Failed password for root from 10.10.30.130 port 50916 ssh2
Aug 19 21:55:52 panda sshd[84034]: Failed password for root from 10.10.30.130 port 50917 ssh2
```

过滤日志文件的 Failed 字段，把结果通过管道传递给 awk 命令，打印第 11 列内容，再把结果通过管道传递给 uniq 命令进行排序。

```
[root@xuegod63 log]# grep Failed /var/log/secure|awk '{print $11}'|uniq -c
3 192.168.1.63
```

awk '{print $11}'：以空格为分隔符，打印第 11 列的数据。

uniq 命令用于报告或忽略文件中的重复行，选项-c 或--count：在每列旁边显示该行重复出现的次数。

例 16.4：/var/log/wtmp 文件的作用。

/var/log/wtmp 是一个二进制文件，记录每个用户的登录次数和持续时间等信息。

可以用 last 命令输出 wtmp 文件中的内容，last 命令用来显示到目前为止成功登录系统的记录。

```
[root@xuegod63 ~]# last
root      pts/2       192.168.1.63      Tue May 22 00:35    still logged in
root      pts/2       192.168.1.63      Mon May 21 20:42 - 00:35   (03:53)
```

或

```
[root@xuegod63 ~]# last -f /var/log/wtmp
```

例 16.5：使用/var/log/btmp 文件查看暴力破解系统的用户。

/var/log/btmp 文件是记录错误登录系统的日志。如果发现/var/log/btmp 日志文件大于 1MB，就说明很多人在暴力破解 ssh 服务，此日志需要使用 lastb 命令查看。

```
[root@xuegod63 ~]# lastb
root      ssh:notty     xuegod63.cn      Mon May 21 21:49 - 21:49   (00:00)
root      ssh:notty     xuegod63.cn      Mon May 21 21:49 - 21:49   (00:00)
```

发现某个 IP 地址登录错误次数最多后，使用防火墙拒绝，命令如下。

```
[root@xuegod63 ~]# iptables -A INPUT -i eth0 -s. 192.168.1.63 -j DROP
```

查看恶意 IP 试图登录次数。

```
[root@xuegod63 ~]# lastb | awk '{ print $3}' | sort | uniq -c | sort -n
```

清空日志。

方法 1：[root@xuegod63 ~]# > /var/log/btmp

方法 2：[root@xuegod63 ~]# rm -rf /var/log/btmp && touch /var/log/btmp

两者的区别：使用方法 2 时，因为创建了新的文件，而正在运行的服务还用着原来文件的 inode 号，所以，需要重启一下 rsyslog 服务。建议使用方法 1　> /var/log/btmp。

16.2.2　日志的记录方式

（1）日志的分类如下。

daemon：后台进程相关的日志。

kern：内核产生的信息。

lpr：打印系统产生的信息。

authpriv：安全认证相关的日志。

cron：定时任务相关的日志。

mail：邮件相关日志。

syslog：日志服务本身的信息。

news：新闻系统相关的日志。

local0～local7：8 个系统保留的类，供其他程序使用或者用户自定义。

（2）日志的级别：严重性由轻到重如表 16-4 所示。

表 16-4　日志的级别

编码	优 先 级	严 重 性
7	debug	调试信息，对开发人员调试应用程序有用，在操作过程中无用
6	info	正常的操作信息，可以收集报告、测量吞吐量等
5	notice	注意，正常但重要的事件
4	warning	警告，提示如果不采取行动，将会发生错误。如文件系统使用 90%
3	err	错误，指示某个模块或程序的功能不能正常使用
2	crit	关键的错误，已经影响了整个系统或软件不能正常工作的信息
1	alert	警报，需要立刻修改的信息
0	emerg	紧急，内核崩溃等严重信息

16.2.3　rsyslog 日志服务

在 RHEL 5 系统中，日志服务名为 syslog，配置文件为/etc/syslog.conf。

在 RHEL 6 和 RHEL 7 系统中，日志服务名为 syslog，配置文件为/etc/rsyslog.conf。

使用 vim /etc/rsyslog.conf 编辑日志的配置文件。

```
#$UDPServerRun 514
#$InputTCPServerRun 514
#kern.*                                                  /dev/console
*.info;mail.none;authpriv.none;cron.none                 /var/log/messages
authpriv.*                                               /var/log/secure
mail.*                                                   -/var/log/maillog
cron.*                                                   /var/log/cron
*.emerg                                                  :omusrmsg:*
uucp,news.crit                                           /var/log/spooler
local7.*                                                 /var/log/boot.log
```

注释如下。

#$UDPServerRun 514：允许 514 端口接收使用 UDP 转发过来的日志（相当于开启监听在 UDP 的 514 端口，可以作为一个日志服务器使用，默认使用“#”注释掉，使用时需要取消注释）。

#$InputTCPServerRun 514：允许 514 端口接收使用 TCP 转发过来的日志（相当于开启监听在 TCP 的 514 端口，可以作为一个日志服务器使用，默认使用“#”注释掉，使用时需要取消注释）。

#kern.*/dev/console：内核类型的所有级别日志存放到/dev/console 目录下。

*.info;mail.none;authpriv.none;cron.none/var/log/messages：所有的类别级别是 info 以上的日志，除 mail、authpriv、cron（产生的日志太多，不易于查看）外，都存放到/var/ log/messages 目录下。

authpriv.*/var/log/secure：authpriv（授权相关）设施的所有级别的日志记录到/var/log/secure 文件中，该文件的权限为 600。

mail.*-/var/log/maillog：mail 设施的所有级别的日志记录到/var/log/maillog 文件中。

cron.*/var/log/cron #cron（计划任务相关）设施的所有级别的日志信息记录到/var/log/cron 文件中。

.emerg:omusrmsg:：*.emerg 表示所有设施的 emerg 级别的日志信息，:omusrmsg：*中的*表示所有用户，即把所有设施的 emerg 级别的日志信息发送给当前系统所登录的所有用户。

uucp,news.crit/var/log/spooler：uucp 和 news 设施的 crit 级别的日志信息记录在/var/log/spooler 文件中。

local7.*/var/log/boot.log：自定义设施的相关信息，但是 local7 默认是系统在启动时的引导日志信息（开机时显示的信息）记录在/var/log/boot.log 文件中。

注意：日志配置文件中，第一个字段中的*.*，“.”前面的*表示类别，后面的*表示级别。类别和级别的详细介绍如下。

类别也称“设施”，用于分别管理不同功能的日志，从功能或程序上对日志进行分类，并由专门的工具将其日志记录到日志的配置文件所定义的文件中。

“-”：邮件的信息比较多，先将数据存储到内存，达到一定大小再全部写到磁盘，这样有利于减少 I/O 进程的开销。

数据存储在内存中，如果关机不当，数据将会消失。

16.2.4 日志输入的规则

日志输入的规则如下。

（1）.info：大于或等于 info 级别的信息全部记录到某个文件。

（2）.=级别：仅记录等于某个级别的日志。

例 16.6：=info 表示只记录 info 级别的日志。

（3）.! 级别：除了某个级别以外，记录所有级别的日志。

例 16.7：.!err 表示除了 err 外记录所有日志。

（4）.none：排除某个类别。

例 16.8：mail.none：所有 mail 类别的日志都不记录。

16.3 实战 1：自定义 ssh 服务的日志类型和存储位置

修改日志服务配置文件。

```
[root@xuegod63 ~]# vim /etc/rsyslog.conf                    #在第 73 行下加入第 74 行的内容（73、74 表示行号，不需要写入内容中）。
73  local7.*                              /var/log/boot.log
74  local0.*                              /var/log/sshd.log
```

注：把 local0 类别的日志保存到 /var/log/sshd.log 中。

（1）定义 ssh 服务的日志类别为 local0，编辑 sshd 服务的主配置文件。

```
[root@xuegod63 log]# vim /etc/ssh/sshd_config               #修改如下内容。
```

将 32 SyslogFacility AUTHPRIV 改为 32 SyslogFacility local0。

（2）先重启 rsyslog 服务，使配置生效。

```
[root@xuegod63 log]# systemctl restart rsyslog
```

（3）再重启 sshd 服务，生成日志。

```
[root@xuegod63 log]# systemctl restart sshd
```

（4）验证是否生成日志并查看其中的内容。

```
[root@xuegod63 ~]# cat /var/log/sshd.log                    #说明修改成功。
May 22 00:19:54 xuegod63 sshd[44737]: Server listening on 0.0.0.0 port 22.
May 22 00:19:54 xuegod63 sshd[44737]: Server listening on :: port 22.
```

上面显示的日志对应的信息：时间　主机名　服务名　PID　相关的信息。

可以使用特殊属性防止删除日志。

```
[root@xuegod63 ~]# chattr +a /var/log/sshd.log              #给日志文件添加+a 特殊属性。
[root@xuegod63 ~]# lsattr /var/log/sshd.log                 #查看日志文件特殊属性。
-----a---------- /var/log/sshd.log

[root@xuegod63 ~]# systemctl restart sshd                   #重启服务。
[root@xuegod63 ~]# cat /var/log/sshd.log                    #查看日志有所增加。
```

注意：这个功能看着很强大，其实不实用，因为添加该属性会让系统日志切割时报错（日志有时会太大，需要对日志文件进行切割），最主要的是该属性可以被取消。

```
[root@xuegod63 ~]# chattr -a /var/log/sshd.log          #取消，这里一定要取消，不然后面做日志切割时会报错。
```

16.4 实战 2：日志切割及搭建远程日志收集服务器

16.4.1 日志切割

Linux 下的日志会定期滚动增加，可以在线对正在回滚的日志进行指定大小的切割（动态）。如果这个日志是静态的，若没有应用向里面写内容，那么可以用 split 工具进行切割，其中 logrotate 支持按时间和大小来自动切割，以防止日志文件太大。

logrotate 配置文件主要有/etc/logrotate.conf 及/etc/logrotate.d/子目录下的明细配置文件。

logrotate 的执行是由 crond 服务调用的。

```
[root@xuegod63 ~]# vim /etc/cron.daily/logrotate          #查看 logrotate 脚本内容。
```

logrotate 程序每天由 cron（/etc/crontab）在指定的时间启动。

日志是很大的，如果让日志无限制地记录下去是一件很可怕的事情，日积月累就会占用磁盘几百兆的空间。

想要找出某一条可用信息，就像海底捞针一样难。

当日志达到某个特定的大小时，将日志分类，之前的日志保留一个备份，再创建一个同名的文件保存新的日志。

实战演示如下。

（1）编辑配置文件，如图 16-2 所示。

```
[root@xuegod63 log]# vim /etc/logrotate.conf
```

全局参数说明如下。

weekly：每周执行一次日志回滚。

rotate：日志切分后历史文件最多保存离现在最近的多少份。

create：指定新创建的文件的权限与所属主和所属组。

dateext：使用日期为后缀的回滚文件，可以到/var/log 目录下查看。

（2）单独配置信息，如图 16-3 所示。

```
# see "man logrotate" for details
# rotate log files weekly
weekly

# keep 4 weeks worth of backlogs
rotate 4

# create new (empty) log files after rotating old ones
create

# use date as a suffix of the rotated file
dateext

# uncomment this if you want your log files compressed
#compress
```

图 16-2　logrotate.conf 配置文件 1

```
/var/log/wtmp {
    monthly
    create 0664 root utmp
        minsize 1M
    rotate 1
}

/var/log/btmp {
    missingok
    monthly
    create 0600 root utmp
    rotate 1
}
```

图 16-3　logrotate.conf 配置文件 2

```
/var/log/btmp {                    #指定日志文件的名字和路径。
    missingok                      #如果文件丢失，将不报错。
    monthly                        #每月进行一次日志回滚。
    create 0600 root utmp          #设置 btmp 日志文件的权限、属主、属组。
    minsize 1M                     #当文件超过 1MB 时进行回滚，所以不一定每个月都会进行分割，要
看这个文件大小。
    rotate 1                       #日志切分后历史文件最多保存 1 份，不含当前使用的日志。
```

其他参数说明如下。

monthly：日志文件将按月回滚。其他可用值为“daily”“weekly”和“yearly”。

rotate 5：一次将存储 5 个归档日志。当存储第 6 个归档日志时，将删除时间最久的归档。

compress：在回滚任务完成后，已回滚的归档将使用 gzip 进行压缩。

delaycompress：总是与 compress 选项一起用，delaycompress 选项指示 logrotate 不要将最近的归档压缩，压缩将在下一次回滚周期进行。这在需要读取最新归档时很有用。

missingok：在日志回滚期间，任何错误将被忽略，如“文件无法找到”之类的错误。

notifempty：如果日志文件为空，回滚将不会进行。

create 644 root root：以指定的权限创建全新的日志文件，同时 logrotate 也会重命名原始日志文件。

postrotate/endscript：在其他所有指令完成后，将执行 postrotate 和 endscript 中指定的命令。在这种情况下，rsyslogd 进程将立即再次读取其配置并继续运行。

/var/lib/logrotate/status 中默认记录 logrotate 上次回滚日志文件的时间。

16.4.2 使用 logrotate 进行 ssh 日志分割

使用 logrotate 进行 ssh 日志分割之前，确认 ssh 日志存储在/var/log/sshd。

```
[root@xuegod63 ~]# vim /etc/logrotate.d/sshd                #创建一个 sshd 配置文件，插入以下内容。
/var/log/sshd.log {
    missingok
    weekly
    create 0600 root root
    minsize 1M
    rotate 3
}

[root@xuegod63 ~]# systemctl restart rsyslog                #重启 rsyslog 服务。
[root@xuegod63 ~]# logrotate -d /etc/logrotate.d/sshd       #预演，不实际回滚。
[root@xuegod63 ~]# logrotate -vf /etc/logrotate.d/sshd      #强制回滚，也就是说，即使回滚条件没有满足，也可以通过加-f 选项强制让 logrotate 回滚日志文件。
```

logrotate 的选项说明如下。

-v：显示指令执行过程。

-f：强制执行。

```
[root@xuegod63 ~]# ls /var/log/sshd*
/var/log/sshd.log  /var/log/sshd.log.1  /var/log/sshd.log.2  /var/log/sshd.log.3
```

再次查看日志文件大小，已经为 0。

```
[root@xuegod63 ~]# ll -h /var/log/sshd.log                  #以长格式查看 sshd 日志。
-rw------- 1 root root 0 5 月  22 00:49 /var/log/sshd.log
```

例 16.9：实战：使用 logrotate 进行 Nginx 日志分割。

本实战的前提是已经搭建好了 Nginx，在此了解一下，后续章节讲 Nginx 时，会再次讲解此实战。

```
[root@xuegod63 httpd]# vim /etc/logrotate.d/nginx
/usr/local/nginx/logs/*.log {                    #指定日志文件位置，可用正则匹配。
daily                                            #每天执行一次日志回滚。
rotate 5
sharedscripts                                    #所有的日志文件都轮转完毕后统一执行一次脚本。
postrotate                                       #执行命令的开始标志。
    if [ -f /usr/local/nginx/logs/nginx.pid ]; then                    #判断 Nginx 是否启动。
        /usr/local/nginx/sbin/nginx -s reload
                #让 Nginx 重新加载配置文件，生成新的日志文件，如果 Nginx 没有启动，则不做操作。
    fi
endscript          #执行命令的结束标志。
}
```

没有切割日志，日志已达 150GB，如图 16-4 所示。

```
[root@web ~]# ll -h /usr/local/landhightech/nginx/logs/
total 151G
-rw-r--r--. 1 root root 150G May 21 22:48 access.log
-rw-r--r--. 1 root root 907M Aug 29  2017 error.log
```

图 16-4　Nginx 服务日志

16.4.3　配置远程日志服务器

配置远程日志服务器的实验拓扑图如图 16-5 所示。

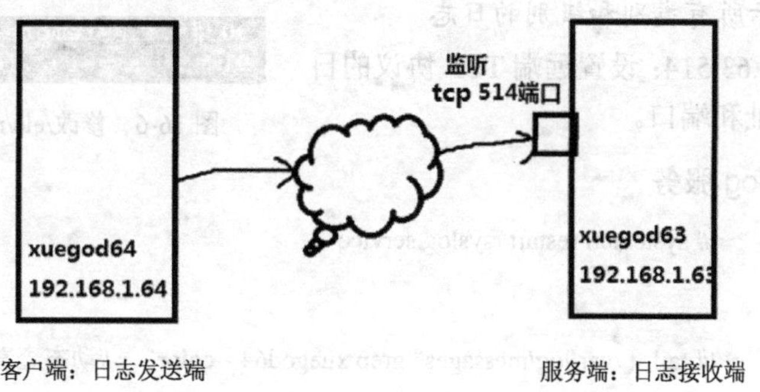

图 16-5　实验拓扑图

配置远程日志服务器的步骤如下。

1．服务器端配置

```
[root@xuegod63 ~]# vim   /etc/rsyslog.conf                #使用 TCP 协议方式收集日志。
将 19 #$ModLoad imtcp
   20 #$InputTCPServerRun 514
改为
  19 $ModLoad imtcp
  20 $InputTCPServerRun 514
```

注意：UDP 协议，传输速度快，提供不可靠的传输；TCP 协议，可靠性强，提供可靠传输（有序，无差错，不丢失，不重复）。

```
[root@xuegod63 ~]# systemctl   restart   rsyslog   #重新启动 rsyslog 服务。
```

查看服务监听的状态。

```
[root@xuegod63 ~]# netstat -anlpt| grep 514      #使用 netstat 命令查看服务监听的状态，并过滤 514 端口。
tcp        0      0 0.0.0.0:514          0.0.0.0:*              LISTEN      45631/rsyslogd
tcp6       0      0 :::514               :::*                   LISTEN      45631/rsyslogd
```

2. 服务端验证

在服务器端关闭 SELinux 和防火墙。

```
[root@xuegod63 ~]# getenforce
Enforcing
[root@xuegod63 ~]# setenforce 0              #关闭 SELinux 功能。
[root@xuegod63 ~]#getenforce
Permissive
[root@xuegod63 ~]# systemctl stop firewalld
[root@xuegod63 ~]# systemctl status firewalld
[root@xuegod63 ~]# iptables -F               #清空防火墙规则。
```

3. 客户端配置

```
登录 xuegod64.cn
[root@xuegod63 ~]# vim /etc/rsyslog.conf          #在 90 行之后，插入图 16-6 所示的配置。
*.*    @@192.168.1.63:514
```

注意：*.*表示所有类别和级别的日志。

@@192.168.1.63:514：设置远端 TCP 协议的日志服务端的 IP 地址和端口。

```
90 #*.* @@remote-host:514
91 *.*   @@192.168.1.63:514
```

图 16-6　修改/etc/rsyslog.conf 文件

4. 重启 rsyslog 服务

```
[root@xuegod64 ~]# systemctl restart rsyslog.service
```

5. 查看日志

```
[root@xuegod63 ~]# tail -f /var/log/messages | grep xuegod64 --color     #动态查看日志。
```

6. 在客户端 xuegod64 进行测试

命令使用格式：logger 要模拟发送的日志。

```
[root@xuegod64 ~]# logger "aaaaa"
[root@xuegod63 ~]# tail -f /var/log/messages | grep xuegod64 --color     #到服务器端查看消息。
May 21 16:32:16 xuegod64 root: aaaaa
```

总结：服务器使用 UDP 协议，客户端使用的配置文件中这一行只能有一个@。

.　@192.168.1.64:514

服务器使用 TCP 协议，客户端使用的配置文件中这一行必须有两个@@。

.　@@192.168.1.64:514

16.5　实战 3：配置公司内网服务器每天定时自动开关机

实战场景：为了节约公司开销，需要设置公司的 SVN 版本管理服务器，每天晚上 23：00 自动开机，每天早上 6：45 自动开机。

添加定时关机计划任务。

```
[root@xuegod63 ~]# crontab -e     #输入以下内容。
0 23 * * *     /usr/sbin/shutdown   -h now
```

定时开机可以通过设置 BIOS 来实现，前提是 BIOS 支持电源管理，具体步骤如下。

（1）开机后进入 BIOS 设置界面。通过按上、下方向键在图 16-7 所示的界面中选择“Power Management Setup”选项，并按 Enter 键进入电源管理设置。

（2）在图 16-8 所示的界面中通过按上、下方向键选择“Wake Up Event Setup”选项，并按 Enter 键选择“Press Enter”选项。

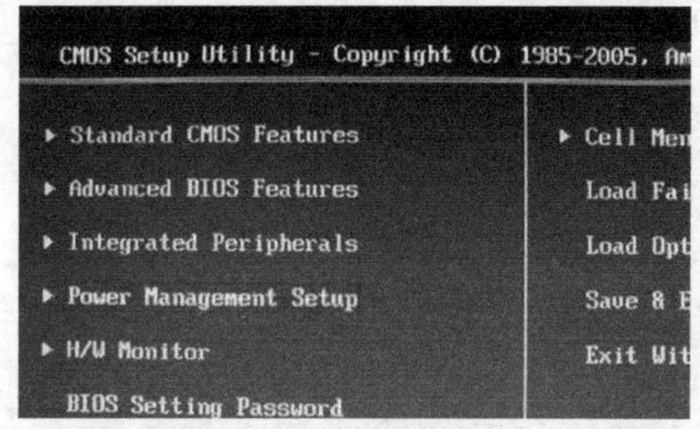

图 16-7　BIOS 中 Power Management Setup 设置

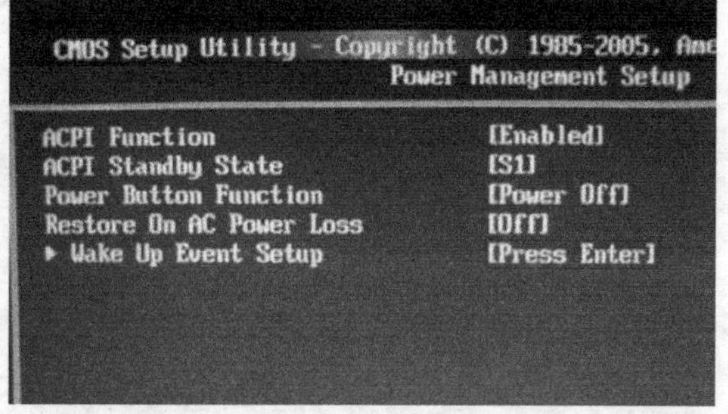

图 16-8　BIOS 中 Wake Up Event Setup 设置

（3）在图 16-9 所示的界面中通过按上、下方向键选择“Resume By RTC Alarm”选项，并按 Enter 键。

（4）在图 16-10 所示的界面中按 Enter 键将“Disabled”更改为“Enabled”，并再按一次 Enter 键。

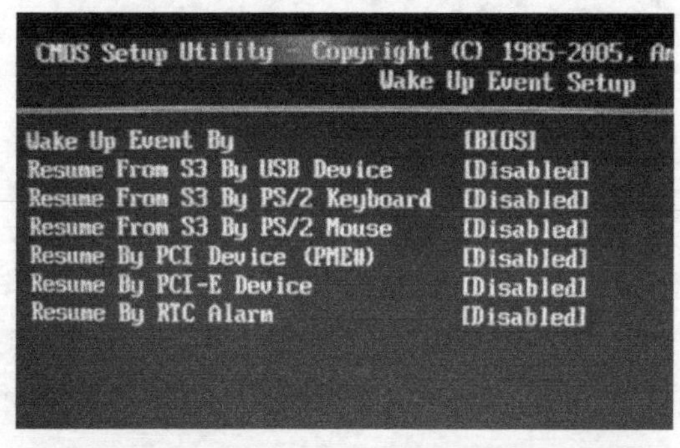

图 16-9　BIOS 中 Resume By RTC Alarm 设置

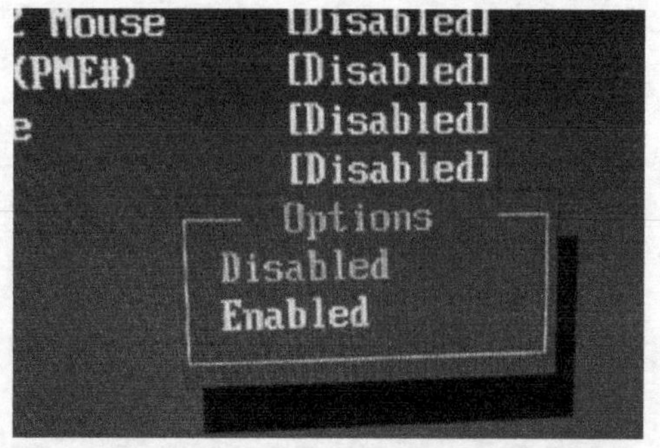

图 16-10　Resume By RTC Alarm 设置为 Enabled

（5）在图 16-11 和图 16-12 所示的界面中设置日期和时间，也就是设置计算机每天在几点开机，当然，要保证主板时间是准确的。

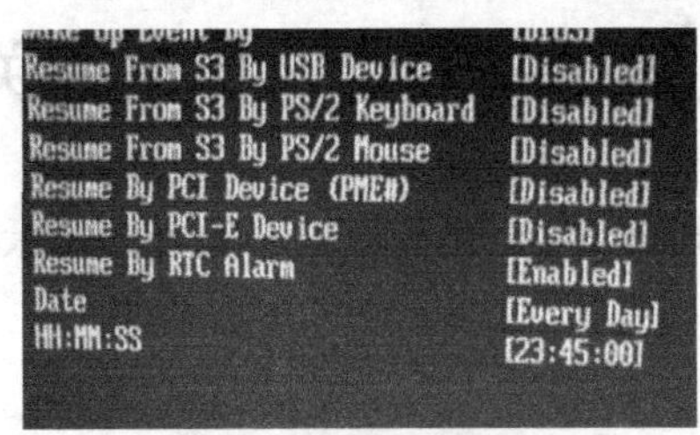

图 16-11　设置开机日期

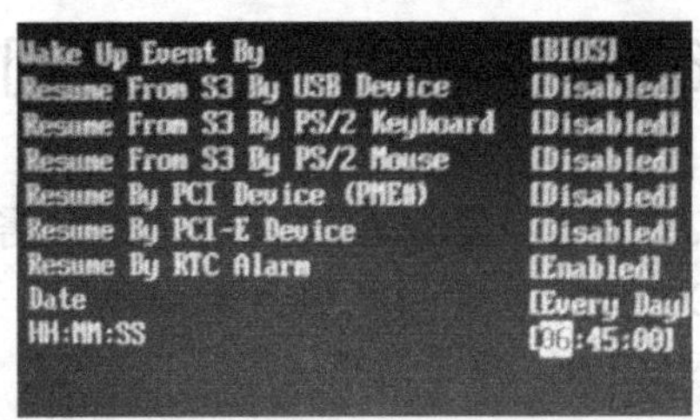

图 16-12　设置开机时间为 06：45：00

（6）假如需要每天都定时开机，“Data”选择“Every Day”，在“HH:MM:SS”中键输入“06：45：00”，如图 16-12 所示。最后，按 F10 键保存，如图 16-13 所示，重启计算机后生效。

图 16-13　F10 键保存

第 17 章

Linux 系统启动原理及故障排除

17.1 CentOS 6 系统启动过程及相关配置文件

17.1.1 CentOS 6 系统启动过程

（1）加载 BIOS 的硬件信息，根据设定取得第一个可开机引导设置，如光驱、磁盘、网络、USB，如果是磁盘为第一引导，如图 17-1 所示。

图 17-1 光驱引导

（2）读取磁盘 MBR 中的主导程序，即 GRUB 引导。

GRUB 引导，实际上称为 GNU GRUB（GRand Unified Bootloader），是来自 GNU 项目的多操作系统启动程序。GRUB 是多启动规范的实现，它允许用户在一台计算机内同时拥有多个操作系统，并在计算机启动时选择希望运行的操作系统。GRUB 可用于选择操作系统分区上的不同内核，也可用于向这些内核传递启动参数。

（3）依据主导程序的设定，到引导分区加载内核，内核会开始侦测硬件并加载驱动程序。

（4）在硬件驱动成功后，内核会主动执行 init 程序，而 init 会取得运行级别信息。

（5）init 执行 /etc/rc.d/rc.sysinit 文件来准备软件执行的作业环境（如网络、时区等）。

（6）init 执行运行级别下各个服务并启动（脚本方式）。

（7）init 执行/etc/rc.d/rc.local 脚本文件。

（8）init 执行虚拟终端机控制程序 mingetty 来启动用户登录程序 login，最后等待用户登入，如图 17-2 所示。

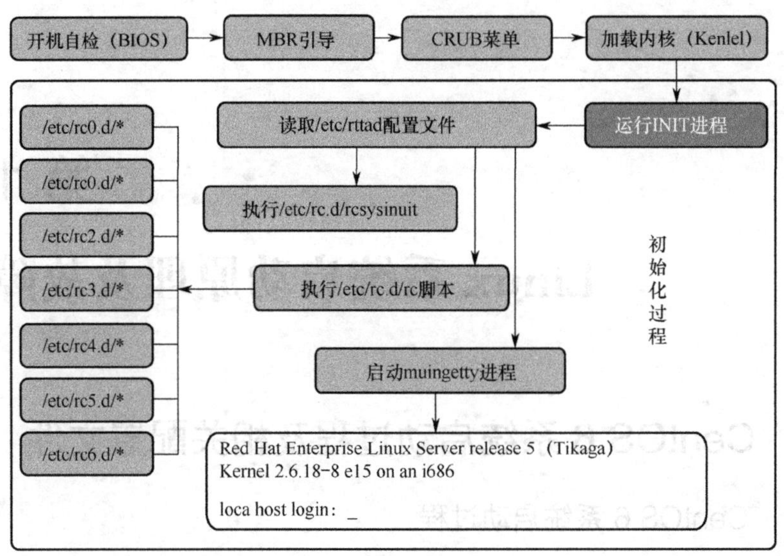

图 17-2　开机启动流程

17.1.2　CentOS 6 启动相关的配置文件

```
[root@xuegod63 Desktop]# vim /boot/grub/grub.conf
default=0          #设定默认启动菜单项，当系统中有多个内核时，0 表示默认加载第 1 个内核，1 表示加载第 2 个内核。
timeout=5                                                    #菜单项等待选项时间为 5s。
splashimage=（hd0，0）/grub/splash.xpm.gz                     #指明菜单背景图片路径。
hiddenmenu                                                   #隐藏菜单。
title CentOS （2.6.32-358.6.1.el6.x86_64）                    #定义菜单项。
    root （hd0，0）            #grub 查找 stage2 及内核文件所在设备分区，grub 的根目录。
    kernel /VMlinuz-2.6.32-358.6.1.el6.x86_64 ro root=/dev/vg_have/lv_root rd_NO_LUKS LANG=en_US.UTF-8 SYSFONT=latarcyrheb-sun16 crashkernel=auto rhgb quiet     #启动的内核。
    initrd /initramfs-2.6.32-358.6.1.el6.x86_64.img          #内核匹配的 ramfs 文件。
```

（1）修改系统运行级别。

```
[root@xuegod63 Desktop]# vim /etc/inittab                     #编辑/etc/inittab 文件。
# Default runlevel. The runlevels used are:
#    0 - halt （Do NOT set initdefault to this）
#    1 - Single user mode
#    2 - Multiuser， without NFS （The same as 3，if you do not have networking）
#    3 - Full multiuser mode
#    4 - unused
#    5 - X11
#    6 - reboot （Do NOT set initdefault to this）
#
id:3:initdefault:                                             #此项决定系统的运行级别。
```

（2）/etc/rc.d/rc.sysinit 是 Shell 脚本，作用是系统初始化，主机名和/etc/fstab 都在这里指定，完成包括 mount 分区、激活 swap、加载 modules 等重要工作。

（3）启动对应运行级别下的服务，如 init 3 级别。

/etc/rc.d/rc3.d/（这里的程序/服务，S 开头的全部开机启动；K 开头的表示开机不启动，表明关机时顺序）。

（4）rcn.d（n 为 0～6）对应于不同的运行级别下不同的服务。这些目录下都是一些软链接，链接到/etc/rc.d/init.d 下的一些文件，以 S 开头的表示要启动，以 K 开头的表示不启动。第一个字母后面的数值是一个优先级。

```
[root@xuegod63 ~]# ll /etc/rc.d/rc3.d/ | grep network
lrwxrwxrwx. 1 root root 17 Dec 18  2012 S10network -> ../init.d/network    #表示 network 是第 10 个启动的服务。所以 init 是顺序启动系统，启动系统比较慢。而 CentOS 7 中的 systemd 可以并行启动多个服务，启动比较快。
```

例 17.1：查看和关闭 network 开机启动服务。

```
[root@xuegod63 rc3.d]# vim /etc/init.d/network
#! /bin/bash
#
# network       Bring up/down networking
#
# chkconfig: 2345 10 90
```

查看有 chkconfig 的那一行，2345 表示在运行级别 2、3、4、5 下被启动，10 是此服务的启动顺序，90 为关机时关闭此服务的顺序。

```
[root@xuegod63 ~]# chkconfig --list  | grep network        #查看所有开机启动服务，过滤 network 服务。
network         0:off 1:off 2:on 3:on 4:on 5:on 6:off

[root@xuegod63 ~]# ll /etc/rc.d/rc3.d/ | grep network
lrwxrwxrwx. 1 root root 17 Dec 18  2012 S10network -> ../init.d/network      #开机顺序。

[root@xuegod63 ~]# chkconfig network off                  #关闭 network 服务开机自启。

[root@xuegod63 ~]# ll /etc/rc.d/rc3.d/ | grep network
lrwxrwxrwx 1 root root 17 May 23 21:17 K90network -> ../init.d/network #只显示 K90 关机顺序。
[root@xuegod63 rc3.d]# chkconfig --list network           #查看 network 开机启动服务。
network         0:off 1:off 2:off 3:off 4:off 5:off 6:off
```

（5）所有服务都运行成功后，设置开机自动执行某个命令。

```
[root@xuegod63 rc3.d]# vim /etc/rc.local       #修改/etc/rc.local 文件，在文件末行添加即可。
[root@xuegod63 rc3.d]# ll !$
ll /etc/rc.local
lrwxrwxrwx. 1 root root 13 Dec 18  2012 /etc/rc.local -> rc.d/rc.local
实际上/etc/rc.local 文件是链接到 rc.d/rc.local 文件的。

[root@xuegod64 rc3.d]# ll /etc/rc.d/rc.local
-rwxr-xr-x. 1 root root 240 Feb  5 21:17 /etc/rc.d/rc.local
```

（6）运行 mingetty 命令，打开 tty1～tty6。

```
[root@xuegod63 rc3.d]# ps -axu | grep ming
Warning: bad syntax，perhaps a bogus '-'? See /usr/share/doc/procps-3.2.8/FAQ
root    2346  0.0  0.0   4116   548 tty2    Ss+  20:55   0:00 /sbin/mingetty /dev/tty2
root    2348  0.0  0.0   4116   548 tty3    Ss+  20:55   0:00 /sbin/mingetty /dev/tty3
root    2350  0.0  0.0   4116   544 tty4    Ss+  20:55   0:00 /sbin/mingetty /dev/tty4
root    2352  0.0  0.0   4116   544 tty5    Ss+  20:55   0:00 /sbin/mingetty /dev/tty5
root    2354  0.0  0.0   4116   544 tty6    Ss+  20:55   0:00 /sbin/mingetty /dev/tty6

[root@xuegod63 ～]# runlevel                          #查看系统运行级别。
N 5
[root@xuegod63 ～]# init 3
[root@xuegod63 ～]# runlevel
5 3                                                  #由 5 运行级别进入 3 运行级别。
[root@xuegod63 ～]# init 5
[root@xuegod63 ～]# runlevel
3 5                                                  #由 3 运行级别进入 5 运行级别。
```

17.2　CentOS 7 系统启动过程及相关配置文件

17.2.1　CentOS 7 系统启动过程

CentOS 7 引导顺序如下。

（1）UEFI 或 BIOS 初始化，运行 POST 开机自检。

（2）选择启动设备。

（3）装载引导程序，CentOS 7 系统的启动引导程序是 grub2。

（4）加载引导程序的配置文件：/etc/grub.d/、/etc/default/grub、/boot/grub2/grub.cfg。

（5）加载内核选项。

（6）加载 initramfs“初始化伪文件系统”。

（7）内核初始化，CentOS 7 系统使用 systemd 代替 init。

（8）执行 initrd.target 的所有单元，包括挂载/etc/fstab。

（9）从 initramfs 根文件系统切换到磁盘根目录。

（10）systemd 执行默认 target 配置，配置文件/etc/systemd/system/default.target。

（11）systemd 执行 sysinit.target 初始化系统及 basic.target 准备操作系统。

（12）systemd 启动 multi-user.target 下的本机与服务器服务。

（13）systemd 执行 multi-user.target 下的/etc/rc.d/rc.local。

（14）Systemd 执行 multi-user.target 下的 getty.target 及登录服务。

（15）systemd 执行 graphical 需要的服务。

CentOS 7 启动过程如图 17-3 所示。

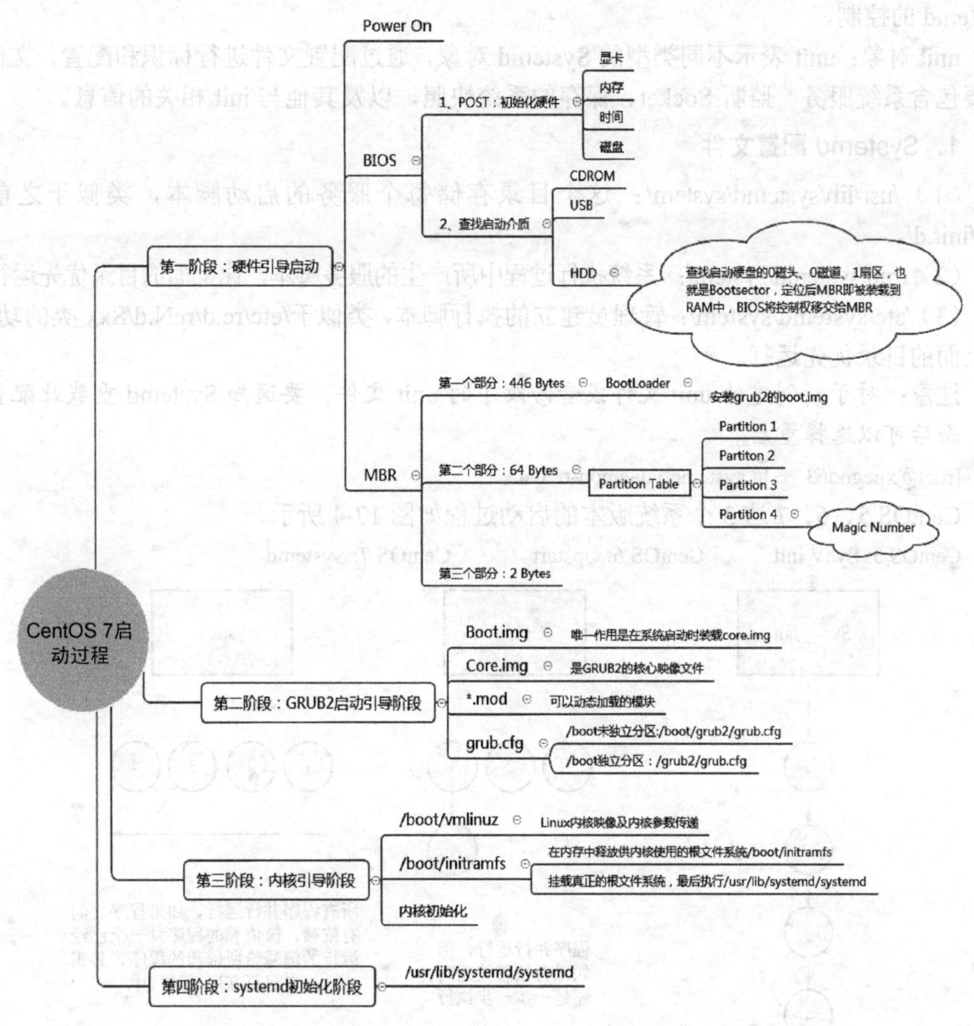

图 17-3　CentOS 7 启动过程

```
[root@xuegod63 ~]# find /boot/ -name *img*
/boot/grub2/i386-pc/core.img
/boot/grub2/i386-pc/boot.img
```

17.2.2　Systemd 运行原理（了解）

systemd（system daemon）为系统守护进程，是 Linux 下的一种 init 软件，开发目标是提供更优秀的框架以表示系统服务间的依赖关系，并依此实现系统初始化时服务的并行启动，同时达到降低 Shell 的系统开销的效果，最终代替现在常用的 System V 与 BSD 风格 init 程序。

与多数发行版使用的 System V 风格的 init 相比，Systemd 采用了以下两种新技术：一是采用 Socket 激活式与总线激活式服务，以提高相互依赖的各服务的并行运行性能；二是用 Cgroups 代替 PID 来追踪进程，这样，即使是两次 fork 之后生成的守护进程也不会脱离

Systemd 的控制。

unit 对象：unit 表示不同类型的 Systemd 对象，通过配置文件进行标识和配置，文件中主要包含系统服务、监听 Socket、保存的系统快照，以及其他与 init 相关的信息。

1. Systemd 配置文件

（1）/usr/lib/systemd/system/：这个目录存储每个服务的启动脚本，类似于之前的 /etc/init.d/。

（2）/run/systemd/system/：系统执行过程中所产生的服务脚本，比上面的目录优先运行。

（3）/etc/systemd/system/：管理员建立的执行脚本，类似于/etc/rc.d/rcN.d/Sxx 类的功能，比上面的目录优先运行。

注意：对于新创建的 unit 文件或者修改了的 unit 文件，要通知 Systemd 重载此配置文件，而后可以选择重启。

```
[root@xuegod63 ~]# systemctl daemon-reload
```

CentOS 5、6、7 这 3 个系统版本的启动过程如图 17-4 所示。

```
CentOS 5: SysV init        CentOS 6: Upstart        CentOS 7: Systemd
```

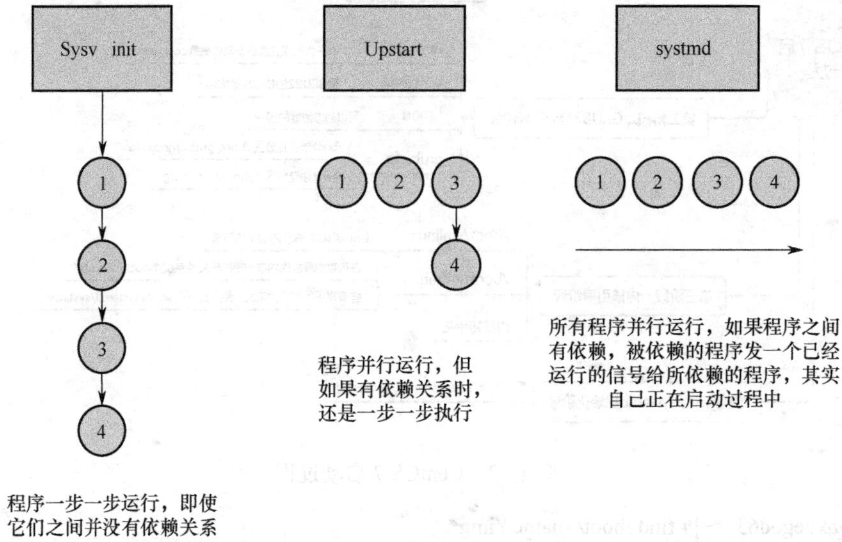

图 17-4　CentOS 5、6、7 这 3 个系统版本的启动过程

CentOS 6、7 版本管理系统服务命令如表 17-1 所示。

表 17-1　CentOS 6、7 版本管理系统服务命令

-	CentOS 6	CentOS 7
启动	service name start	systemctl start name.service
停止	service name stop	systemctl stop name.service
重启	service name restart	systemctl restart name.service
状态	service name status	systemctl status name.service
重载或重启服务（先加载，再启动）	-	systemctl reload-or-restart name.service

CentOS 6、7 版本开机启动服务管理命令的对应关系如表 17-2 所示。

表 17-2　CentOS 6、7 版本开机启动服务管理命令

-	CentOS 6	CentOS 7
设定某服务开机自启	chkconfig name on	systemctl enable name.service
设定某服务开机禁止启动	chkconfig name off	systemctl disable name.service
查看所有服务的开机自启状态	chkconfig --list	systemctl list-unit-files --type service
用来列出该服务在哪些运行级别下启用和禁用	chkconfig sshd –list	ls /etc/systemd/system/*.wants/sshd.service
查看服务是否开机自启	-	systemctl is-enabled name.service

2．服务状态

```
[root@xuegod63 ~]# systemctl list-unit-files                    #显示服务状态，有以下几种状态。
```

（1）loaded：unit 配置文件已处理。

（2）active（running）：一次或多次持续处理的运行。

（3）active（exited）：成功完成一次性的配置。

（4）active（waiting）：运行中，等待一个事件。

（5）inactive：不运行。

（6）enabled：开机启动。

（7）disabled：开机不启动。

（8）static：开机不启动，但可被另一个启动的服务激活。

3．运行级别

CentOS 6 下 Linux 运行级别 0～6 的含义如下。

（1）运行级别 0：关机模式。

（2）运行级别 1：单用户模式，用于破解 root 密码。

（3）运行级别 2：无网络支持的多用户模式。

（4）运行级别 3：有网络支持的多用户模式（一般称为字符界面）。

（5）运行级别 4：保留，未使用。

（6）运行级别 5：有网络支持并支持图形界面的多用户模式（图形界面）。

（7）运行级别 6：重新引导系统及重启。

可以在不同级别下设置服务是否随系统启动运行。在 CentOS 7 上运行级别的含义已经和之前不同了，已由.target 来代替运行级别，可以称 target 为目标态，通过 target 定制更符合用户的工作运行环境。

```
[root@xuegod63 ~]# ls /usr/lib/systemd/system/*.target    #查看系统中有多少个 target，如图 17-5 所示。
```

图 17-5　查看系统中有多少个 target

```
[root@xuegod63 ~]# ll /usr/lib/systemd/system/*.target    | grep runlevel
lrwxrwxrwx. 1 root root   15 9 月   19 2017 /usr/lib/systemd/system/runlevel0.target -> poweroff.target
lrwxrwxrwx. 1 root root   13 9 月   19 2017 /usr/lib/systemd/system/runlevel1.target -> rescue.target
lrwxrwxrwx. 1 root root   17 9 月   19 2017 /usr/lib/systemd/system/runlevel2.target -> multi-user.target
lrwxrwxrwx. 1 root root   17 9 月   19 2017 /usr/lib/systemd/system/runlevel3.target -> multi-user.target
lrwxrwxrwx. 1 root root   17 9 月   19 2017 /usr/lib/systemd/system/runlevel4.target -> multi-user.target
lrwxrwxrwx. 1 root root   16 9 月   19 2017 /usr/lib/systemd/system/runlevel5.target -> graphical.target
lrwxrwxrwx. 1 root root   13 9 月   19 2017 /usr/lib/systemd/system/runlevel6.target -> reboot.target
```

注意：运行级别 2～4 都是调用 multi-user.target 这个 unit。所以，在 CentOS 7 上运行级别 2～4 是一个意思。

```
[root@xuegod63 ~]# systemctl list-unit-files --type target    #查看所有 target 的状态。
[root@xuegod63 ~]# systemctl list-dependencies runlevel3.target    #查看 3 运行级别 unit 的所有依赖，unit 之间存在依赖关系：A 依赖于 B，就意味着 systemd 在启动 A 的时候，同时会启动 B，也可以理解为 3 运行级别下都开启了哪些服务。
```

在 CentOS 7 上所谓的目标态，其实就是由各种指定的服务和基础 target 组合而成的。

CentOS 6 和 7 运行级别的变化如表 17-3 所示。

表 17-3　CentOS 6 和 7 运行级别的变化

CentOS 6-init	CentOS 7-systemd
Traditional runlevel	New target name　Symbolically linked to...
Runlevel 0	runlevel0.target -> poweroff.target
Runlevel 1	runlevel1.target -> rescue.target
Runlevel 2	runlevel2.target -> multi-user.target
Runlevel 3	runlevel3.target -> multi-user.target
Runlevel 4	runlevel4.target -> multi-user.target
Runlevel 5	runlevel5.target -> graphical.target
Runlevel 6	runlevel6.target -> reboot.target
Init 0 → systemctl poweroff	#关机。
Init 1 → systemctl isolate rescue.target	#单用户模式。
Init 3 → systemctl isolate multi-user.target	#字符界面。
Init 5 → systemctl isolate graphical.target	#图形化。
Init 6 → systemctl reboot	#重启。

17.2.3　运行级别的切换

（1）在 CentOS 6 中切换运行级别使用 init，在 CentOS 7 中虽然也能使用，但是调用的不再是原来的程序了。CentOS 7 使用 systemctl　isolate name.target 来切换 target。

例 17.2：在 CentOS 6/7 下切换到字符界面和图形界面。

```
[root@xuegod63 ~]# init 3    #切换到字符界面。
[root@xuegod63 ~]# init 5    #切换到图形界面。
```

例 17.3：CentOS 7 切换到字符界面。

```
[root@xuegod63 ~]# systemctl isolate multi-user.target
```

或

```
[root@xuegod63 ~]#  systemctl isolate runlevel3.target
```

（2）CentOS 7 设置系统默认运行级别。

用 systemctl set-default name.target 来修改默认 target。

默认 target 如图 17-6 所示。

```
[root@xuegod63 ~]# ll /etc/systemd/system/default.target
```

```
[root@xuegod63 ~]#  ll /etc/systemd/system/default.target
lrwxrwxrwx. 1 root root 36 9月  19 2017 /etc/systemd/system/default.target -> /lib/s
ystemd/system/graphical.target
```

图 17-6　默认 target

注：它其实就是创建了一个软链接到指定的 target。

例 17.4：默认系统启动使用 3 运行级别字符界面。

```
[root@xuegod63 ~]# systemctl set-default multi-user.target          #设置系统启动使用 3 运行级别。
Removed symlink /etc/systemd/system/default.target.
Created symlink from /etc/systemd/system/default.target to /usr/lib/systemd/system/multi-user.target.

[root@xuegod63 ~]#  ll /etc/systemd/system/default.target          #查看链接。
lrwxrwxrwx 1 root root 41 5 月  23 19:08 /etc/systemd/system/default.target -> /usr/lib/systemd/
system/multi-user.target
```

例 17.5：默认系统启动使用 5 运行级别图形界面。

```
[root@xuegod63 ~]# systemctl set-default graphical.target          #设置系统启动使用 5 运行级别。
```

17.2.4　grub2 和 grub 的区别（了解）

在 CentOS 6 中，grub 的配置文件是/boot/grub/grub.conf。

在 CentOS 7 中使用 grub2，配置文件改成了/boot/grub2/grub.cfg，但是功能大致一样，都是用于加载内核，不过在 CentOS 7 上设置默认启动项发生了一些变化。

问：如果系统中有两个内核？如何改变默认启动的内核顺序？

例 17.6：CentOS 7 修改内核启动顺序。

```
[root@xuegod63 ~]# vim /etc/default/grub
GRUB_TIMEOUT=5                    #开机时，grub 默认 5 秒后启动内核。
GRUB_DISTRIBUTOR= " $（sed 's，  release .*$，，g' /etc/system-release） "
改：GRUB_DEFAULT= saved
为：GRUB_DEFAULT= 1               #这里改成 1，0 代表第一个内核，1 代表第二个，以此类推。
UB_DISABLE_SUBMENU=true
GRUB_TERMINAL_OUTPUT= " console "
GRUB_CMDLINE_LINUX= " crashkernel=auto rhgb quiet net.ifnames=0 "
GRUB_DISABLE_RECOVERY= " true "

[root@xuegod63 ~]# grub2-mkconfig -o /boot/grub2/grub.cfg          #修改完成后并没有立即生效，
使用此命令来生成 grub.cfg 文件，在下次启动时就会默认选择新的默认内核。
[root@xuegod63 ~]# uname -r          #查看当前系统内核。
```

```
3.10.0-693.2.2.el7.x86_64
[root@xuegod63 ~]# reboot
[root@xuegod63 ~]# uname -r                  #重启成功后，发现加载的内核变了。
3.10.0-693.el7.x86_64
```

例 17.7：CentOS 6 修改内核启动顺序（了解）。

```
[root@xuegod63 ~]# vim /boot/grub/grub.conf
改：10 default=0
为：10 default=1
[root@xuegod63 ~]# reboot                    #重启主机。
```

17.3 实战 1：加密 grub 防止黑客通过单用户系统破解 root 密码

实战场景：如何防止别人恶意通过单用户系统破解 root 密码，进入系统窃取数据？给 grub 加密，不让别人通过 grub 进入单用户。

17.3.1 基于 CentOS 6 进行 grub 加密

```
[root@xuegod63 ~]# grub-md5-crypt
Password: 123456                                      #输入密码为 123456。
Retype password: 123456                               #再次输入密码。
$1$oaqo5$3d/cmTOSm68jTw6o1wCu31                       #把加密后的密码记录起来，加密时需要用到。

[root@xuegod63 init]# vim /boot/grub/grub.conf        #编辑内核文件。
#boot=/dev/sda
default=0
timeout=5
splashimage=（hd0，0）/grub/splash.xpm.gz
hiddenmenu
password --md5 $1$oaqo5$3d/cmTOSm68jTw6o1wCu31   #增加此行。
title Red Hat Enterprise Linux （2.6.32-220.el6.x86_64）
        root （hd0，0）
```

基于 CentOS 6 加密 grub.conf，如图 17-7 所示。

```
#boot=/dev/sda
default=0
timeout=5
splashimage=(hd0,0)/grub/splash.xpm.gz
hiddenmenu
password --md5 $1$oaqo5$3d/cmTosm68jTw6o1wCu31
title Red Hat Enterprise Linux (2.6.32-220.el6.x86_64)
```

图 17-7 加密 grub.conf

重启测试：编辑 grub 时需要按下 p 键，然后输入密码 123456，如图 17-8 所示。

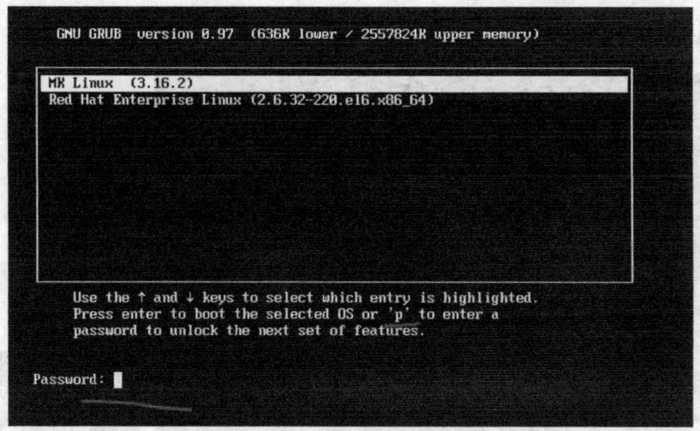

图 17-8　输入密码启动内核

17.3.2　基于 CentOS 7 进行 grub 加密

生成密码：使用 grub2-mkpasswd-pbkdf2 命令对密码加密。

[root@xuegod63 ~]# grub2-mkpasswd-pbkdf2

输入口令：　123456

Reenter password:　123456

PBKDF2 hash of your password is grub.pbkdf2.sha512.10000.8F355BAB512AFB7B8C990A1FEB887B8F2F3F1C54467E9B9F0535F2268E1FFC5F4E8D33F7633D7FBEC25B2039C6D8B3226A90528D4883AB9B99E391A4965D069F.DDE992693BE2C09FFEEC1149120B6B84DBAB933DE6CF7BFF718E1DDC858AB73EE32CFF45EB7F06AC45AA6792E91C4CD09E2B445FC288C47E79F537DBBABAD756

[root@xuegod63 ~]# vim /etc/grub.d/00_header　　#在最后添加如下内容，mk 这个用户名可以换成自己的用户名。

cat <<EOF

set superusers='mk'

password_pbkdf2　mk grub.pbkdf2.sha512.10000.8F355BAB512AFB7B8C990A1FEB887B8F2F3F1C54467E9B9F0535F2268E1FFC5F4E8D33F7633D7FBEC25B2039C6D8B3226A90528D4883AB9B99E391A4965D069F.DDE992693BE2C09FFEEC1149120B6B84DBAB933DE6CF7BFF718E1DDC858AB73EE32CFF45EB7F06AC45AA6792E91C4CD09E2B445FC288C47E79F537DBBABAD756

EOF

基于 CentOS 7 加密 grub，如图 17-9 所示。

```
cat <<EOF
set superusers='mk'
password_pbkdf2  mk grub.pbkdf2.sha512.10000.8F355BAB512AFB7B8C990A1FEB887B8F2F3F1C5
4467E9B9F0535F2268E1FFC5F4E8D33F7633D7FBEC25B2039C6D8B3226A90528D4883AB9B99E391A4965
D069F.DDE992693BE2C09FFEEC1149120B6B84DBAB933DE6CF7BFF718E1DDC858AB73EE32CFF45EB7F06
AC45AA6792E91C4CD09E2B445FC288C47E79F537DBBABAD756
EOF
```

图 17-9　基于 CentOS 7 加密 grub

[root@xuegod63 ~]# grub2-mkconfig -o /boot/grub2/grub.cfg　　#更新 grub 信息。

重启验证，按 e 键即可输入用户名和密码，如图 17-10 所示。

输入用户名和密码，如图 17-11 所示。

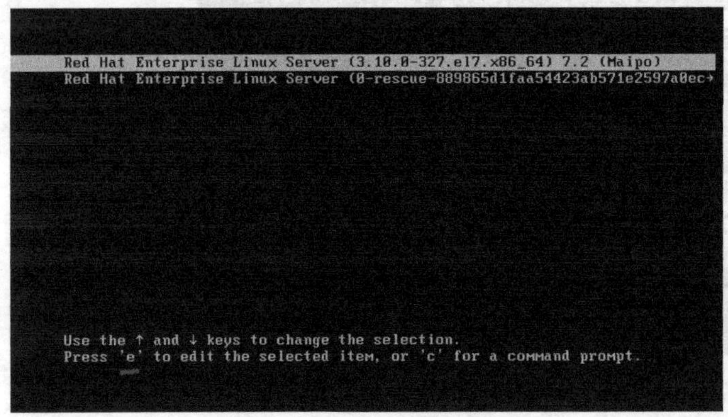

图 17-10　验证启动内核

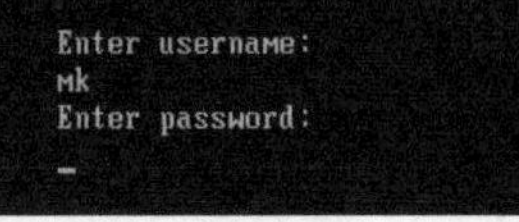

图 17-11　输入用户名和密码

可以进入 GRUB 菜单，就证明加密成功了，按 Ctrl+x 组合键开始启动，如图 17-12 所示。

```
setparams 'Red Hat Enterprise Linux Server (3.10.0-327.el7.x86_64) 7.2 (Maipo)\
'

        load_video
        set gfxpayload=keep
        insmod gzio
        insmod part_msdos
        insmod xfs
        set root='hd0,msdos1'
        if [ x$feature_platform_search_hint = xy ]; then
          search --no-floppy --fs-uuid --set=root --hint-bios=hd0,msdos1 --hin\
t-efi=hd0,msdos1 --hint-baremetal=ahci0,msdos1 --hint='hd0,msdos1'  b00399dc-6\
868-4295-837a-a3ad42e6f901
        else
          search --no-floppy --fs-uuid --set=root b00399dc-6868-4295-837a-a3ad\↓

      Press Ctrl-x to start, Ctrl-c for a command prompt or Escape to
      discard edits and return to the menu. Pressing Tab lists
      possible completions.
```

图 17-12　启动内核

17.4　实战 2：通过 liveCD 进入救援模式及修复损坏的 grub

liveCD 简介：很多 Linux 发行版本已经被设计为所谓的“LiveCD”，即可以直接引导为可用 Linux 系统的 CD。与大多数广为应用的 Linux 发行版本中可以使用的“拯救模式（rescue mode）”引导选项相反，这些 LiveCD 的设计是，当系统通过 CD 引导启动后，LiveCD 提供一整套可以使用的工具，在这些工具中有一些是通用的，有一些是高度专用的。

实战场景：当系统坏了，进不去了，还需要把里面的数据复制出来，怎么办？

可以通过 LiveCD 进入救援模式复制数据。

1．基于 CentOS 6 版本系统进入救援模式

（1）修改 BIOS 启动顺序，直接用光盘引导系统，在图 17-13 所示的界面中通过上、下方向键选择“Rescue installed system”并按 Enter 键。

（2）在图 17-14 所示的界面中选择语言，保持默认选项“English”即可，按 Enter 键确认。

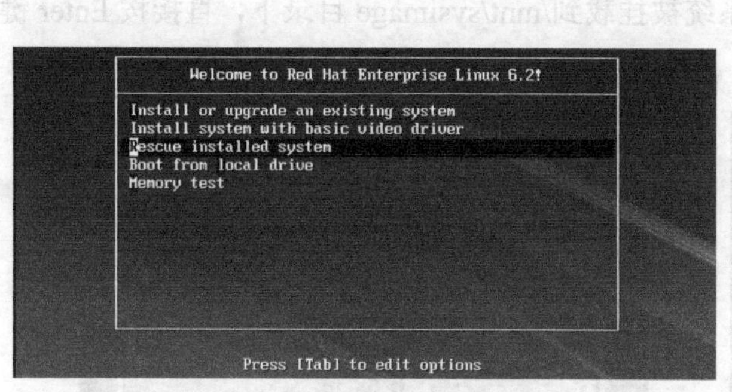

图 17-13　启动光盘引导系统

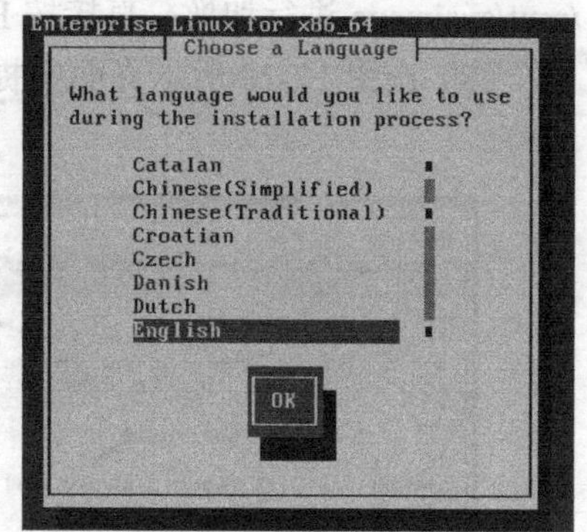

图 17-14　选择语言

（3）在图 17-15 所示的界面中选择键盘布局，保护默认选择“us”即可，按 Enter 键确认。

（4）在图 17-16 所示的界面中选择救援类型，选择“Loca CD/DVD”，并按 Enter 键确认。

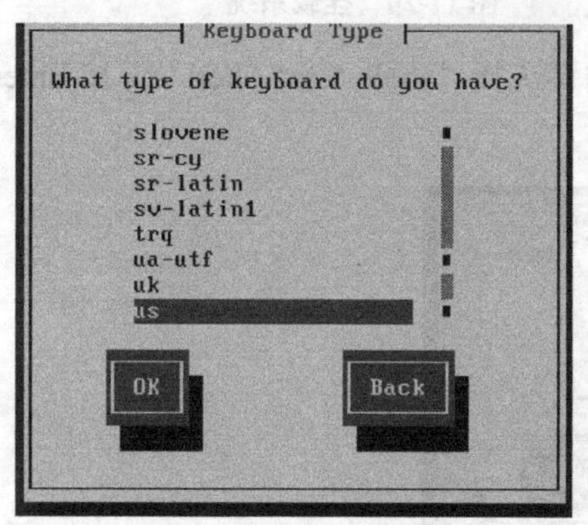

图 17-15　选择键盘布局

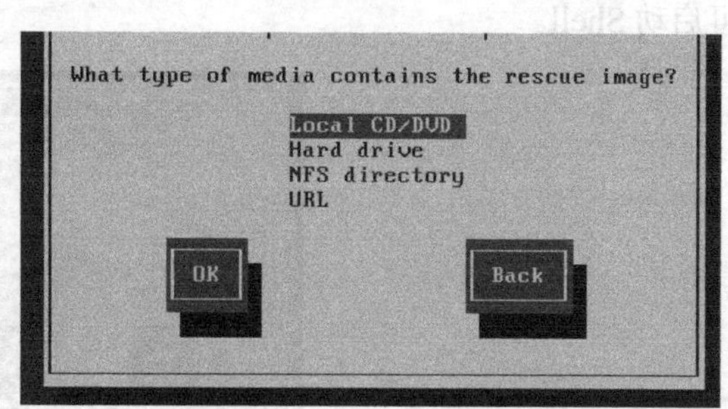

图 17-16　选择救援类型

（5）在图 17-17 所示的界面中选择是否开启网络服务，选择“No”并按 Enter 键确认。

（6）在图17-18 所示的界面中提示光盘镜像已挂载到/mnt/sysimage 目录下，选择“Continue”并按 Enter 键确认。

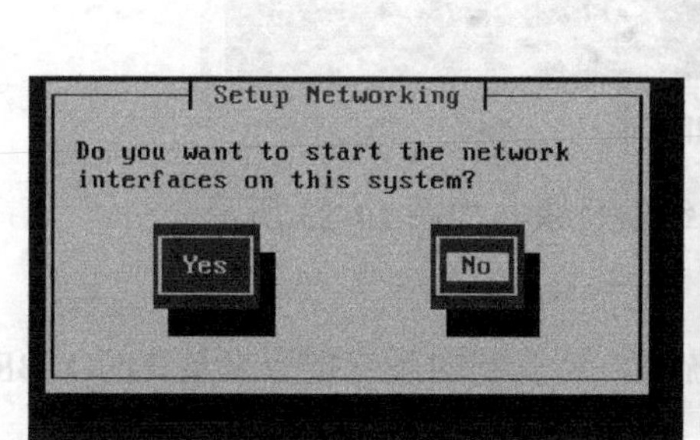

图 17-17　是否开启网络服务

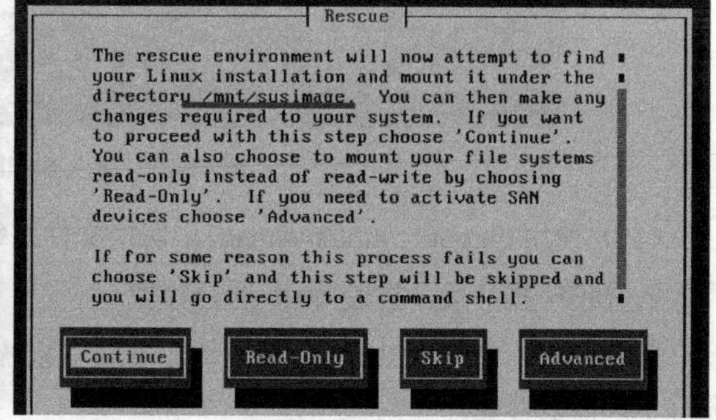

图 17-18　Rescue 界面

（7）在图 17-19 所示的界面中提示条已挂载到/mnt/sysimage 目录下，需要使用 chroot /mnt/sysimage 进行切换，直接按 Enter 键确认。

（8）在图 17-20 所示界面中提示系统被挂载到/mnt/sysimage 目录下，直接按 Enter 键即可。

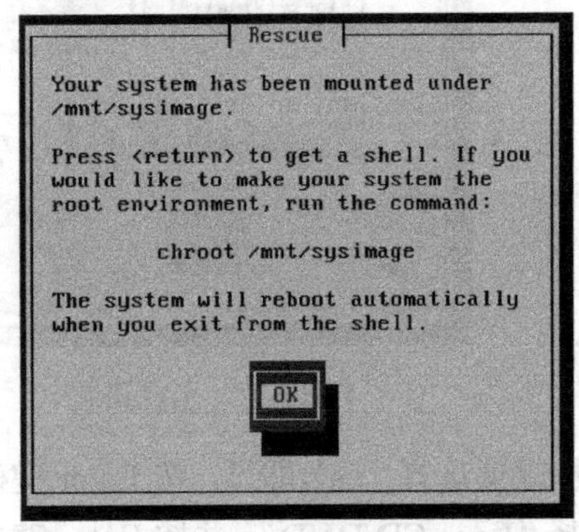

图 17-19　切换挂载目录提示

图 17-20　挂载系统

（9）在图 17-21 所示的界面中通过上、下方向键选择“shell Start shell”并按 Enter 键即可启动 Shell。

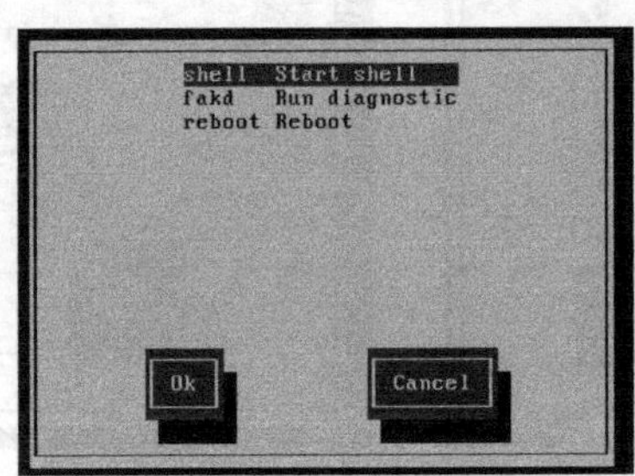

图 17-21　启动 Shell

（10）在图 17-22 所示的 Shell 界面上，默认工作目录处于根目录下。

```
bash-4.1#
bash-4.1#
bash-4.1# pwd
/
bash-4.1# head /etc/shadow
root::14438:0:99999:7:::
install::14438:0:99999:7:::
bash-4.1# _
```

图 17-22　进入 Shell 界面

（11）使用 chroot　/mnt/sysimage，切换文件系统根目录，如图 17-23 所示。

2．MBR 损坏后，重装 grub 进行修复

使用场景：修复 MBR，主要出现在安装双系统时，后安装的系统把原来系统的 MBR 删除了，需要修复。

（1）在 CentOS 7 下破坏磁盘的前 446B。

```
bash-4.1# chroot /mnt/sysimage/
sh-4.1# head /etc/shadow
root:$6$MPqI3IBGhnLo/G0T$4/VjwWT7SUB1kiNh1Sna5nj8hwvmcDFJdgc5AR26fARTnUNUbxZDJxY
xG.d30T4WTyfffL.KpZhDKrS0AW1SI/:15691:0:99999:7:::
bin:*:15155:0:99999:7:::
daemon:*:15155:0:99999:7:::
adm:*:15155:0:99999:7:::
lp:*:15155:0:99999:7:::
sync:*:15155:0:99999:7:::
shutdown:*:15155:0:99999:7:::
halt:*:15155:0:99999:7:::
mail:*:15155:0:99999:7:::
uucp:*:15155:0:99999:7:::
```

图 17-23　切换文件系统根目录

```
[root@xuegod63 ~]# dd if=/dev/zero of=/dev/sda bs=1 count=446
446+0 records in
446+0 records out
446 bytes (446 B) copied, 0.000758682 s, 588 kB/s
```

（2）将 CentOS 7 系统光盘挂载到虚拟机光驱上，重启计算机，修改 BIOS 引导顺序，让光盘启动，在图 17-24 所示的界面选择“CD-ROM Drive”并按 Enter 键。

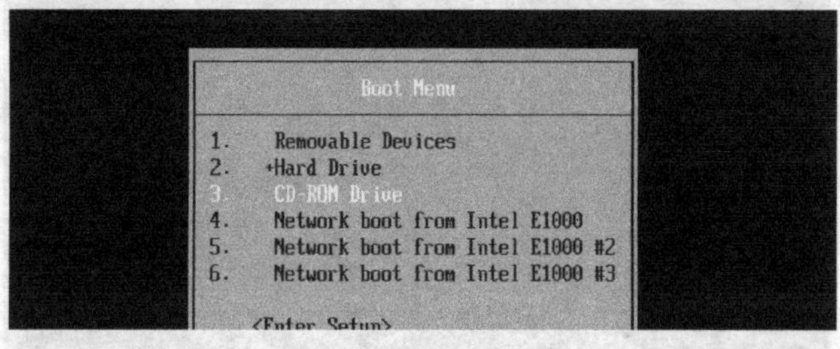

图 17-24　启动项选择

（3）进入图 17-25 所示的启动界面。

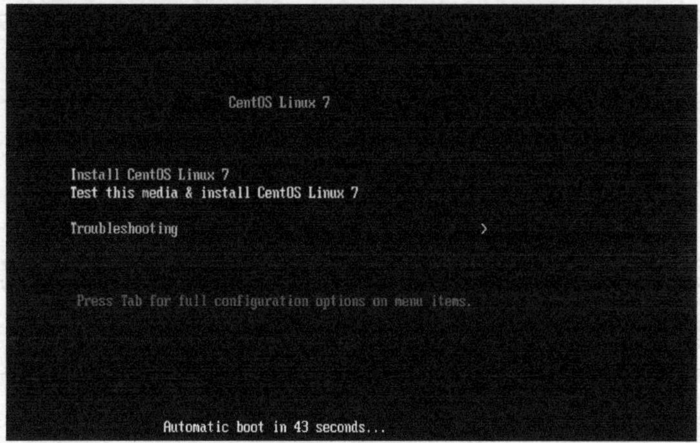

图 17-25　启动光盘镜像

（4）在启动界面中选择“Troubleshooting”并按 Enter 键，进入图 17-26 所示的故障排除界面，在此界面中选择“Rescue a CentOS Linux system”并按 Enter 键，进入救援模式的 CentOS 系统。

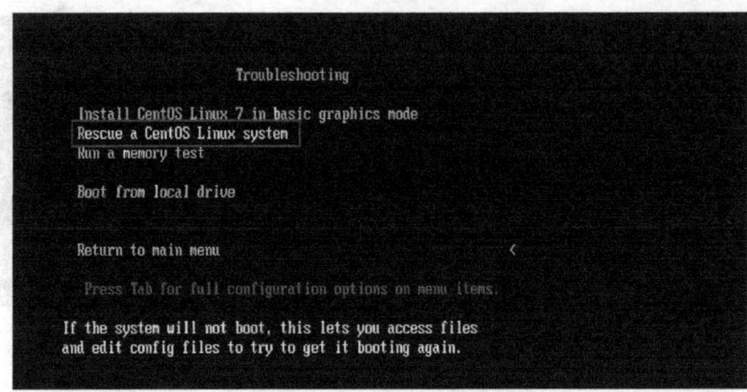

图 17-26　进入救援模式

（5）进入图 17-27 所示的界面，选择 1，继续进行，接下来会进入 Shell 模式中，使用 Chroot/mnt/sysimage 切换根目录，然后使用 grubz-install 命令重装 grub 进行系统修复。

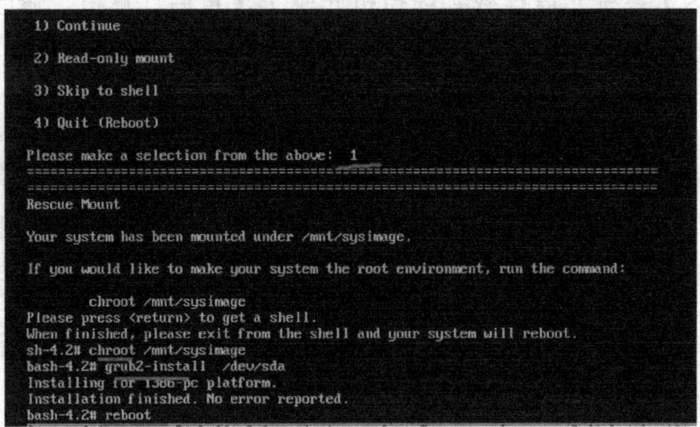

图 17-27　系统修复

（6）先执行 exit 命令退出，再重启计算机，修复完成，如图 17-28 所示。

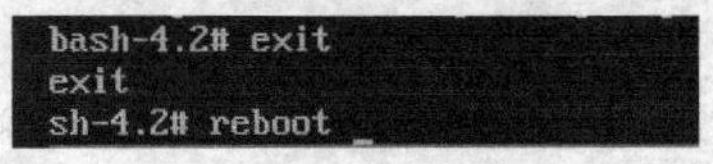

图 17-28　完成修复

17.5　实战 3：在 CentOS 7 下误删除 grub 文件后进行修复

grub 是多启动规范的实现，它允许用户可以在计算机内同时拥有多个操作系统，并在计算机启动时选择希望运行的操作系统。grub 可用于选择操作系统分区上的不同内核，也可用于向这些内核传递启动参数，因此，grub 一旦出现损坏或无法工作，系统将无法正常启动。

在 CentOS7 下删除 grub 文件后进行修复的步骤如下。

（1）删除 grub2 文件。

```
[root@xuegod63 ~]# rm -rf  /boot/grub2
```

（2）重启计算机。

```
[root@xuegod63 ~]# reboot
```

重启计算后进入图 17-29 所示的界面。

```
error: file '/grub2/i386-pc/normal.mod' not found.
Entering rescue mode...
grub rescue> _
```

图 17-29　grub 文件受损后界面

（3）现在开始修复 grub。重启系统，按 Esc 键，进入图 17-30 所示的启动选择界面，选择“CD-ROM Drive”选项，进入光盘救援模式（前提是挂载光盘）。

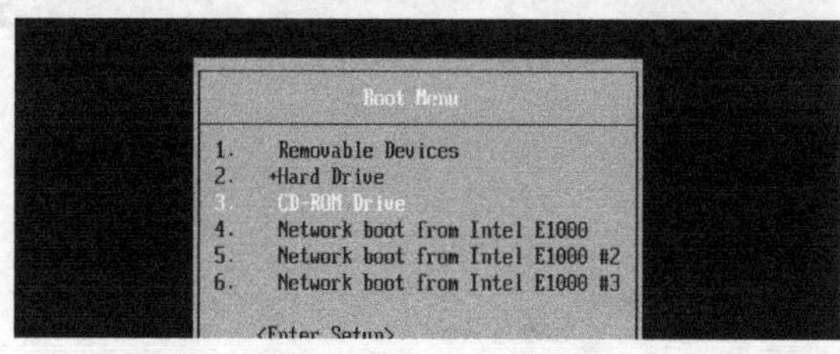

图 17-30　选择启动项

（4）使用 liveCD 进入救援模式后，使用 chroot/mnt/sysimage 切换根文件系统，如图 17-31 所示。

```
sh-4.2# chroot /mnt/sysimage/
bash-4.2# ls
1    bakup  boot  etc   lib    media  mnt  opt   root  sbin  sys     testdir  usr
app  bin    dev   home  lib64  misc   net  proc  run   srv   system  tmp      var
bash-4.2#
```

图 17-31　切换根文件系统

（5）执行命令 grub2-install，安装 grub，如图 17-32 所示。

```
bash-4.2# grub2-install  /dev/sda
Installing for i386-pc platform.
Installation finished. No error reported.
bash-4.2# ls /boot/grub
grub/  grub2/
bash-4.2# ls /boot/grub2/
fonts  grubenv  i386-pc  locale
bash-4.2# _
```

图 17-32　安装 grub

（6）此时，在 grub2 文件夹中还没有 grub.cfg 文件，使用 grub2-mkconfig 命令生成该配置文件并放到 grub2 目录下，如图 17-33 所示。

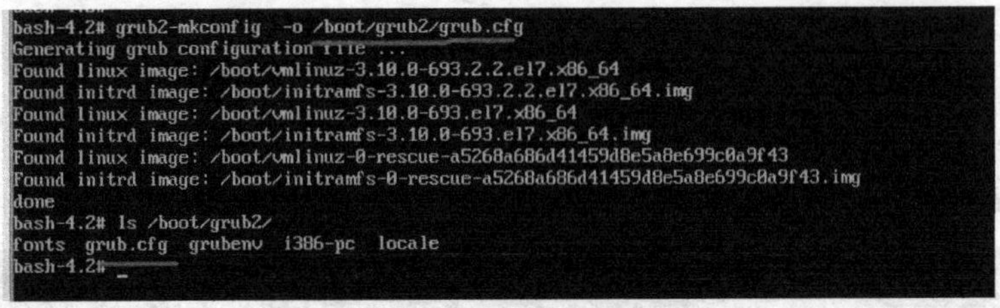

bash-4.2# grub2-mkconfig -o /boot/grub2/grub.cfg
Generating grub configuration file ...
Found linux image: /boot/vmlinuz-3.10.0-693.2.2.el7.x86_64
Found initrd image: /boot/initramfs-3.10.0-693.2.2.el7.x86_64.img
Found linux image: /boot/vmlinuz-3.10.0-693.el7.x86_64
Found initrd image: /boot/initramfs-3.10.0-693.el7.x86_64.img
Found linux image: /boot/vmlinuz-0-rescue-a5268a686d41459d8e5a8e699c0a9f43
Found initrd image: /boot/initramfs-0-rescue-a5268a686d41459d8e5a8e699c0a9f43.img
done
bash-4.2# ls /boot/grub2/
fonts grub.cfg grubenv i386-pc locale
bash-4.2# _

图 17-33　生成 grub 配置文件

（7）执行 exit 退出命令，再重启计算机，如图 17-34 所示。

bash-4.2#
bash-4.2# exit
exit
sh-4.2# reboot

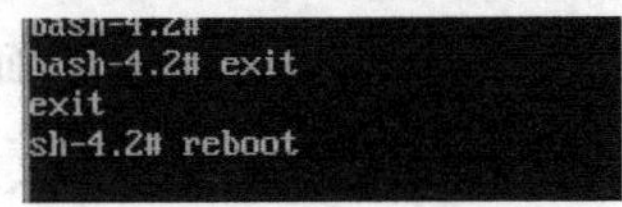

图 17-34　重启计算机

（8）修改 BIOS 引导顺序，让磁盘做第一引导。

第 18 章

Linux 网络管理技术

18.1 OSI 七层参考模型和 TCP/IP 四层参考模型

18.1.1 OSI 七层参考模型

OSI 七层参考模型和 TCP/IP 四层参考模型如图 18-1 所示。

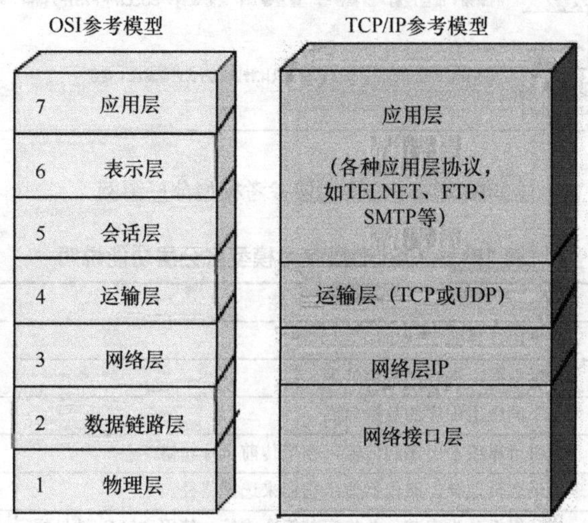

图 18-1 OSI 七层参考模型和 TCP/IP 四层参考模型

OSI（Open System Interconnection，开放系统互连参考模型）是国际标准化组织（ISO）制定的一个用于计算机或通信系统间互联的标准体系。

TCP/IP 参考模型是计算机网络的祖父 ARPANET 和其后继者使用因特网的参考模型。

（1）参数模型分层的作用是便于管理，如图 18-2 所示。

（2）OSI 七层参考模型的优点如下。

① 把复杂的网络划分成为更容易管理的层（将整个庞大而复杂的问题划分为若干个容易处理的小问题）。

② 没有一个厂家能完整地提供整套解决方案，包括所有的设备和协议。

③ 独立完成各自该做的任务，互不影响，分工明确，上层不关心下层的具体细节，分

层同样有益于网络排错。

OSI 七层参考模型的各分层功能与代表设备如表 18-1 所示。

图 18-2　OSI 七层参考模型分层图例

表 18-1　OSI 七层参考模型各分层功能说明

分层	名　字	功　能	工作在该层的设备
7	应用层	提供用户界面	QQ、IE、应用程序
6	表示层	表示数据，进行加密等处理	
5	会话层	将不同应用程序的数据分离	
4	传输层	提供可靠或不可靠的传输，在重传前执行纠错	防火墙
3	网络层	提供逻辑地址，路由器使用它们来选择路径。	三层交换机、路由器
2	数据链路层	将分组拆分为字节，并将字节组合成帧，使用 MAC 地址提供介质访问，执行错误检测，但不纠错	二层交换机、网卡
1	物理层	在设备之间传输比特，指定电平、电缆速度和电缆针脚	集线器

互动：为什么现代网络通信过程中用 TCP/IP 四层参考模型，而不是用 OSI 七层参考模型呢？

OSI 七层参考模型是理论模型，一般用于理论研究，其分层有些冗余，实际应用中，选择 TCP/IP 四层参考模型。而且 OSI 七层参考模型自身也有缺陷，大多数人都认为 OSI 七层参考模型的层次数量与内容可能是最佳的选择，其实并非如此，其中会话层和表示层几乎是空的，而数据链路层和网络层包含内容太多，有很多子层插入，每个子层都有不同的功能。

18.1.2 常见网络相关的协议

常见网络相关的协议如下。

（1）ARP（Address Resolution Protocol）：地址解析协议，将IP地址解析成MAC地址。

（2）DNS：域名解析协议。通过域名，最终得到该域名对应的IP地址的过程称为域名解析。

（3）SNMP（Simple Network Management Protocol）：网络管理协议。

（4）DHCP（Dynamic Host Configuration Protocol）：动态主机配置协议，TCP/IP网络上使客户机获得配置信息的协议。

（5）FTP（File Transfer Protocol）：文件传输协议，是一个标准协议，是在计算机和网络之间交换文件的最简单的方法。

（6）HTTP（Hypertext Transfer Protocol）：超文本传输协议。

（7）HTTPS（Secure Hypertext Transfer Protocol）：安全超文本传输协议，是由Netscape开发并内置于其浏览器中，用于对数据进行压缩和解压操作。

（8）ICMP（Internet Control Message Protocol）：互联网控制报文协议。

Ping命令使用ICpop，命令使用格式为ping ip，定义的消息类型有TTL超时、地址的请求与应答、信息的请求与应答、目的地不可到达。

（9）SMTP（Simple Mail Transfer Protocol）：简单邮件传送协议。

（10）TELNET Protocol：虚拟终端协议。

（11）TFTP（Trivial File Transfer Protocol）：小文件传输协议

（12）UDP（User Datagram Protocol）：用户数据报协议，是用来在互联网环境中提供包交换的计算机通信协议。

（13）TCP（Transmission Control Protocol）：传输控制协议，是一种面向连接的、可靠的、基于字节流的传输层通信协议。

18.1.3 TCP和UDP的区别

TCP是面向连接的协议，在收发数据前，必须和对方建立可靠的连接。

UDP是一种无连接的传输层协议，提供面向事务的简单不可靠的信息传送服务。

TCP与UDP的区别如下。

（1）TCP是基于连接的，UDP是基于无连接的。

（2）TCP对系统资源的要求较多，UDP对系统资源的要求较少。

（3）UDP结构较简单，UDP信息包的标题很短，只有8B，相对于TCP的20B信息包额外开销很小，所以传输速度更快。

（4）TCP保证数据正确性，UDP可能丢包；TCP保证数据按顺序传输，UDP不保证。

场景：视频、语音通信使用UDP，或网络环境很好，如局域网中通信可以使用UDP。UDP数据传输的完整性，可以通过应用层的软件来校对。

18.1.4 TCP 和 UDP 常用端口

TCP 和 UDP 常用端口，如表 18-2 所示。

表 18-2 TCP 和 UDP 常用端口

端口号	服务名	说　明
21	FTP	文件传输服务
22	SSH	安全远程连接服务
23	Telnet	远程连接服务
25	SMTP	电子邮件服务
53	DNS	域名解析服务，有时用 TCP53 端口，有时用 UDP53 端口传输
80	HTTP	Web 服务
443	HTTPS	安全 Web 服务

互动：如果你不知道哪个端口对应哪个服务怎么办？如 873 端口对应的是哪个服务？

[root@xuegod63 ~]# vim /etc/services　　　　#此文件包含所有常见端口号及服务名，如图 18-3 所示。

```
rsync           873/tcp
rsync           873/udp
```

图 18-3 services 服务端口文件

此文件可以查看常用端口对应的名字。iptables 或 netstat 要把端口解析成协议名时，都需要使用到这个文件。另外，后期 xinetd 服务管理一些小服务时，也会使用此文件来查询对应的小服务端口号。

注意：有的服务是 UDP 端口和 TCP 端口都会监听的。

18.1.5 IP 地址分类

IP 地址分为 5 类，常见的是 A、B、C 3 类。

A 类地址：范围是 0～127，0 是保留的，并且表示所有 IP 地址，而 127 也是保留的地址，并且是用于测试环回口用的。因此，A 类地址的可用范围其实是 1～126。以子网掩码 255.0.0.0 来进行区别。

B 类地址：范围是 128～191，如 172.168.1.1，以子网掩码 255.255.0.0 来进行区别。

C 类地址：范围是 192～223，以子网掩码 255.255.255.0 来进行区别。

D 类地址：范围是 224～239，被用在多点广播（Multicast）中。

多点广播地址用来一次寻址一组计算机，它标识共享同一协议的一组计算机，如图 18-4 所示。

E 类地址：范围是 240～254，保留，以便将来使用。

A、B、C 3 类中私有 IP 地址的范围如下。

A：10.0.0.0～10.255.255.255/8。

B：172.16.0.0～172.31.255.255/16。

C：192.168.0.0～192.168.255.255/24。

ping 127.0.0.1 可以 ping 通，ping 127.23.23.23 同样也可以 ping 通。

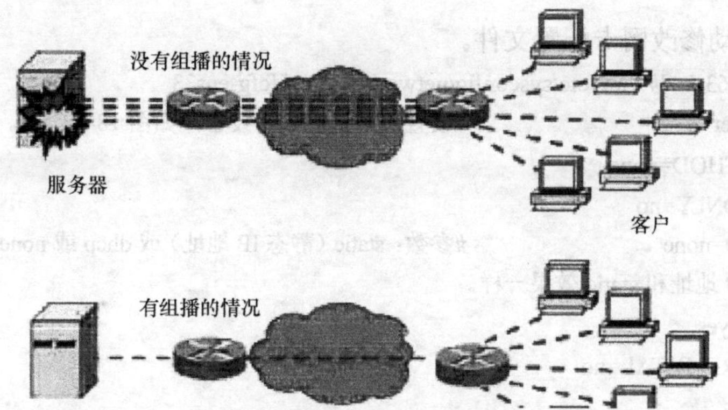

图 18-4　有组播和没有组播

结论：127 这个网段都用于环回口。

```
[root@xuegod63 ~]# ping 127.23.23.23
PING 127.23.23.23 (127.23.23.23) 56(84) bytes of data.
64 bytes from 127.23.23.23: icmp_seq=1 ttl=64 time=0.360 ms
64 bytes from 127.23.23.23: icmp_seq=2 ttl=64 time=0.068 ms
```

18.2　Linux 网络相关的调试命令

1. 查看网卡物理连接是否正常

命令使用格式：mii-tool 网卡名。

```
[root@xuegod63 ~]# mii-tool ens33
ens33: negotiated 1000baseT-FD flow-control，link ok
```

2. 查看 IP 相关信息

```
ifconfig 命令被用于配置和显示 Linux 内核中网络接口的网络参数。
[root@xuegod63 ~]# ifconfig
```

3. 常见的一些网络接口

eth0，eth1，eth2…：以太网接口（Linux 6）。

waln0：无线接口。

eno177776：以太网接口（Linux 7）。

ens33：以太网接口（Linux 7）。

bond0 team0：网卡绑定接口。

virbr0：虚拟交换机桥接接口。

br0：虚拟网桥接口。

lo：本地回环接口。

vnet0：KVM 虚拟机网卡接口。

18.2.1 修改网卡 IP 地址

方法 1：手动修改网卡配置文件。

```
[root@xuegod63 ~]# vim /etc/sysconfig/network-scripts/ifcfg-ens33
TYPE=Ethernet                    #设置类型是以太网设备，如图 18-5 所示。
PROXY_METHOD=none
BROWSER_ONLY=no
BOOTPROTO=none                   #参数：static（静态 IP 地址）或 dhcp 或 none（无，表示不指定），如是 none，配上 IP 地址和 static 效果一样。
DEFROUTE=yes
IPV4_FAILURE_FATAL=no
IPV6INIT=yes
IPV6_AUTOCONF=yes
IPV6_DEFROUTE=yes
IPV6_FAILURE_FATAL=no
IPV6_ADDR_GEN_MODE=stable-privacy
NAME=ens33                       #网卡名。
UUID=c713acec-674b-411d-9e61-646482a292ca       #网卡 UUID 是全球唯一的。
DEVICE=ens33                     #设备名字，在内核中识别的名字。
ONBOOT=yes                       #启用该设备，如果是 no，表示不启动此网络设备。
IPADDR=192.168.1.63              #IP 地址。
PREFIX=24                        #子网掩码，24 相当于 255.255.255.0。
GATEWAY=192.168.1.1              #默认网关。
DNS1=114.114.114.114             #首选 DNS 地址。
DNS2=8.8.8.8                     #备用 DNS 地址。
IPV6_PRIVACY=no
PEERDNS=no
```

图 18-5 以太网

例 18.1：给虚拟机再添加一个网卡，并手动生成网卡配置文件。

```
[root@xuegod63 ~]# init 0              #首先关机。
```

（1）添加一块网卡，新加的网卡使用桥接模式，如图 18-6 所示。

```
[root@xuegod63 ~]# ifconfig -a                 #查看所有网络设备，包括没有启动的网卡设备。
ens33: flags=4163<UP,BROADCAST,RUNNING,MULTICAST>  mtu 1500
…
ens38: flags=4163<UP,BROADCAST,RUNNING,MULTICAST>  mtu 1500
```

注意：此处显示第二块网卡的名字是 ens38，网卡名并非一致的，有些情况也会出现 ens37 的网卡名，这是由内核识别出来的。

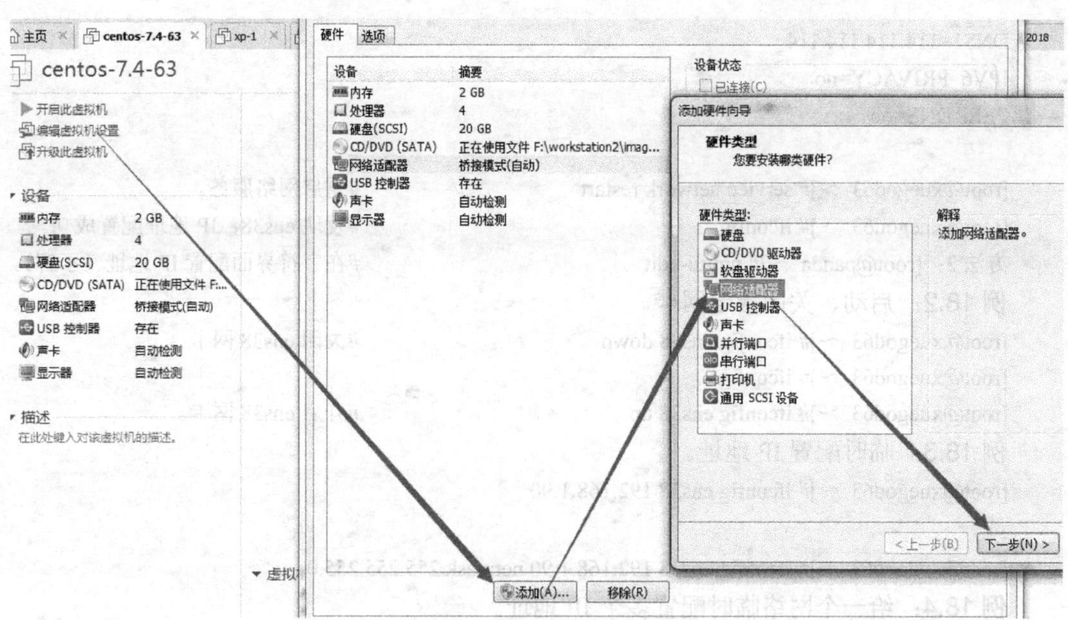

图 18-6　添加网卡

（2）默认新增加的网卡没有配置文件，需手动添加一个。

```
[root@xuegod63  ~]# cd /etc/sysconfig/network-scripts/                    #切换目录。

[root@xuegod63 network-scripts]# cp ifcfg-ens33 ifcfg-ens38               #复制网卡。

[root@xuegod63 network-scripts]# vim ifcfg-ens38                          #修改内容。
TYPE=Ethernet
PROXY_METHOD=none
BROWSER_ONLY=no
BOOTPROTO=none
DEFROUTE=yes
IPV4_FAILURE_FATAL=no
IPV6INIT=yes
IPV6_AUTOCONF=yes
IPV6_DEFROUTE=yes
IPV6_FAILURE_FATAL=no
IPV6_ADDR_GEN_MODE=stable-privacy
NAME=ens38
UUID=c713acec-674b-411d-9e61-646482a292ca                                 #把 UUID 删除掉。
DEVICE=ens38
ONBOOT=yes
IPADDR=192.168.1.68                                                       #将 IP 地址改为 192.168.1.68。
PREFIX=24
GATEWAY=192.168.1.1
```

```
DNS1=114.114.114.114
IPV6_PRIVACY=no
PEERDNS=no

[root@xuegod63 ~]# service network restart                  #重启网络服务。
[root@xuegod63 ~]# ifconfig                                 #发现 ens38，IP 地址配置成功。
方法 2：[root@panda ~]# nmtui-edit                           #在字符界面配置 IP 地址（了解）。
```

例 18.2：启动、关闭指定网卡。

```
[root@xuegod63 ~]# ifconfig ens38 down                      #关闭 ens38 网卡。
[root@xuegod63 ~]# ifconfig
[root@xuegod63 ~]# ifconfig ens38 up                        #开启 ens38 网卡。
```

例 18.3：临时配置 IP 地址。

```
[root@xuegod63 ~]# ifconfig ens38 192.168.1.90
```

或

```
[root@xuegod63 ~]# ifconfig ens38 192.168.1.90 netmask 255.255.255.0
```

例 18.4：给一个网络临时配置多个 IP 地址。

```
[root@xuegod63 ~]# ifconfig ens33:1 192.168.1.3 netmask 255.255.255.0
[root@xuegod63 ~]# ifconfig
ens33: flags=4163<UP,BROADCAST,RUNNING,MULTICAST>  mtu 1500
 …
ens33:1: flags=4163<UP,BROADCAST,RUNNING,MULTICAST>  mtu 1500
        inet 192.168.1.3   netmask 255.255.255.0   broadcast 192.168.1.255
```

18.2.2 查看端口的监听状态

netstat 命令：查看系统中网络连接状态，命令执行及结果如图 18-7 所示。

```
[root@xuegod63 ~]# netstat -anutp
Active Internet connections (servers and established)
Proto Recv-Q Send-Q Local Address           Foreign Address         State       PID/Program name
tcp        0      0 0.0.0.0:111             0.0.0.0:*               LISTEN      1/systemd
tcp        0      0 192.168.122.1:53        0.0.0.0:*               LISTEN      1288/dnsmasq
tcp        0      0 0.0.0.0:22              0.0.0.0:*               LISTEN      1089/sshd
tcp        0      0 127.0.0.1:631           0.0.0.0:*               LISTEN      1092/cupsd
tcp        0      0 127.0.0.1:25            0.0.0.0:*               LISTEN      1201/master
tcp        0      0 127.0.0.1:6010          0.0.0.0:*               LISTEN      2925/sshd: root@pts
tcp        0      0 192.168.1.63:22         192.168.1.25:55917      ESTABLISHED 2925/sshd: root@pts
tcp6       0      0 :::111                  :::*                    LISTEN      1/systemd
```

图 18-7 netstat 命令

常用的参数格式：netstat -anutp。

-a，--all：显示本机所有连接和监听的端口。

-n，--numeric：don’t resolve names 以数字形式显示当前建立的有效连接和端口。

-u：显示 UDP 连接。

-t：显示 TCP 连接。

-p，--programs：显示连接对应的PID 与程序名。

命令执行结果详解如下。

Proto：连接协议的种类。

Recv-Q：接收到的字节数。

Send-Q：从本服务器发出去的字节数。

Local Address：本地的 IP 地址，可以是 IP 地址，也可以是主机名。

Foreign Address：远程主机的 IP 地址。

STATE：网络连接状态。

STATE 有以下几种状态。

CLOSED：初始（无连接）状态。

LISTEN：侦听状态，等待远程机器的连接请求。

ESTABLISHED：完成 TCP 3 次握手后，主动连接端进入 ESTABLISHED 状态。此时，TCP 连接已经建立，可以进行通信。

TIME_WAIT：在 TCP 4 次挥手时，主动关闭端发送了 ACK 包之后，进入 TIME_WAIT 状态，最多等待 MSL 时间，让被动关闭端收到 ACK 包。

知识扩展：MSL 是 Maximum Segment Lifetime 的缩写，指一个数据分片（报文）在网络中能够生存的最长时间。在 RFC 793 中定义 MSL 通常为 2 分钟，超过 2 分钟即认为这个报文已经在网络中被丢弃了。对于一个 TCP 连接，在双方进入 TIME_WAIT 后，通常会等待 2 倍的 MSL 时间，再关闭掉连接，作用是防止由于 FIN 报文丢包，对端重发导致与后续的 TCP 连接请求产生顺序混乱。

18.2.3　实战：优化 TCP 连接

服务器上有大量 TIME_WAIT 连接，如何优化 TCP 连接，快速释放 TCP 连接？

```
[root@xuegod63 ~]# netstat  -antup | grep TIME_WAI          #查看系统中的网络连接状态信息，过滤 TIME_WAIT 状态的连接。
tcp    0    0 123.57.82.225:80    111.196.245.241:4002    TIME_WAIT   -
tcp    0    0 123.57.82.225:80    111.196.245.241:3970    TIME_WAIT   -
tcp    0    0 123.57.82.225:80    111.196.245.241:4486    TIME_WAIT   -
tcp    0    0 123.57.82.225:80    111.196.245.241:3932    TIME_WAIT   -
tcp    0    0 123.57.82.225:80    111.196.245.241:3938    TIME_WAIT   -
tcp    0    0 123.57.82.225:80    111.196.245.241:3917    TIME_WAIT   -
tcp    0    0 123.57.82.225:80    111.196.245.241:3944    TIME_WAIT   -
tcp    0    0 123.57.82.225:80    111.196.245.241:3957    TIME_WAIT   -
tcp    0    0 123.57.82.225:80    111.196.245.241:3922    TIME_WAIT   -
```

例 18.5：Linux 下默认 MSL 等待时间是 60 秒。

```
[root@xuegod63 ~]# cat /proc/sys/net/ipv4/tcp_fin_timeout
60 秒
[root@xuegod63 ~]# echo 30 > /proc/sys/net/ipv4/tcp_fin_timeout          #通过缩短 TIME_WAIT 时间来快速释放 TCP 连接。
```

修改主机名配置文件，设置主机名永久生效。

```
[root@xuegod63 ~]# vim /etc/hostname
xuegod63.cn
```

配置 IP 地址与主机名（域名）的对应关系。

```
[root@xuegod63 ~]# vim /etc/hosts                    #优先级高于 DNS 解析。
127.0.0.1     localhost localhost.localdomain localhost4 localhost4.localdomain4
::1           localhost localhost.localdomain localhost6 localhost6.localdomain6
192.168.1.63    xuegod63.cn
192.168.1.64    xuegod64.cn
192.168.1.62    xuegod62.cn
```

18.2.4 配置 DNS 和路由相关信息

1. DNS 的配置文件

```
[root@xuegod63 ~]# cat /etc/resolv.conf
# Generated by NetworkManager
search cn
nameserver 114.114.114.114
```

注：在 CentOS 5 版本中，DNS 用/etc/resolv.conf 文件进行配置。在 CentOS 6 以后，直接支持在网卡配置文件中指定 DNS1=192.168.1.1。

默认情况下，域名解析顺序如下：本地 hosts 文件→DNS 查询。

本机域名解析顺序。

```
[root@xuegod63 ~]# vim /etc/nsswitch.conf        #查找以下内容。
#hosts:      db files nisplus nis dns
hosts:       files dns myhostname               #可以看到是先查看 hosts 文件，再查看 DNS 文件，
```

如图 18-8 所示。

图 18-8 nsswitch.conf 文件

2. 查看路由信息

```
[root@xuegod63 ~]# route -n
Kernel IP routing table
Destination     Gateway         Genmask         Flags Metric Ref    Use Iface
192.168.1.0     0.0.0.0         255.255.255.0   U     0      0        0 eth0
169.254.0.0     0.0.0.0         255.255.0.0     U     1002   0        0 eth0
0.0.0.0         192.168.1.1     0.0.0.0         UG    0      0        0 eth0
```

注意：0.0.0.0 是 32 位二进制转换成十进制的写法，32 位子网掩码都为 0，表示 IP 地址 32 位都是主机位，如果 IP 地址是 0.0.0.0，子网掩码也是 0.0.0.0，则表示所有的 IP 地址或者没有 IP 地址。

参数-n：不解析通信协议或主机名，直接使用 IP 地址或端口号显示路由信息。

route 命令输出的路由表字段含义如下。

Destination：目标网络或目标主机。

Gateway：网关地址，如果是本地网段 IP 地址，就显示 0.0.0.0。

Genmask：子网掩码。

3．添加和删除路由

添加路由命令使用格式：route add [-net|-host] [网域或主机] netmask [mask] [gw|dev]。

删除路由命令使用格式：route del [-net|-host] [网域或主机] netmask [mask] [gw|dev]。

增加（add）与删除（del）路由的相关参数。

（1）-net：表示后面接的路由为一个网域。

（2）-host：表示后面接的为连接到单个主机的路由。

（3）netmask：与网域有关，可以设定 netmask，决定网域的大小。

（4）gw：gateway 的简写，后续接的是 IP 地址，与 dev 不同。

（5）dev：如果只是要指定由哪一块网卡连接出去，则使用这个设定，后面接 ens33 等。

4．添加路由

添加路由（把 Linux 做成路由器或服务器时有多个网卡，指定到不同的网段走不同的网卡）。

实战场景：多个网卡，多个网段，实现不同数据走不同的网卡。实现网络管理和生产数据分开管理。

```
[root@xuegod63 ~]# route add -net 192.168.2.0 netmask 255.255.255.0 dev ens38
[root@xuegod63 ~]# route -n
Kernel IP routing table
Destination     Gateway         Genmask         Flags Metric Ref    Use Iface
0.0.0.0         192.168.1.1     0.0.0.0         UG    100    0        0 ens33
0.0.0.0         192.168.1.1     0.0.0.0         UG    101    0        0 ens38
192.168.1.0     0.0.0.0         255.255.255.0   U     100    0        0 ens33
192.168.1.0     0.0.0.0         255.255.255.0   U     101    0        0 ens38
192.168.2.0     0.0.0.0         255.255.255.0   U     0      0        0 ens38
```

5．删除路由

```
[root@xuegod63 ~]# route del -net 192.168.2.0 netmask 255.255.255.0
```

路由跟踪：查看到目标网址经过多少个路由器。

实战场景：新上线的服务器为 www.xuegod.cn，北京用户经过几个路由器到达服务器？

```
[root@xuegod63 ~]# traceroute baid.com
traceroute to baid.com (184.154.126.180)，30 hops max，60 byte packets
 1  gateway (192.168.1.1)  173.447 ms  170.522 ms  170.644 ms
 2  10.70.0.1 (10.70.0.1)  424.751 ms  424.462 ms  424.138 ms
 3  61.51.54.41 (61.51.54.41)  172.110 ms  171.752 ms  171.413 ms
 4  bt-227-241.bta.net.cn (202.106.227.241)  171.245 ms  171.062 ms  170.805 ms
 5  202.96.12.1 (202.96.12.1)  169.427 ms  169.097 ms  168.747 ms
 6  219.158.15.38 (219.158.15.38)  168.518 ms 219.158.19.226 (219.158.19.226)  39.792 ms  39.078 ms
 7  219.158.103.42 (219.158.103.42)  39.969 ms  48.603 ms  48.222 ms
 8  219.158.103.30 (219.158.103.30)  47.984 ms 219.158.98.94 (219.158.98.94)  38.772 ms  47.271 ms
```

```
9   219.158.30.42 (219.158.30.42)   200.250 ms   204.371 ms   204.074 ms
10  sjo-b21-link.telia.net (213.248.73.189)   290.052 ms   290.775 ms   287.952 ms
11  kanc-b1-link.telia.net (213.155.132.181)   331.740 ms   333.284 ms   333.632 ms
12  chi-b21-link.telia.net (213.155.130.176)   340.701 ms   339.143 ms *
13  * * serverhub-ic-324864-chi-b21.c.telia.net (62.115.154.247)   336.831 ms
14  agg1.c13.r07.s101.chi03.singlehop.net (67.212.190.226)   352.706 ms   758.439 ms   552.097 ms
15  cr1.c09c10.r15.s101.chi03.singlehop.net (67.212.183.211)   325.025 ms   339.397 ms   340.297 ms
16  server2.homelike.com (184.154.126.180)   341.447 ms   342.154 ms   343.028 ms
```

6．ping 命令

ping 命令常见参数如下。

-c 数目：在发送指定数目的包后停止。

-i 秒数：设定间隔几秒发送一个网络封包给一台机器，预设值是一秒发送一次。

```
[root@bogon ~]# ping -i 0.01 192.168.1.1
```

-i 接口：指定网卡接口或指定的本机地址发送数据包。

```
[root@bogon ~]# ping -I ens33 192.168.1.1
```

互动：当 IP 地址冲突或网关冲突后，在 Windows 下有计算机管家类的软件进行拦截，如图 18-9 所示，那么在 Linux 下应该如何防范？

7．arping 命令

arping 命令：用于查看网关是否有冲突。

```
命令使用格式：arping [选项] 网卡名 网关
[root@xuegod63 ~]# arping -I ens33 192.168.1.1
ARPING 192.168.1.1 from 192.168.1.63 ens33
Unicast reply from 192.168.1.1 [80:9F:AB:08:EB:CA]   3.786ms
Unicast reply from 192.168.1.1 [80:9F:AB:08:EB:CA]   2.631ms
```

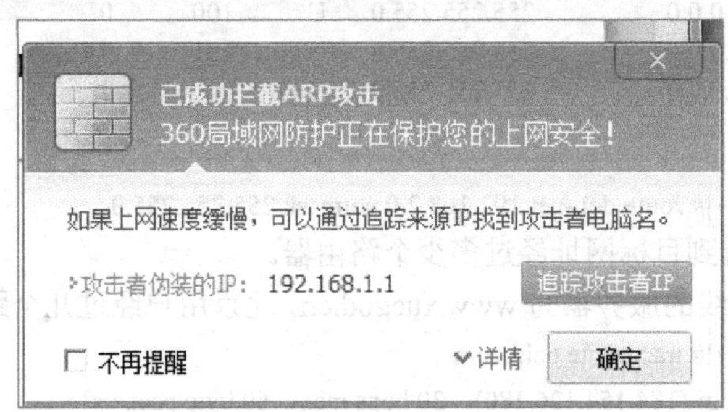

图 18-9　Windows 防火墙

8．watch 命令

作用：实时监测命令的运行结果，可以看到所有变化数据包的大小。

watch 命令常见参数如下。

-d，--differences：高亮显示输出信息的不同之处。

-n，--interval seconds：指定命令执行的间隔时间（秒）。

例 18.6：每隔 1 秒高亮差异显示 ens33 相关信息。

```
[root@xuegod63 ~]# watch -d -n 1    " ifconfig ens33 "
```

按 Ctrl+c 组合键即可退出。

18.3　实战：在局域网中使用 awl 伪装 MAC 地址进行多线程 SYN 洪水攻击

18.3.1　TCP 的 3 次握手及 TCP 连接状态

TCP 报文段的首部格式如图 18-10 所示。

TCP 报文首部信息详解。

源端口号：用于标记主机进程，端口号也称为进程地址。

目标端口号：通过 16 位字节标识 0～65535 共 65536 个端口。

数据包序列号：TCP 数据分段。

确认序列号：回应序列号，一次发一批报文时使用序列号和确认号，TCP 3 次握手的第一次无确认号。

标志控制码：该字段有 6 个字节组成，每个字节标识一种含义，用以说明这个连接的状态，该字段的 6 个字节的含义如下。

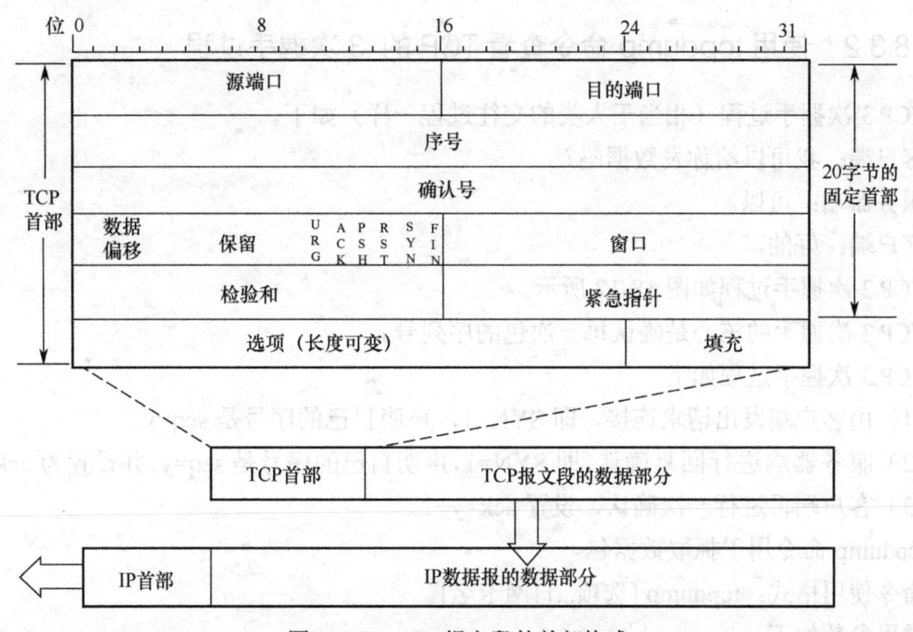

图 18-10　TCP 报文段的首部格式

URG（Urgent）：紧急位，当 URG=1 时，标识为紧急数据包，接收端要紧急处理，且“紧急指针”字段也会被启用。

ACK：TCP 协议规定，只有 ACK=1 时有效，也规定连接建立后所有发送的报文的 ACK

必须为 1。

PSH（Push Function）：推送位，当 PSH=1 时，表示不传送缓冲区，而立即把数据包发送，无须在缓冲区等待再发送。

RST（Reset）：连接重置，当已建立的连接遇到意外断开时，在原有的基础上重新建立连接，不需要再进行 3 次握手，当 RST=1 时，表示强制结束连接，且发送端已经断线。

SYN（SYNchronization）：当 SYN=1 时，表示发送端希望双方建立同步处理（要求建立连接），主动要连接对方，在连接建立时用来同步序号。当 SYN=1 而 ACK=0 时，表明这是一个连接请求报文。对方若同意建立连接，则应在响应报文中使 SYN=1 和 ACK=1。因此，当 SYN=1 时，表示这是一个连接请求或连接接受报文。

FIN（finish）：即完成、终结的意思，用来释放一个连接。当 FIN = 1 时，表明此报文段的发送方的数据已经发送完毕，并要求释放连接。

窗口大小：接收方的缓冲当中的可剩余容纳的报文个数，以及链路中的整体容纳报文的个数，0 表示缓冲器已经额满，所以，应该暂停数据传输，一次能发送多少个，取决于接收方的窗口大小。

校验和：确认校验码。

紧急指针：当 URG=1 时，指针有效，否则无效。

填充位：可变长度，多数情况下不使用。

建立 TCP 连接时的 3 次握手和断开 TCP 连接时的 4 次挥手整体过程，如图 18-11 所示。

18.3.2 使用 tcpdump 命令查看 TCP 的 3 次握手过程

TCP 3 次握手过程（相当于人类的交往过程一样）如下。

客户端：我可以给你发数据吗？

服务器端：可以。

客户端：好的。

TCP 3 次握手过程如图 18-12 所示。

TCP 3 次握手的核心是确认每一次包的序列号。

TCP 3 次握手过程如下。

（1）由客户端发出请求连接，即 SYN=1，声明自己的序号是 seq=x。

（2）服务器端进行回复确认，即 SYN=1，声明自己的序号是 seq=y，并设置为 ack=x+1。

（3）客户端再进行一次确认，设置 ack=y+1。

tcpdump 命令用于抓取数据包。

命令使用格式：tcpdump [选项...] [网卡名]。

常用参数如下。

-c：指定包个数。

-n：IP 地址，端口用数字方式显示。

port：指定端口。

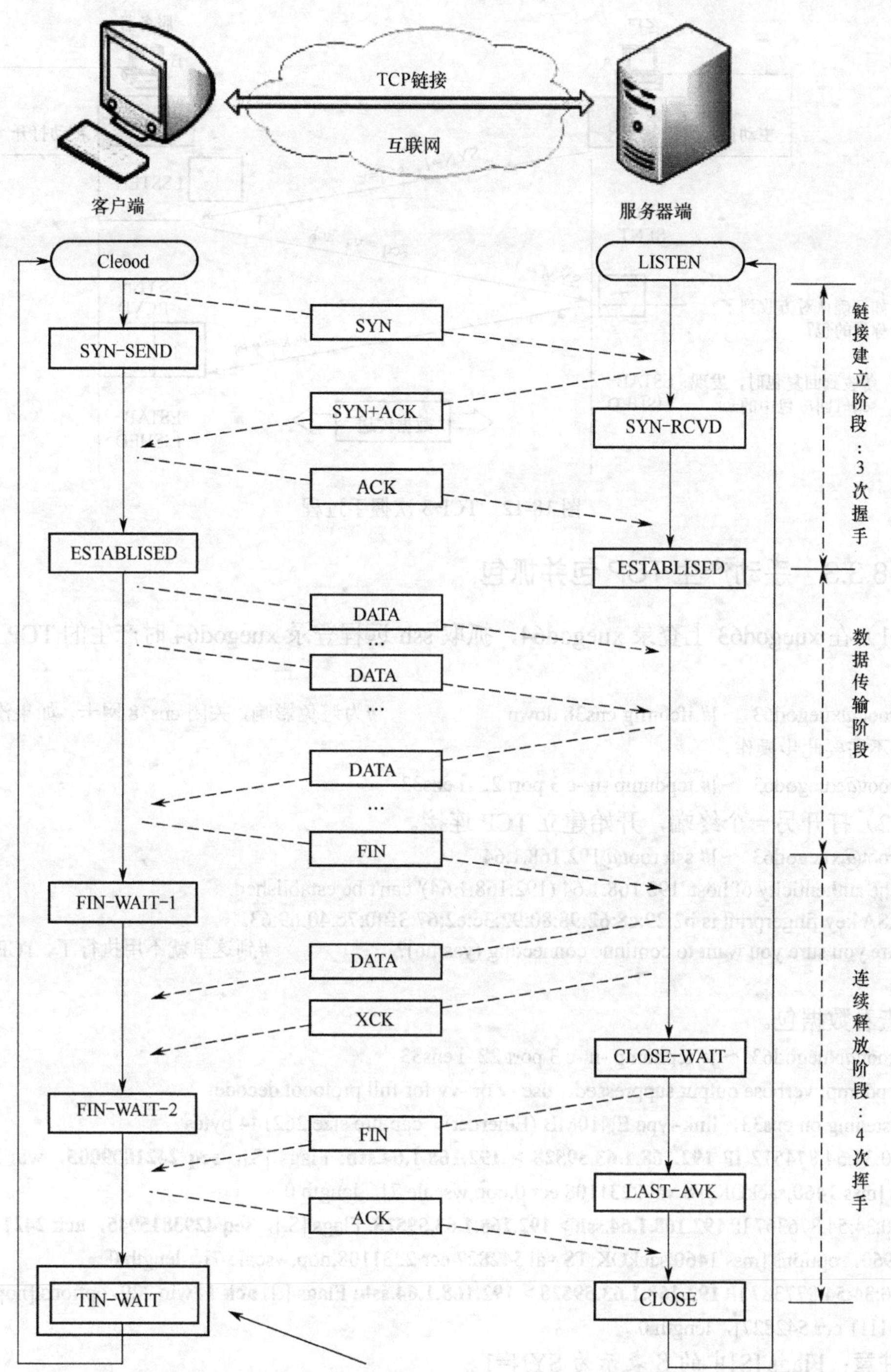

图 18-11　TCP 3 次握手和 4 次挥手

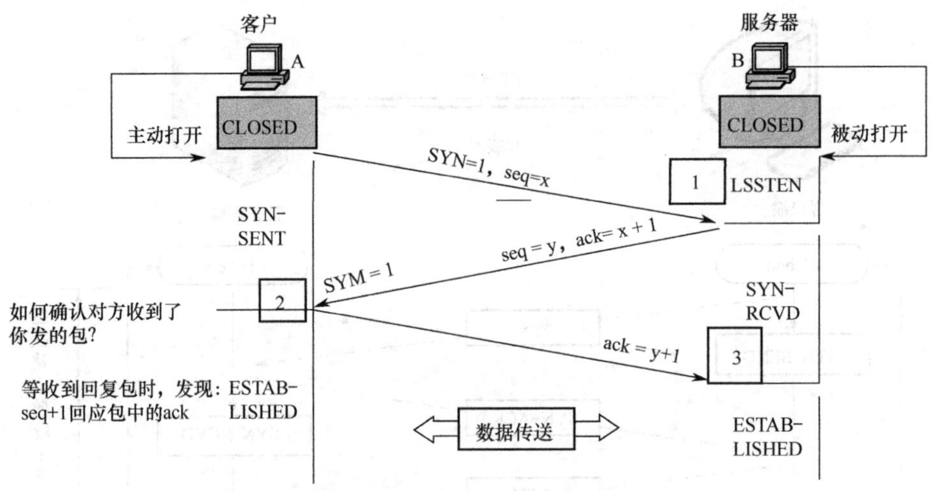

图 18-12　TCP 3 次握手过程

18.3.3　手动产生 TCP 包并抓包

（1）在 xuegod63 上登录 xuegod64，抓取 ssh 远程登录 xuegod64 时产生的 TCP 3 次握手包。

```
[root@xuegod63 ~]# ifconfig ens38 down                #为避免影响，关闭 ens38 网卡，如果没有此网卡，则不需要此步操作。
[root@xuegod63 ~]# tcpdump -n -c 3 port 22 -i ens33
```

（2）打开另一个终端，开始建立 TCP 连接。

```
[root@xuegod63 ~]# ssh root@192.168.1.64
The authenticity of host '192.168.1.64 (192.168.1.64)' can't be established.
RSA key fingerprint is b2:29:c8:62:98:80:92:3c:e2:67:3f:f0:7c:40:69:63.
Are you sure you want to continue connecting (yes/no)?          #到这里就不用执行了，TCP 已经建立连接。
```

查看数据包。

```
[root@xuegod63 ~]# tcpdump -n -c 3 port 22 -i ens33
tcpdump: verbose output suppressed，use -v or -vv for full protocol decode
listening on ens33，link-type EN10MB (Ethernet)，capture size 262144 bytes
10:34:54.874512 IP 192.168.1.63.59528 > 192.168.1.64.ssh: Flags [S]，seq 2421809005，win 29200，options [mss 1460,sackOK,TS val 2231108 ecr 0,nop,wscale 7]，length 0
10:34:54.876367 IP 192.168.1.64.ssh > 192.168.1.63.59528: Flags [S.]，seq 4293815945，ack 2421809006，win 28960，options [mss 1460,sackOK,TS val 542827 ecr 2231108,nop,wscale 7]，length 0
10:34:54.877387 IP 192.168.1.63.59528 > 192.168.1.64.ssh: Flags [.]，ack 1，win 229，options [nop,nop,TS val 2231111 ecr 542827]，length 0
```

注意：Flags [S]中的 S 表示为 SYN=1。

客户端主机返回 ACK，包序号为 ack=1，这是相对序号，如果需要看绝对序号，可以在 tcpdump 命令中加-S。

```
[root@xuegod63 ~]# tcpdump -n -c 3 port 22 -S -i ens33
tcpdump: verbose output suppressed，use -v or -vv for full protocol decode
listening on eth0，link-type EN10MB (Ethernet)，capture size 65535 bytes
```

```
16:00:54.310316 IP 192.168.1.63.57528 > 192.168.1.64.ssh: Flags [S], seq 1932774705, win 14600, options [mss 1460,sackOK,TS val 5103659 ecr 0,nop,wscale 7], length 0
16:00:54.311072 IP 192.168.1.64.ssh > 192.168.1.63.57528: Flags [S.], seq 3006844046, ack 1932774706, win 14480, options [mss 1460,sackOK,TS val 3869455 ecr 5103659,nop,wscale 7], length 0
16:00:54.311175 IP 192.168.1.63.57528 > 192.168.1.64.ssh: Flags [.], ack 3006844047, win 115, options [nop,nop,TS val 5103660 ecr 3869455], length 0
3 packets captured
3 packets received by filter
0 packets dropped by kernel
```

TCP 3 次握手连接状态详解如图 18-13 所示。

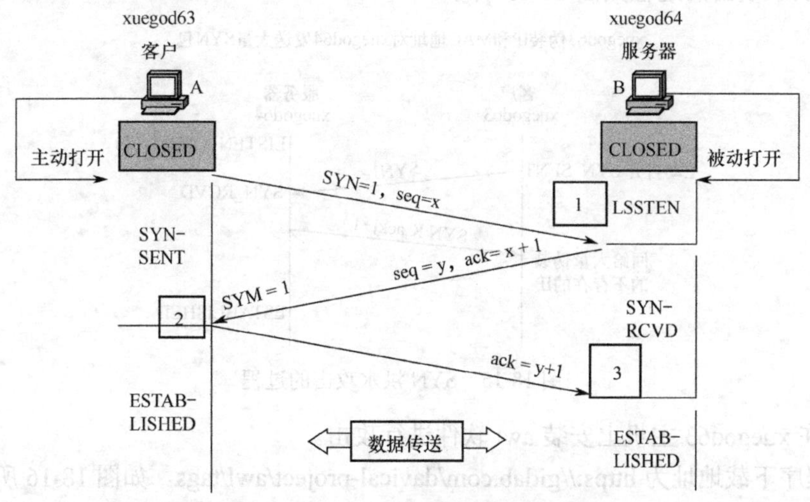

图 18-13　TCP 3 次握手连接状态详解

TCP 3 次握手连接状态详解如下。

服务器端：LISTEN 侦听来自远方的 TCP 端口的连接请求。

客户端：SYN-SENT 在发送连接请求后等待匹配的连接请求。

服务器端：SYN-RECEIVED 在收到和发送一个连接请求后等待对方对连接请求的确认。

客户端/服务器端：ESTABLISHED 代表一个打开的连接。

18.3.4　awl 伪装 IP 地址进行多线程 SYN 洪水攻击

SYN 洪水攻击主要源于 TCP 协议的 3 次握手机制，其实验拓扑图如图 18-14 所示。

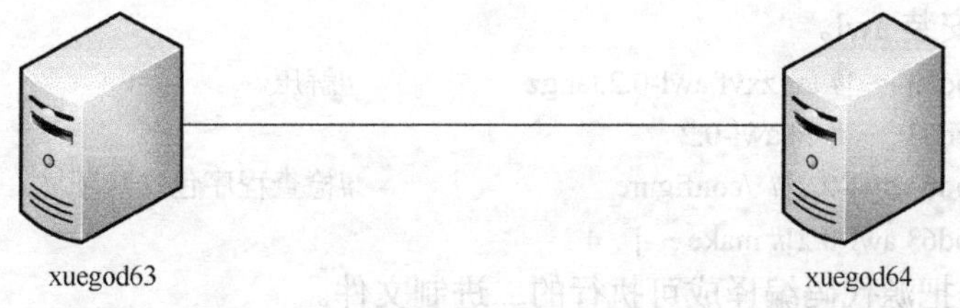

图 18-14　SYN 实验拓扑图

（1）SYN 洪水攻击的过程如下。

① 在服务器端返回一个确认的 SYN-ACK 包时有一个潜在的弊端，如果发起的客户是一个不存在的客户端，那么服务器端就不会接收到客户端回应的 ACK 包。

② 这时服务器端需要耗费一定数量的系统内存来等待这个未决的连接，直到等待超时关闭，才能释放内存。

③ 通过 IP 欺骗，发送大量 SYN 包给受害者系统，导致服务器端存在大量未决的连接并占用大量内存和 TCP 连接，从而导致正常客户端无法访问服务端，这就是 SYN 洪水攻击的过程。

SYN 洪水攻击的过程如图 18-15 所示。

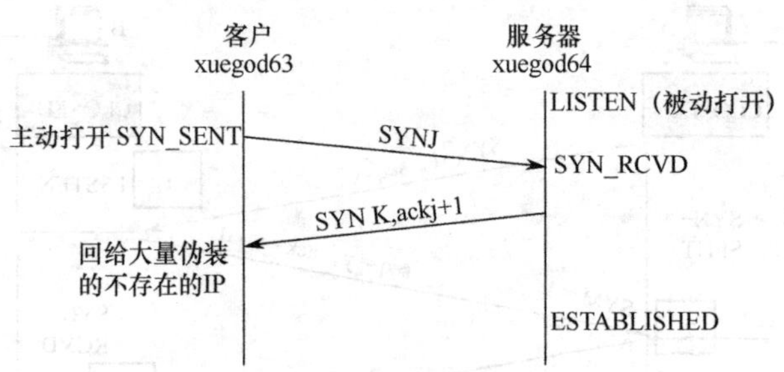

图 18-15　SYN 洪水攻击的过程

（2）在 xuegod63 主机上安装 awl 软件进行攻击。

awl 程序下载地址为 https://gitlab.com/davical-project/awl/tags，如图 18-16 所示。

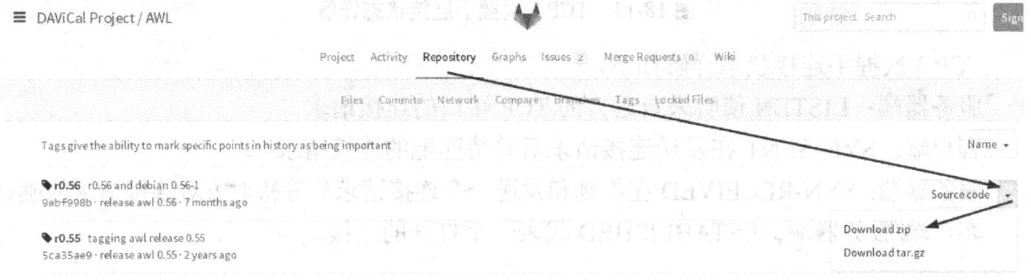

图 18-16　下载 awl 程序包

（3）通过 Xshell 上传 awl-0.2.tar.gz 到 Linux 系统中。

（4）开始安装 awl。

```
[root@xuegod63 ~]# tar zxvf awl-0.2.tar.gz          #解压。
[root@xuegod63 ~]# cd awl-0.2
[root@xuegod63 awl-0.2]# ./configure                #检查程序包安装环境。
[root@xuegod63 awl-0.2]# make  -j  4
```

Make 命令把源代码编译成可执行的二进制文件。

参数-j 4 表示以 4 个进程同时编译，速度快。

```
[root@xuegod63 awl-0.2]#make install                #安装。
```

（5）查看安装的命令。

```
[root@xuegod63 awl-0.2]# which awl
/usr/local/bin/awl
```

（6）在 xuegod64 上搭建一台 Web 服务器，模拟要被攻击的服务器。

```
[root@xuegod64 ~]# yum install httpd -y                    #安装 Web 服务器。
[root@xuegod64 ~]# systemctl start httpd
[root@xuegod64 ~]# iptables -F
```

（7）获取对方的 IP 地址，解析成 MAC 地址。

```
[root@xuegod63 ~]# ping 192.168.1.64

[root@xuegod63 ~]# arp -n
Address           HWtype  HWaddress           Flags Mask     Iface
192.168.1.17      ether   e0:b9:a5:ac:c5:76   C              eth0
192.168.1.64      ether   00:0c:29:57:f5:b5   C              eth0
```

（8）两台机器需要关闭防火墙。

```
[root@xuegod63 ~]# iptables -F
```

（9）使用 awl 命令开始攻击。

```
[root@xuegod63 ~]# awl -i ens33 -m 00:0c:29:57:f5:b5 -d 192.168.1.64 -p 80
```

awl 命令参数如下。

-i：发送包的接口，如果省略，默认是 eth0。

-m：指定目标 MAC 地址。如果-m 没有指定 MAC 地址，默认目标 MAC 地址是“FF.FF.FF.FF.FF.FF”。

注意：FF.FF.FF.FF.FF.FF　MAC 地址是什么？

这表示向同一网段内的所有主机发出 ARP 广播，进行 SYN 攻击，容易使整个局域网瘫痪。

-d：被攻击机器的 IP。

-p：被攻击机器的端口。

（10）查看攻击效果。

在 xuegod64 上查看，发现很多伪装成公网的 IP 地址在攻击，实际上这些公网 IP 地址是不存在的，如图 18-17 所示。

```
[root@xuegod64 ~]# netstat  -antup | grep 80
tcp        0      0 192.168.1.64:80         92.101.161.104:61686    SYN_RECV
-
tcp        0      0 192.168.1.64:80         13.225.175.55:894       SYN_RECV
-
tcp        0      0 192.168.1.64:80         179.139.77.39:9492      SYN_RECV
-
tcp        0      0 192.168.1.64:80         60.241.75.118:27919     SYN_RECV
-
tcp        0      0 192.168.1.64:80         253.53.185.11:62610     SYN_RECV
-
tcp        0      0 192.168.1.64:80         143.6.139.118:7147      SYN_RECV
```

图 18-17　攻击效果

第 19 章

Shell 脚本基础

19.1　Shell 基本语法

19.1.1　什么是 Shell

Shell 是一个命令解释器，在操作系统的最外层，负责直接与用户进行对话，把用户的输入解释给操作系统，并处理各种各样的操作系统的输出结果，输出到屏幕反馈给用户。这种对话方式可以是交互式的，也可以是非交互式的，如图 19-1 所示。

图 19-1　Shell 与内核交互

我们所输入的命令计算机是不能识别的，这时就需要一种程序来对命令进行翻译，变成计算机能识别的二进制程序，同时又把计算机生成的结果返回给我们。

19.1.2　编程语言分类

编程语言主要有低级语言和高级语言。

1．低级语言

低级语言分为机器语言和汇编语言。

机器语言是二进制语言，仅是 0 和 1 这两个数字的排列组合，也是机器唯一能够识别的语言，因此称为机器语言。

汇编语言是符号语言，使用助记符来代替操作码，也就是用符号代替机器语言的二进制码。

机器语言和汇编语言都是面向机器的语言。

2．高级语言

高级语言是比较接近自然语言或者说人类语言的一种编程语言，用人们能够容易理解的方式进行程序编写。

高级语言分为静态语言和动态语言。

静态语言是编译型语言，如 C、C++、Java，该类语言有一个程序开发环境，不需借助额外的二进制程序，可以编写代码，代码编写完成后，需要编译器将其直接转换成二进制后即可独立运行。

编译器可以将人类理解的语言翻译成机器理解的语言。

GCC 是一套功能强大、性能优越的编译器，它是 GNU 计划的代表作品之一。GCC 是 Linux 平台下最常用的编译器。GCC 的原名为 GNU C Compiler，即 GNU C 语言编译器，随着 GCC 支持的语言越来越多，它的名称也逐渐变成了 GNU Compiler Collection。

动态语言是解释型语言，如 PHP、Shell、Python、Perl。动态语言在某个代码编写完成以后，不需转换成二进制格式，而是借助解释器在代码执行当中解释转换（边解释，边执行）。

19.1.3　什么是 Shell 脚本

把 Linux 命令或语句放在一个文件中，通过这个程序文件去执行时，这个程序文件就称为 Shell 脚本或 Shell 程序。在脚本中输入一系列的命令及相关的语法语句组合，如变量、流程控制语句等，把它们有机结合起来就形成了一个功能强大的 Shell 脚本。一般脚本的命名都是以.sh 结尾的，实际上，Linux 系统不以扩展名识别文件类型，但为了统一标准，尽量使用.sh 结尾。

（1）手写一个脚本体验一下。

```
[root@xuegod63 ~]# vim test.sh                #使用 vim 编辑工具打开文件，输入图 19-2 所示的内容。
#!/bin/bash
# This is shell.
echo "hello world"
mkdir /tmp/test
touch /tmp/test/a.txt
```

```
#!/bin/bash
# This is shell.
echo "hello world"
mkdir /tmp/test
touch /tmp/test/a.txt
```

图 19-2　编写 Shell 脚本

注释如下。

!/bin/bash 的作用是告诉脚本使用的是哪种 Shell 作为命令解释器。如果不指定 Shell，则以当前 Shell 作为执行的 Shell。

在 Shell 中以“#”开头，表示整行被当作一个注释，执行时被忽略。

Shell 程序文件名一般以.sh 结尾。

```
[root@xuegod63 ~]# chmod +x test.sh          #赋予 Shell 执行权限。
[root@xuegod63 ~]# ./test.sh                 #执行脚本，如果脚本在当前工作目录，则使用./脚
本名执行；如果不在当前工作目录，则可使用绝对路径执行脚本，如/root/test.sh。
hello world
```

（2）创建 Shell 程序的步骤如下。

① 创建一个包含命令和控制结构的文件。

② 修改这个文件的权限使它可以执行，使用 chmod +x test.sh。

③ 检测语法错误。

④ 执行./test.sh。

（3）Shell 脚本的执行通常有以下几种方式。

① /root/test.sh（使用绝对路径执行脚本）或者 ./test.sh（当前路径下执行脚本的话，要有执行权限 chmod +x test.sh）。

② bash test.sh 或 sh test.sh（直接使用解释器执行脚本，这种方式可以不对脚本文件添加执行权限）。

③ source test.sh（可以没有执行权限）。

④ sh < test.sh 或者 cat test.sh |sh(bash)。

19.2 Shell 变量及运用

19.2.1 Shell 变量

变量是 Shell 传递数据的一种方法，是用来代表每个值的符号名。可以把变量当成一个容器，通过变量，可以在内存中存储数据，也可以在脚本执行中进行修改和访问存储的数据。

1．变量的设置规则如下

① 变量名通常是大写字母，它可以由数字、字母和下画线组成。注意变量名区分大小写，且不能以数字开头。

② “=”用于给变量赋值，等号两边不能有空格。

③ 变量存储的数据类型是整数值和字符串值。

④ 在对变量赋予字符串值时，建议用引号将其括起来。因为如果字符串中存在空格，需要使用单引号或双引号将整个字符串括起来。

⑤ 要对变量进行调用，可以在变量名前加“$”。

⑥ 如果需要增加变量的值，可以进行变量值的叠加。不过变量需要用双引号括起来，如“$变量名”或用花括号括起来如${变量名}。

2．按照变量的作用可以分成以下 4 类

① 用户自定义变量。

② 环境变量：这种变量中主要保存的是与系统操作环境相关的数据。

③ 位置参数变量：这种变量主要用来向脚本传递参数或数据，变量名不能自定义，变量作用是固定的。

④ 预定义变量：是 bash 中已经定义好的变量，变量名不能自定义，变量的作用也是固定的。

3．按照变量的作用域可以把变量分成两类：全局变量和局部变量

① 局部变量是 Shell 程序内部定义的，其使用范围仅限于定义它的程序，对其他程序不可见，包括用户自定义变量、位置变量和预定义变量。

② 全局变量是环境变量，其值不随 Shell 脚本的执行结束而消失。

19.2.2　用户自定义变量

例 19.1：给变量 VAR1 赋值。

```
[root@xuegod63 ~]# VAR1=123                    #赋值变量，变量名为 VAR1，值为 123。
[root@xuegod63 ~]# echo $VAR1                  #使用 echo $变量名即可打印变量的值。
123
```

例 19.2：错误的赋值方式。

```
[root@xuegod63 ~]# VAR2 =456                   #等号的左边有空格。
bash: VAR2: 未找到命令...
[root@xuegod63 ~]# VAR2= 456                   #等号的右边有空格。
bash: 456: 未找到命令...
[root@xuegod63 ~]# VAR2 = 456                  #等号的两边有空格。
bash: VAR2: 未找到命令...
[root@xuegod63 ~]# 3VAR2 = 456                 #变量名以数字开头，等号的两边有空格。
bash: 3VAR2: 未找到命令...
```

例 19.3：变量值的叠加，使用“${}”。

$name 是${name}的简化版本，但是在某些情况下，还必须使用花括号括起来的方式消除歧义并避免意外的结果。

```
[root@xuegod63 ~]# VAR4=mysql                  #赋值变量。
[root@xuegod63 ~]# echo $VAR4                  #打印变量。
mysql
[root@xuegod63 ~]# echo $VAR4-db.log           #打印变量并在变量后跟上其他内容。
mysql-db.log
[root@xuegod63 ~]# echo $VAR4.db.log
mysql.db.log
[root@xuegod63 ~]# echo $VAR4db.log            #在变量与后跟的内容中没有分隔符时，默认会把这段内容中的点号作为分隔，本例中把 VAR4db 当作变量了，实际上并没有此变量的存在，因此结果为.log。
.log
[root@xuegod63 ~]# echo ${VAR4}db.log          #在变量与后跟的内容中没有分隔符时，使用“{}”把变量名括起来即可。
mysqldb.log
```

19.2.3　命令的替换，使用“$()”或反引号

知识扩展：date 命令是显示或设置系统时间与日期的，其参数如下。

-s<字符串>：根据字符串来设置日期与时间。字符串前后必须加上双引号。

<+时间日期格式>：指定显示时，使用特定的日期时间格式。

例 19.4：格式化输出。

```
[root@xuegod63 ~]# date +"%Y-%m-%d"                    #打印日期，一般备份数据需要用到。
2018-05-25
[root@xuegod63 ~]# date +"%Y-%m"                       #只显示年月。
2018-05
[root@xuegod63 ~]# date +"%Y-%m-%d %H:%M.%S"           #日期加时间。
2018-05-25 17:51.36
[root@xuegod63 ~]# date +"%Y/%m/%d %H/%M/%S"           #使用"/"作为分隔符。
2018-05-25 17-51-43
[root@xuegod63 ~]# date +"%Y-%m-%d-%H-%M-%S"           #使用"-"作为分隔符，一般备份数据需要用到这个。
```

注意：%y 年份只显示 2 位， %Y 年份显示 4 位。

date 命令加减操作。

date +%Y%m%d：显示当天年月日。

date -d "+1 day" +%Y%m%d：显示明天的日期。

date -d "-1 day" +%Y%m%d：显示昨天的日期。

date -d "-1 month" +%Y%m%d：显示上一月的日期。

date -d "+1 month" +%Y%m%d：显示下一月的日期。

date -d "-1 year" +%Y%m%d：显示前一年的日期。

date -d "+1 year" +%Y%m%d：显示下一年的日期。

设定时间。

date -s 20180523：设置成 20180523 形状，这样会把具体时间设置成 00:00:00。

date -s 01:01:01：设置具体时间，不会对日期做更改。

date -s "2018-05-23 01:01:01"：设置日期和时间。

例 19.5：在命令中调用 date 命令输出值。

```
[root@xuegod63 ~]# echo `date`     #反引号的作用是把引起来的命令的执行结果交给前一个命令。
2018 年 05 月 25 日 星期五 17:41:29 CST
[root@xuegod63 ~]# echo $(date)            #"$()"与反引号的功能相同。
2018 年 05 月 25 日 星期五 17:41:42 CST
[root@xuegod63 ~]# echo `date +"%Y-%m-%d"`
2012-05-23
```

19.2.4 命令的嵌套使用，使用"$($( ))"

双重"$($())"，先执行括号中里边的"$()"的命令，再把结果交给外面的"$()"中的命令处理。

```
[root@xuegod63 ~]# find /root/ -name *.txt
[root@xuegod63 ~]# VAR6=$(tar zcvf root.tar.gz $(find /root/ -name *.txt))
tar: 从成员名中删除开头的"/"
```

```
[root@xuegod63 ~]# echo $VAR6    #查看值，VAR6 中存储着 tar 的标准输出。
/root/.cache/tracker/db-version.txt  /root/.cache/tracker/db-locale.txt  /root/.cache/tracker/parser-sha1.txt
/root/.  cache/tracker/locale-for-miner-user-guides.txt  /root/.cache/tracker/locale-for-miner-apps.txt
/root/.cache/tracker/ last-crawl.txt
…
```

实战：系统时间错误，引发 tar 报警告。

```
[root@xuegod63 ~]# date -s "2018-03-03 21:25:00"
[root@xuegod63 ~]# tar zxvf root.tar.gz -C /opt/
root/.cache/tracker/db-version.txt
tar: root/.cache/tracker/db-version.txt：时间戳 2018-09-19 13:05:18 是未来的 168094624.438537189 秒之后。
```

注意：如果弹出这个消息，是因为当前系统的时间不对。比如，当前系统的时间晚于文件的 mtime 时间。

```
[root@xuegod63 ~]# ls /opt/root/.mozilla/firefox/wggimqlt.default/ -a   #解压成功。
```

19.2.5　Shell 中单引号和双引号的区别

''在单引号中所有的字符包括特殊字符（$、''、``和\）都将解释成字符本身而成为普通字符。

" "在双引号中，除$、''、``和\以外，所有的字符都解释成字符本身，拥有“调用变量的值”“引用命令”和“转义符”的特殊含义。

注意：“\”是转义符，跟在“\”之后的特殊符号将失去特殊含义，变为普通字符。如\$将输出“$”符号，而不被当做变量引用。

转义符使用如下。

```
[root@xuegod63 ~]# echo $VAR1
123
[root@xuegod63 ~]# echo \$VAR1
$VAR1
```

例 19.6：给变量赋予多个单词，需要使用单引号和双引号。

```
[root@xuegod63 ~]# VAR8='xuegdo mk'
[root@xuegod63 ~]# echo $VAR8
xuegdo mk
```

例 19.7：赋值时单引号和双引号的区别。

```
[root@xuegod63 ~]# VAR8='xuegod mk $VAR1'
[root@xuegod63 ~]# VAR9="xuegod mk $VAR1"     #双引号中“$”有作用。
[root@xuegod63 ~]# echo $VAR8
xuegod mk $VAR1
[root@xuegod63 ~]# echo $VAR9
xuegod mk 123
```

注意：单引号之间的内容原封不动赋值给变量，双引号之间的内容如有特殊符号会保留它的特殊含义。

19.2.6 删除变量

```
[root@xuegod63 ~]# unset VAR1          #使用 unset 变量名即可删除变量。
[root@xuegod63 ~]# echo $VAR1
```

19.2.7 环境变量

在 bash Shell 中，环境变量分为两类：全局变量和局部变量。

全局变量：对于 Shell 会话和所有的子 Shell 都是可见的。

局部变量：只在自己的进程当中使用。

例 19.8：局部变量。

```
[root@xuegod63 ~]# VAR1=123
[root@xuegod63 ~]# echo $VAR1
123

[root@xuegod63 ~]# vim a.sh
#!/bin/bash
echo $VAR1
[root@xuegod63 ~]# echo $VAR1
123
[root@xuegod63 ~]# bash a.sh                    #执行 a.sh 时，会使用另一个 bash 去执行，
因此访问不到$VAR1 的值。
```

例 19.9：env 命令查看所有全局变量。

```
[root@xuegod63 ~]# env
[root@xuegod63 ~]# env | grep PATH
PATH=/usr/local/sbin:/usr/local/bin:/usr/sbin:/usr/bin:/root/bin
```

例 19.10：使用 export 命令把这个局部变量输出为全局变量。

```
[root@xuegod63 ~]# export VAR1=xuegod
[root@xuegod63 ~]# echo $VAR1
xuegod
[root@xuegod63 ~]# vim a.sh              #写入以下内容。
#!/bin/bash
echo $VAR1
[root@xuegod63 ~]# bash a.sh             #引用全局变量成功。
xuegod
```

问：虽然我们设置了 export 全局变量，但是新开的 Xshell 链接中，还是读不到变量 VAR1，怎么办，如图 19-3 所示。

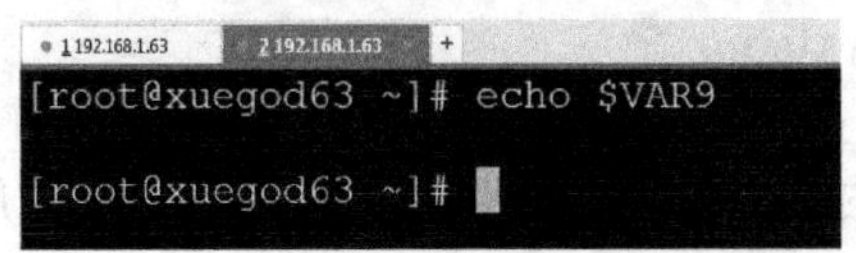

图 19-3 设置全局变量后新 Xshell 读不到

例 19.11：让全局变量永久生效，可以把定义好的变量写入配置文件。

当登录系统或新开启一个 ssh 连接启动 bash 进程时，一定会加载下面这 4 个配置文件。

```
[root@xuegod63 ~]# vim /etc/profile                  #系统全局环境和登录系统的一些配置。
[root@xuegod63 ~]# vim /etc/bashrc                   #Shell 全局自定义配置文件，用于自定义 Shell。
[root@xuegod63 ~]# vim /root/.bashrc                 #用于单独自定义某个用户的 bash。
[root@xuegod63 ~]# vim /root/.bash_profile           #用于单独自定义某个用户的系统环境。
```

问：如何知道新建一个 ssh 连接时，加载这 4 个配置文件的先后顺序？

答：可以在每个文件的最后，追加一个 echo 命令，输出一下文件的名字。

```
[root@xuegod63 ~]# echo 'echo  /etc/profile ' >> /etc/profile
[root@xuegod63 ~]# echo 'echo  /etc/bashrc' >> /etc/bashrc
[root@xuegod63 ~]# echo 'echo  /root/.bashrc ' >> /root/.bashrc
[root@xuegod63 ~]# echo 'echo  /root/.bash_profile ' >> /root/.bash_profile
[root@xuegod63 ~]# ssh root@192.168.1.63            #弹出以下信息，就知道先后顺序了。
/etc/profile
/etc/bashrc
/root/.bashrc
/root/.bash_profile
```

问：知道配置文件加载的顺序有什么用？

可以在这里添加木马程序，只要管理登录系统，就触发木马程序。

```
[root@xuegod63 ~]# echo 'touch  /tmp/profile.txt ' >> /etc/profile
[root@xuegod63 ~]# echo 'touch  /tmp/bash_profile.txt ' >> /root/.bash_profile
```

下面开始插入永久变量。

```
[root@xuegod63 ~]# vim /etc/profile                  #在文件的最后插入。
export VAR9=xuegod                                   #等号两边不能有空格。
[root@xuegod63 ~]# source /etc/profile               #重新加载 profile 文件。
```

新打开的链接中，也有了新设置的全局变量，如图 19-4 所示。

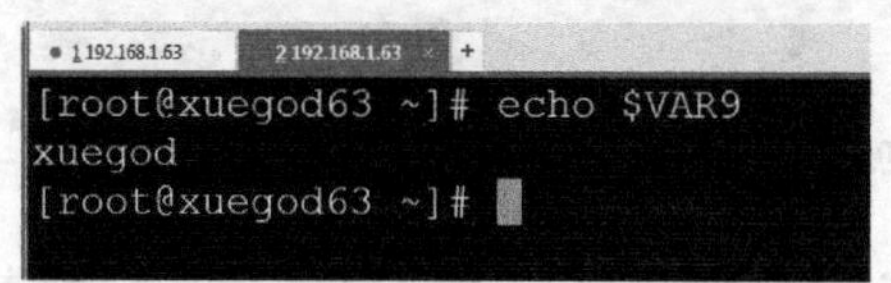

图 19-4　添加永久变量

19.2.8　设置 PATH 环境变量

Shell 要执行某一个程序，要在系统中搜索这个程序的路径，PATH 变量用来定义命令和查找命令的目录，当我们安装了第三方程序后，可以把第三方程序的 bin 目录添加到这个 PATH 路径内，这样就可以在全局调用这个第三方程序。

例 19.12：设置 PATH 环境变量。

```
[root@xuegod63 ~]# vim /opt/backup                   #创建脚本，并写入以下内容。
#!/bin/bash
echo "Backup data is OK!"
```

```
[root@xuegod63 ~]# chmod +x /opt/backup              #赋予执行权限。
[root@xuegod63 ~]# /opt/backup                       #使用绝对路径执行脚本。
Backup data is OK!
[root@xuegod63 ~]# backup                            #直接以脚本名执行脚本，提示未找到命令。
bash: backup: 未找到命令...

[root@xuegod63 ~]# PATH=/opt/:$PATH                  #将 backup 命令添加到 PATH 中。
[root@xuegod63 ~]# backup                            #发现命令可以直接执行了，不用写绝对路径了。
[root@xuegod63 ~]# vim /etc/profile                  #在文件最后追加以下内容，永久生效。
export PATH=/opt/:$PATH
[root@xuegod63 ~]# source /etc/profile               #重新加载配置文件，使配置生效。
```

19.2.9 Shell 位置变量

位置就是在变量中指明引用对应位置变量的值。

（1）Shell 解释执行用户的命令时，将命令行的第一个字符作为命令名，而其他字符作为参数。

（2）$0：获取当前执行的 Shell 脚本文件的文件名，包括脚本路径，命令本身。

（3）$n：获取当前脚本的第 *n* 个参数，其中 *n*=1,2…*n*，当 *n* 大于 9 时，用${10}表示。

例 19.13：位置变量的使用示例。

```
[root@xuegod63 ~]# vim print.sh                      #编写脚本，并写入如下内容。
#!/bin/bash
echo "本 shell 脚本的文件名：  $0"
echo "第 1 个参数：    $1"
echo "第 2 个参数：    $2"
echo "第 3 个参数：    $3"
echo "第 4 个参数：    $4"

[root@xuegod63 ~]# chmod +x print.sh                 #赋予执行权限。

[root@xuegod63 ~]# ./print.sh  111  222  a.txt  444    #执行脚本并指定 4 个参数。
本 shell 脚本的文件名：  ./print.sh
第 1 个参数：    111
第 2 个参数：    222
第 3 个参数：    a.txt
第 4 个参数：    444
```

使用场景：服务器启动传参数，restart 作为第 1 个参数传递到 network 脚本中。

```
[root@xuegod63 ~]# /etc/init.d/network restart
```

19.2.10 特殊变量

有些变量是一开始执行程序时就会设定的，且不能被修改，如表 19-1 所示。

表 19-1　特殊变量

特殊变量	含　义
$*	以一个单字符串显示所有向脚本传递的参数； 如"$*"用【"】括起来的情况、以"$1 $2 … $n"的形式输出所有参数
$#	传递到脚本的参数个数
$$	当前进程 PID
$?	显示最后命令的退出状态；0 表示没有错误，其他任何值表明有错误
$!	后台运行的最后一个进程的 PID

例 19.14：特殊变量的使用示例。

```
[root@xuegod63 ~]# vim special_variable.sh                    #创建脚本并写入以下内容。
#!/bin/bash
echo "$* 表示这个程序的所有参数 "
echo "$#  表示这个程序的参数个数"
echo "$$  表示程序的 PID "

touch /tmp/b.txt &
echo "$!  执行上一个后台指令的 PID"
echo "$$  表示程序的 PID "
echo "$? 表示上一个程序执行返回结果 "

[root@xuegod63 ~]# bash special_variable.sh 11 22 33 44 55    #执行脚本并指定 5 个参数。
11 22 33 44 55 表示这个程序的所有参数
5  表示这个程序的参数个数
45502  表示程序的 PID
45504  执行上一个后台指令的 PID
45502  表示程序的 PID
0 表示上一个程序执行返回结果
```

例 19.15：常用的环境变量。

```
[root@xuegod63 opt]# cd /opt/
[root@xuegod63 opt]# vim env.sh                               #编写脚本，写入以下内容。
#!/bin/bash
echo $HOME
echo $PATH
echo $PWD

[root@xuegod63 opt]# bash env.sh
/root
/opt/:/opt/:/usr/local/bin:/usr/local/sbin:/usr/bin:/usr/sbin:/bin:/sbin:/root/bin
/opt
```

19.3 数学运算

19.3.1 expr 命令

命令使用格式：expr NUM <+ - * / > NUM。在命令和数值、符号之间都需要有空格，<符号>表示必选。

（1）对数字的基本计算，作比较时，输出结果 0 为假，1 为真；特殊符号用转义符，通常使用“\”作为转义符。

```
[root@xuegod63 ~]# expr 2 \> 5                #判断 2 是否大于 5。
0
[root@xuegod63 ~]# expr 6 \> 5                #判断 6 是否大于 5。
1
[root@xuegod63 ~]# expr 3 * 5                 #运算 3 乘以 5，由于“*”是特殊符号，因此语法错误。
expr: 语法错误
[root@xuegod63 ~]# expr 3 \* 5                #运算 3 乘以 5，在“*”前加入转义符即可。
15
[root@xuegod63 ~]# expr 3 \+ 5                #运算 3 加 5，同样也需要加转义符。
8
```

（2）对字符串的处理。

```
[root@xuegod63 ~]# expr length "ni hao"          #计算" "中的字符数量，空格也算为字符。
6
[root@xuegod63 ~]# expr substr "ni hao" 2 4      #从第 2 个开始，截取 4 个字符出来。
i ha
```

19.3.2 使用“$(( ))”

格式：$（(表达式 1，表达 2)）。

特点如下。

① 在双括号结构中，所有表达式可以像 C 语言一样，如 a++、b--等，a++等价于 a=a+1。

② 在双括号结构中，所有变量可以不加入“$”符号前缀。

③ 双括号可以进行逻辑运算、四则运算。

④ 双括号结构扩展了 for、while、if 条件测试运算。

⑤ 支持多个表达式运算，各个表达式之间用“,”分开。

常用的算数运算符，如表 19-2 所示。

表 19-2　常用的算数运算符

运 算 符	意 义
++ --	递增、递减，可前置也可以后置
+ - ! ~	一元运算的正负号、逻辑与取反

（续表）

运 算 符	意　义
+ - * / %	加、减、乘、除、取余数
< <= > >=	比较大小符号
== !=	相等、不相等
>> <<	向左位移、向右位移
& ^ |	位的与、位的异或、位的或
&& ||	逻辑与、逻辑或
? :	条件判断

例 19.16：数值运算并赋值变量。

```
[root@xuegod63 opt]# b=$((1+2))
[root@xuegod63 opt]# echo $b
3
[root@xuegod63 opt]# echo $((2*3))
6
```

例 19.17：递增和递减。

```
[root@xuegod63 opt]# echo $((b++))
4
[root@xuegod63 opt]# echo $((++b))
6
```

说明：a++或 a--为先赋值再加 1 或减 1，++a 或--a 为先加 1 或减 1，然后再进行赋值。

例 19.18：求 1 到 100 的和。

```
[root@xuegod63 opt]# echo $((100*(1+100)/2))
5050
```

19.4　实战：升级系统中的 Java 版本到 Java 1.8 版本

安装 jdk java 运行环境。

上传 jdk-8u161-linux-x64.rpm 程序包到 Linux 上（JDK 程序包可到 www.oracle.com 官网下载）。

```
[root@xuegod63 ~]# rpm -ivh jdk-8u161-linux-x64.rpm              #使用 rpm 安装 jdk 程序包。
[root@xuegod63 ~]# rpm -pql /root/jdk-8u161-linux-x64.rpm        #通过查看 jdk 的信息可以知道 jdk
的安装目录在/usr/java。

[root@xuegod63 ~]# vim /etc/profile                               #在文件的最后添加以下内容。
export JAVA_HOME=/usr/java/jdk1.8.0_161
export JAVA_BIN=/usr/java/jdk1.8.0_161/bin
export PATH=${JAVA_HOME}/bin:$PATH
export CLASSPATH=.:${JAVA_HOME}/lib/dt.jar:${JAVA_HOME}/lib/tools.jar
```

```
[root@xuegod63 ~]# source /etc/profile                    #使配置文件生效。

验证 java 运行环境是否安装成功。
[root@xuegod63 ~]# java -version                          #在命令行下输入 java -version 并回车。
java version "1.8.0_161"
Java(TM) SE Runtime Environment (build 1.8.0_161-b12)
Java HotSpot(TM) 64-Bit Server VM (build 25.161-b12, mixed mode)
```

如果出现了安装的对应版本，说明 java 运行环境已经安装成功。

注意：这里只是升级了 jdk 的版本，因为在此前安装的系统中已经安装了 jdk。

第 20 章

条件测试语句和流程控制语句 if 的使用

20.1 read 命令从键盘读取变量的值

20.1.1 read 命令介绍

read 命令用于从键盘读取变量的值，通常用在 Shell 脚本中与用户进行交互的场合。该命令可以一次读取多个变量的值，变量和输入的值之间都需要用空格隔开。在 read 命令后面，如果没有指定变量名，读取的数据将被自动赋值给特定的变量 REPLY。

当程序执行到 read 命令时，会停下来，等待用户键盘输入，赋给变量。

命令选项如下。

-s：关闭回显，即用户输入时，不显示输入的字符。

-t：超时时间，在指定时间内，如果用户不完成输入，则自动关闭键盘输入状态（类似于字符界面用户登录时，输入密码的过程一样）。

-n：指定允许输入的字符数量，指定后，用户输入字符数量不能超过指定值。

-p：打印，该选项可以后指定需要显示的内容，和 echo 命令相同。

例 20.1：read 命令赋值变量，以及变量名和值数量不相同时的使用。

当指定变量名为一个，赋值也为一个值时，NAME=abc。

```
[root@xuegod63 ~]# read NAME
abc
[root@xuegod63 ~]# echo $NAME
abc
```

当指定变量名为一个，赋值为两个值时，则会把两个值赋给一个变量，即 NAME=abc def。

```
[root@xuegod63 ~]# read NAME
abc def
[root@xuegod63 ~]# echo $NAME
abc def
```

当指定变量名为两个，赋值也为两个值时，则会按对应的空格分隔，各赋值一个值，即 NAME=jerry，AGE=18。

```
[root@xuegod63 ~]# read NAME AGE
jerry 18
[root@xuegod63 ~]# echo $NAME
```

```
jerry
[root@xuegod63 ~]# echo $AGE
18
```

当指定变量名为两个，赋值的数量大于变量名时，则前面会按对应的空格分隔，变量名与值相对应，最后的所超出变量名个数的值，则会全部赋值给最后一个变量，即NAME=jerry，AGE=18 66 99。

```
[root@xuegod63 ~]# read NAME AGE
jerry 18 66 99
[root@xuegod63 ~]# echo $NAME
jerry
[root@xuegod63 ~]# echo $AGE
18 66 99
```

当赋值时值的数量小于变量名，前面的会对应赋值，剩下的变量名则为空。

```
[root@xuegod63 ~]# read NAME AGE
jerry
[root@xuegod63 ~]# echo $NAME
jerry
[root@xuegod63 ~]# echo $AGE

[root@xuegod63 ~]#
```

20.1.2 read 常见用法及参数

命令使用格式：read 变量名，在指定等待用户键盘输入时，需要指定一个变量名，用户键盘输入则赋值给该变量。

例 20.2：从标准输入读取一行并赋值给变量 passwd。

```
[root@xuegod63 ~]# read passwd
```

例 20.3：读取多个值，从标准输入读取一行，直至遇到第一个空格或换行符。把用户键入的第一个词赋值给变量 first，把该行的剩余部分赋值给变量 last。

```
[root@xuegod63 ~]# read first last
aaaa  bbbb
```

例 20.4：read -s passwd 将输入内容隐藏起来并将值赋给 passwd。

```
[root@xuegod63 ~]# read -s passwd
[root@xuegod63 ~]# echo $passwd
123456
```

例 20.5：输入的时间限制。

```
[root@xuegod63 ~]# read -t 2 time            #超过两秒没有输入，直接退出。
```

例 20.6：输入的长度限制。

```
[root@xuegod63 ~]# read -n 2 test            #最多只接受 2 个字符。
```

例 20.7：使用-r 参数，允许输入的内容中包括：空格、/、\、？等特殊字符串。

```
[root@xuegod63 ~]# read -r line
```

```
sdf sdf / sdfs /n
[root@xuegod63 ~]# echo $line
sdf sdf / sdfs /n
```

例 20.8：参数-p 用于给出提示符，在前面的例子中使用了 echo –n"…"来给出提示符。

方法 1：使用-p 参数给出提示符。

```
[root@xuegod63 ~]# read -p  "please input: "  pass          #给出 please input: 提示，并在其后方等待用户键盘输入，用户所输入的字符将赋值给 pass 变量。
please input: 123456                #输入内容 123456。
[root@xuegod63 ~]# echo $pass
123456
```

方法 2：从标准输入将所需要打印的内容先打印出来，并在该内容后方使用 read 命令并等待用户键盘输入，用户所输入的字符将赋值给 pass 变量。

```
[root@xuegod63 ~]# echo -n "please input: " ; read pass
please input: 123456
[root@xuegod63 ~]# echo $pass
123456
```

例 20.9：read 综合实例。

```
[root@xuegod63 ~]# vim test-read.sh                    #创建脚本，并写入以下内容。
#!/bin/bash
read -p "请输入姓名：" NAME
read -p "请输入年龄：" AGE
read -p "请输入性别：" SEX

cat<<eof
**********************
你的基本信息如下：
姓名: $NAME
年龄：$AGE
性别：$SEX
*********************
eof
[root@xuegod63 ~]# sh test-read.sh          #执行脚本，使用 sh 命令执行，可以不具有执行权限。
请输入姓名：xuegod                          #输入 xuegod。
请输入年龄：111                             #输入 111。
请输入性别：man                             #输入 man。
**********************
你的基本信息如下：
姓名: xuegod
年龄：111
性别：man
```

20.2 流程控制语句 if

20.2.1 单分支 if 语句

单分支 if 语句语法格式如下。

```
if   条件
then
     Commands                                    #此处为需要执行的命令主体。
fi
```

单分支 if 语句流程图，如图 20-1 所示。

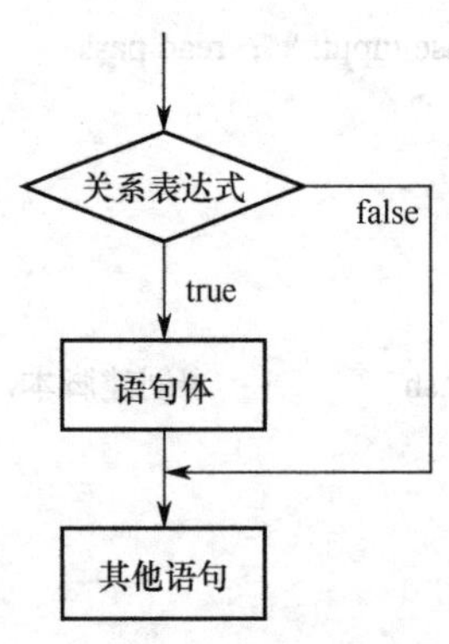

图 20-1 单分支 if 语句流程

注意：根据我们的命令退出码来进行判断（echo $? =0），如果是 0，那么就会执行 then 后面的命令。

例 20.10：单分支 if 语句示例。

```
[root@xuegod63 ~]# vim if-1.sh                  #创建脚本，并写入以下内容。
    #!/bin/bash
    if ls /mnt
    then
         echo "it's ok"
    fi

[root@xuegod63 ~]# bash !$
bash if-1.sh
CentOS_BuildTag   GPL        LiveOS      RPM-GPG-KEY-CentOS-7
EFI          images      Packages    RPM-GPG-KEY-CentOS-Testing-7
EULA              isolinux    repodata    TRANS.TBL
it's ok
```

20.2.2　双分支 if 语句

双分支 if 语句语法格式如下。

```
if command  ；then
        Commands        #在 if 条件为真时，执行该命令主体，而不再执行 else 命令主体。
else
        Commands        #if 条件为假时，执行该命令主体。
fi
```

双分支 if 语句流程图，如图 20-2 所示。

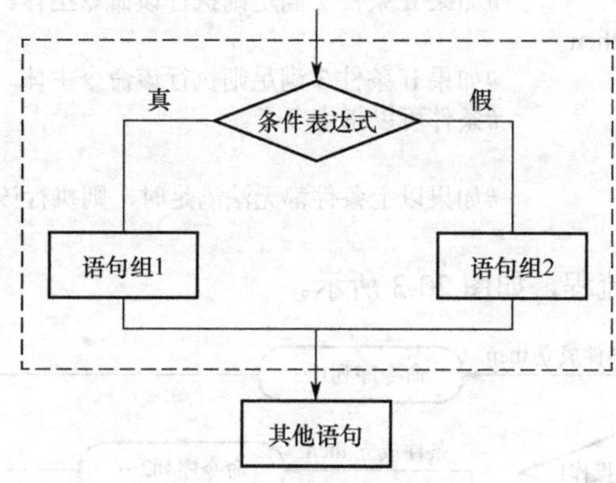

图 20-2　双分支 if 语句流程

例 20.11：双分支 if 语句示例。

```
[root@xuegod63 ~]# vim if-2.sh              #创建脚本，并写入如下内容。
#!/bin/bash
if grep root /etc/passwd  ；then
        echo "it's ok"
else
        "it's err"
fi

[root@xuegod63 ~]# sh if-2.sh               #执行脚本。
root:x:0:0:root:/root:/bin/bash
operator:x:11:0:operator:/root:/sbin/nologin
it's ok
```

例 20.12：使用脚本查看 passwd 文件是否有 xuegod 用户存在。

判断从 passwd 文件中过滤 xuegod 字符，如果过滤成功则回显 it's ok，否则，回显 it's err。

```
[root@xuegod63 ~]# vim if-3.sh              #创建脚本，并写入如下内容。
#!/bin/bash

if grep xuegod /etc/passwd  ；then
    echo "it's ok"
else
    echo "it's err"
fi
```

```
[root@xuegod63 ~]# sh if-3.sh
it's err
```

20.2.3 多分支 if 语句

多分支 if 语句语法结构如下。

```
if 条件测试操作 1 ; then
      Commands                    #如果 if 条件 1 满足则执行该命令主体。
elif  条件测试操作 2  ; then
      Commands                    #如果 if 条件 2 满足则执行该命令主体。
elif 条件测试操作 3 ; then
      Commands                    #如果 if 条件 3 满足则执行该命令主体。
…                                 #条件可以指定多个。
else
      Commands                    #如果以上条件都无法满足时，则执行该命令主体。
fi
```

多分支 if 语句执行流程，如图 20-3 所示。

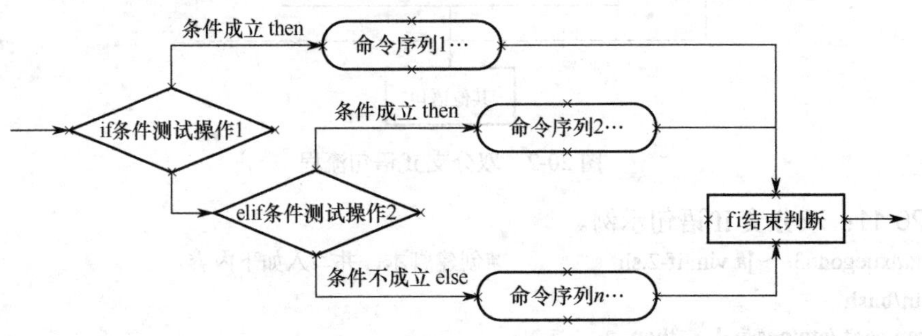

图 20-3 多分支 if 语句执行流程

例 20.13：判断用户在系统中是否存在，是否有家目录。

```
[root@xuegod63 ~]# vim if-4.sh              #创建脚本，写入如下内容。
#!/bin/bash
read -p "input a user:" tu
if grep $tu /etc/passwd ; then
        echo "the user $tu exists on this system"
elif ls -d /home/$tu   ;   then
        echo "the user $tu not exists on this system"
        echo "$tu has a home directory"
else
        echo "the user $tu not exists on this system"
        echo "$tu not has a direcotry"
fi

[root@xuegod63 ~]# sh if-4.sh               #执行脚本。
Input a user: hr
```

```
chrony:x:994:990::/var/lib/chrony:/sbin/nologin
hr:x:1000:1000:hr:/home/hr:/bin/bash
the user hr exists on this system
[root@xuegod63 ~]# sh if-4.sh
Input a user: xuegod
/home/xuegod
xuegod has a directory
```

20.3　test 测试命令及数值比较

Shell 中的 test 命令用于检查某个条件是否成立，它可以进行数值、字符和文件三个方面的测试。

格式：test 测试条件。

测试结果用$?=0 判断，如果结果是对的，也叫结果为真，用 0 表示，反之为假，用非 0 表示。

20.3.1　数值比较

数值比较的参数及说明，如表 20-1 所示。

表 20-1　数值比较的参数说明

参　数	说　明	示　例
-eq	等于则为真	["$a" -eq "$b"]
-ne	不等于则为真	["$a" -ne "$b"]
-gt	大于则为真	["$a" -gt "$b"]
-ge	大于等于则为真	["$a" -ge "$b"]
-lt	小于则为真	["$a" -lt "$b"]
-le	小于等于则为真	["$a" -le "$b"]

例 20.14：比较大小。

```
[root@xuegod63 ~]# vim test1.sh                    #创建脚本，并写入如下内容。
#!/bin/bash
if test 2 -eq 1   ; then
        echo ok
else
        echo err
fi

if [ 2 -eq 2 ]   ; then
        echo ok
else
        echo err
```

```
fi

[root@xuegod63 ~]# ./test1.sh                    #执行脚本。
err
ok
```

例 20.15：比较整数大小。

```
[root@xuegod63 ~]# vim test2.sh
#!/bin/bash
read -p "input var1 var2:" var1 var2
if [ $var1 -gt $var2  ] ;  then
        echo "$var1 > $var2"
elif [ $var1 -lt $var2 ] ;  then
        echo "$var1 < $var2"
else
        echo "$var1 = $var2"
fi
```

注意：在做数值比较时，只能用整数。

20.3.2 字符串比较

字符串比较的参数及说明，如表 20-2 所示。

表 20-2 字符串比较的参数及说明

参　数	说　明	示　例
==	等于则为真	["$a" == "$b"]
!=	不相等则为真	["$a" != "$b"]
-z 字符串	字符串的长度为零则为真	[-z "$a"]
-n 字符串	字符串的长度不为空则为真	[-n "$a"]
str1 > str2	str1 大于 str2 为真	[str1 \> str2]
str1 < str2	str1 小于 str2 为真	[str1 \< str2]

例 20.16：根据用户名判断是否是超级管理员。

```
[root@xuegod63 ~]# vim test3.sh                    #创建脚本，并写入如下内容。
#!/bin/bash
read -p  "input your name: " name
if [ $name == "root" ] ;  then
        echo "you are super administrator"
else
        echo  "You are a general user"
fi

[root@xuegod63 ~]# bash test3.sh                   #执行脚本。
input your name: root                              #输入 root。
you are super administrator
```

```
[root@xuegod63 ~]# bash test3.sh                    #再次执行。
input your name: mk                                 #输入mk。
You are a general usero "You are a general user"
```

例 20.17：字符串比较

（1）大于号和小于号必须转义，要不然 Shell 会把它当成重定向符号。

（2）注意字符串的顺序。

（3）当前案例使用 ASCII 码进行比较。

知识扩展：ASCII（American Standard Code for Information Interchange，美国信息交换标准代码）是基于拉丁字母的一套计算机编码系统，主要用于显示现代英语和其他西欧语言。它是现今最通用的单字节编码系统，并等同于国际标准 ISO/IEC 646，如表 20-3 所示。

```
[root@xuegod63 ~]# vim test4.sh                    #创建脚本，并写入以下内容。
#!/bin/bash
var1=test
var2=Test
if [  $var1 \>  $var2  ] ; then
        echo "$var1 > $var2"
else
        echo "$var1 < $var2"
fi
[root@xuegod63 ~]# bash test4.sh                   #执行脚本。
test > Test
```

表 20-3　ASCII 表

ASCII表

（American Standard Code for Information Interchange　美国标准信息交换代码）

高四位 / 低四位		ASCII控制字符												ASCII打印字符												
		0000 / 0						0001 / 1						0010 / 2		0011 / 3		0100 / 4		0101 / 5		0110 / 6		0111 / 7		
		十进制	字符	Ctrl	代码	转义字符	字符解释	十进制	字符	Ctrl	代码	转义字符	字符解释	十进制	字符	十进制	字符	十进制	字符	十进制	字符	十进制	字符	十进制	字符	Ctrl
0000	0	0		^@	NUL	\0	空字符	16	►	^P	DLE		数据链路转义	32		48	0	64	@	80	P	96	`	112	p	
0001	1	1	☺	^A	SOH		标题开始	17	◄	^Q	DC1		设备控制 1	33	!	49	1	65	A	81	Q	97	a	113	q	
0010	2	2	☻	^B	STX		正文开始	18	↕	^R	DC2		设备控制 2	34	"	50	2	66	B	82	R	98	b	114	r	
0011	3	3	♥	^C	ETX		正文结束	19	‼	^S	DC3		设备控制 3	35	#	51	3	67	C	83	S	99	c	115	s	
0100	4	4	♦	^D	EOT		传输结束	20	¶	^T	DC4		设备控制 4	36	$	52	4	68	D	84	T	100	d	116	t	
0101	5	5	♣	^E	ENQ		查询	21	§	^U	NAK		否定应答	37	%	53	5	69	E	85	U	101	e	117	u	
0110	6	6	♠	^F	ACK		肯定应答	22	▬	^V	SYN		同步空闲	38	&	54	6	70	F	86	V	102	f	118	v	
0111	7	7	•	^G	BEL	\a	响铃	23	↨	^W	ETB		传输块结束	39	'	55	7	71	G	87	W	103	g	119	w	
1000	8	8	◘	^H	BS	\b	退格	24	↑	^X	CAN		取消	40	(	56	8	72	H	88	X	104	h	120	x	
1001	9	9	○	^I	HT	\t	横向制表	25	↓	^Y	EM		介质结束	41	)	57	9	73	I	89	Y	105	i	121	y	
1010	A	10	◙	^J	LF	\n	换行	26	→	^Z	SUB		替代	42	*	58	:	74	J	90	Z	106	j	122	z	
1011	B	11	♂	^K	VT	\v	纵向制表	27	←	^[	ESC	\e	溢出	43	+	59	;	75	K	91	[	107	k	123	{	
1100	C	12	♀	^L	FF	\f	换页	28	∟	^\	FS		文件分隔符	44	,	60	<	76	L	92	\	108	l	124	|	
1101	D	13	♪	^M	CR	\r	回车	29	↔	^]	GS		组分隔符	45	-	61	=	77	M	93	]	109	m	125	}	
1110	E	14	♫	^N	SO		移出	30	▲	^^	RS		记录分隔符	46	.	62	>	78	N	94	^	110	n	126	~	
1111	F	15	☼	^O	SI		移入	31	▼	^-	US		单元分隔符	47	/	63	?	79	O	95	_	111	o	127	⌂	^Backspace 代码：DEL

注：表中的ASCII字符可以用"Alt + 小键盘上的数字键"方法输入。　2013/08/08

20.3.3 文件比较

文件比较的参数及说明，如表 20-4 所示。

表 20-4 文件比较的参数及说明

参 数	说 明	示 例
-e 文件名	如果文件或目录存在则为真	[-e file]
-r 文件名	如果文件存在且可读则为真	[-r file]
-w 文件名	如果文件存在且可写则为真	[-w file]
-x 文件名	如果文件存在且可执行则为真	[-x file]
-s 文件名	如果文件存在且至少有一个字符则为真	[-s file]
-d 文件名	如果文件存在且为目录则为真	[-d file]
-f 文件名	如果文件存在且为普通文件则为真	[-f file]
-c 文件名	如果文件存在且为字符型文件则为真	[-c file]
-b 文件名	如果文件存在且为块特殊文件则为真	[-b file]
file1 -nt fle2	检查 file1 是否比 file2 新	[file1 -nt file2]
file1 -ot file2	检查 file1 是否比 file2 旧	[file1 -ot file2]

例 20.18：判断/etc/passwd 文件是否存在。

```
[root@xuegod63 ~]# vim test5.sh
#!/bin/bash
if [ -e /etc/passwd ] ; then
        echo ok
else
        echo err
fi
[root@xuegod63 ~]# bash test5.sh
ok
```

例 20.19：判断文件是否存在的简单写法。

```
[root@xuegod63 ~]# test -e /etc/aaa.txt && echo ok || echo err
err
[root@xuegod63 ~]# test -e /etc/passwd && echo ok || echo err
ok
[root@xuegod63 ~]# test -e /etc && echo ok || echo err
ok
```

例 20.20：清空日志目录。

```
[root@xuegod63 ~]# vim clear-log.sh                    #创建脚本，并写入以下内容。
#!/bin/bash
# clear /var/log/messages

#确定当前是 root 用户.
if [ $USER != "root" ]; then
```

```
    echo "你必须使用 root 用户才能执行脚本"
    exit 10                          #直接退出，并返回 10。
fi

#判断文件是否存在.
if [ ! -f /var/log/messages ]; then
    echo "文件不存在"
    exit 12
fi

#保留最近 100 行的日志内容.
tail -100 /var/log/messages > /var/log/mesg.tmp
#日志清理.
>/var/log/messages
mv /var/log/mesg.tmp /var/log/messages
echo "Logs clean up"
```

注：退出码 exit，取值范围是 0～255。

例 20.21：exit 退出 bash，并返回一个值。

```
[root@xuegod63 ~]# ssh 192.168.1.63              #在本机再次远程登录本机。
root@192.168.1.63's password: 123456
Last login: Mon May 28 20:37:41 2018 from xuegod63.cn
[root@xuegod63 ~]#
[root@xuegod63 ~]# exit 10                       #退出，并指定返回状态码。
登出
Connection to 192.168.1.63 closed.
[root@xuegod63 ~]# echo $?                       #查看状态码。
10
```

20.4　流程控制过程中和 Shell 中的通配符

20.4.1　逻辑判断

语句中的逻辑关系：两个条件都为真或有一个为真就执行。

逻辑与&&：只要有一个为假，结果则为假。

逻辑或||：只要有一个为真，结果则为真。

逻辑非!：非真则假，非假则真。

1．第一种判断逻辑

```
if [ 条件判断一 ] && (||) [ 条件判断二 ]; then
    命令一
```

```
elif [ 条件判断三 ] && (||) [ 条件判断四 ]; then
    命令二
else
    执行其他
fi
```

注意：在两个条件之间的判断仅用&&、||中的一个。

解释如下。

判断逻辑&&（逻辑与）：当 if 中的条件一和条件二都成立时，if 的条件则为真，则执行命令一；当 if 条件一或条件二其中一者不成立时，if 的条件则为假，则执行 elif，判断逻辑与 if 一致；当 if 和 elif 都不为假时，则执行 else。

判断逻辑||（逻辑或）：当 if 中的条件一或条件二其中有一个成立时，if 的条件则为真，则执行命令一；当其 if 两者的条件均不成立时，if 的条件则为假，则执行 elif，判断逻辑与 if 一致；当 if 和 elif 条件都为假时，则执行 else。

2．第二种判断逻辑

```
if [条件判断一 -a (-o) 条件判断二 -a (-o) 条件判断三]; then
elif [条件判断四  -a (-o) 条件判断五 ]; then
else
   执行其他
fi
```

注意：在两个条件之间的判断仅使用-a、-o 中的一个，3 个条件之间的判断时，则可以需要使用 2 个逻辑判断符，以此类推。

解释如下。

判断逻辑-a（逻辑与）：当 if 中的条件一、条件二和条件三都成立时，if 的条件则为真，则执行命令一；当 if 条件一或条件二其中一者不成立时，if 的条件则为假，则执行 elif，判断逻辑与 if 一致；当 if 和 elif 都为假时，则执行 else。

判断逻辑-o（逻辑或）：当 if 中的条件一、条件二或条件三其中有一个成立时，if 的条件则为真，则执行命令一；当其 if 二者的条件均不成立时，if 的条件则为假，则执行 elif，判断逻辑如同 if 一致；当 if 和 elif 条件都为假时，则执行 else。

3．第三种判断逻辑

如果需要将两个条件放在同一括号内比较，需要使用[[ ]]双层中括号。

```
if [[条件判断一 && (||) 条件判断二 ]]; then
elif [[ 条件判断三 && (||) 条件判断四 ]]; then
else
   执行其他
fi
```

实际上第三种判断的逻辑和上面两种相同，只是写法不一样，上面两种判断的写法，是把条件写在[ ]中括号当中，使[ ]中括号中的条件和逻辑判断符分隔。而第三种判断是把多者条件和逻辑判断符都写在[[ ]]双中括号里面。

例 20.22：设置 umask，如图 20-8 所示。

```
if [ $UID -gt 199 ] && [ "`/usr/bin/id -gn`" = "`/usr/bin/id -un`" ]; then
    umask 002
else
    umask 022
fi
```

图 20-8　设置 umask

参考如下。

```
[root@xuegod63 ～]# vim /etc/profile
[root@xuegod63 ～]# vim umask.sh
if [ $UID -gt 199 ] && [ "`/usr/bin/id -gn`" = "`/usr/bin/id -un`" ]; then
    echo "umask 002"
else
    echo "i am root :umask 022"
fi

[root@xuegod63 ～]# bash umask.sh
i am root :umask 022
```

例 20.23：[[…]]和[…]的区别。

[[…]] 运算符是[…]运算符的扩充；[[…]]能够支持 *，< 、>等符号且不需要转义符。

写法一：

```
[root@xuegod63 ～]# if [[ $USER == r* ]] ; then echo "hello,$USER" ; else echo $USER not ; fi
hello,root
```

注意：$USER == r*，对比时，r* 表示以 r 开头的任意长度字符串，这样就包括 root。

当只有一个[]时。

```
[root@xuegod63 ～]# if [ $USER == r* ] ; then echo "hello,$USER" ; else echo $USER not ; fi
root not
#对比[[r*]]，这里的[r*]仅用来表示两个字符 r*。所以字符*并没有被当做通配符来执行。
```

写法二：

```
[root@xuegod63 ～]# if [[ $USER == [a-z]oot ]] ; then echo "hello,$USER" ; else echo $USER not ; fi
```

[[…]]和[…]的区别汇总如下。

（1）所有的字符与逻辑运算符直接用“空格”分开，不能连到一起。

（2）在[…]表达式中，常见的> 、<需要加转义符\，用于大小比较。

（3）进行逻辑运算符&&、||比较时，如果用的[ ]符号，则用在外面，如[…] && […] || […] 如果在[…]里面进行逻辑与和逻辑或的比较，则用-a、-o 表示，如[x = y –a x < z –o x > m]。

（4）[[…]] 运算符只是[…]运算符的扩充，能够支持< 、>符号运算，且不需要转义符，以字符串比较大小。中括号里面支持逻辑运算符 || 、 &&，不再使用-a 、-o。

（5）[[…]] 用 && 而不是 -a 表示逻辑与；用 || 而不是 -o 表示逻辑或。

（6）[[…]]可以进行算术扩展，而[...]不可以。

（7）[[...]]能用正则，而[...]不行。

（8）双括号((　))用于数学表达式。

（9）双中括号[[　]]用于高级字符串处理，比如模糊匹配。

20.4.2 Shell 中的通配符

Shell 中常见的通配符，如表 20-5 所示。

表 20-5　Shell 中常见的通配符

字　符	含　义	实　例
*	匹配 0 个或多个字符	a*b：a 与 b 之间可以有任意长度的任意字符，也可以一个也没有，如 aabcb、axyzb、a012b、ab
?	匹配任意一个字符	a?b：a 与 b 之间必须且只能有一个字符，可以是任意字符，如 aab、abb、acb、a0b
[list]	匹配 list 中的任意单一字符	a[xyz]b：a 与 b 之间必须且只能有一个字符，但只能是 x 或 y 或 z，如 axb、ayb、azb
[!list]	匹配除 list 中的任意单一字符	a[!0-9]b：a 与 b 之间必须且只能有一个字符，但不能是阿拉伯数字，如 axb、aab、a-b
[c1-c2]	匹配 c1-c2 中的任意单一字符，如[0-9] [a-z]	a[0-9]b：0 与 9 之间必须且只能有一个字符，如 a0b、a1b...a9b
{string1,string2,...}	匹配 sring1 或 string2 (或更多)其一字符串	a{abc,xyz,123}b：a 与 b 之间只能是 abc 或 xyz 或 123 这三个字符串之一

例 20.4：通配符使用示例。

```
[root@xuegod63 ~]# ls /etc/*.conf                #查看/etc/目录下所有以.conf 结尾的文件。

[root@xuegod63 ~]# ls /etc/???.conf              #查看/etc/目录下所有文件名为 3 个任意字符并以.conf 结尾的文件。
/etc/nfs.conf   /etc/sos.conf   /etc/yum.conf

[root@xuegod63 ~]# touch /opt/a{1,2,3}.txt       #在/opt/目录下创建 a1.txt、a2.txt、a3.txt 文件。

[root@xuegod63 ~]# ls /opt/a[123].txt            #查看/opt/目录下 a1.txt、a2.txt、a3.txt 文件。
/opt/a1.txt   /opt/a2.txt   /opt/a3.txt

[root@xuegod63 ~]# ls /opt/a[1,2,3].txt

[root@xuegod63 ~]# ls /opt/a[13].txt             #查看/opt/目录下 a1.txt、a3.txt 文件
/opt/a1.txt   /opt/a3.txt。
```

20.5 实战：3 个 shell 脚本实战

20.5.1 实战 1：编写脚本检查服务器运行状态

```
[root@xuegod63 ~]# vim status.sh                 #创建脚本，写入如下内容。
```

```
#!/bin/bash
if [ $# -ge 1 ] ; then
        systemctl status $1 > /dev/null
    if [ $? -eq 0 ] ; then
        echo "$1 服务正在运行"
    else
        systemctl start $1
    fi
else
          echo "执行脚本的格式"
          echo "sh $0 服务名"
fi
```

20.5.2　实战 2：根据学生的成绩判断学生的优劣

```
[root@xuegod63 ~]# vim   check_cj.sh            #创建脚本，写入如下内容。
#!/bin/bash
read   -p    "请输入你的成绩  "    cj
if    [ $cj    -ge   0   ]   &&   [   $cj   -le   59   ]   ; then
      echo     "补考"
elif   [   $cj   -ge   60 ]   &&   [   $cj   -le   70    ]    ; then
     echo   "良好"
elif       [ $cj -ge 71 ]     &&   [ $cj     -le   85 ]     ; then
    echo   "好"
elif [ $cj   -ge 86 ]     &&   [    $cj   -le   100 ]    ; then
     echo   "优秀"
else
    echo "成绩的有效范围是 0-100 之间"
fi
```

20.5.3　实战 3：定时备份数据

每周一凌晨 3:00，备份数据库服务器上 webdb 数据库中的所有数据到系统的/mysqlbak 目录里，使用系统日期作为备份文件名。

因为 MySQL 暂时还没有介绍，所以，以/etc 目录来做实验。

```
[root@xuegod63 ~]# vim etcbak.sh
#!/bin/bash
baknamefile=`date +%Y-%m-%d`
bakdir=/etcbak
srcdir=/etc
[  -e   $bakdir   ]   ||   mkdir   $bakdir
tar zcvf ${bakdir}/${baknamefile}-etc.tar.gz /etc/
echo "=========================="
```

```
ls -lh ${bakdir}/${baknamefile}-etc.tar.gz
echo "back etc is ok!"

[root@xuegod63 ~]# chmod +x    etcbak.sh

[root@xuegod63 ~]# crontab   -e        #使用周期性计划任务实现每周一凌晨 3:00 触发执行该脚本。
0 3 * * *    /root/etcbak.sh    2>&1 > /dev/null
```

第 21 章

流程控制语句

21.1 case 语句

控制语句用来实现对程序流程的选择、循环、转向和返回等。case 语句是控制语句的一个组成部分，根据变量的不同取值进行比较，然后针对不同的取值分别执行不同的命令操作，适用于多分支的情况，是一个多选择语句。

语法格式如下。

```
case    变量或表达式    in
            变量或表达式 1)
                    命令序列 1
                    ;;
          变量或表达式 2)
                    命令序列 2
                    ;;
                    ……
                    *)
                    默认命令序列
  esac
```

case 语句的执行流程如图 21-1 所示。

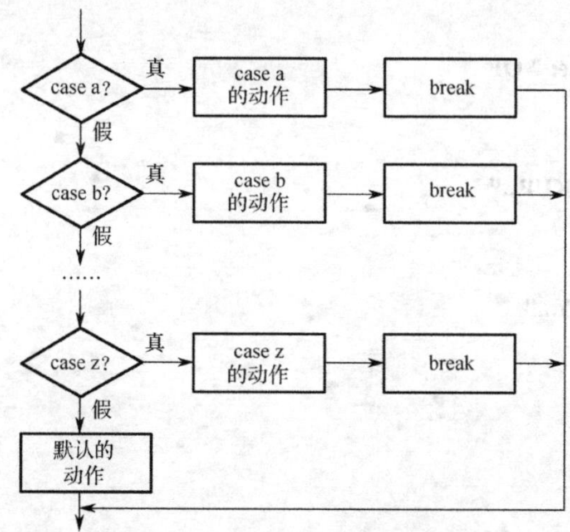

图 21-1　case 语句的执行流程

1．case 语句的执行流程

（1）使用“变量或表达式”的值与“变量或表达式 1”的值进行比较，若取值相同，则执行“变量或表达式 1”的值命令序列数字 1，直到遇见双分号“;;”后跳转至 esac，表示分支结束。

（2）若与“变量或表达式 1”的值不相匹配，则继续与“变量或表达式 2”的值进行比较，若取值相同，则执行命令序列 2，直到遇见双分号“;;”后跳转至 esac，表示分支结束。

（3）以此类推，若找不到任何匹配的值，则执行默认模式“*)”后的“默认命令序列”，直到遇见 esac 后分支结束。

2．注意事项

（1）“变量或表达式”后面必须为单词 in，每个“变量或表达式”的值必须以右括号结束。取值可以为变量或常数。匹配发现取值符合某一模式后，其间所有命令开始执行直至遇见双分号“;;”。

（2）匹配中的值可以是多个值，通过“|”来分隔。

例 21.1：编写一个操作文件的脚本。

```
[root@xuegod63 ~]# vim case-1.sh
########################################################################
# File Name: case-1.sh
# Author: xuegod
########################################################################
#!/bin/bash
cat <<eof
****************
** 1. backup   **
** 2. copy     **
** 3. quit     **
****************
eof
read -p "Input a choose: " OP
case $OP in
        1|backup)
                echo "BACKUP..."
                ;;
        2|copy)
                echo "COPY..."
                ;;
        3|quit)
                exit
                ;;
        *)
                echo error
esac
```

例 21.2：编写一个启动 apache 服务的脚本。

```
[root@xuegod63 ~]# yum install httpd -y                    #安装 httpd 程序。
[root@xuegod63 ~]# vim   case-2.sh
#!/bin/bash
case $1 in
      start)
            systemctl $1 httpd
            ps aux|grep httpd
            echo "httpd start"
            ;;
      stop)
            systemctl $1 httpd
            ps aux|grep httpd
            echo "httpd stop"
            ;;
      status)
            systemctl $1 httpd
            ;;
      restart)
            systemctl $1 httpd
            echo "httpd restart"
            ;;
      *)
            echo "USAGE: $0   start|stop|restart"
esac
```

21.2　for 循环语句

（1）for 循环语句的语法格式如下。

```
for var in list
do
  commands
done
```

或

```
for var in list；do
  commands
done
```

for 为固定格式，var 为变量名，in 为取值，list 为取值列表，do 为固定格式，commands 为需要执行的命令，done 为结束符。

在执行时，会把整个循环体都执行一次，在 for 当中指定变量并指定值时，for 会按分隔符把整个循环体切割并依次赋予变量值，循环时按值的数量进行循环，每次循环时，都会把在取值列表中的值赋给指定的变量，而后在命令处引用并执行，当取值列表中的值赋值结束时，循环停止。

（2）for 循环语句的结构如图 21-2 所示。

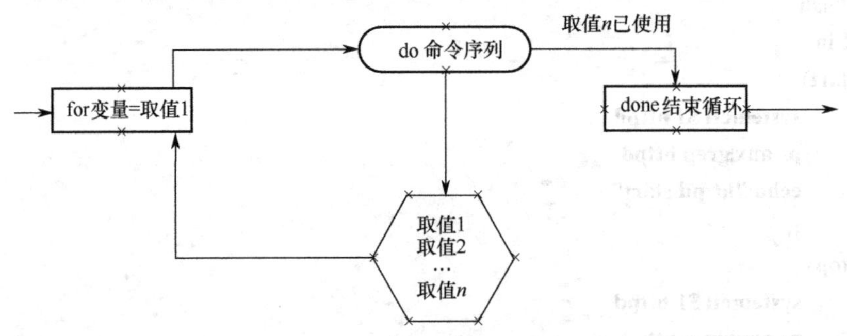

图 21-2　for 循环语句结构

（3）取值列表有多种取值方式，例如，可以直接读取 in 后面的值，默认以空格作为分隔等。

```
[root@xuegod63 ~]# vim for-1.sh
#!/bin/bash
for var in a1 b1 c1 d1
do
        echo the text is $var
done
```

（4）列表中的复杂值，可以使用引号" "或转义符/来加以约束。

```
[root@xuegod63 ~]# vim for-2.sh
#!/bin/bash
for var in a1 b1 "c1 d1" e2 "hello world"
do
        echo the text is $var
done

[root@xuegod63 ~]# vim for-3.sh
#!/bin/bash
for var in a1 b\'1 "c1 d1" e2 "hello world" I\'s a22
do
        echo the text is $var
done
```

（5）从变量中取值。

```
[root@xuegod63 ~]# vim for-4.sh
#!/bin/bash
list="a1 b1 c1 d1"
for i in $list
do
        echo is a $i
```

```
done
```

（6）从命令中取值。

```
[root@xuegod63 ~]# vim for-5.sh                #以空格作为分隔符。
#!/bin/bash
for i in `cat   /etc/hosts`
do
      echo "$i"
done
```

（7）自定义 Shell 分隔符。默认情况下，base Shell 会以空格、制表符、换行符作为分隔符。通过 IFS 来自定义分隔符。指定单个字符作为分隔符，IFS=:：表示以“:”作为分隔符。也可以指定多个，如 IFS='\n':;"这个赋值会将反斜杠、n、冒号、分号和双引号作为分隔符。

注意：$'\n'与'\n'的区别。

IFS='\n'：将反斜杠和 n 作为分隔符。

IFS=$'\n'：真正使用换行符作为分隔符。

```
[root@xuegod63 ~]# vim for-6.sh                #指定以\n 作为 for 语句的分隔符。
#!/bin/bash
IFS=$'\n'
for i in `cat /etc/hosts`
do
      echo "$i"
done

 [root@xuegod63 ~]# vim for-7.sh               #以“:”作为分隔符。
#!/bin/bash
IFS=:
list=`head -1 /etc/passwd`
for i in $list
do
      echo $i
done
```

（8）C 语言风格的 for 循环写法。

语法格式如下。

```
for ((i=0; i<10; i++))
do
   commmands
done
```

注解：for 关键字后面的((expr1；expr2；expr3))作用如下。

expr1：用于指定初始条件，指定控制变量的初始值。

expr2：判定什么时候退出循环。

expr3：修改 expr1 的变量的值。

例 21.3：单个变量输出 1～10 的数字。

```
[root@xuegod63 ~]# vim for-8.sh
#!/bin/bash
for (( i=1; i<=10; i++ ))
do
        echo num is $i
done
```

注意：i++ 这一条语句在 for 循环体中的位置执行。

```
for ((   i=1   ; i<=10   ;    ))    #i=1 只赋值一次，然后执行 i <= 10。
do
        echo num is $i
        i=$(($i+1))             #i++在这里执行。当 for 循环体中所有命令执行完后，再执行 i++。
done
```

例 21.4：多个变量同时输出 1～9 的升序和降序，如图 21-3 所示。

```
[root@xuegod63 ~]# vim for-9.sh
#!/bin/bash
for ((a=1, b=9; a<10; a++, b--))
do
        echo num is $a - $b
done
```

```
[root@xuegod63 ~]# bash for-9.sh
num is 1 - 9
num is 2 - 8
num is 3 - 7
num is 4 - 6
num is 5 - 5
num is 6 - 4
num is 7 - 3
num is 8 - 2
num is 9 - 1
```

图 21-3　同时输出 1～9 的升序和降序

21.3　while 循环语句和循环嵌套

21.3.1　while 循环语句

重复测试语句中的条件，只要条件成立就执行循环体对应的命令操作，直到条件不成立时停止循环。

While 循环语句语法格式如下。

```
while 条件
do
        命令
done
```

while 循环语句的结构如图 21-4 所示。

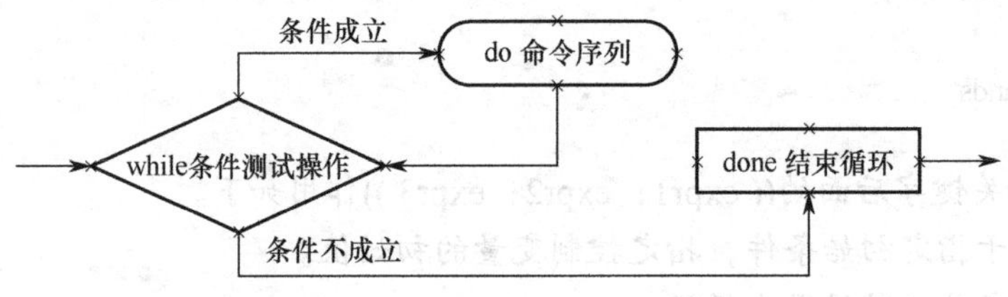

图 21-4　while 循环语句的结构

例 21.5：降序输出 10～1 的数字。

```
[root@xuegod63 ~]# vim while-1.sh
```

```
#!/bin/bash
var=10
while [ $var -gt 0 ]
do
      echo $var
      var=$[$var-1]
done
```

例 21.6：输出图 21-5 所示的两数相乘的效果。

```
1 * 1 = 1
2 * 2 = 4
3 * 3 = 9
4 * 4 = 16
5 * 5 = 25
6 * 6 = 36
7 * 7 = 49
8 * 8 = 64
9 * 9 = 81
```

图 21-5　两数相乘的效果

自增操作：let var++。

自减操作：let var--。

```
[root@xuegod63  ~]# vim while-2.sh
#!/bin/bash
num=1
while [ $num -lt 10 ]
do
          sum=$((  $num * $num ))
          echo   "$num * $num = $sum"
          ((num++))
done
```

例 21.7：在 a.txt 文件中批量添加 5 个用户。

编写脚本的思路如下。

（1）明确脚本的功能。

（2）编写脚本时会使用到的命令有 useradd、passwd、for。

（3）把变化的数据用变量表示。

（4）选择适合的流程控制（选择、循环、分支）。

```
[root@xuegod63  ~]# vim a.txt                     #添加 5 个用户。
mk
cd
ls
find
ln

[root@xuegod63  ~]# vim for-adduser.sh
#!/bin/bash
```

```
for name in `cat /root/a.txt`
do
        id $name &> /dev/null
        if [ $? -ne 0 ]; then
                useradd $name
                echo "123456" |passwd --stdin $name &> /dev/null
                echo "user $name created"
        else
                echo "user $name is exist"
        fi
done
```

注意："&>"是把正确和错误的信息都重定向到/dev/null 里面。

21.3.2 嵌套循环

循环嵌套即循环中再嵌套循环，相当于外层循环一次，内循环则执行整个循环体的循环列表，直到内循环执行结束，再到外循环的下一次循环，内循环同样再次执行整个循环体的循环列表，直到内循环执行结束，再到外循环的下一次循环，以此类推。

例 21.8：打印九九乘法表，如图 21-6 所示。

```
1*1= 1
2*1= 2 2*2= 4
3*1= 3 3*2= 6 3*3= 9
4*1= 4 4*2= 8 4*3= 12 4*4= 16
5*1= 5 5*2= 10 5*3= 15 5*4= 20 5*5= 25
6*1= 6 6*2= 12 6*3= 18 6*4= 24 6*5= 30 6*6= 36
7*1= 7 7*2= 14 7*3= 21 7*4= 28 7*5= 35 7*6= 42 7*7= 49
8*1= 8 8*2= 16 8*3= 24 8*4= 32 8*5= 40 8*6= 48 8*7= 56 8*8= 64
9*1= 9 9*2= 18 9*3= 27 9*4= 36 9*5= 45 9*6= 54 9*7= 63 9*8= 72 9*9= 81
```

图 21-6 九九乘法表

```
[root@xuegod63 ~]# vim for-for.sh
for i in  `seq 9`
do
        for j in `seq $i`
        do
                echo  -n  "$i*$j= `echo $(($i*$j))` "
        done
        echo "  "
done
```

21.4 实战：3 个 Shell 脚本实战

21.4.1 实战 1：将/opt 目录下所有的日志文件全部自动打包

```
[root@xuegod63 ~]# vim log-back.sh
#!/bin/sh
```

```
SRC_DIR=/var/log/
DES_DIR=/opt/backup/`date +%Y%m%d`
if
[ ! -d   $DES_DIR ]；then
        mkdir -p $DES_DIR
fi
for i in   `find   $SRC_DIR   -name "*.log"`
do
        tar   czf   $i.tgz   $i &> /dev/null
done
mv /var/log/*.tgz $DES_DIR
ls -lh $DES_DIR
echo "The scripts exec end，Files tar successfully !"
```

21.4.2　实战 2：找出 192.168.1.1～192.168.1.10 网段中服务器已经关机的 IP 地址

```
[root@xuegod63  ~]# vim ping.sh
#!/bin/bash
i=1
for (( i=1；i<10；i++ ))
do
  ping   -c   3   192.168.1.$i &> /dev/null
  if   [ $? -ne 0 ]；then
      echo 192.168.1.$i is shutdown
  fi
done
```

21.4.3　实战 3：批量创建账号并生成随机密码

```
[root@xuegod63  ~]# vim adduser.sh
#!/bin/bash
for i in xuegoda{1..10}
do
        useradd $i
        pass=`date +%s|md5sum|cut -c 1-8`
        sleep 1
        echo "$i:$pass" >> /tmp/passwd.log
        echo $pass |passwd --stdin $i > /dev/null 2>&1
        if [ $? -eq 0 ]；then
          echo "create user ($i) is successfully!"
        else
          echo "create user ($i) is failed!"
        fi
done
```

第 22 章

跳出循环、shift 参数左移命令及函数的使用

22.1 跳出循环

在使用循环语句进行循环的过程中，有时需要在未达到循环结束条件时强制跳出循环，Shell 提供了两个命令来实现该功能：break 和 continue。

break：跳出整个循环。

continue：跳过本次循环，进行下次循环。

break 概述：跳出当前整个循环或结束当前循环，在 for、while 等循环语句中，用于跳出当前所在的循环体，执行循环体之后的语句。如果后面什么也不加，表示跳出当前循环等价于 break 1。也可以在后面加数字，假设 break 3 表示跳出第 3 层循环。

continue 概述：忽略本次循环剩余的代码，直接进行下一次循环；在 for、while 等循环语句中，用于跳出本次循环，执行下一次循环。如果后面加的数字是 1，表示忽略本次循环，如果是 2，表示忽略后面 2 次循环。

例 22.1：写一个 Shell 菜单，当按数字键 4 时退出，否则一直循环显示。

```
[root@xuegod63 ~]# vim break-continue.sh
#! /bin/sh
while true
do
     echo "*********************************"
     echo "Please select your operation:"
     echo " 1 Copy"
     echo " 2 Delete"
     echo " 3 Backup"
     echo " 4 Quit"
     echo "*********************************"
     read op
 case $op in
    1)
     continue          #这里加了 continue 后，后面的 echo 命令就不执行了。
     echo "your selection is Copy"
     ;;
```

```
    2)
            echo "your selection is Delete"
        ;;
    3)
        echo "your selection is Backup"
        ;;
    4)
        echo "Exit ..."
        break           #跳出循环体。
        ;;
    *)
        echo "invalide selection,please try again"
  esac
done
```

例 22.2：使用交互式方法批量添加用户。

```
[root@xuegod63 ~]# vim adduser.sh
#!/bin/bash
while :
do
        read -p "Please enter prefix & password & num:" pre pass num
        printf "user information:
        *********************
        user prefix:    $pre
        user password: $pass
        user number:    $num
        ********************
"
read -p "Are you sure?[y/n] " action
if [ "$action" == "y" ];then
        break
fi
done
for i in $(seq   $num)
do
        user=${pre}${i}
        id $user &> /dev/null
        if [ $? -ne 0 ];then
                useradd $user
                echo "$pass"|passwd --stdin $user &> /dev/null
                if [ $? -eq 0 ];then
                        echo -e "\033[31m$user\033[0m creat"     #以红色来显示用户名。
                fi
        else
```

```
            echo "user $user exist"
        fi
done
```

注意：例 22.2 中的 for i in $(seq　$num) 表示 for 循环时，i 从 1 开始（seq 命令仅指定一个数值时，默认会当作结束值，即没有指定起始值，默认从 1 起始）取到$num（$num 中的值相对 seq　$num 来说，则是 seq 的结束值，该值是例子中 user number:　$num 在执行时指定的值），也就是 seq 1 $num。

#$(seq　$num)中格式$( )的写法与反引号的效果是一样的，即#$(seq $num)等同于` seq $num `。

类似的写法如下。

$(命令)表示命令引用，即$(命令)中的命令执行后把结果输出给前一个命令。

```
[root@xuegod63 ~]# which cd                #查看 cd 命令的路径。
/usr/bin/cd
[root@xuegod63 ~]# ll $(which cd)          #查看 cd 命令的路径，并把结果输出给 ll 命令。
-rwxr-xr-x. 1 root root 26 8 月    3 2017 /usr/bin/cd
或
[root@xuegod63 ~]# ll `which cd`
-rwxr-xr-x. 1 root root 26 8 月    3 2017 /usr/bin/cd

${变量}表示变量引用，即引用变量中的值。
例：
[root@xuegod63 ~]# centos=7.5              #赋值变量。
[root@xuegod63 ~]# echo ${centos}          #引用变量。
7.5
```

[表达式/条件] 表示使用表达式或条件判断。

```
[root@xuegod63 ~]# if [ $ID -eq 0 ];then echo "yes" ;else echo "no" ;fi
yes
```

注释：如果当前登录的用户 ID 为 0，那么输出 yes，否则输出 no。

知识扩展：seq 命令用于产生从某个数到另外一个数之间的所有整数。

使用 seq 命令输出“到 5”的写法如下。

```
[root@xuegod63 ~]# seq 5                   #指定起始值为 1，结束值为 5。
1
2
3
4
5
[root@xuegod63 ~]# seq 5                   #仅指定结束值为 5，默认起始值为 1。
1
2
3
4
5
```

22.2　shift 参数左移命令

shift 命令用于对参数进行移动（左移），通常在不知道传入参数个数的情况下依次遍历每个参数，然后进行相应处理（常见于 Linux 中各种程序的启动脚本）。

在扫描处理脚本程序的参数时，如果脚本需要 10 个或 10 个以上的参数，就需要用 shift 命令来访问第 10 个及其后面的参数。

作用：每执行一次，参数序列顺次左移一个位置，$# 的值减 1，用于分别处理每个参数，移出去的参数不再可用，如图 22-1 所示。

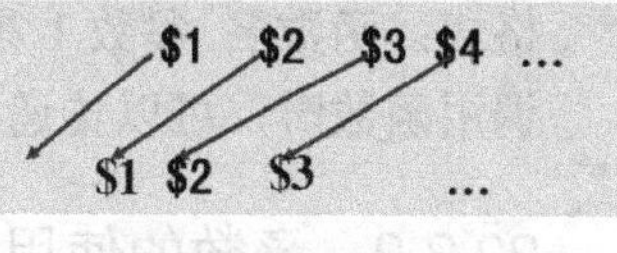

图 22-1　shift 命令

例 22.3：加法计算器。

```
[root@xuegod63 ~]# vim shift.sh
#!/bin/bash
if [ $# -le 0 ];then
      echo  "没有足够的参数"
      exit
fi

sum=0
while  [  $#  -gt  0  ]  ; do
      sum=$[$sum+$1]              #sum=$(expr $sum + $1)
      shift                       # shift 2   一次移动两个参数。
done
echo result is $sum
```

测试以上脚本。

```
[root@xuegod63 ~]# bash a shift.sh   11 2 3 4
result is 20
```

22.3　函数的使用

函数是一个脚本代码块，可以对它进行自定义命名，并且可以在脚本中的任意位置使用这个函数，要使用这个函数，只要使用这个函数的函数名就可以了。使用函数的好处如下是模块化、代码可读性强。

22.3.1　函数创建与调用

1. 函数创建语法

方法 1：使用 function 关键字。

```
function name {
        commands
}
```

注意：name 是函数唯一的名称。

方法 2：name 后面的括号表示正在定义一个函数。

```
name(){
        commands
}
```

2．函数调用语法

格式：函数名 参数 1 参数 2 …

调用函数时，可以传递参数。在函数中用$1、$2……来引用传递的参数。

22.3.2 函数的使用

例 22.4：函数示例。

```
[root@xuegod63 ~]# vim fun-1.sh
#!/bin/bash
function fun_1 {                    #定义函数。
        echo "this is function"
}
fun_1                   #调用函数，直接指定函数名即可。
```

注意：如果在一个脚本中定义了重复的函数名，那么以最后一个为准。

```
[root@xuegod63 ~]# vim fun-1.sh
#!/bin/bash
function fun_1 {
        echo "this is function"
}
function fun_1 {
        echo "this is 2222222"
}
fun_1

[root@xuegod63 ~]# bash fun-1.sh
this is 2222222
```

22.3.3 返回值

返回值也称为“状态码”或“状态返回值”，实际上是命令执行的状态返回的结果。在系统执行命令时，系统需要判断命令是否执行成功，因此，系统也需要识别返回值，在命令执行结束时，系统都会返回一个返回值。返回值的范围是 0～255，只有 0 表示执行成功，1～255 都表示执行失败。因此，可以在写脚本的时候利用返回值判断上次的命令是否执行成功。

例 22.5：使用 return 命令退出函数并返回特定的返回值。

```
[root@xuegod63 ~]# vim fun-1.sh
#!/bin/bash
```

```
function fun_1 {
        echo "this is function"
        ls /etc/passwd
        return 3
}
fun_1

[root@xuegod63 ~]# bash fun-1.sh          #查看结果。
this is function
/etc/passwd
[root@xuegod63 ~]# echo $?                #查看返回值。
3
```

注意：返回值的确定必须在函数一结束就运行 return 返回值。

互动：exit 数字和 return 数字有什么区别？

exit：整个脚本直接退出，返回数字。

return：只是在函数最后添加一行，然后返回数字，只能让函数后面的命令不执行，无法强制退出整个脚本。

22.3.4　把函数返回值赋给变量

例 22.6：函数名就相当于一个命令。

```
[root@xuegod63 ~]# cat fun-3.sh
#!/bin/bash
fun1(){
        read -p "Input a value: " va
        echo $[$va*5]
}

num=$(fun1)
echo current num is $num

[root@xuegod63 ~]# sh fun-3.sh
Input a value: 22
current num is 110
```

22.3.5　函数的参数传递

函数的参数传递有以下 3 种方式。

（1）通过脚本传递参数给函数中的位置参数$1。

```
[root@xuegod63 ~]# vim fun-4.sh a.txt
#!/bin/bash
fun1(){
        rm -rf $1
```

```
}
fun1 $1
```

（2）调用函数时直接传递参数。

```
[root@xuegod63 ~]# touch /root/a.txt                #创建一个测试文件。
[root@xuegod63 ~]# vim fun-4.sh
#!/bin/bash
fun1(){
        rm -rf $1
}
fun1 /root/a.txt
[root@xuegod63 ~]# bash fun-1.sh                    #测试以上脚本。
[root@xuegod63 ~]# ls /root/a.txt
ls: 无法访问/root/a.txt: 没有那个文件或目录。
```

（3）函数中多参数传递和使用的方法。

```
[root@xuegod63 ~]# vim fun-5.sh
#!/bin/bash
fun1(){
        echo $[$1*5]
        echo $[$2*2]
}
fun1   5   2                                         #直接传两个参数。

[root@xuegod63 ~]# bash fun-1.sh                    #测试以上脚本。
25
4
```

22.3.6 函数中变量的处理

函数使用的变量类型有两种：局部变量和全局变量。

全局变量：默认情况下，在脚本中定义的变量都是全局变量，在函数外面定义的变量在函数内也可以使用，即在脚本中某个位置使用全局方式定义的变量，在调用某个或多个函数中指明引用该变量都可使用，生效范围是整个脚本程序。

示例如下。

```
[root@xuegod63 ~]# vim fun-5.sh
#!/bin/bash
function fun1 {
        num1=$[var1*2]
}
read -p "input a num:" var1
fun1
echo the new value is: $num1

[root@xuegod63 ~]# bash fun-1.sh
```

```
input a num:2
the new value is: 4
```

22.4　实战：自动备份 MySQL 数据库脚本

从 CentOS 7.0 开始，系统中自带的 MySQL 数据库包改为 MariaDB 数据库。

MariaDB 是 MySQL 的一个分支，主要由开源社区来维护，采用 GPL 授权许可。MariaDB 的目的是完全兼容 MySQL，包括 API 和命令行，使之能轻松成为 MySQL 的替代品。MariaDB 由 MySQL 的创始人 Michael Widenius（迈克尔·维德纽斯）主导开发，他早前曾以 10 亿美元的价格将自己创建的公司 MySQL AB 卖给了 SUN 公司，此后，随着 SUN 公司被甲骨文公司收购，MySQL 的所有权也落入甲骨文公司。MariaDB 名称来自 Michael Widenius 的女儿 Maria（玛丽亚）的名字。

甲骨文公司收购了 MySQL 后，有将 MySQL 闭源的潜在风险，因此社区采用分支的方式来避开这个风险。过去的一年中，大型互联网用户及 Linux 发行商纷纷抛弃 MySQL，转投 MariaDB 阵营。MariaDB 是目前最受关注的 MySQL 数据库衍生版。

1．安装 MariaDB 数据库

```
[root@xuegod63  ~]# yum install -y mariadb mariadb-server -y
# mariadb 是 MySQL 的客户端命令，mariadb mariadb-server 是 MySQL 的服务端命令。

[root@xuegod63  ~]# rpm -qf /usr/bin/mysql               #查看 mysql 是哪一个程序安装生成的文件。
mariadb-5.5.56-2.el7.x86_64

[root@xuegod63  ~]# systemctl start mariadb              #启动 MariaDB。

登录 MySQL 数据库。
[root@xuegod63  ~]# mysqladmin   -u root password "123456"    #给 root 用户配置一个密码 123456。
[root@xuegod63  ~]# mysql -u root -p123456               #登录 MySQL 数据库。
MariaDB [(none)]> show databases;
MariaDB [(none)]> create database xuegod;                #创建 xuegod 数据库。
MariaDB [(none)]> use xuegod;                            #选择数据库。
MariaDB [xuegod]> create table user (id int);            #创建 user 表，只有一个 id 字段。
MariaDB [xuegod]> insert into user values(1);            #插入一条记录，id 字段值为 1。
MariaDB [xuegod]> insert into user values(2);            #插入一条记录，id 字段值为 2。
MariaDB [xuegod]> select * from user;                    #查看表中的数据。
+------+
| id   |
+------+
|    1 |
|    2 |
+------+
```

2．MySQL 自动化备份脚本

脚本编写思路如下。

（1）检查一下运行环境：目录是否存在；时间；权限；用户。

（2）运行要执行的命令：备份、导出数据。

（3）把命令执行过程中没有用的文件删除。

（4）弹出命令运行成功的消息。

```
[root@xuegod63 shell]# vim mysql-back-auto.sh
#!/bin/sh
#auto backup mysql
#Define PATH 定义变量
BAKDIR=/data/backup/mysql/`date +%Y-%m-%d`
MYSQLDB=xuegod          #定义 MySQL 数据库。
MYSQLUSR=root           #定义 MySQL 登录用户。
MYSQLPW=123456          #定义 MySQL 登录密码。
#必须使用 root 用户运行，$UID 为系统变量。
if [ $UID -ne 0 ];then
    echo This script must use the root user ! ! !
    sleep 2
    exit 0
fi
#判断目录是否存在，不存在则新建。
if
    [ ! -d $BAKDIR ];then
    mkdir -p $BAKDIR
else
    echo This is $BAKDIR exists....
    exit
fi
#使用 mysqldump 备份数据库。
/usr/bin/mysqldump -u$MYSQLUSR   -p$MYSQLPW    $MYSQLDB > $BAKDIR/${MYSQLDB}_db.sql
cd $BAKDIR ; tar -czf   ${MYSQLDB}_db.tar.gz *.sql
#查找备份目录下以.sql 结尾的文件并删除。
find   $BAKDIR   -type f -name *.sql -exec rm -rf {} \;
#如果数据库备份成功，则打印成功，并删除备份目录下 30 天以前的目录。
[ $? -eq 0 ] && echo  "This `date +%Y-%m-%d` MySQL BACKUP is SUCCESS"
cd /data/backup/mysql/   &&   find .   -type d   -mtime +30 |xargs rm -rf
echo "The mysql backup successfully "
```

第 23 章

expect、正则表达式及 sed、cut 命令的使用

23.1 expect 实现无交互登录

expect 是提供自动交互的工具，如果想要写一个能够自动处理输入输出的脚本（如向用户提问并且验证密码），如想要用 SSH 登录服务器，每次都输入密码觉得比较麻烦，但又不想用 C 或者 Perl 语言，那么 expect 是最好的选择。expect 可以用来做一些 Linux 下代替人为交互的命令操作。

安装 expect 软件。

```
[root@xuegod63 ~]# yum -y install expect          #使用 Yum 安装 expect。
```

使用 expect 创建脚本的方法如下。

（1）定义脚本执行的 Shell。

```
#!/usr/bin/expect
```

这里定义的是 expect 可执行文件的链接路径（或真实路径），功能类似于 bash 等 Shell 功能。

（2）set timeout 30：设置超时时间，单位是秒。如果设为 timeout -1，意为永不超时。

（3）Spawn：进入 expect 环境后才能执行的内部命令，如果没有装 expect 或者直接在默认的 Shell 下执行是找不到 spawn 命令的。它的主要功能是给 ssh 运行进程加个壳，用来传递交互指令。

（4）expect：expect 的内部命令。主要功能是判断输出结果是否包含某项字符串，没有则立即返回，否则就等待一段时间后再返回，等待时间通过 timeout 进行设置。

（5）send：执行交互动作，将交互要执行的动作输入给交互指令。命令字符串结尾要加上“\r”，如果出现异常等待的状态可以进行核查。

（6）exp_continue：继续执行接下来的交互操作。

（7）interact：执行完后保持交互状态，把控制权交给控制台，如果不加这一项，交互完成会自动退出。

（8）$argv：expect 脚本可以接收从 bash 传递过来的参数，可以使用 [lindex $argv n] 获得，n 从 0 开始，分别表示第一个、第二个、第三个……参数。

例 23.1：免密码通过 SSH 登录服务器（了解），在此实验当中并不使用密钥实现，而是在不使用密钥的情况下，实现非人为交互登录。

```
[root@xuegod63 ~]# vim ssh.exp
#!/usr/bin/expect
set ipaddr "192.168.1.63"
set name "root"
set passwd "123456"
set timeout 30
spawn ssh $name@$ipaddr
expect {
"yes/no" { send "yes\r"; exp_continue }
"password" { send "$passwd\r" }           #执行交互动作，与手工输入密码的动作等效。
}

expect "#"                                #判断上次输出结果中是否包含“password:”字符串，如果有则立即返回，向下执行，否则就一直等待，直到超时时间到。
send "touch /root/xuegod1011.txt\r"
send "ls /etc > /root/xuegod1011.txt\r"
send "mkdir /tmp/xuegod1011\r"
send "exit\r"
expect eof             #执行完成上述命令后，退出expect，把控制权交给控制台，变回手工操作。
[root@xuegod63 ~]# expect ssh.exp         #开始执行。
```

例 23.2：对服务器批量管理（了解）。

```
[root@xuegod63 ~]# vim ip_pass.txt        #写上要执行的IP地址和root用户密码。
192.168.1.63    123456
192.168.1.63    123456
192.168.1.63    123456
[root@xuegod63 ~]# vim ssh2.exp           #编写要执行的操作。
#!/usr/bin/expect
set ipaddr [lindex $argv 0]
set passwd [lindex $argv 1]
set timeout 30
spawn ssh root@$ipaddr
expect {
"yes/no" { send "yes\r"; exp_continue }
"password" { send "$passwd\r" }
}

expect "#"
send "touch /root/xuegod1011.txt\r"
send "ls /etc > /root/xuegod1011.txt\r"
send "mkdir /tmp/xuegod1011\r"
send "exit\r"
expect eof
```

```
[root@xuegod63 ~]# vim login.sh                    #编辑并执行。
#!/bin/bash
echo
for ip in `awk '{print $1}' /root/ip_pass.txt`
do
        pass=`grep $ip /root/ip_pass.txt|awk '{print $2}'`
        expect /root/ssh.exp $ip $pass
done
```

23.2　正则表达式的使用

正则表达式，又称规则表达式（Regular Expression），在代码中常简写为 regex、regexp 或 RE），通常被用来检索、替换那些符合某个模式（规则）的文本。

在使用正则表达式对数据匹配后，被匹配到的数据将成为匹配后的数据或输出到显示，没有被匹配到的数据将成为过滤掉的数据或输出到显示。

正则表达式的结构如图 23-1 所示。

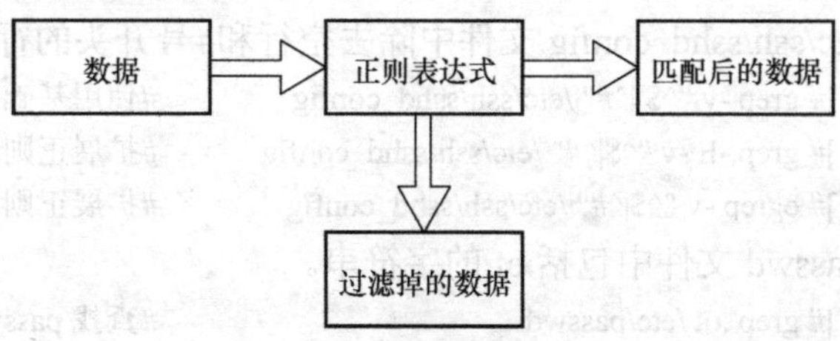

图 23-1　正则表达式结构

正则表达式不只有一种，而且 Linux 中不同的程序可能会使用不同的正则表达式，如工具 grep、sed、awk。

Linux 中常用的正则表达式引擎有以下两种。

基础正则表达式：BRE。

扩展正则表达式：ERE。

正则表达式是由一些不表示某个字符的本身意义的元字符组成的，这些元字符表示通配的意义，默认工作在贪婪模式下。基础正则表达式符号含义如表 23-1 所示。

表 23-1　基础正则表达式符号含义

特别字符	描　述
$	匹配输入字符串的结尾位置。要匹配 $ 字符本身，请使用 \$
( )	标记一个子表达式的开始和结束位置。要匹配这些字符，请使用 \(和 \)
*	匹配前面的子表达式零次或多次。要匹配 * 字符，请使用 *
+	匹配前面的子表达式一次或多次。要匹配 + 字符，请使用 \+

（续表）

特别字符	描　述
.	匹配除换行符 \n 之外的任何单字符。要匹配 .，请使用 \.
[	标记一个中括号表达式的开始。要匹配 [，请使用 \[
?	匹配前面的子表达式 0 次或 1 次，或指明一个非贪婪限定符。要匹配 ? 字符，请使用 \?
\	将下一个字符标记为或特殊字符，或原义字符，或向后引用，或八进制转义符。例如，'n' 匹配字符 'n'。'\n' 匹配换行符。序列 '\\' 匹配 "\"，而 '\(' 则匹配 "("
^	匹配输入字符串的开始位置，除非在方括号表达式中使用，此时它表示不接受该字符集合。要匹配 ^ 字符本身，请使用 \^
{	标记限定符表达式的开始。要匹配 {，请使用 \{
|	指明两项之间的一个选择。要匹配 |，请使用 \\|，如 Y | y
定　位　符	
^	匹配输入字符串开始的位置
$	匹配输入字符串结尾的位置
非打印字符	
\n	匹配一个换行符
\r	匹配一个回车符
\t	匹配一个制表符

例 23.3：统计/etc/ssh/sshd_config 文件中除去空行和#号开头的行的行数。

```
[root@xuegod63 ~]# grep -v "^$\|^#" /etc/ssh/sshd_config          #使用基础正则表达式。
[root@xuegod63 ~]# grep -E -v "^$|^#" /etc/ssh/sshd_config        #扩展正则表达式。
[root@xuegod63 ~]# egrep -v "^$|^#" /etc/ssh/sshd_config          #扩展正则表达式。
```

例 23.4：查找 passwd 文件中包括.ot 的字符串。

```
[root@xuegod63 ~]# grep .ot /etc/passwd          #查找 passwd 文件包括.ot 的字符。
root:x:0:0:root:/root:/bin/bash
operator:x:11:0:operator:/root:/sbin/nologin
setroubleshoot:x:993:990::/var/lib/setroubleshoot:/sbin/nologin
```

23.3 sed 流编辑器

23.3.1 sed 简介

sed（sed strem editor）可以理解为行编辑器，但它并不直接编辑文本文件本身，其默认对原文件内容不做任何修改。在处理某个文件时，sed 逐行读取，每次读取一行并存放在内存空间中，而后在内存中完成编辑并且把编辑的结果输出到显示上。因为 sed 所处理的文本也不是每一行都处理的，sed 也可以仅处理指定的行，而这些行是可以做模式过滤的，符合模式过滤条件的内容则做相应的处理，不符合模式过滤条件的内容一律不做任何处理，所以这段空间称为 sed 的模式空间。

sed 在做处理时会把文本全部内容逐行读取到模式空间中，在模式空间中会有指定的模式，然后把读取到的行和模式空间中的模式做匹配，或者在读取文本时把符合模式条件的内容逐行读取到模式空间中，符合模式过滤条件的，则在模式空间中做相对应的编辑处理，然后把模式空间中的内容显示输出，不符合的则不做处理并直接按原样输出。第一行比较和处理完成后，则到第二行，以这种方式不断重复，直到处理完整个文件。

sed 主要用来自动编辑一个或多个文件，简化对文件的反复操作。

sed 支持正则表达式，如果要使用扩展正则表达式，需加 -r 选项。

sed 的执行过程如下。

（1）一次读取一行数据。

（2）根据提供的规则来匹配相关的数据，如查找 root。

（3）按照命令修改数据流中的数据，如替换。

（4）将结果进行输出。

（5）重复上面 4 步。

23.3.2　sed 命令简单使用

语法格式：sed　[选项] '[子命令]' 文件名。

例 23.5：sed 使用示例。

```
[root@xuegod63 ~]# echo "this is aplle" | sed 's/aplle/dog/'
this is dog
[root@xuegod63 ~]# echo "this is aplle" > a.txt                #写入 this is aplle 到 a.txt 文件。
[root@xuegod63 ~]# sed 's/aplle/dog/' a.txt                    #把 a.txt 文件中的 aplle 换成 dog。
this is dog
[root@xuegod63 ~]# cat a.txt          #sed 命令只是修改后显示出来，但并没有修改文件的内容。
this is aplle
```

23.3.3　sed 选项及参数

1．选项

（1）-a：在当前行下面插入文件。

（2）-n：读取下一个输入行，用下一个命令处理新的行，而不是用第一个命令。

（3）-e：执行多个 sed 指令。

（4）-f：运行脚本。

（5）-I：编辑文件内容。

（6）-i.bak：编辑的同时创造.bak 的备份。

（7）-r：使用扩展的正则表达式。

2．sed 的子命令

（1）i：在当前行上面插入文件。

（2）c：把选定的行改为新的指定的文本。

（3）p：打印。

（4）d：删除。

（5）r/R：读取文件/一行。

（6）w：另存。

（7）s：查找。

（8）y：替换。

（9）h：复制模板块的内容到内存中的缓冲区。

（10）H：追加模板块的内容到内存中的缓冲区。

（11）g：获得内存缓冲区的内容，并替代当前模板块中的文本。

（12）G：获得内存缓冲区的内容，并追加到当前模板块文本的后面。

（13）D：删除\n之前的内容。

（14）P：打印\n之前的内容。

3．替换标记

（1）数字：表明新文本将替换第几处模式匹配的地方。

（2）g：表示新文本将会替换所有匹配的文本。

（3）\1：子串匹配标记以后向引方式引用模式所匹配到的字符串，作为替换的内容，前面搜索可以用元字符集\(..\)。

（4）&：保留搜索到的字符用来替换其他字符。

4．sed匹配字符集

（1）^：匹配行开始，如/^sed/匹配所有以sed开头的行。

（2）$：匹配行结束，如/sed$/匹配所有以sed结尾的行。

（3）.：匹配一个非换行符的任意字符，如/s.d/匹配s后接一个任意字符，最后是d。

（4）*：匹配0个或多个字符，如/*sed/匹配所有模板是一个或多个空格后紧跟sed的行。

例23.6：sed的子命令s，只替换第一个匹配到的字符，本例中将passwd文件中的root用户替换成xuegod。

```
[root@xuegod63 ~]# sed 's/root/xuegod/' /etc/passwd
xuegod:x:0:0:root:/root:/bin/bash     #发现只替换了第一个匹配的root，后面的没有替换。
bin:x:1:1:bin:/bin:/sbin/nologin
```

例23.7：sed的子命令g，用于全面替换标记。

```
[root@xuegod63 ~]#   sed 's/root/xuegod/g' /etc/passwd    |more
xuegod:x:0:0:xuegod:/xuegod:/bin/bash       #全部替换了。
```

例23.8：sed定界符。

方法1：修改的内容中包含了sed命令默认的定界符，需要修改sed命令使用其它字符作为定界符进行修改，下面使用#号作为定界符。

```
[root@xuegod63 ~]# sed 's#/bin/bash#/sbin/nologin#' /etc/passwd    | more
root:x:0:0:root:/root:/sbin/nologin
bin:x:1:1:bin:/bin:/sbin/nologin
```

方法2：使用默认的定界符，但是需要使用反斜杠进行转义。

```
[root@xuegod63 ~]# sed 's/\/bin\/bash/\/sbin\/nologin/' /etc/passwd
```

5. 按行查找替换

按行查找替换的写法如下。

用数字表示行范围，$表示行尾。

用文本模式匹配来过滤，表示匹配到的行都将被处理。

例 23.9：单行替换，将第 2 行中 bin 替换成 xuegod。

```
[root@xuegod63 ~]# sed '2s/bin/xuegod/' /etc/passwd   | more
root:x:0:0:root:/root:/bin/bash
xuegod:x:1:1:bin:/bin:/sbin/nologin
```

例 23.10：多行替换，如果涉及多行处理，用逗号表示行间隔。将第 3 行到最后 1 行行尾的 bin 替换成 xuegod。

```
[root@xuegod63 ~]# sed '2，$s/bin/xuegod/' /etc/passwd   | more
root:x:0:0:root:/root:/bin/bash
xuegod:x:1:1:bin:/bin:/sbin/nologin
daemon:x:2:2:daemon:/sxuegod:/sbin/nologin
adm:x:3:4:adm:/var/adm:/sxuegod/nologin
```

6. sed 的子命令 d

删除第 2 行到第 4 行的内容。

```
[root@xuegod63 ~]# cat /etc/hosts
127.0.0.1      localhost localhost.localdomain localhost4 localhost4.localdomain4
::1            localhost localhost.localdomain localhost6 localhost6.localdomain6
192.168.1.63     xuegod63.cn
192.168.1.64     xuegod64.cn
192.168.1.62     xuegod62.cn

[root@xuegod63 ~]# sed '2，4d' /etc/hosts
127.0.0.1      localhost localhost.localdomain localhost4 localhost4.localdomain4
192.168.1.62     xuegod62.cn

[root@xuegod63 ~]# sed '/192.168/d' /etc/hosts    #将包括 192.168 的行删除。
127.0.0.1      localhost localhost.localdomain localhost4 localhost4.localdomain4
::1            localhost localhost.localdomain localhost6 localhost6.localdomain6
```

7. 添加行

（1）Ded 的子命令 i，在当前行前面插入一行使用 i\。

（2）Ded 的子命令 a，在当前行后面添加一行使用 a\。

例 23.11：插入内容。

```
[root@xuegod63 ~]# echo "hello world" | sed 'i\ xuegod '
 xuegod
hello world
```

例 23.12：追加内容。

```
[root@xuegod63 ~]#   echo "hello world"|sed 'a\xuegod'
```

```
hello world
Xuegod
```

例 23.13：在文件最后追加内容。

```
[root@xuegod63 ~]# sed '$a\192.168.1.65 xuegod65.cn' /etc/hosts
127.0.0.1       localhost localhost.localdomain localhost4 localhost4.localdomain4
::1             localhost localhost.localdomain localhost6 localhost6.localdomain6
192.168.1.63    xuegod63.cn
192.168.1.64    xuegod64.cn
192.168.1.62    xuegod62.cn
192.168.1.65 xuegod65.cn
```

例 23.14：在文件中第 2 行之后开始追加内容。

```
[root@xuegod63 ~]# sed '2a\192.168.1.65 xuegod65.cn' /etc/hosts
127.0.0.1       localhost localhost.localdomain localhost4 localhost4.localdomain4
::1             localhost localhost.localdomain localhost6 localhost6.localdomain6
192.168.1.65 xuegod65.cn
192.168.1.63    xuegod63.cn
192.168.1.64    xuegod64.cn
192.168.1.62    xuegod62.cn
```

例 23.15：在文件中第 2 行到第 4 行后面分别追加内容。

```
[root@xuegod63 ~]# sed '2，4a\hello world' word1.txt
[root@xuegod63 ~]# sed '2，4a\192.168.1.65 xuegod65.cn' /etc/hosts
127.0.0.1       localhost localhost.localdomain localhost4 localhost4.localdomain4
::1             localhost localhost.localdomain localhost6 localhost6.localdomain6
192.168.1.65 xuegod65.cn
192.168.1.63    xuegod63.cn
192.168.1.65 xuegod65.cn
192.168.1.64    xuegod64.cn
192.168.1.65 xuegod65.cn
192.168.1.62    xuegod62.cn
```

8. 修改行，sed 的子命令 C

例 23.16：将第 4 行内容改成 192.168.1.65 xuegod65.cn。

```
[root@xuegod63 ~]# cat /etc/hosts
127.0.0.1       localhost localhost.localdomain localhost4 localhost4.localdomain4
::1             localhost localhost.localdomain localhost6 localhost6.localdomain6
192.168.1.63    xuegod63.cn
192.168.1.64    xuegod64.cn
192.168.1.62    xuegod62.cn
[root@xuegod63 ~]# sed '4c\192.168.1.65 xuegod65.cn'  /etc/hosts
```

例 23.17：将第 2 行到最后 1 行全部修改成 192.168.1.65 xuegod65.cn。

```
[root@xuegod63 ~]# sed '2，$c\192.168.1.65 xuegod65.cn'  /etc/hosts
127.0.0.1       localhost localhost.localdomain localhost4 localhost4.localdomain4
192.168.1.65 xuegod65.cn
```

例 23.18：将包括 192.168.1.64 行的内容修改成 192.168.1.65。

```
[root@xuegod63 ~]# sed '/192.168.1.64/c\192.168.1.65' /etc/hOSts
127.0.0.1      localhost localhost.localdomain localhost4 localhost4.localdomain4
::1            localhost localhost.localdomain localhost6 localhost6.localdomain6
192.168.1.63     xuegod63.cn
192.168.1.65
192.168.1.62     xuegod62.cn
```

9．打印，直接输入文件中的内容

例 23.19：输入第 2 行内容。

```
[root@xuegod63 ~]# sed -n '2p' /etc/hosts
::1            localhost localhost.localdomain localhost6 localhost6.localdomain6
```

10．将修改或过滤出来的内容保存到另一个文件中

例 23.20：将 passwd 中包括 root 字样的行保存到 c.txt 文件中。

```
[root@xuegod63 ~]# sed -n '/root/w c.txt' /etc/passwd

[root@xuegod63 ~]# cat c.txt
root:x:0:0:root:/root:/bin/bash
operator:x:11:0:operator:/root:/sbin/nologin
```

11．-i 选项，对原文件修改并保存，使用场景：替换或修改服务器配置文件

```
[root@xuegod63 ~]# cp /etc/passwd /opt/
[root@xuegod63 ~]# sed -i 's/root/xuegod/' /etc/passwd
[root@xuegod63 ~]# head -n 1 /etc/passwd
xuegod:x:0:0:root:/root:/bin/bash

修改 IP 地址为 192.168.1.65。
[root@xuegod63 ~]# sed -i 's/IPADDR=192.168.1.63/IPADDR=192.168.1.65/' /etc/sysconfig/network-scripts/ifcfg-ens33
```

23.4 cut 命令

cut 命令用于切段查看文本内容。

说明：该命令有两项功能，其一是用来显示文件的内容，它依次读取由参数 file 所指明的文件，将它们的内容输出到标准输出上；其二是连接两个或多个文件，如 cut flc 数字 f2 > f3 将把文件 f1 和 f2 的内容合并起来，然后通过输出重定向符“>”的作用，将它们放入文件 f3 中。

23.4.1 cut 命令常用参数

命令使用格式：cut [选项] [参数]。

常用选项包括以下几个。

（1）-b：仅显示行中指定范围的字节数。

（2）-c：仅显示行中指定范围的字符。

（3）-d：指定字段的分隔符，默认的字段分隔符为“TAB”。

（4）-f：显示指定字段的内容。

例 23.21：输出系统中的所有用户名。

使用-f 选项提取指定字段，使用-d 选项指定字段分隔符，这里以“:”作为分隔符。

```
[root@xuegod63 ~]# cut -f1 -d ":" /etc/passwd
```

23.4.2 cut 命令使用示例

cut 命令用于查看文件内容，显示文件中的指定字段，以及删除文件中的指定字段。

N-：从第 N 个字节、字符、字段到结尾。

N-M：从第 N 个字节、字符、字段到第 M 个（包括 M 在内）字节、字符、字段。

-M：从第 1 个字节、字符、字段到第 M 个（包括 M 在内）字节、字符、字段。

上面是记法，结合-b、-c、-f 选项将其个范围的字节、字符指定为字段。

例 23.22：打印第 1 个到第 3 个字符。

```
[root@xuegod63 ~]# cut -c1-3 /etc/passwd
```

例 23.23：打印前两个字符。

```
[root@xuegod63 ~]# cut -c-2 /etc/passwd
```

例 23.24：打印从第 5 个字符开始到结尾。

```
[root@xuegod63 ~]# cut -c5- /etc/passwd
```

23.5 实战：bash 脚本语法检查和查看详细的执行过程

bash -v test.bash：查看 bash 是否存在语法错误。

bash -x test.bash：查看 bash 详细的执行过程。

```
[root@xuegod63 ~]# vim a.sh
# Script to show debug of shell
#
tot=`expr $1 + $2`
secho $tot                                  #此处故意写错。

[root@xuegod63 ~]# bash -v a.sh             #运行脚本，使用-v 选项对脚本运行语法检测。
# Script to show debug of shell
#
tot=`expr $1 + $2`
expr: 语法错误                              #提示语法错误，原因是运行时没有指定参数。
secho $tot                                  #此处故意写错。
a.sh:行 4: secho: 未找到命令
```

```
[root@xuegod63  ~]# sed -i 's/secho/echo/' a.sh              #修改正确后。
[root@xuegod63  ~]# bash -x a.sh 2 3                          #查看详细的执行过程。注意，这个脚本真正执行一遍，不是预执行。
++ expr 2 + 3
+ tot=5
+ echo 5
```

例 23.25：查看九九乘法表 Shell 脚本运行过程。

```
[root@xuegod63  ~]# cat 99.sh
for i in   `seq 9`
do
          for j in `seq $i`
          do
                echo   -n   "$i*$j= `echo $(($i*$j))` "
          done
         echo "    "
done

root@xuegod63  ~]# bash -x 99.sh
```

第 24 章

Shell 中色彩处理和 awk 使用技巧

24.1 Shell 中的色彩处理

24.1.1 echo 命令

Shell 脚本中 echo 命令显示内容带颜色高亮显示时，需要使用参数-e。

命令使用格式 1：echo –e"\033[背景颜色;文字颜色 m 要输出的内容 \033[0m"。

命令使用格式 2：echo -e"\e[背景颜色;文字颜色 m 要输出的内容\e[0m"。

比如：白底黑字。

```
[root@xuegod63 ~]# echo -e "\033[47;30m hello world\033[0m"
[root@xuegod63 ~]# echo -e "\e[47;30m hello world\e[0m"
```

输出效果如图 24-1 所示。

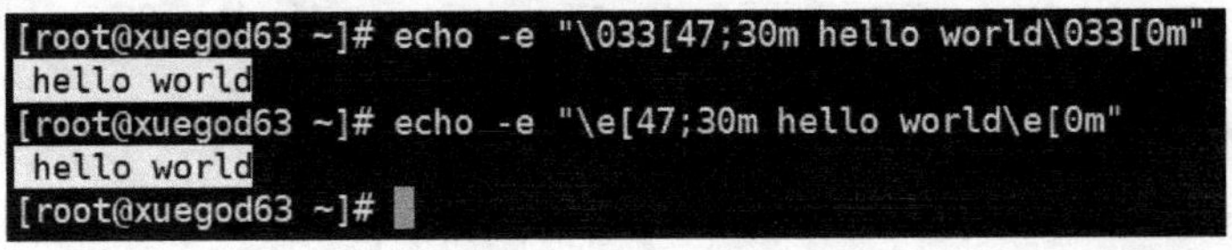

```
[root@xuegod63 ~]# echo -e "\033[47;30m hello world\033[0m"
 hello world
[root@xuegod63 ~]# echo -e "\e[47;30m hello world\e[0m"
 hello world
[root@xuegod63 ~]# 
```

图 24-1　输出效果

注意：其中 42 的位置代表背景颜色，34 的位置代表文字颜色，0m 是清除所有格式。

（1）背景颜色和文字颜色之间是“;”。

（2）文字颜色后面有一个字母 m。

（3）字符串前后可以没有空格，如果有的话，输出也同样有空格。

（4）echo 显示带颜色，需要使用参数-e，允许对后面列出的加反斜线转义的字符进行解释。

24.1.2 echo 命令的控制选项

\033[0m：关闭所有属性。

\033[1m：设置高亮度，加粗显示。

\033[5m：设置闪烁状态。

[root@xuegod63 ~]# echo -e "\e[42;34m hello world\e[5m"　#执行后，发现后期所有输出都带有闪烁状态，如图 24-2 所示，如何关闭？

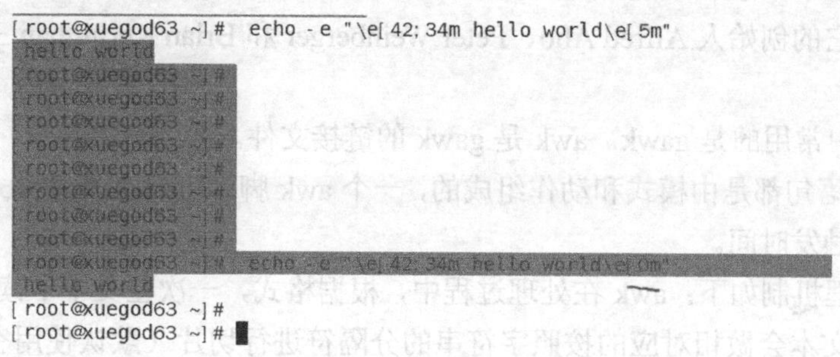

图 24-2　输出结果闪烁

[root@xuegod63 ~]# echo -e "\e[42;34m hello world\e[0m"　#可以使用\033[0m 关闭所有属性，或者使用 ls。

24.1.3　常见 Shell 脚本输出的文字颜色和背景颜色

以下是常见的 Shell 脚本输出的文字颜色和背景颜色，其中 3x 代表文字颜色，4x 代表背景颜色。

```
echo -e "\033[30m 黑色字 \033[0m"
echo -e "\033[31m 红色字 \033[0m"
echo -e "\033[32m 绿色字 \033[0m"
echo -e "\033[33m 黄色字 \033[0m"
echo -e "\033[34m 蓝色字 \033[0m"
echo -e "\033[35m 紫色字 \033[0m"
echo -e "\033[36m 天蓝字 \033[0m"
echo -e "\033[37m 白色字 \033[0m"

echo -e "\033[40;37m 黑底白字 \033[0m"
echo -e "\033[41;37m 红底白字 \033[0m"
echo -e "\033[42;37m 绿底白字 \033[0m"
echo -e "\033[43;37m 黄底白字 \033[0m"
echo -e "\033[44;37m 蓝底白字 \033[0m"
echo -e "\033[45;37m 紫底白字 \033[0m"
echo -e "\033[46;37m 天蓝底白字 \033[0m"
echo -e "\033[47;30m 白底黑字 \033[0m"
```

24.2　awk 基本应用

24.2.1　awk 概念及处理机制

awk 是一种优良的文本处理工具，是 Linux 及 UNIX 环境中现有的功能最强大的数据处理引擎之一，主要用于生成报告，把文件中读取到的每一行每个字段分别进行格式化，而后进行输出显示。这种编程及数据操作语言的最大功能取决于一个人所拥有的知识。awk 的名称来源于它的创始人 Alfred Aho、Peter Weinberger 和 Brian Kernighan 三个人的姓氏首字母。

在 Linux 中常用的是 gawk。awk 是 gawk 的链接文件。

任何 awk 语句都是由模式和动作组成的，一个 awk 脚本可以有多个模式决定动作语句的触发条件和触发时间。

awk 的处理机制如下：awk 在处理过程中，根据格式，一次在文本中读取出一行文本，读取出的一行文本会做相对应的按照字符串的分隔符进行切片（默认使用空白字符作为分割符），经过切片处理后 awk 会使用变量的方式赋值，可以通过引用变量的方式打印输出，$0 表示整行读取的文本，$1 表示文本的第一个切片值……以此类推，可以指定字符为分隔符，也可以指定输出分隔符。

（1）awk 中支持以下几种模式。

正则表达式：/root/ 匹配含有 root 的行，如/*.root/。

关系表达式：<、>、&&、‖ 、+、*。

匹配表达式：～、! ～。

（2）awk 的语法结构。

awk 的语法结构如图 24-3 所示。

awk [options] 'BEGIN{ print "start" } ‘pattern{ commands }’ END{ print "end" }' file。

其中，BEGIN 的 END 是 awk 的关键字部分，因此必须大写，这两个部分的开始块和结束块是可选的。

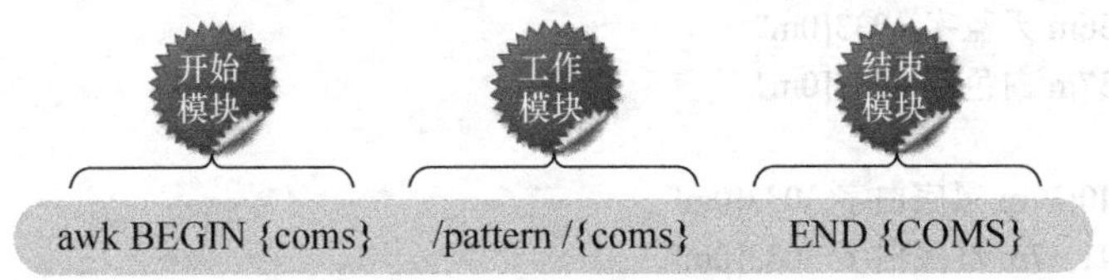

图 24-3　awk 的语法结构

（3）awk 语句中的特殊模块。

BEGIN 语句设置计数和打印头部信息，在任何动作之前进行。

END 语句输出统计结果，在完成动作之后执行。

awk 工作通过三个步骤执行，如图 24-4 所示。

① 读：从文件、管道或标准输入中读入一行，然后把它存放到内存中。

② 执行：对每一行数据，根据 awk 命令按顺序执行。默认情况是处理每一行数据，也可以指定模式。

③ 重复：一直重复上述两个过程直到文件结束。

（4）awk 支持两种不同类型的变量：预定义变量和自定义变量。

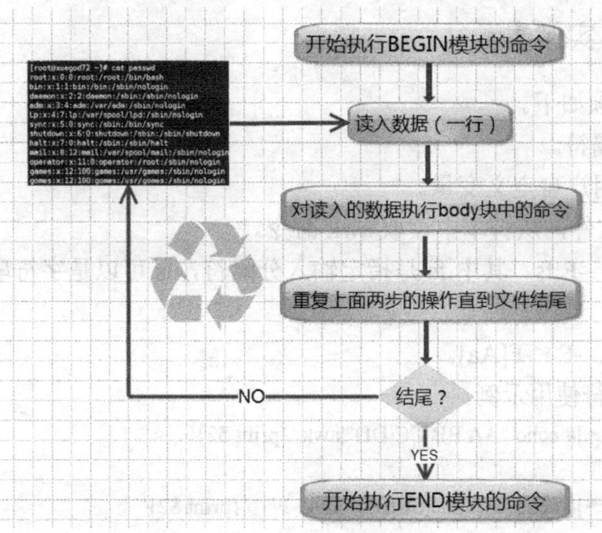

图 24-4 执行流程

awk 预定义变量有如下几种。

① $n：当前记录的第 n 个字段，例如，$1 表示第一个字段，$2 表示第二个字段。

② $0：这个变量包含执行过程中当前行的文本内容。

③ FILENAME：当前输入文件的名。

④ FS：字段分隔符（默认是空格）。

⑤ NF：表示字段数，在执行过程中对应于当前的字段数，如图 24-5 所示，NF 就是列的个数。

⑥ FNR：各文件分别计数的行号。

⑦ NR：表示记录数，在执行过程中对应于当前的行号。

⑧ OFS：输出字段分隔符（默认值是一个空格）。

⑨ ORS：输出记录分隔符（默认值是一个换行符）。

⑩ RS：记录分隔符（默认是一个换行符）。

NF

	$1	$2	$3	$4	$5	$6/NF
$0	Proto	Recv-Q	Send-Q	Local Address	Foreign Address	State
$0	tcp	0	52	192.168.1.222:ssh	192.168.1.101:49557	ESTABLISHED
NR $0	tcp	0	52	192.168.1.222:ssh	192.168.1.101:49557	ESTABLISHED
$0	tcp	0	52	192.168.1.222:8880	192.168.1.101:ssh	ESTABLISHED
$0	tcp	0	52	192.168.1.222:8880	192.168.1.101:ssh	ESTABLISHED

FS FS FS FS FS

图 24-5 awk 的预定义变量 NF

24.2.2 awk 实例演示

常用的命令选项如下。

-F fs：指定分隔符。

-v：赋值一个用户自定义变量。

-f：指定脚本文件，从脚本中读取 awk 命令。

分隔符的用法：-F fs。其中 fs 是指定输入分隔符，fs 可以是字符串或正则表达式，分隔符默认是空格。

常见写法：-F:、-F、-F[Aa]。

例 24.1：分隔符使用示例。

```
[root@xuegod63 ~]# echo "AA BB CC DD"|awk '{print $2}'
BB
[root@xuegod63 ~]# echo "AA|BB|CC|DD"|awk -F"|" '{print $2}'
BB
[root@xuegod63 ~]# echo "AA,BB,CC,DD"|awk -F"," '{print $2}'
BB
[root@xuegod63 ~]# echo "AA,BB,CC,DD"|awk -F, '{print $2}'
BB
[root@xuegod63 ~]# awk -F: '{print $1}' /etc/passwd          #以“:”分隔，打印第 1 列用户名。
root
bin
daemon
adm
...
```

例 24.2：指定多个分隔符。

```
[root@xuegod63 ~]# echo "12AxAbADXaAD52" | awk -F"[aA]" '{print $6}'
D52
```

例 24.3：使用 FS 指定分隔符。

```
[root@xuegod63 ~]# echo "12AxAbADXaAD52" | awk 'BEGIN {FS="aA"} {print $2}'
D52
```

例 24.4：过滤出当前系统的 IP 地址。

```
[root@xuegod63 ~]# ifconfig ens33 | grep netmask
        inet 192.168.1.63  netmask 255.255.255.0  broadcast 192.168.1.255
[root@xuegod63 ~]# ifconfig ens33 | grep netmask | awk '{print $2}'
192.168.1.63
```

24.2.3 关系运算符的使用

关系运算相当于数值运算，awk 在处理文件时，支持把列与列的数值在 awk 命令模块中进行运算。

例 24.5：打印出第 1 列的数值加上 10 的结果。

```
[root@xuegod63 ~]# echo "3 2 3 4 5" > a.txt
```

```
[root@xuegod63 ~]# awk '{print $1+10}'  a.txt
13
```

例 24.6：打印出列号经过运算所得到的列的内容。

```
[root@xuegod63 ~]# echo "one two three four" | awk '{print $4}'
four

[root@xuegod63 ~]# echo "one two three four" | awk '{print $NF}'
four

[root@xuegod63 ~]# echo "one two three four" | awk '{print $(NF-2)}'  #打印倒数第 3 列。
two

[root@xuegod63 ~]# echo "one two three four" | awk '{print $(NF/2-1)}'
one
```

例 24.7：打印出 passwd 文件中用户的 UID 小于 10 的用户名和它登录使用的 Shell。

参数：$NF 最后一列。

```
[root@xuegod63 ~]# awk -F: '$3<10{print $1 $NF}' /etc/passwd  #直接输出格式太乱。
root/bin/bash
bin/sbin/nologin
daemon/sbin/nologin
adm/sbin/nologin
lp/sbin/nologin
sync/bin/sync
shutdown/sbin/shutdown
halt/sbin/halt
mail/sbin/nologin

awk 格式化输出。
[root@xuegod63 ~]# awk -F: '$3<10{print $1 "<=======>" $NF}' /etc/passwd
root<=======>/bin/bash
bin<=======>/sbin/nologin
daemon<=======>/sbin/nologin
```

在$1 和$NF 之间加\t 相当于按 Tab 键。

```
[root@xuegod63 ~]# awk -F: '$3<10{print $1"\t"$NF}' /etc/passwd
root  /bin/bash
bin/sbin/nologin
daemon/sbin/nologin
adm/sbin/nologin
lp/sbin/nologin
sync/bin/sync
shutdown/sbin/shutdown
halt/sbin/halt
mail/sbin/nologin
```

注意：awk 最外面使用了单引号''，里面都使用双引号""。

输出多个列时，可以加“,”分隔一下。

```
[root@xuegod63 ~]# awk -F: '$3<10{print $1,$NF}' /etc/passwd
root /bin/bash
bin /sbin/nologin
daemon /sbin/nologin
adm /sbin/nologin
lp /sbin/nologin
sync /bin/sync
shutdown /sbin/shutdown
halt /sbin/halt
mail /sbin/nologin
```

例 24.8：打印出系统中 UID 大于 1000 且登录 Shell 是/bin/bash 的用户。

```
[root@xuegod63 ~]# awk -F: '$3>=1000 && $NF=="/bin/bash"{print $1"\t"$NF}' /etc/passwd
mk   /bin/bash
```

例 24.9：统计当前内存的使用率。

```
[root@xuegod63 ~]# vim  user_cache.sh
#!/bin/bash
echo "当前系统内存使用百分比为："
USEFREE=`free -m | grep -i mem | awk '{print $3/$2*100"%"}'`
echo -e "内存使用百分比：  \e[31m${USEFREE}\e[0m"

[root@xuegod63 ~]# chmod +x  user_cache.sh

[root@xuegod63 ~]# bash user_cache.sh
当前系统内存使用百分比为：
内存使用百分比：  38.6089%
```

24.3 awk 高级应用

24.3.1 awk 高级应用命令使用格式

命令使用格式：awk [-F | -f | -v] ‘BEGIN {} / / {command1;command2} END {}’file。

命令中各部分含义如下。

-F：指定分隔符。

-f：调用脚本。

-v：定义变量。

‘{}’：引用代码块。

{…}：命令代码块，包含一条或多条命令。

BEGIN：初始化代码块。

/ str /：匹配代码块，可以是字符串或正则表达式。

{print A——print B}：多条命令使用分号分隔。

END：结尾代码块。

在 awk 中，模式有以下几种。

（1）empty：空模式，这个也是常用的。

（2）/regular expression/：仅处理能够被这个模式匹配到的行。

例 24.10：打印以 root 开头的行。

```
[root@xuegod63 ~]# awk -F: '/^root/{print $0}' /etc/passwd
root:x:0:0:root:/root:/bin/bash
```

24.3.2　行范围匹配

在使用 awk 时需要指定 startline（开始行）和 endline（结束行）。

例 24.11：输出行号大于等于 3 且小于等于 6 的行。

```
[root@xuegod63 ~]# awk -F: '(NR>=3&&NR<=6){print NR,$0}' /etc/passwd
3 daemon:x:2:2:daemon:/sbin:/sbin/nologin
4 adm:x:3:4:adm:/var/adm:/sbin/nologin
5 lp:x:4:7:lp:/var/spool/lpd:/sbin/nologin
6 sync:x:5:0:sync:/sbin:/bin/sync
```

预定义变量的特殊用法如下。

（1）$0：表示整个当前行。

（2）NF：字段数量，NF（Number：数量；Field：字段）。

（3）NR：每行的记录号，有多个文件时记录递增。

（4）\t：制表符。

（5）\n：换行符。

（6）～：匹配。

（7）!～：不匹配。

（8）-F'[:#/]+'：定义 3 个分隔符。

例 24.12：使用 NR 来定位，然后提取 IP 地址。

注意：*以上实例都是通过过滤关键字进行定位，此实例中是通过行号进行定位的。*

```
[root@xuegod63 ~]# ifconfig ens33 | awk -F " " 'NR==2{print $2} '
192.168.1.63
```

注意：NR==2 表示行号。

例 24.13：NR 与 FNR 的区别。

```
[root@xuegod63 ~]# awk '{print NR"\t" $0}' /etc/hosts /etc/hostname
1	127.0.0.1	localhost localhost.localdomain localhost4 localhost4.localdomain4
2	::1		localhost localhost.localdomain localhost6 localhost6.localdomain6
3	xuegod63.cn

[root@xuegod63 ~]# awk '{print FNR"\t" $0}' /etc/hosts /etc/hostname
```

```
1     127.0.0.1     localhost localhost.localdomain localhost4 localhost4.localdomain4
2     ::1           localhost localhost.localdomain localhost6 localhost6.localdomain6
1     xuegod63.cn
```

注意：对于 NR 来说，在读取不同的文件时，NR 是一直增加的。

而对于 FNR 来说，在读取不同的文件时，每读取一个文件，FNR 会从 1 开始重新计算。

例 24.14： 使用 3 种方法去除首行。

```
[root@xuegod63 ~]# route -n
Kernel IP routing table
Destination     Gateway         Genmask         Flags Metric Ref    Use Iface
0.0.0.0         192.168.1.1     0.0.0.0         UG    100    0        0 ens33
192.168.1.0     0.0.0.0         255.255.255.0   U     100    0        0 ens33
192.168.122.0   0.0.0.0         255.255.255.0   U     0      0        0 virbr0

[root@xuegod63 ~]# route -n | grep -v ^Kernel
Destination     Gateway         Genmask         Flags Metric Ref    Use Iface
0.0.0.0         192.168.1.1     0.0.0.0         UG    100    0        0 ens33
192.168.1.0     0.0.0.0         255.255.255.0   U     100    0        0 ens33
192.168.122.0   0.0.0.0         255.255.255.0   U     0      0        0 virbr0

sed 1d #暂时删除第 1 行的内容。
[root@xuegod63 ~]# route -n | sed 1d
Destination     Gateway         Genmask         Flags Metric Ref    Use Iface
0.0.0.0         192.168.0.1     0.0.0.0         UG    100    0        0 ens33
192.168.0.0     0.0.0.0         255.255.255.0   U     100    0        0 ens33
192.168.1.0     0.0.0.0         255.255.255.0   U     100    0        0 ens38
192.168.122.0   0.0.0.0         255.255.255.0   U     0      0        0 virbr0
[root@xuegod63 ~]# route -n | awk 'NR!=1 {print $0}'
Destination     Gateway         Genmask         Flags Metric Ref    Use Iface
0.0.0.0         192.168.0.1     0.0.0.0         UG    100    0        0 ens33
192.168.0.0     0.0.0.0         255.255.255.0   U     100    0        0 ens33
192.168.1.0     0.0.0.0         255.255.255.0   U     100    0        0 ens38
192.168.122.0   0.0.0.0         255.255.255.0   U     0      0        0 virbr0
```

例 24.15： 匹配，使用 awk 命令查出包括 root 的行，有以下 3 种方法。

```
[root@xuegod63 ~]# awk -F: "/root/{print}" /etc/passwd
root:x:0:0:root:/root:/bin/bash
operator:x:11:0:operator:/root:/sbin/nologin


[root@xuegod63 ~]# awk -F: "/root/" /etc/passwd
[root@xuegod63 ~]# awk -F: '/root/{print $0}' /etc/passwd
```

做一个不匹配 root 的行（! 取反，默认将匹配到的行输出显示，没匹配到的行则不输出显示，取反后，将匹配到的行不输出显示，没有匹配到的行将输出显示）。

```
[root@xuegod63 ~]# awk -F: '!/root/{print $0}' /etc/passwd
```

```
以 root 开头的行。
[root@xuegod63  ~]# awk -F: '/^root/{print $0}' /etc/passwd

以 bash 结尾的行。
[root@xuegod63  ~]# awk -F: '/bash$/{print $0}' /etc/passwd
root:x:0:0:root:/root:/bin/bash
mk:x:1000:1000:mk:/home/mk:/bin/bash
```

例 24.16：条件表达式。

表达式：?if-true:if-false。

问号前面是条件，如果条件为真，则执行 if-true；为假，则执行 if-false。

如果 passwd 中 UID 小于 10，则给变量 USER 赋值成 aaa，否则赋值成 bbb。

```
[root@xuegod63  ~]# awk -F: '{$3<10? USER="aaa":USER="bbb";print $1,USER}' /etc/passwd
root aaa
bin aaa
daemon aaa
adm aaa
lp aaa
sync aaa
shutdown aaa
halt aaa
mail aaa
operator bbb
…
```

语句 if(条件){命令 1;命令 2}elif(条件){命令;}else{命令}，在 awk 命令的比较条件中用“( )”括起来，在 awk 中，如果条件等于 1 为真，等于 0 为假。

如果 UID 大于 10，则输出 user=>用户名，否则输出 pass=>用户名。

```
[root@xuegod63  ~]# awk -F: '{if($3<10){print "user=>"$1}else{print "pass=>"$1}}' /etc/passwd
user=>root
user=>bin
user=>daemon
user=>adm
user=>lp
user=>sync
user=>shutdown
user=>halt
user=>mail
pass=>operator
…
```

～ 匹配和 !～ 不匹配用法如下例。

例 24.17：查出行号小于或等于 5 且包括 bin/bash 的行。

```
[root@xuegod63  ~]#   awk -F: '{if($3<=5 && $NF  ～  "bin/bash"){print $1,$NF}}' /etc/passwd
```

```
root /bin/bash
```

例 24.18：变量的使用示例。

（1）用-v 指定 var=value，变量名区分大小写。

（2）在程序中直接定义。

（3）在 awk 中使用变量不用加“$”。

```
[root@xuegod63 ~]# var="test"
[root@xuegod63 ~]# awk 'BEGIN{print "'$var'"}'  #引用变量时，使用单引号加双引号括起来。
test
```

例 24.19：格式化输出。

printf 命令用来格式化输出。

命令使用格式：printf “format”,item1,item2……。

format 使用注意事项如下。

（1）其与 print 命令的最大不同是，printf 需要指定 format。

（2）format 用于指定后面的每个 item 的输出格式。

（3）printf 语句不会自动打印换行符“\n”。

format 的指示符都以“%”开头，“%”后跟一个字母，具体格式如下。

%c：显示字符的 ASCII 码。

%d, %i：显示十进制整数。

%e, %E：以科学计数法显示数值。

%f：显示浮点数。

%g, %G：以科学计数法的格式或浮点数的格式显示数值。

%s：显示字符串。

%u：显示无符号整数。

%%：显示%自身。

输出 passwd 文件中的第 1 列内容，输出时不会换行。

```
[root@xuegod63 ~]#  awk -F: '{printf "%s",$1}' /etc/passwd      #不会自动换行。
rootrootbindaemonadmlpsyncshutdownhaltmailoperatorgamesftpnobodysystemd-networkdbuspolkitdabrtlibstoragemgmtrpccolordsaslauthrtkitchronyqemutssusbmuxdgeocluerpcusernfsnobodyradvdsetroubleshootpulsegdmgnome-initial-setupsshdavahipOStfixntptcpdumpmk[root@xuegod63 ~]#
```

换行输出。

```
[root@xuegod63 ~]# awk -F: '{printf "%s\n",$1}' /etc/passwd
root
bin
daemon
…
```

在输出的字母前面添加自定义字符串 USERNAME。

```
[root@xuegod63 ~]# awk -F: '{printf "USERNAME: %s\n",$1}' /etc/passwd
USERNAME: root
```

```
USERNAME: bin
USERNAME: daemon
USERNAME: adm
…
```

对$1 和$NF 都做格式化输出。

```
[root@xuegod63 ~]# awk -F: '{printf "USERNAME: %s %s\n",$1,$NF}' /etc/passwd
USERNAME: root /bin/bash
USERNAME: bin /sbin/nologin
USERNAME: daemon /sbin/nologin
…
```

对$1 和$NF 都做格式化输出，在$1 和$NF 之间添加一串“=====”进行输出。

```
[root@xuegod63 ~]# awk -F: '{printf "USERNAME: %s==========%s\n",$1,$NF}'
/etc/passwdUSERNAME: root==========/bin/bash
USERNAME: bin==========/sbin/nologin
```

24.3.3 awk 修饰符

输出格式常用修饰符如下。

N：显示宽度。

-：左对齐。

注意：一个字母占一个宽度，默认是右对齐。

（1）显示时用 10 个字符右对齐显示。如果要显示的字符串不够 10 个字符宽度，则在字符串的左边自动添加。

```
[root@xuegod63 ~]# awk -F":" '{printf "%10s\n",$1}'  /etc/passwd
      root
       bin
    daemon
       adm
        lp
      sync
…
```

（2）使用 10 个字符宽度，左对齐显示。

```
[root@xuegod63 ~]# awk -F":" '{printf "%-10s\n",$1}'  /etc/passwd
root
bin
daemon
adm
…
```

（3）第 1 列使用 15 个字符宽度左对齐输出，最后一列使用 15 个字符宽度右对齐输出。

```
[root@xuegod63 ~]# awk -F: '{printf "USERNAME: %-15s %15s\n",$1,$NF}' /etc/passwd
USERNAME: root                  /bin/bash
```

```
USERNAME: bin                    /sbin/nologin
…
```

例 24.20：使用开始和结束模块来格式化输出。

```
[root@xuegod63 ~]# vim test.awk
BEGIN{
        print "UserId\t\t\tShell"
        print "------------------------------"
        FS=":"
        }
$3>=500 && $NF=="/sbin/nologin"{
        printf "%-20s %-20s\n", $1,$NF
        }
END{
        print "------------------------------"
        }
[root@xuegod63 ~]# awk -f test.awk /etc/passwd
UserId                  Shell
------------------------------
polkitd                      /sbin/nologin
libstoragemgmt               /sbin/nologin
colord                       /sbin/nologin
saslauth                     /sbin/nologin
chrony                       /sbin/nologin
geoclue                      /sbin/nologin
nfsnobody                    /sbin/nologin
setroubleshoot               /sbin/nologin
gnome-initial-setup          /sbin/nologin
------------------------------
```

24.4 实战：Shell 脚本实战——检查服务器是否受到 DDoS 攻击

思路：通过 netstat 查看网络连接数。如果一个 IP 地址对服务器建立很多连接数（如一分钟产生了 100 个连接），就认为发生了 DDoS 攻击。

1．搭建环境

```
[root@xuegod63 ~]# yum install httpd -y            #安装 Apache。
[root@xuegod63 ~]# systemctl start httpd           #启动服务。
[root@xuegod63 ~]# echo "xuegod" > /var/www/html/index.html          #创建 Apache 默认网站首页。

[root@xuegod63 ~]# vim   ddos-test.sh              #写入以下内容。
#!/bin/bash
```

```
netstat -ntu | awk '{print $5}' | cut -d: -f1 | sort | uniq -c | sort -n
```

注释如下。

netstat -ntu |：截取外网 IP 地址和端口，并通过管道把命令执行结果传递给下一个命令处理。

awk '{print $5}' |：截取外网的 IP 地址，并通过管道把命令执行结果传递给下一个命令处理。

cut -d: -f1 |：以“:”为分隔符，并通过管道把命令执行结果传递给下一个命令处理。

sort |：排序，并通过管道把命令执行结果传递给下一个命令处理。

uniq -c |：排除相同的记录，并通过管道把命令执行结果传递给下一个命令处理。

sort –n：排序并统计。

2．测试，模拟 DDoS 攻击

ab 命令：做压力测试的工具和性能的监控工具。

命令使用格式：ab　-n 要产生的连接数总和　-c 同时打开的客户端数量　http://hostname/path。

安装 ab 命令。

```
[root@xuegod63 ~]# rpm  -qf  `which  ab`  #安装 Apache 时，会自动安装这个工具。
httpd-tools-2.2.15-15.el6.x86_64
```

模拟 DDoS 攻击：启动 10 个客户端，对网站首页发起 1000 次访问。

```
[root@xuegod64 ~]# ab -n 1000 -c 10 http://192.168.1.63/index.html  #如果输出结果不对，改成自己的 IP 地址即可。
```

访问的页面越大，消耗的服务器带宽就越大，攻击效果也就越明显。

```
[root@xuegod63 ~]#chmod +x ddos-test.sh          #执行脚本。
[root@xuegod63 ~]# ./ddos-test.sh                #检查 DDoS。
      1 Address
      1 servers)
   1001 192.168.1.63
```